水体污染控制与治理科技重大专项"十一五"成果系列丛书
流域水污染防治监控预警技术与综合示范主题

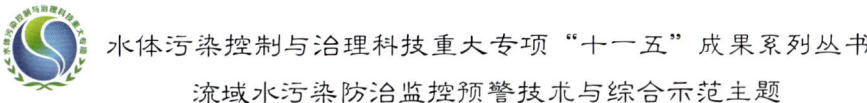

流域水质目标管理理论与方法学导论

孟 伟 张 远 李国刚 郑丙辉 王凯军 等/著

科学出版社
北京

内 容 简 介

本书针对我国水环境管理中存在的问题，借鉴国际流域管理的理论模式，结合我们现阶段的经济社会特征和水环境管理进程，提出我国流域水质目标管理模式，重点阐述以水生态系统健康保护为目标的流域水质目标管理的关键技术及其管理原则。这些技术和管理原则在三峡库区、太湖、辽河流域得到示范应用，显著支撑示范流域水污染控制和管理模式的转变。本书对认识当前我国流域水环境管理体制和水环境管理技术有非常重要的价值，对保证高标准的水质管理、水环境保护与社会经济实现协调发展和我国生态文明建设的实现有十分重要的意义。

本书可供从事水环境管理和水污染治理的科研人员、企业技术人员和相关政府管理部门工作人员以及环境科学、环境工程和生态学等专业的本科生和研究生参考。

图书在版编目（CIP）数据

流域水质目标管理理论与方法学导论／孟伟等著. —北京：科学出版社，2015.5

（水体污染控制与治理科技重大专项"十一五"成果系列丛书）

ISBN 978-7-03-044298-7

Ⅰ.①流… Ⅱ.①孟… Ⅲ.①流域–水质管理–研究 Ⅳ.①X321

中国版本图书馆 CIP 数据核字（2015）第 100658 号

责任编辑：周 杰／责任校对：邹慧卿
责任印制：肖 兴／封面设计：黄华斌 陈 敬

科学出版社 出版
北京东黄城根北街 16 号
邮政编码：100717
http://www.sciencep.com

北京利丰雅高长城印刷有限公司 印刷
科学出版社发行 各地新华书店经销

*

2015 年 5 月第 一 版　开本：787×1092 1/16
2015 年 5 月第一次印刷　印张：22
字数：500 000

定价：238.00 元
（如有印装质量问题，我社负责调换）

水专项"十一五"成果系列丛书指导委员会成员名单

主　任：周生贤

副主任：仇保兴　吴晓青

成　员（按姓氏笔画排序）：

　　　　王伟忠　王衍亮　王善成　田保国　旭日干
　　　　刘　昆　刘志全　阮宝君　阴和俊　苏荣辉
　　　　杜占元　吴宏伟　张　悦　张桃林　陈宜明
　　　　赵英民　胡四一　柯　凤　雷朝滋　解振华

环境保护部水专项"十一五"成果系列丛书编著委员会成员名单

主　编：周生贤

副主编：吴晓青

成　员（按姓氏笔画排序）：

马　中	王子健	王业耀	王明良	王凯军
王金南	王　桥	王　毅	孔海南	孔繁翔
毕　军	朱昌雄	朱　琳	任　勇	刘永定
刘志全	许振成	苏　明	李安定	杨汝均
张世秋	张永春	金相灿	周怀东	周　维
郑　正	孟　伟	赵英民	胡洪营	柯　兵
柏仇勇	俞汉青	姜　琦	徐　成	梅旭荣
彭文启				

总　序

　　我国作为一个发展中的人口大国，资源环境问题是长期制约经济社会可持续发展的重大问题。在经济快速增长、资源能源消耗大幅度增加的情况下，我国污染排放强度大，负荷高，主要污染物排放量超过受纳水体环境容量。同时，我国人均拥有水资源量远低于国际平均水平，水资源短缺导致水污染加重，水污染进一步加剧水资源供需矛盾。长期严重的水污染问题影响我国水资源利用和水生态系统的完整性，影响人民群众身体健康，已经成为制约我国经济社会可持续发展的重大瓶颈。

　　水体污染控制与治理科技重大专项（简称水专项）是《国家中长期科学和技术发展规划纲要（2006—2020年）》确定的16个重大专项之一，旨在集中攻克一批节能减排迫切需要解决的水污染防治关键技术难关，构建我国流域水污染治理技术体系和水环境管理技术体系，为重点流域污染物减排、水质改善和饮用水安全保障提供强有力的科技支撑，是新中国成立以来投资最大的水污染治理科技项目。

　　"十一五"期间，在国务院的统一领导下，在科技部、国家发展和改革委员会和财政部的精心指导下，在水专项领导小组、各有关地方发展和改革委员会和财政部的精心指导下，在水专项领导小组各成员单位、各有关地方政府的积极支持和有力配合下，水专项领导小组围绕主题主线新要求，动员和组织全国数百家科研单位、上万名科技工作者，启动34个项目、241个课题，按照"一河一策"、"一湖一策"的战略部署，在重点流域开展大攻关、大示范，突破1000余项关键技术，完成229项技术标准规范，申请1733项专利，初步构建水污染治理和管理技术体系，基本实现"控源减排"阶段目标，取得阶段性成果。

　　一是突破化工、轻工、冶金、纺织印染、制药等重点行业"控源减排"关键技术难关200余项，有力地支撑主要污染物减排任务的完成；突破城市污水处理厂提标改造和深度脱氮除磷关键技术难关，为城市水环境质量改善提供支撑；研发受污染原水净化处理、管网安全输配等40多项饮用水安全保障关键技术，为城市实现从源头到龙头的供水安全保障奠定科技基础。

　　二是紧密结合重点流域污染防治规划的实施，选择太湖、辽河、松花江等重点流域开展大兵团联合攻关，综合集成示范多项流域水质改善和生态修复关键技术，为重点流域水质改善提供技术支持。环境监测结果显示：辽河、淮河干流化学需氧量消除劣Ⅴ类；松花江流域水生态逐步恢复，重现大麻哈鱼；太湖富营养状态由中度变为轻度，劣Ⅴ类入湖河流由8条减少为1条；洱海水质连续稳定并保持良好状态，2012年有7个月维持在Ⅱ类水质。

　　三是针对水污染治理设备及装备国产化率低等问题，研发60余类关键设备和成套装备，扶持一批环保企业成功上市，建立一批号召力和公信力强的水专项产业技术创新战略联盟，培育环保产业产值近百亿元，带动节能环保战略性新兴产业加快发展。其中，杭州聚光环保科技有限公司研发的重金属在线监测产品被评为2012年度国家战略产品。

四是逐步形成国家重点实验室、工程中心—流域地方重点实验室和工程中心—流域野外观测台站—企业试验基地平台等为一体的水专项创新平台与基地系统，逐步构建以科研为龙头、以野外观测为手段、以综合管理为最终目标的公共共享平台。目前，通过水专项的技术支持，我国第一个大型河流保护机构——辽河保护区管理局已正式成立。

五是加强队伍建设，培养一大批科技攻关团队和领军人才，采用地方推荐、部门筛选、公开择优等多种方式遴选出近300个水专项科技攻关团队，引进多名海外高层次人才，培养上百名学科带头人、中青年科技骨干和5000多名博士、硕士，建立人才凝聚、使用、培养的良性机制，形成大联合、大攻关、大创新的良好格局。

在2011年"十一五"国家重大科技成就展、"十一五"环保成就展、全国科技成果巡回展等一系列展览中，在2012年全国科技工作会议和2013年初国务院重大专项实施推进会上，党和国家领导人对水专项取得的积极进展都给予了充分肯定。这些成果为重点流域水质改善、地方治污规划、水环境管理等提供技术和决策支持。

在看到成绩的同时，我们也清醒地看到存在的突出问题和矛盾。水专项离国务院的要求和广大人民群众的期待还有较大差距，仍存在一些不足和薄弱环节。2011年专项审计中指出，水专项"十一五"在课题立项、成果转化和资金使用等方面不够规范。"十二五"期间，我们需要进一步完善立项机制，提高立项质量；进一步提高项目管理水平，确保专项实施进度；进一步严格成果和经费管理，发挥专项最大效益；在调结构、转方式、惠民生、促发展中发挥更大的科技支撑和引领作用。

我们要科学认识解决我国水环境问题的复杂性、艰巨性和长期性，水专项亦是如此。刘延东副总理指出，水专项因素特别复杂，实施难度很大，周期很长，反复也比较多，要探索符合中国特色的水污染治理成套技术和科学管理模式。水专项不是包打天下，解决所有的水环境问题，不可能一天出现一个一鸣惊人的大成果。与其他重大专项相比，水专项也不会通过单一关键技术的重大突破，就能实现整体的技术水平提升。在水专项实施过程中，要妥善处理好当前与长远、手段与目标、中央与地方等各个方面的关系，既要通过技术研发实现核心关键技术的突破，探索出符合国情、成本低、效果好、易推广的整装成套技术，又要综合运用法律、经济、技术和必要的行政手段来实现水环境质量的改善，积极探索符合代价小、效益好、排放低、可持续的中国水污染治理新路。

党的十八大报告强调，要实施国家科技重大专项，大力推进生态文明建设，努力建设美丽中国，实现中华民族永续发展。水专项作为一项重大的科技工程和民生工程，具有很强的社会公益性，将水专项的研究成果及时推广并为社会经济发展服务，是贯彻创新驱动发展战略的具体表现，是推进生态文明建设的有力措施。为广泛共享水专项"十一五"取得的研究成果，水体污染控制与治理重大科技专项管理办公室组织出版水专项"十一五"成果系列丛书。本丛书汇集一批专项研究的代表性成果，具有较强的学术性和实用性，可以说是水环境领域不可多得的资料文献。本丛书的组织出版，有利于坚定水专项科技工作者专项攻关的信心和决心；有利于增强社会各界对水专项的了解和认同；有利于促进环保的公众参与，树立水专项的良好社会形象；有利于促进水专项成果的转化与应用，为探索中国水污染治理新路提供有力的科技支撑。

我坚信，在国务院的正确领导和有关部门的大力支持下，水专项一定能够百尺竿头，更进一步。我们一定要以党的十八大精神为指导，高擎生态文明建设的大旗，团结协作，协同创新，强化管理，扎实推进水专项，务求取得更大的成效，把建设美丽中国的伟大事业持续推向前进，努力走向社会主义生态文明新时代！

周生贤

2013 年 7 月 25 日

前言

我国是水污染状况最为严重的国家之一。监测结果表明，40%的地表水水体受到污染，54%的湖库呈现富营养化，57%的地下水水质低于较差级别，20%的近岸海域水质为Ⅳ类和劣Ⅳ类。水污染成为我国生态文明建设的主要障碍之一。长期以来，我国一直致力于流域水污染治理，2008年启动水体污染控制与治理科技重大专项（简称水专项），力图为国家未来全面解决水体污染问题提供技术保障。

水污染治理的技术进步和管理革新是改善现状的主要手段。二者均不可或缺，互为补充。我国水环境管理目前已实施达标排放、总量控制、限期治理、排污收费、区域限批等措施。面临未来城镇化、工业化和农村现代化所带来的巨大压力，构建现代化的管理体系是保障我国未来水健康的根本。

我国需要从传统的污染控制向水生态系统健康管理的目标转变。我国长期以来都把饮用水安全作为水环境管理的主要目标，忽视了水生态系统健康的保护和恢复。饮用水安全是水环境保护的底线，水生态系统健康保护则是水环境保护的长远目标。如果实现水生态健康保护的目标，饮用水安全就不存在问题。因此，国际社会都是将水生态系统健康作为水环境保护的根本目标。

针对保护水生态系统健康的目标要求，水专项提出流域水质目标管理模式，实质要以质量控制、总量控制和风险控制为内涵，构建我国水环境管理技术体系。它体现了"分区、分类、分级、分期"的管理思路，要求以环境质量倒逼污染控制，以风险防范督促环境监控。根据流域水质目标管理的内涵，形成以流域水生态功能分区、水环境基准、水环境质量评价、污染源负荷核定、水环境容量控制、水污染防治技术评估、水环境监测和水环境风险预警为核心的技术体系。

本书的目的在于介绍流域水质目标管理的关键技术要求和原则，以实现高标准的水质管理，保护水生态系统健康以及饮用水安全，从而确保实现水环境保护与社会经济的协调发展，确保实现我国经济、政治、文化、社会、生态文明的"五位一体"建设。

本书详细介绍了流域水质目标管理的主要技术内容和管理要求，这些都是水专项"十一五"所取得的科研成果，这些技术和管理要求在三峡库区、太湖、辽河流域进行了示范应用，并且显著支撑示范流域水污染控制和管理模式的转变。

本书主要以简单易懂的方式对水质目标管理技术要求进行归纳和总结。欲了解具体的研究成果，可以查询水专项相关网站或相关技术报告，以获取更多的技术细节。

构建中国流域水质目标管理技术体系，仍然是一个长远过程。"十一五"期间，我们虽然在这方面取得一些成果，但是许多技术问题仍未解决，需要我们在未来对技术体系进行不断改进。因此，本书是一个阶段性成果，我们将根据未来水专项研究成果，对其不断完善。

本书编写工作由孟伟主持。全书共 13 章。第 1 章和第 2 章由孟伟、张远、郭昌胜完成，介绍了流域水环境管理的概念以及我国水环境管理发展历程、现状与问题；第 3 章由张远、张依章、张楠、万峻完成，介绍了美国和欧盟等流域水环境管理的体系和经验；第 4 章由张远、孟伟、丁森完成，介绍了流域水质目标管理的概念、原则和技术体系；第 5 章由张远、孟伟、江源、田自强、孔维静完成，介绍了流域水生态功能分区理论与方法；第 6 章由刘征涛、孟伟、闫振广、周俊丽、朱琳、孙成、祝凌燕完成，介绍了流域水环境基准理论以及水生生物基准、水生态基准、沉积物基准和水质基准的制定技术；第 7 章由秦延文、张远、刘琰、刘录三、丁森、赵艳民、李黎完成，介绍了水化学、沉积物、水生生物等水环境质量评价方法；第 8 章由傅德黔、邓义祥、贾晓波、苏保林、景立新、唐桂刚、王军霞、乔飞、王光、王丁明完成，介绍了污染源排放清单构建和排放负荷核定的技术方法；第 9 章由雷坤、孟伟、彭文启、胡成、闵庆文、方红亚、富国、邓义祥、周刚、刘瑞志完成，介绍了流域水环境容量总量控制与排污许可证管理技术方法；第 10 章由王凯军、宋乾武、陈元彩、贾立敏、栾金义、于秀玲、冯海波、易斌、武雪芳、高志永完成，介绍了水污染防治技术评估程序、方法以及基于 BAT 的排放限值制定方法；第 11 章由李国刚、王光、傅德黔、王桥、王子健、付强、温香彩、胡冠九、黄卫、王健完成，介绍了流域水环境监测技术方法、质量控制与信息管理平台构建方法；第 12 章由郑丙辉、秦延文、曾㫱、李维新、李开明、仇伟光、张世琨、彭虹、王丽婧完成，介绍了流域水环境风险评估与预警理论、方法；第 13 章由张楠、孟伟、张远、刘思思完成，介绍了我国流域水质目标管理技术体系建设、发展战略和实施计划。最后由孟伟和张远完成对全书的统稿和校对工作。

在流域水质目标管理技术体系形成过程中，周维、柏仇勇、宋永会、许秋瑾、赵英民、王明良、徐成等多次参与讨论，并给予指导。同时，特别感谢中国环境科学研究院刘鸿亮院士、环境保护部污染防治司赵英民司长和科技标准司刘志全副司长在本书编写过程中的技术指导和许多具体建议。

本书得到水体污染控制与治理科技重大专项以下项目资助，特此感谢：

（1）"流域水生态功能分区与质量目标管理技术"（2008ZX07526）项目，主持单位：中国环境科学研究院。参加单位：中国环境科学研究院、北京师范大学、中国水利水电科学研究院、辽宁省环境科学研究院、中国科学院地理科学与资源研究所和江西省环境科学研究院。

（2）"国家水环境监测技术体系研究与示范"（2008ZX07527）项目，主持单位：中国环境监测总站。参加单位：中国环境监测总站、中国科学院生态环境研究中心、环境保护部卫星应用中心、杭州聚光环保科技有限公司和江苏省环境监测中心。

（3）"流域水环境风险评估与预警技术研究与示范"（2008ZX07528）项目，主持单位：中国环境科学研究院。参加单位：中国环境科学研究院、环境保护部华南环境科学研究所、北京北大软件工程发展有限公司、环境保护部南京环境科学研究所和辽宁省环境监测实验中心。

（4）"水污染防治技术评估体系研究与示范"（2008ZX07529）项目，主持单位：北京国环清华环境工程设计研究院有限公司。参加单位：北京国环清华环境工程设计研究院有限公司、华南理工大学、北京市环境保护科学研究院、中国石油化工股份有限公司、环境保护部清洁生产中心、河北省环境科学研究院和中国环境科学研究院。

作　者

2014 年于北京

目 录

第一篇 流域水质目标管理基本理论

第1章 概述 ··· 3
第2章 流域水环境管理 ··· 6
 2.1 流域水环境管理的定义 ··· 6
 2.2 我国流域水环境管理的发展阶段 ··· 6
 2.3 我国流域水环境管理理念的发展 ··· 8
 2.4 我国现行流域水环境管理体系 ··· 10
 2.5 我国现行流域水环境管理的弊端 ··· 12
 2.6 小结 ··· 15
第3章 国外水环境管理发展 ··· 16
 3.1 美国水环境管理简介与框架 ·· 16
 3.2 欧盟水环境管理简介与框架 ·· 20
 3.3 国外水环境管理的启示 ··· 24
 3.4 小结 ··· 25
第4章 流域水质目标管理综述 ·· 26
 4.1 流域水质目标管理的内涵 ··· 26
 4.2 流域水质目标管理的主要制度 ··· 26
 4.3 流域水质目标管理遵循的主要原则 ··· 27
 4.4 流域水质目标管理与现行水环境管理模式的区别 ······································ 30
 4.5 流域水质目标管理技术体系 ·· 31
 4.6 流域水质目标管理体系构建的技术需求 ··· 31
 4.7 小结 ··· 33

第二篇 流域水环境质量管理关键技术

第5章 流域水生态功能分区 ··· 37
 5.1 我国流域水生态功能分区提出的背景 ·· 37
 5.2 流域水生态功能区划的概念和特征 ··· 38
 5.3 流域水生态功能分区体系和方法 ·· 43

5.4	流域水生态功能区命名方式	45
5.5	流域水生态功能分区关键技术	46
5.6	小结	58

第6章 流域水环境基准 59
6.1	流域水环境质量基准概况	59
6.2	流域水环境基准体系	61
6.3	流域水生生物基准	66
6.4	流域水环境生态基准	73
6.5	流域水环境沉积物质量基准	78
6.6	混合物联合毒性的水质基准	84
6.7	流域水质基准向标准转化	85
6.8	小结	88

第7章 流域水环境质量评价 89
7.1	流域水环境质量评价的概念和分类	89
7.2	地表水水质评价	89
7.3	沉积物质量评价	96
7.4	水生生物质量评价	100
7.5	河流健康综合评价	112
7.6	小结	126

第三篇　污染物总量控制关键技术

第8章 排放清单编制和排污负荷核定 131
8.1	水环境污染源类型及排放途径	131
8.2	流域水环境污染源调查与监测	132
8.3	排污图谱解析与排放清单编制	145
8.4	水环境污染物排放负荷核定	165
8.5	小结	177

第9章 流域容量总量控制与排污许可证管理 179
9.1	基本概念	179
9.2	美国TMDL和排污许可证管理的状况	180
9.3	我国水环境容量与排污许可证管理的法律要求	183
9.4	我国当前总量控制和排污许可证管理的实施现状、存在问题	184
9.5	流域水环境容量总量控制技术	187
9.6	流域水环境容量总量分配技术	189
9.7	控制单元容量污染物总量分配技术	190
9.8	基于水质的排污许可证管理流程	196
9.9	小结	199

第10章 水污染防治技术评估与排放限值管理 201

10.1	国内外水污染防治技术管理与评估发展现状	201
10.2	我国水环境技术管理体系框架与路线	203
10.3	水污染防治最佳可行技术评估程序与方法	210
10.4	环境新技术验证体系	219
10.5	水污染防治技术信息平台构建	221
10.6	基于BAT的排放限值及管理方法	223
10.7	小结	227

第四篇 流域水环境风险管理

第11章 流域水环境监测技术 233
- 11.1 流域水环境质量监测技术体系 233
- 11.2 流域水环境质量监测网点优化调整技术 234
- 11.3 流域水环境优控污染物筛选方法技术 236
- 11.4 流域水环境热点污染物监测方法 241
- 11.5 流域水环境持久性有机污染物监测技术 245
- 11.6 本土水生生物活体毒性测试关键技术 247
- 11.7 流域水环境遥感监测技术 257
- 11.8 流域水环境监测全过程质量管理技术 263
- 11.9 流域水环境监测信息共享与决策支持系统建设 269
- 11.10 小结 283

第12章 流域水环境风险评估与预警 285
- 12.1 流域水环境风险内涵 285
- 12.2 流域水环境突发性环境风险管理 286
- 12.3 流域水环境累积性环境风险管理 307
- 12.4 流域水环境风险评估与预警信息平台 321
- 12.5 小结 323

第13章 流域水质目标管理技术的发展建议 325
- 13.1 流域水质目标管理技术体系建设 325
- 13.2 流域水质目标管理技术体系发展战略 325
- 13.3 流域水质目标管理技术实施计划 326

参考文献 329

第一篇

流域水质目标管理基本理论

第1章

概 述

水体污染控制与治理科技重大专项（简称水专项）是根据《国家中长期科学和技术发展规划纲要（2006—2020年）》设立的16个重大科技专项之一，旨在为中国水体污染控制与治理提供强有力的科技支撑。水专项目标是构建中国的水污染治理和管理两大技术体系，在2008~2020年分3个阶段进行组织实施，这是新中国成立以来投资最大的水污染治理科技项目。

水专项下设6个主题方向。其中，"流域水污染防治监控预警技术与综合示范主题"（简称监控预警主题）在"十一五"期间全面开展水环境管理技术研究，力图对我国未来水环境管理技术模式进行突破。该课题在"十一五"期间取得了大量研究成果，突破了流域水生态功能分区、水环境基准、水容量总量控制、水环境监测和污染防治技术评估等关键技术，初步构建了我国流域水质目标管理技术体系。

水专项监控预警主题目标是突破流域水质目标管理成套技术并实现业务化运行，以技术创新推动机制创新，形成面向流域水生态系统健康管理模式。工作在2008~2020年分3个阶段开展，"十一五"期间设置了4个项目29个课题（表1-1）。

表1-1 水专项监控预警主题"十一五"任务部署

编码	项目名称	示范流域	重点任务	课题数目
1	流域水生态功能分区与质量目标管理技术	辽河、太湖	建立以分区为基础的水环境管理体系，形成容量总量控制管理	8
2	国家水环境监测技术体系研究与示范	太湖	构建水环境监测监控技术体系，建立四级水环境监控网络	8
3	流域水环境风险评估与预警技术研究与示范	辽河、太湖、三峡库区	建立流域水污染风险评估与预警体系，构建国家水环境风险评估与预警决策支持平台	6
4	水污染防治技术评估体系研究与示范	辽河、太湖、海河、淮河、东江	构建我国水环境技术管理体系，建立水环境治理技术评价制度，提出五大行业最佳治理技术	7

本书是由国家水专项监控预警主题组编制的，是对中国未来水环境管理发展技术模式进行研究的成果。本书是国家重大水专项监控预警主题的系列成果之一。其他研究成果还包括：

1）《我国重点流域水生态功能一、二级区分区报告和水生态健康评估卡》；
2）《中国流域水环境基准绿皮书》；
3）《辽河流域和太湖流域控制单元水质目标管理技术手册》；
4）太湖流域典型地区水环境监测四级网络体系；
5）辽河流域、太湖流域和三峡库区水环境风险评估预警平台；
6）我国冶金、化工、防治、医药和轻工五大行业的水污染防治技术评估报告。

我国流域水环境管理技术发展趋势见图 1-1。我国水污染控制开始于 20 世纪 70 年代末，是水污染控制的初期阶段，主要是针对工业点源和城镇生活污染制定排放标准，目的是降低工业等污染源的排放。之后制定了重点流域水污染防治、目标总量控制、环境影响评价等措施，开始注重水体环境质量，目标是改善河流湖泊的水环境质量。虽然实施了上述措施，但是环境管理是以减少污染排放为主要目的，而不是以实现水质目标为根本，存在"保护目标与水体功能相脱节，环境质量与总量控制相脱节，质量标准与排放标准相脱节，流域规划与区域管理相脱节。"因此，我国需要从现在的传统污染控制模式过渡到以水质目标为核心的管理模式，构建面向未来现代化的水环境管理技术体系。该技术体系是以保障流域水生态系统健康为目标，由质量控制、总量控制和风险管理为核心的流域管理模式，并且实现管理的生态化、智能化和综合化。这套技术模式可以实现"污染排放管理向水质达标管理转变、目标总量控制向容量总量控制转变、行政区管理向流域管理转变、被动式应急管理向主动风险管理转变"。

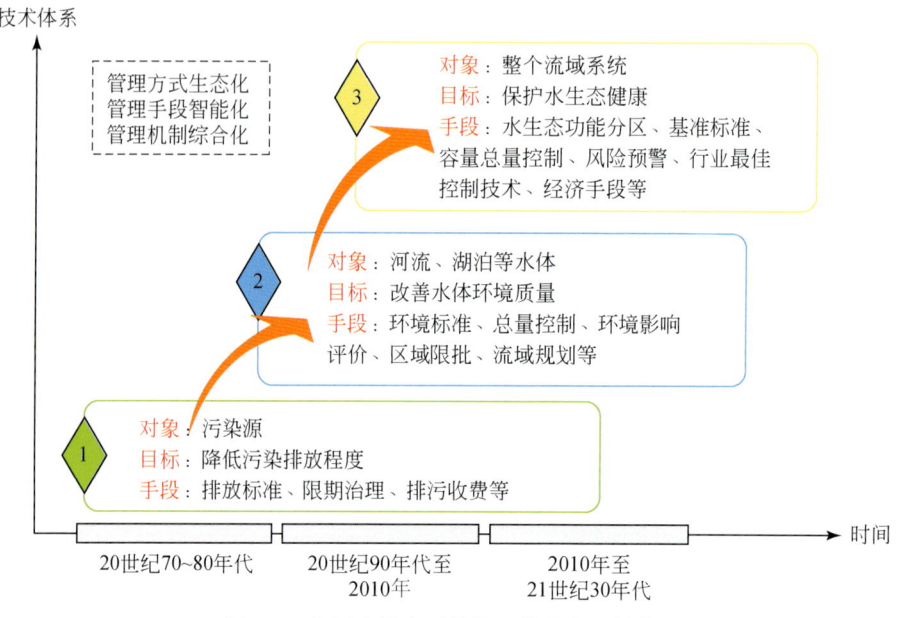

图 1-1　我国流域水环境管理技术发展趋势

本书的重点是对流域水质目标管理的要求、技术方法进行系统介绍，重点包括流域水质目标管理的概念、原则以及管理要求，介绍在流域水质目标管理中使用的水生态功能分区、水环境基准、水环境质量评价、污染排放负荷核定、水环境容量总量控制及其排污许可证管理、水污染防治技术评估与排放限值制定、水环境监测、水环境风险评估与预警等内容。这些技术基本涵盖水环境管理及其规划中所使用的主要技术方法。

本书所介绍的许多技术方法在现有水环境管理中已经得到应用，我们则是将其进一步完善、发展和规范化，使其适应流域水质目标管理的基本要求。

本书侧重于以流域为单元对地表水进行系统管理，地下水、饮用水源地、城市水体和河口等都是流域水体系统的组成部分，本书所提出的流域水质目标管理模式同样适用于这些水体的管理。以流域为整体对所有水体进行综合管理，是未来的发展趋势，将其进一步发展应用适用于所有水体的管理。

需要认识到，这是我国改革开放后第一次对水环境管理技术体系进行系统变革。水环境管理技术的发展取决于水环境管理的模式，当前的水环境管理模式已经形成。如何通过技术发展来推动模式发展，如何实现模式变革，都是未来遇到的重要问题。实现水环境管理模式的变革遭遇与现行法律、管理政策和机制相冲突的状况，因此，这种变革必将不是一帆风顺和一蹴而就的，需要长期的努力和奋斗。要说明的是，以科技进步来带动体制机制的转变，这是监控预警主题一直追求的目标。

虽然"十一五"期间对流域水质目标管理进行了研究，但这些研究仍然是刚刚起步，基于水生态系统健康的管理要求复杂，许多科学问题和关键技术都尚未成熟，需要在未来不断进行深入研究。

第 2 章

流域水环境管理

2.1 流域水环境管理的定义

环境管理（environmental management）是运用行政、法律、经济、科技与教育等手段预防与禁止损害环境质量的行为，通过全面规划与综合决策，处理好发展同环境的关系，使社会经济发展在满足当今与以后的物质文化需求的同时，改善环境质量，维护生态平衡。环境管理具有三个特点：综合性、区域性和广泛性。按管理的对象可分为水环境管理、大气环境管理、固体废物管理、噪声管理和辐射环境管理等（中国大百科全书，2002）。

水环境管理（water environmental management）是企业、团体或政府部门等组织设定环境方针、目标等，并为达成这些目标所采取的组织计划、规范体制等管理过程的统称（冈田诚之，2000）。水环境管理规范了水循环过程中人类活动对水循环影响的程度和范围，使地球水系既能满足经济社会发展需要，又能使其自身生态系统得以健康维持。迄今为止，学术界对水环境管理尚未给出统一的定义，但我国学者对水环境管理的主体研究内容的认识是一致的与相近的。本书涉及的水环境管理概念界定于水资源开发、利用与保护中的水质调查与监测、水质评价、水质预测预报、水质规划与管理、污水处理、水体生态维护与水环境保护政策与法规等与水质和水生态管理相关方面。

由于水环境的流域自然特性，以流域为单位进行管理就成为理所当然的选择。流域（watershed）是指以分水岭为界的一个河流、湖泊或海洋等的所有水系所覆盖的区域，以及由水系构成的集水区分水线所包围的河流集水区。而一般意义上的流域，都指地面集水区。从流域层面研究水环境管理，不但在自然系统研究中具有价值，而且在社会系统研究中非常重要。其本身概念界定低于"流域综合管理"（流域综合管理的核心是在流域尺度上，通过跨部门和跨地区的协调管理，合理开发、利用和保护流域资源，最大限度地利用河流的服务功能，实现流域的经济、社会和环境福利的最大化以及流域的可持续发展），是流域综合管理中涉及水环境保护、利用及与之相关的经济社会活动而产生的政策、法律、技术等方面活动的统称（孟伟，2007，2008a）。

2.2 我国流域水环境管理的发展阶段

我国流域水环境管理的发展阶段见图 2-1，大致分为五个阶段（周生贤，2013；曲格平，2013）。

第一阶段：20 世纪 70 年代初至十一届三中全会，水环境管理与保护意识启蒙阶段。

时代背景：

这段时期我国处于工业化初期阶段，人均 GDP 只有 100 多美元，环境污染开始在局部地区如城市区域显现，但国民对环境污染概念几乎未知。此时的世界发达国家正为经济飞速发展而造成的环境污染付出沉痛的代价，公害事件频发。

发展进程：

1972 年 6 月 5 日我国政府派代表团参加在瑞典首都斯德哥尔摩召开的第一次人类环境会议，认识到我国同样存在着严重的环境问题，这是我国环境管理的开端。

1973 年 8 月 5~20 日国务院委托国家计划委员会召开第一次全国环境保护会议，提出我国第一个环境保护文件——《关于保护和改善环境的若干规定（试行草案）》，成立了国务院环境保护领导小组。

1973 年出台了我国第一个环境标准——《工业关于"三废"排放的试行标准》，开展了对官厅水库、白洋淀、鸭儿湖等污染严重地区及渤海与黄海等海域的污染调查，为以后的江河湖海污染治理积累了经验。

第二阶段：1978~1992 年，水环境保护管理制度建设阶段。该阶段，国家把保护环境确立为基本国策，提出环境管理八项制度。

时代背景：

我国开始实行改革开放政策，经济发展由此驶上高速增长的轨道，并迎来 30 多年的高速增长期。

发展进程：

1979 年颁布《中华人民共和国环境保护法（试行）》，规定了"三同时"、环境影响评价和征收排污费三项制度；1982 年《中华人民共和国海洋环境保护法》正式颁布。这些法律的出台标志着我国水环境管理开始迈上法制轨道。

1983 年 12 月 31 日至 1984 年 1 月 7 日召开了第二次全国环境保护会议，将环境保护正式列为我国的一项基本国策，提出"三同步"、"三同一"的环境管理方针，摒弃了"先污染，后治理"的老路。

1988 年，《中华人民共和国水法》颁布。

1989 年，第三次全国环境保护会议提出新的五项管理制度。同年修订《环境保护法》。

第三阶段：1992~2004 年，水环境污染加剧和规模化治理阶段。该阶段环境污染的结构型、复合型和压缩型特征开始形成，国家把实施可持续发展确立为国家战略，制定实施《中国 21 世纪议程》，大力推进水污染防治。

时代背景：

我国进入第一轮重化工时代，经济方式粗放，城镇化进程加快，城市生活型污染、工业污染和生态破坏总体加剧，农业面源污染问题凸显，一些地区环境污染和生态破坏已经制约经济社会可持续发展，甚至对公众健康构成威胁。

发展进程：

1995 年 8 月，国务院颁布了我国历史上第一部流域性法规——《淮河流域水污染防治暂行条例》，明确了淮河流域水污染防治目标。

1996 年 9 月，国务院批准《"九五"期间全国主要污染物排放总量控制计划》和《中国跨世纪绿色工程规划》；同年经修订的《中华人民共和国水污染防治法》颁布实施，对流域性水污染实施分期综合治理。这些法规成为我国水环境管理的基本依据。

2002年1月，国务院颁布了《排污费征收使用管理条例》，10月全国人大常委会通过《环境影响评价法》；同年，经修订的《中华人民共和国水法》颁布实施。这些法规强化了我国对水环境的管理。

这段时期，国家环保部门启动了"三河（淮河、海河、辽河）三湖（滇池、太湖、巢湖）一市（北京）一海（渤海）"治理，通过制定区域和流域水污染防治规划，实施重点污染物总量控制，拉开了规模污染治理的序幕。

第四阶段：2005~2012年，水环境实行综合管理，现代水环境管理体系初步形成阶段。该阶段以科学发展观为指导，让江河湖泊休养生息，加快推进水环境保护历史性转变，努力构建资源节约型、环境友好型社会。

时代背景：

我国重化工业加快发展，钢铁、水泥、化工、煤电等高耗能、高排放项目密集上马，污染物排放居高不下；与此同时，我国进入水环境污染事故高发期，水污染事件呈现频度高、地域广、影响大、涉及面宽的态势，环境污染损害人体健康问题日益突出，环境问题引发的群体性事件呈加速上升。2005~2009年，先后发生吉林松花江重大水污染、广东北江镉污染、江苏无锡太湖蓝藻暴发、云南阳宗海砷污染等一系列重大污染事件，对区域经济社会发展和公众生活造成严重影响，环境问题越来越成为重大社会问题。

发展进程：

2005年12月，国务院发布《关于落实科学发展观加强环境保护的决定》，确立了"以人为本、环保为民"的环保宗旨，成为指导我国经济社会与环境协调发展的纲领性文件。

2006年4月，国务院召开第六次全国环境保护大会，提出"三个转变"的战略思想，我国环境保护进入以保护环境优化经济发展的全新阶段。

2008年经再次修订的《中华人民共和国水污染防治法》和《中华人民共和国海洋环境保护法》颁布。

2011年，国务院召开第七次全国环境保护大会，印发《关于加强环境保护重点工作的意见》和《国家环境保护"十二五"规划》。

特别是"十一五"期间实施的《国家中长期科学和技术发展规划纲要（2006—2020年)》明确提出了要实施水专项，选择10个重点流域，开展水体污染控制与治理的研究与示范，通过理念创新、技术创新和管理创新，构建两个技术体系，力求解决水污染治理技术的关键问题，为我国流域生态文明建设提供技术支撑。

第五阶段：中共十八大至今，生态文明指导下的水环境管理阶段。中共十八大将生态文明建设纳入中国特色社会主义事业总体布局，要求大力推进生态文明建设，努力建设美丽中国，实现中华民族永续发展。这也将为我国现代水环境管理体系的最终形成提供历史机遇与现实基础。

2.3 我国流域水环境管理理念的发展

我国流域水环境管理理念的发展经历了认识—实践—再认识不断深化的过程（图2-1）。

（1）流域水环境管理被混淆为水污染治理

受认识限制，一些人认为，水环境污染问题主要是局部公害性问题，流域水环境管理

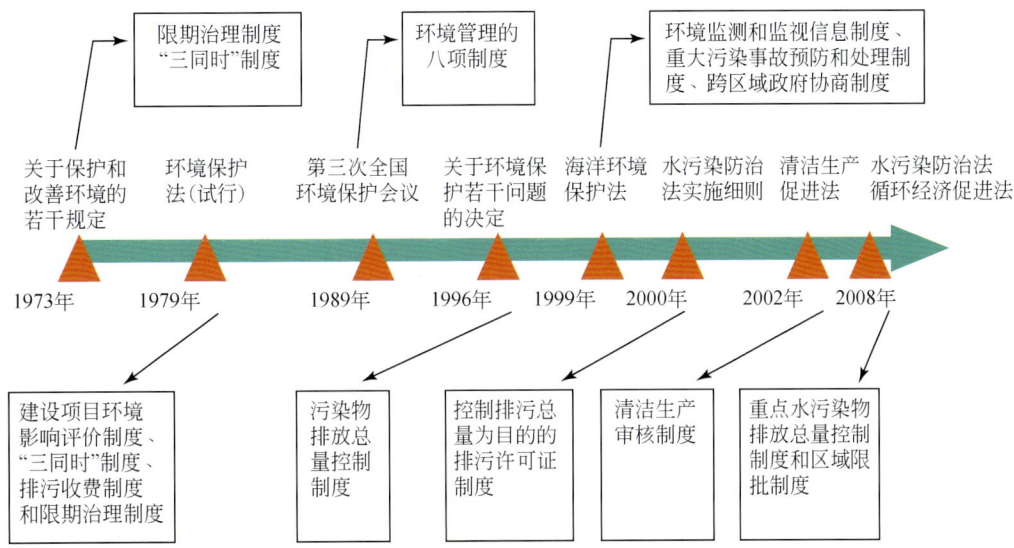

图 2-1 我国流域水环境管理发展简图

是技术问题，流域水环境管理就是治理污染，减轻危害。1973 年颁布的《关于保护和改善环境的若干规定》："一切新建、扩建和改建的企业，防治污染项目，必须和主体工程同时设计、同时施工、同时投产"，即"三同时"制度。这是我国出台最早的一项环境管理制度，它充分体现了这种环境管理思想。

（2）水环境污染是由于流域水环境管理体系不完善造成的

20 世纪 80 年代我国环境已经面临比较严峻的形势，在科技发展水平不高、国力有限的情况下，不可能靠高科技、高投入解决环境问题。调查研究显示，造成环境问题特别是环境污染的重要原因是管理不善。因此，最现实、最有效的办法是靠政府采取行政的、法律的和经济的手段，强化环境管理，以监督促治理，以监督促保护。实践证明，这是我国环保工作在指导思想上具有历史意义的转变。

（3）以经济刺激为主的流域水环境管理手段

人们认为水环境污染问题原因在于经济发展的外部性，此时流域水环境管理的思想主要为外部成本内部化。对水资源进行价值核算，运用收费、税收、补贴等经济手段以及法律的、行政的手段进行流域水环境管理。但实践证明，经济活动为其固有的规律所制约，因而对原有的经济运行机制中小的修补不可能完全解决环境问题。

（4）流域水环境管理是发展观的问题——可持续发展观

1992 年，联合国在里约热内卢召开环境与发展大会后，我国首次提出实施可持续发展战略。2003 年中共中央提出"坚持以人为本，全面、协调及可持续"的科学发展观，全面协调、统筹兼顾我国社会发展的各个方面。同年出台的《环境影响评价法》标志着环境立法向"先评价后建设"、预防在先的方向转变。这一时期，我国对流域水环境管理认识也提升为水污染问题的解决不仅是经济体制的问题，而且是社会发展观的问题。

"九五"时期正式开始编制国家环境保护五年规划，将环境保护规划纳入国民经济和社会发展总体规划。水环境管理由单纯工业污染治理扩展到生活污染治理、生态保护、农村环境保护、核安全监管、水污染突发环境事件应急等各个重要领域，并逐步参与到国民经济和社会发展的综合决策中。

(5) 站在生态文明的高度来指导现代流域水环境管理体系建设

中共十八大将生态文明建设纳入中国特色社会主义事业总体布局，从人类社会发展、文明演进的高度再认识我国生态环境问题，加快建立生态文明制度，健全国土空间开发、资源节约利用、生态环境保护的体制机制，并对改革生态环境保护管理体制做出具体部署。流域水环境管理不仅限于水资源保护、开发利用的管理，而且更加注重调整社会发展与生态保护的内在关系以及人与自然的关系，实现科学发展、和谐发展、持续发展的管理。现行的流域水环境管理方法已难以满足生态文明建设的需求，需要对现代流域水环境管理体系进行不断探索和完善。

2.4 我国现行流域水环境管理体系

我国现行流域水环境管理是根据环境保护法规制定出集行政、法律、经济、技术和宣传教育于一体的比较完整的环境管理体系。

(1) 法律体系

涉及水环境保护的法律包括12部（表2-1），覆盖污染防治、资源利用、水土保持、畜禽养殖、化学品管理、固废管理等方面，形成以水污染防治法、水法等为核心的法律体系。

表2-1 我国涉及水环境管理的法规汇总

环境保护法规规章	颁行时间
中华人民共和国环境保护法	1989-12-26
中华人民共和国水土保持法	1991-06-29
建设项目环境保护管理条例	1998-11-29
中华人民共和国水污染防治法实施细则	2000-03-20
畜禽养殖污染防治管理办法	2001-03-20
危险化学品安全管理条例	2002-03-15
中华人民共和国水法	2002-08-29
中华人民共和国环境影响评价法	2003-09-01
医疗废物管理条例	2003-06-16
国家突发环境事件应急预案	2006-01-24
中华人民共和国水污染防治法	2008-06-01
中华人民共和国海洋环境保护法	2000-04-01

(2) 标准体系

相关标准分为质量标准和排放标准两大部分，质量标准由国家负责制定和发布，其中水环境质量相关标准共5部；排放标准可以由国家制定和发布，地方政府也可以制定和发布更为严格的地方标准，其中国家制定和发布的水污染控制相关排放标准35部（表2-2）。

表 2-2 我国水环境标准汇总

标准编号	标准名称	发布日期
GB/T 14848—93	地下水质量标准	1993-12-30
GB 3097—1997	海水水质标准	1997-12-03
GB 3838—2002	地表水环境质量标准	2002-06-01
GB 5084—92	农田灌溉水质标准	1992-01-04
GB 11607—89	渔业水质标准	1989-08-12
GB 15580—95	磷肥工业水污染物排放标准	2011-04-02
GB 15581—95	烧碱、聚氯乙烯工业水污染物排放标准	1995-06-12
GB 8978—1996	污水综合排放标准	1996-10-04
GB 13458—2001	合成氨工业水污染物排放标准	2001-11-12
GB 18486—2001	污水海洋处置工程污染控制标准	2001-11-12
GB 18596—2001	畜禽养殖业污染物排放标准	2001-12-28
GB 14470.1—2002	兵器工业水污染物排放标准	2002-11-18
GB 14374—93	航天推进剂水污染排放与分析方法标准（火炸药）	1993-05-22
GB 18918—2002	城镇污水处理厂污染物排放标准	2002-12-24
GB 4287—2012	纺织染整工业水污染物排放标准	2012-10-19
GB 13457—92	肉类加工工业水污染物排放标准	1992-05-18
GB 13456—92	钢铁工业水污染物排放标准	1992-05-18
GB 19430—2004	柠檬酸工业水污染物排放标准	2004-01-18
GB 19431—2004	味精工业污染物排放标准	2004-01-18
GB 19821—2005	啤酒工业污染物排放标准	2005-07-18
GB 18466—2005	医疗机构水污染物排放标准	2005-07-27
GB 20425—2006	皂素工业水污染物排放标准	2006-09-01
GB 20426—2006	煤炭工业污染物排放标准	2006-09-01
GB 21523—2008	杂环类农药工业水污染物排放标准	2008-04-02
GB 21900—2008	电镀污染物排放标准	2008-06-25
GB 21901—2008	羽绒工业水污染物排放标准	2008-06-25
GB 21902—2008	合成革与人造革工业污染物排放标准	2008-06-25
GB 21903—2008	发酵类制药工业水污染物排放标准	2008-06-25
GB 21904—2008	化学合成类制药工业水污染物排放标准	2008-06-25
GB 21907—2008	生物工程类制药工业水污染物排放标准	2008-06-25
GB 21908—2008	混装制剂类制药工业水污染物排放标准	2008-06-25
GB 21909—2008	制糖工业水污染物排放标准	2008-06-25
GB 3544—2008	制浆造纸工业水污染物排放标准	2008-06-25
GB 4914—85	海洋石油开发工业含油污水排放标准	1985-01-18
GB 4286—84	船舶工业污染物排放标准	1984-05-18

（3）政策机制

表 2-3 列出了我国现行的涉及流域水环境管理的政策手段（张坤民，2007）。我国流域水环境管理经过 40 年的发展，逐渐形成了具有中国特色的流域水环境管理制度，先后出台了涉及流域水环境管理的八项制度：①环境影响评价制度；②"三同时"制度；③排污收费制度；④环境保护目标责任制；⑤城市综合整治与定量考核；⑥排污申报登记与排

污许可证制度；⑦污染集中控制制度；⑧限期治理制度。

其中，环境影响评价和"三同时"制度属于事前的环境污染控制手段；排污许可、达标排放属于事中的环境污染控制手段；关停并转和污染限期治理等手段属于事后的环境污染控制手段。这些政策的实施为我国水环境污染治理提供了政策保障，合理规范了相关利益主体的行为，成为政府环境管理工作的一项重要抓手与依据，促进地区环境质量改善。自 2007 年 1 月起，国家环境保护总局实行区域限批政策，这是一种行政处罚手段。近年来，地方政府实施河长制、跨界断面超标罚款、饮用水源地保护区制度、上游区生态补偿等制度、绿色信贷等制度，使得我国的水环境管理制度体系更加丰富。

表 2-3 我国现行的与流域水环境管理相关的政策手段

政府政策手段	企业行为	公众参与
污染物排放浓度控制	环境标志	公布环境状况公报
污染物排放总量控制	ISO 1400 环境管理体系	公布环境统计公报
环境影响评价制度	清洁生产	公布河流重点断面水质
"三同时"制度	生态农业	公布企业环保业绩试点
限期治理制度	生态示范区（县、市、省）	环境影响评价公众听证
排污许可证制度	生态工业园	加强各级学校环境教育
污染物集中控制	环境保护非政府组织	中华环保世纪行（舆论监督）
城市环境综合整治定量考核制度	环保模范城市、环境优美乡镇、环境友好企业	
环境行政督察	绿色 GDP 核算试点	
征收排污费		
超过标准处以罚款		
排污权交易		
区域限批		

2.5 我国现行流域水环境管理的弊端

20 世纪 70 年代，我国开始开展水污染治理工作，先后实施了环境管理八项制度，污染物总量控制、清洁生产审核、区域限批等措施，制订全国性专项规划和重点流域污染防治规划，落实推进结构、工程和管理三大减排管理，一定程度上遏制了环境质量恶化趋势，流域水环境管理也逐步得到发展，但我国的流域水环境管理依然问题重重，下面就我国现行流域水环境管理体系在管理目标体系、治理技术体系、政策法规体系、行政职能体系等几个方面进行阐述。

（1）未体现出综合治理的流域污染防治理念

目前国外流域水环境管理基本由以水污染综合防治、水生态环境的恢复为目的的管理转变为可持续性的流域水资源-环境-生态的综合管理，从流域生态系统整体功能进行流域管理，强调流域生态与社会经济发展的关系，从环境、经济、社会问题的角度进行流域生态系统的管理。

以美国为例，对密西西比河的流域管理分为三个阶段：第一阶段以水资源的可持续利用为目标，系统地开发流域的水资源；第二阶段以流域生态环境保护为目标，恢复流域生态，控制和减轻流域的环境污染；第三阶段强调实现两个目标的同时，确定流域可持续发展的目标，以此实现流域的综合管理。法国的流域委员会和流域水资源管理局从水资源的水量、水质、水工程、水处理等方面对地表水和地下水进行综合治理，既包括对水污染进行治理，也包括对水资源进行开发和利用，从经济、社会、生态环境上强化流域的综合管理。

（2）现行流域水环境管理体系的环境目标重污染控制和饮用水安全，轻水生态健康保护

流域水环境管理目标属于目标性的环境管理，是流域管理与规划的根本。然而，我国现行水环境管理目标指标体系单一：

1）水质达标以重点控制常规污染物氨氮与高锰酸盐指数为主，对其他常规污染物指标如总氮、总磷等关注过少；

2）对筛选出的有毒有机及新型污染物缺乏清晰的环境目标管理体系；

3）现行的水环境管理中目标体系仅关注点源的控源减排，缺少对面源污染的关注；

4）片面关注水质指标的达标及饮用水源的安全，缺乏对流域内水生态系统物理、化学和生物完整性的关注；

5）现行目标总量控制与水质目标相脱节。

（3）水环境保护工作未体现出"分区、分类、分级、分期"的理念

国际上的流域水环境管理正在向着体现区域差异的方向发展。由于不同流域或者区域水环境的环境承载力、水生态特征等都有较大差异，面临的污染特征也不尽相同，所以不可能采取针对性的污染控制策略。我国目前对流域水环境"分区、分类、分级、分期"管理的关键技术缺乏系统研究，还没有建立起相应的技术规范，更没有形成相应的流域水环境管理制度，没有根据流域（区域）水环境承载力和水生态特征采取有效的污染控制措施；污染控制水平与社会经济发展不相适应，经济决策与环境决策经常背道而驰，使得流域水环境管理步履维艰。因此，即使水污染治理投资不断增加，也很难从根本上扭转流域水环境恶化的趋势。

（4）我国现行流域水环境管理的支撑技术体系有待完善

流域水环境管理就其支撑技术体系而言，主要包括环境监测（采样、测试、设备）、环境评价（环境质量评价、环境影响评价）、环境标准（基准、标准、指南、规范）、环境规划（预测、模拟、优化、方案）、环境信息管理（数据库、统计分析、网络、遥感、GIS、决策平台）和环境监管（总量控制、限期治理、排污收费、罚款与补偿、环境污染事故应急）等技术。

目前，支撑我国现行流域水环境管理体系的一些技术领域仍需要完善：

1）现行的水功能区划以及水环境功能区划方案，仅将着眼点放在水质目标的确定上，较少考虑水体的生态功能需求。

2）现行地表水环境质量标准从国外地表水环境质量标准直接借鉴而来，未能体现我国本土水生态系统对水环境质量的要求。

3）我国现行流域水环境管理规划缺乏系统性调查与实验，使用的预测模型多直接采用国外相关模型，或者不能获得源代码或者对我国适用性有待验证，缺乏自身开发的适合当地的流域模型。

4）目前我们实行的是目标总量控制，制订地方政府的行政减排目标，减排目标没有与容量总量控制相衔接。

5）目前我国流域监测预警体系建设严重滞后，监测设备和技术落后、监测网络不健全、监测数据应用渠道不畅，缺少预警评估应急功能。

6）目前，我国环境技术评估体系尚不完善，重点行业的水污染防治最佳可行技术没有得到推广应用，环境新技术验证制度尚未建立，环境技术市场缺乏有效技术标准，市场混乱。

7）被动的应急式管理不能有效防范环境事故的发生，缺乏有毒有害潜在生态风险管理。各大流域及地方政府尚未建立水环境质量风险预警体系，这种被动式应急管理不能从根本上排除水环境污染事故的发生，无法避免污染事故对水环境及生态系统可能造成的不可恢复的破坏。

（5）我国现行流域水环境管理的政策法规体系还需健全

我国现行流域水环境管理仍然以行政区划范围内的行政管理为主，由于区域间发展需求和管理要求不同，形成了在同一流域不同地区管理上的差异化，流域管理缺乏协同性和整体性：

1）国际上强化流域管理的通行做法是加强流域立法，而我国有关流域管理的法律法规仍不完备；

2）流域管理也要从单纯行政管理向法律的、经济的多种手段管理转变，建立合理的补偿机制、交易机制与财政政策。

（6）我国现行流域水环境管理的行政职能体现不明确

我国现行流域水环境管理是"一部门为主，多部门协调"的分区域管理（表2-4）（李瑞昌，2008）。纵向上，各级地方政府对环境质量分级负责管理，地方环保部门实行以地方为主的双重领导体制；横向上，环保部门统一监督管理与有关部门分工负责管理，其结果造成区域管理与流域管理脱节。我国主要河流、湖泊等水体的水环境管理还是以行政边界为单元，未考虑基于流域边界的管理思想。在我国水环境管理主体与管理内容方面，存在着管理单元边界被行政区域隔离不完整以及生态系统管理理念未形成的问题。这一管理模式人为地割裂了污染物从源到汇的传输过程，增加了上下游行政区的环境管理难度，未能从流域层面对河流进行统筹管理。

表2-4 我国不同职能部门涉及流域水环境管理方面的职能

名称	环境管理职能	资源管理职能
中华人民共和国环境保护部	负责全国环境保护工作，制定有关环境保护政策和技术标准，监督各级政府对有关政策法令的执行情况	环境评价与监管
中华人民共和国财政部	审批与环境项目/计划相关的国外贷款和国内金融配置	资金审批和划拨
中华人民共和国住房和城乡建设部	城市环境问题，尤其是环境基础设施，如水资源供给、废水处理工厂和对固体废物的管制	城市规划和城市建设
国家林业局	森林保护、植树造林、生物多样性和野生动植物的管理	林业开发

续表

名称	环境管理职能	资源管理职能
中华人民共和国水利部	控制沙土侵蚀、地下水质量，以及在城市外的分水岭管理	水利建设和水资源开发
中华人民共和国国土资源部	土地使用计划，矿产和海洋资源的管理，以及土地的复原；地图绘制和土地清册（即土地所有权）的管理	土地用途规划、审批
中华人民共和国卫生部	监控饮用水的质量以及相关病疫的发生	用水设备检测
中华人民共和国科学技术部	研究开发环境科学和技术的领导机构，负责协调全国各项环境研究计划，包括与国际伙伴的合作	各类技术开发
国家海洋局	管理沿海和海洋水资源，包括海洋生物多样性的保护	海洋资源开发

2.6 小　　结

　　流域水环境管理是流域综合管理中涉及水环境保护、利用及与之相关的经济社会活动而产生的政策、法律、技术等方面活动的统称。我国流域水环境管理是根据环境保护法规制定出集行政、法律、经济、技术和宣传教育于一体的比较完整的环境管理体系，其大致经历了五个阶段：水环境管理与保护意识启蒙阶段、水环境保护管理制度建设阶段、水环境污染加剧和规模化治理阶段、水环境实行综合管理及现代水环境管理体系初步形成阶段、生态文明指导下的水环境管理阶段。但我国的流域水环境管理依然问题重重，现行流域水环境管理体系和管理目标体系、治理技术体系、政策法规体系、行政职能体系等方面还存在综合治理的流域污染防治理念未能体现，存在重污染控制和饮用水安全、轻水生态健康保护等问题。

第 3 章

国外水环境管理发展

3.1 美国水环境管理简介与框架

3.1.1 美国水环境管理体制概况

美国环境保护局（US Environmental Protection Agency，US EPA）成立于 1970 年，下设 12 个平行的管理机构，包括资源管理机构、大气环境和放射物管理机构、财政主管机构、研究发展管理机构、固体废物管理机构以及水管理机构等。目前有 9 位副局长和多个职能办事处，会同 10 个地区办公室一起负责向局长汇报。

水管理机构作为一个独立的体系负责整个美国的水资源保护与开发、饮用水供给与安全管理、污水排放管理、水科学技术研发以及水环境治理与保护等方面的工作。作为 US EPA 下设的管理机构之一，水管理机构下设水办公室、研究发展办公室、执法与守法办公室、US EPA 地区办公室及提供支撑服务的其他机构（包括行政长官办公室、法律顾问办公室、行政办公室、总财务长办公室和监察处）。

其中，水办公室负责出台与 US EPA 水务相关的政策、方针和指南，包括水质保护、饮用水保护、废水处理、湿地保护、江河湖海水保护和其他相关计划。水办公室下设 5 个独立办公室：

1) 地下水和饮用水办公室；
2) 科学技术办公室；
3) 废水处理办公室；
4) 湿地、海洋和流域办公室；
5) 美国印第安环境办公室。

US EPA 按水域将整个美国划分为 10 个分管区，每个管辖区设置各自的水管理体系，美国是联邦制国家，水资源属各州所有，美国水管理基本上以州为单位进行，联邦政府制定全国统一的水质目标、政策和排放标准，并由州政府实施新管理体制，州可制定更为严格的环境标准。换言之，该法确定了联邦政府在制定国家水环境目标、水环境政策、基本管理制度和环境法规实施方面的主导地位，同时承认州和地方政府在环境法规实施方面的重要地位。

美国在水环境管理方面有两部主要的联邦水法——《安全饮用水法》和《清洁水法》。前者涉及的范围包括饮用水、地下水排放和向公众提供饮用水的水系；后者与《安全饮用水法》对地表水排放污染源进行管理，支持废水处理厂的建立及保护地表水。《安全饮用水法》作为独立法律重点关注与饮用水相关的公共健康，而《清洁水法》的目标比较广泛，包括饮用水、养殖用水和娱乐用水。本书主要涉及流域地表水管理，因此，重点介绍美国《清洁水法》的建立与主要内容。

3.1.2 美国水环境管理简史

3.1.2.1 《清洁水法》的立法背景及发展历程

美国的《清洁水法》是1977年对1972年《联邦水污染控制法》的修订案，它制定了控制美国污水排放的基本法规。《清洁水法》的目的是恢复和维持国家水域化学、物理和生物成分的完整性。《清洁水法》制定主要分三个阶段（美国环境保护局，2010）：

(1)《清洁水法》的酝酿时期（1965年以前）

1948年以前，美国水质保护的联邦法律仅有三部：第一部联邦法律是1899年国会通过的《废料排放法》（Refuse Act）（1899年）；第二部联邦法律是1914年制定的《公共健康标准》（Public Health Service Standards，PHSS）；第三部联邦法律是1924年颁布的《石油污染控制法案》（Oil Pollution Control Act，OPCA）。

意识到污水对人类健康和财产产生的威胁后，美国国会于1948年颁布了《联邦水污染控制法》（Federal Water Pollution Control Act，FWPCA），目的是"提高水资源的质量和价值，制定预防、控制和减轻水污染的国家政策"。《联邦水污染控制法》及其修订案给予联邦管制水质的基本权限。该法与其若干个修正案共同构成了美国水污染防治的主要法律文件，也是美国水环境标准制定与实施的最初法律渊源。1956年的修订案又增加了强制性条款。

(2)《清洁水法》的成型时期（1965~1980年）

1965年美国国会通过的名为《水质法案》（Water Quality Act，WQA）的《联邦水污染控制法》修正案，使环境治理发生了根本改变。该法的核心是制定水质标准，并且强制执行，该水质标准成为各州制定水质标准的基础，要求各州确定辖区内水体的使用功能、制定相应的水质标准和实施计划。该修正案首次采用直接以水质标准为依据进行水污染管理的方法，虽然进一步扩大了联邦政府的权限，但是在水污染控制方面收效甚微。

1972年，美国国会对《联邦水污染控制法》再次修订。在技术层面上，该修订案采用以污染控制技术为基础的排放限值和水质标准相结合的管理方法，改变了过去纯粹以水质标准为依据的管理方法；在管理层面上，该修正案对水污染控制的权限进行重整，重新构建了水污染控制的机构，加强了行政机关在环境机构中的权威性，加大了US EPA的管理权限。简而言之，本次修订继续强化对水质控制的要求，增加了对技术和战略控制内容的要求。

该法1977年修订，被美国国会命名为《清洁水法》。该法加强了对有毒物质的控制，规定有毒物质排放必须达到基于最佳使用技术的标准。《清洁水法》授予US EPA建立工业污水排放标准，并继续建立针对地表水中所有污染物水质标准的权力。《清洁水法》通过"国家消除污染排放制度"（National Pollutant Discharge Elimination System，NPDES）中的许可规定，建立了一个由联邦政府制定基本政策和排放限值并由州政府实施的管理体制，加强了联邦政府在控制水污染方面的权力和作用。

(3)《清洁水法》的完善时期（1980年至今）

1987年美国国会对《清洁水法》进行了重大修改。其中，第319、402、404条是控制径流污染的重要工具。1987 修正案重新给《清洁水法》对有毒物质、公民适用条款和根据标准的建设计划资助污水处理设施等进行授权。该修正案使 US EPA 可以委托各州政府执行多种许可程序、行政管理和强制执法的各种任务；在各州实施《清洁水法》各项计划的同时，US EPA 仍然保留其监督的权力。修正案还要求各州对其所辖范围内的水体进行识别，确定尚未达到有毒物质标准的水体，并且各州应对此类水体确认负有责任的排污者，以制定针对每一水体的控制战略。美国最近一次修订《清洁水法》是在 2002 年，将《北美五大湖遗产法》的有关内容纳入《清洁水法》框架，规定了五大湖沉积物污染修复工程及投入的资金。

3.1.2.2 《清洁水法》的重要意义

《清洁水法》在水环境管理领域产生了巨大影响。该法案致力于规范向水体排放的污染物，恢复和保持国家水体化学、物理和生物的完整性。该立法目的明确，将生态目标放在第一位。《清洁水法》的最大贡献是设置了一个强制执行的配套计划，即"国家污染物排放削减制度"计划，该计划授权 US EPA 或执行计划的各州政府给点源污染者颁发排污许可证，并要求所有的点源排放都必须遵守许可证规定的排放限制标准和污染排放时间表，否则将被认定为违法。美国最初的排污标准大多是基于技术的标准，它需要某些特定技术的合法应用，以易于执行和监督。随着点源污染对水体的影响日益突出，排污标准逐渐由基于技术的标准向更严格的基于水质的标准转化。《清洁水法》第 303 条要求水质不达标的州制订"最大日负荷总量"计划。

3.1.3 美国《清洁水法》的主要内容

《清洁水法》在整个美国水污染控制法律体系中居于主要地位，主要部分有直接向水体排放的许可证计划，非直接向水体排放的控制计划，当国家标准不能满足水体质量要求时所制订的进一步控制污染物的计划，非点源污染的控制计划，保护湿地的许可证计划（美国环境保护局，2012）。其主要内容见图 3-1。

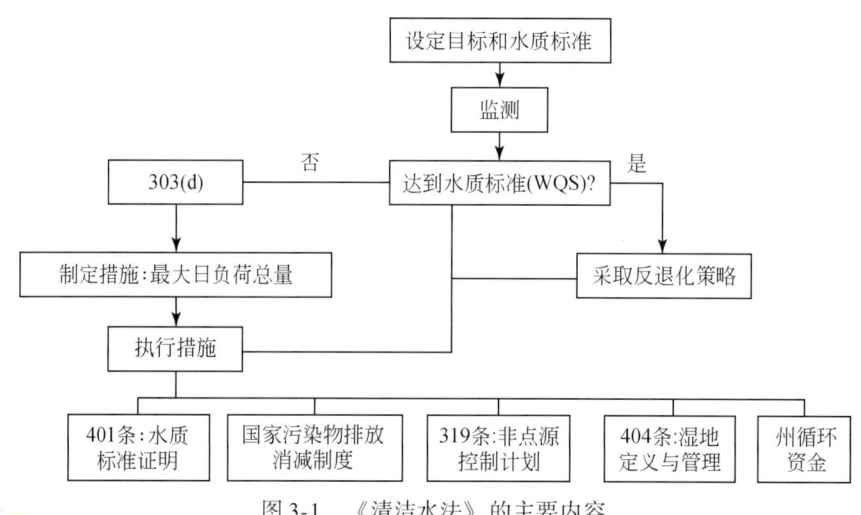

图 3-1 《清洁水法》的主要内容

(1) 水质标准

美国的地表水水质标准是基于"保护水生生物和涉水人群健康"为指导方针。没有全国统一的水质标准，US EPA 只是负责建立各类水质基准。US EPA 同时负责制订饮用水水质基准，主要依据健康风险评估数据。水质基准不是法定标准，各州根据 US EPA 提供的水质基准并结合水体具体功能制定各州和流域的水质标准，即水环境质量标准。

(2) 水环境监测

水质监测工作是市场化运行方式，任何有资质的监测机构均可申请承担监测工作，检测人员必须经过专门培训，持有合格证书。各州监测机构的资质认证由州卫生部门负责。各州的地表水环境监测工作由区域水质控制委员会组织开展，包括确定监测点位、监测项目和频次，并将监测报告提交给州水资源管理委员会。全州的水环境状况报告由州水资源管理委员会编制公开发布，并上报给州政府、US EPA。根据联邦政府要求，全州的水质状况每 2 年发布 1 次。

(3) 最大日负荷总量计划

最大日负荷总量（total maximum daily loads，TMDL）计划：在满足水质标准的条件下，水体能够接纳的某种污染物的最大日负荷量。TMDL 计划的制订及实施步骤主要包括：

1）依据水质标准或水体指定使用功能等评估目标水体水质状况，识别水质目标限制水体是否仍需要实施 TMDL。

2）根据对所有污染控制措施的综合考虑，考虑水体的污染程度、使用功能的条件，对目标水体进行优先控制排序。

3）确定 TMDL 计划，包括：①污染物的筛选；②水体同化容量的估算；③通过各种途径排入目标水体污染物的总量估算；④水体污染的预测性分析，确定水体允许的污染负荷总量；⑤在保证水体达到水质标准的前提下，同时考虑安全临界值，将水体允许的污染负荷分配到各个污染源。

由 US EPA 及各州执行 TMDL 计划，包括更新水质管理计划，根据计划中制定的点源和非点源污染负荷分配目标执行两者的控制措施。

评价是否满足水质标准，包括获得 TMDL 计划实施过程中的实地监测数据，编写评估报告等。

(4) 国家污染物排放消减制度

国家污染物排放消减制度（NPDES）实施的核心是排放标准向许可证排污限制转化。许可证制度（图 3-2）是以技术为基础的排放标准限制和以水质为基础的排放总量限制。其中，基于技术的排放限制主要针对工业污染源和市政污染源。

1）针对工业污染源制定排放限制导则和预处理标准。排放限制导则细分为基于针对现源常规、有毒和非常规污染物排放的最佳实用技术（best practicable control technology，BPT）的排放标准（最低标准）；基于针对现源有毒、非常规污染物排放的最佳可获得技术（best available technology，BAT）的排放标准（所能达到的最好的水污染控制技术）；基于针对新源常规污染物排放的 NSPS（new source performation standard）技术的排放标准。预处理标准细分为禁排标准、行业预处理标准和地方标准。

2）针对市政污染源采用二级处理标准或者等价于二级处理的标准。基于水质的排放限制主要采用最大日负荷量体系，以期达到对污染源排放的限制。

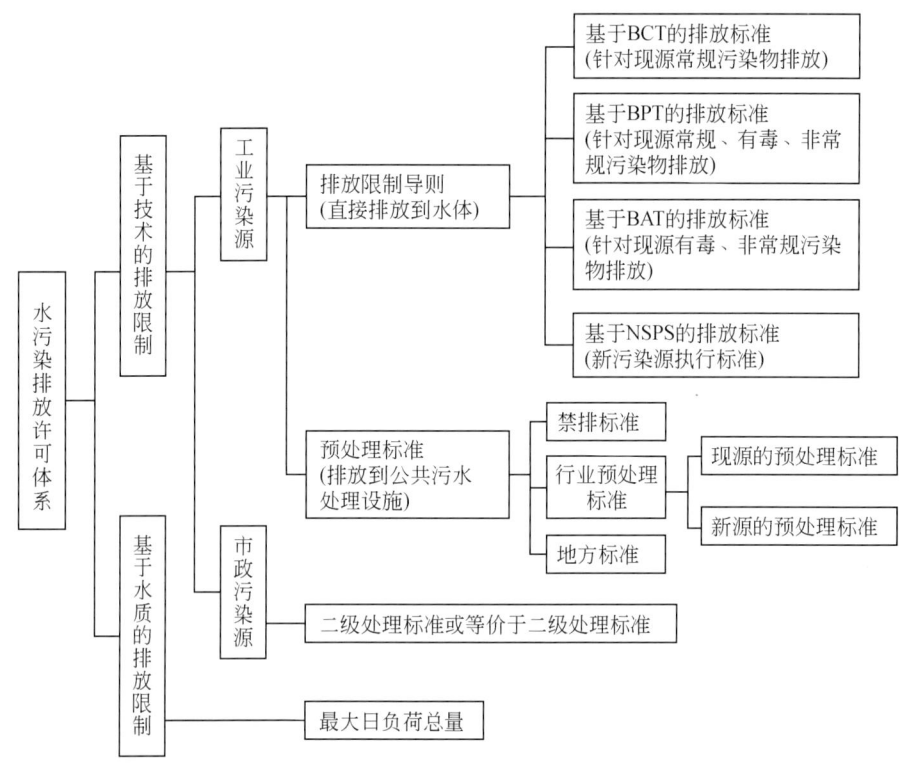

图 3-2 美国水污染排放许可体系

3.2 欧盟水环境管理简介与框架

3.2.1 欧洲水环境管理法规的形成背景

(1) 早期立法（1975~1987年）

欧洲早期的水立法即第一批立法，始于1975年，它为提取饮用水的河流和湖泊制定了标准，以1980年为饮用水制定了具有约束力的质量目标作为节点。它还包括养鱼用水、贝类用水、洗浴用水和地下水的质量目标法规。它控制排放的主要法规是危险物质法令。

(2) 应对城市废水和农业污染（1988~1994年）

1988年召开的法兰克福部长级水论坛对有关的法规进行了审查，确定了诸多需要改进的地方以及可以弥补的缺陷。这促成第二阶段的水立法工作，它的第一个成果是1991年通过的城市废水处理法令，该法令对二级污水处理及必要时进行更为严厉的处理进行了规定。硝酸盐法令用于解决由来自农业的硝酸盐引起的水污染问题。

(3) 欧洲新水政策

1996年通过综合污染及预防控制法令（IPPC），用于解决大型工业设备的污染问题。1998年通过新的饮用水法令，对质量标准进行审核，并对必要时更加严格地执行质量标准进行了规定。实质上，从1995年开始，要求从根本性重新考虑欧共体水政策的压力到了关键阶段。1996年，欧盟委员会认为需要一个单一的框架法规解决水环境管理问题。为此，欧盟委员会提交了一份包括下列主要目标的水框架法令建议：
1）把水保护的范围扩大到所有的水；
2）设置最后期限，使各类水处于良好状态；
3）进行流域水资源管理；
4）采取排放限值和质量标准结合的方法；
5）制定合适的水价；
6）让市民更紧密地参与其中；
7）简化法规。

3.2.2 《欧盟水框架指令》简介

欧洲议会和理事会于 2000 年颁布实施了《欧盟水框架指令》（*Water Framework Directive*，WFD）（格里斯菲，2008）。WFD 从流域区域（river basin district）尺度，强调水环境管理要综合所有水资源、水利用方式及价值、不同学科及专家意见、涉水立法、生态因素、治理措施、利益相关者意见和建议及不同层次决策等诸多因素，要加强政策、措施制定及实施的透明度，鼓励公众参与，并给出流域水环境管理的基本步骤和程序。相比前两批水立法，WFD 的总体目标是保护水生态良好（good status），进而从根本上满足动植物保护及水资源和环境的可持续利用。因此 WFD 比以前的欧盟水立法有显著改进，标志着欧盟水政策进入综合和全方位管理的新阶段。

(1)《欧盟水框架指令》总体目标

WFD 明确了水环境保护及水资源管理的总体目标，即所有水体于 2015 年实现良好的水生态状况，具体包括以下主要方面：防止所有地表、地下、人工及严重改变水体的水生态状况进一步恶化，并对其进行保护、改善和修复，于 2015 年实现良好的水生态状况或水生态潜力（ecological potential）；防止或限制污染物进入地下水体，预防因人类活动而导致的污染物浓度显著、持续升高，并保证地下水量的抽取及回补平衡；所有划定的保护区域，其水体必须于 2015 年严格满足所有水环境质量标准和目标的要求；逐步降低优先控制物质造成的水污染，禁止或逐步淘汰优先控制危险物质的排放；如果一个水体具有多重保护目标，亦即其具有多重用途，则按照最严格的目标进行保护。此外，WFD 还明确规定，如果存在经济技术不可行或洪水等不可抗力的自然因素影响，那么成员国可以对水环境保护目标的期限要求进行适当调整，但调整不能影响相邻水体保护目标的实现，而且调整内容及其原因都要在流域管理计划中列出并适时进行评估。

(2)《欧盟水框架指令》核心理念

WFD 水环境管理的核心理念之一是生态保护，为此要求在欧洲生态区的基础上进行河流分类，将水体分为河流、湖泊、过渡水体、海岸水等 4 种类型，确定水体类型的生态评价方法，以评价保护目标的实现程度，要求围绕水生态保护为目标，实施一系列措施进行治理和保护。

WFD 水环境管理的核心理念之二就是综合，这一理念涉及上下游、不同形态污染物、不同管理措施、环境目标、水体类型、利用途径、制度建设与公众参与等多个方面的综合，具体包括：

1）环境保护目标的综合，综合物理化学质量、生态状况和水量等多重因子，保证所有水体良好的生态状况；

2）所有类型水体的综合，将地表水体、地下水体、湿地、人工水体、严重改变水体、过渡水体及近岸海域综合到一个流域区域的范围进行统一管理；

3）涉水立法的综合，将水环境管理综合到一个连贯的、共同的法律框架；

4）将水的利用、功能和价值综合到一个共同的政策框架体系；

5）评价目前水管理面临的压力及其对水生态的影响，确定实现环境目标最经济有效的措施；

6）综合与流域可持续发展相关的所有管理和生态因素，包括排放限值、质量标准及危险物质淘汰等联合控制方法和WFD框架之外的洪水及干旱防治、海洋环境保护等内容；

7）综合包括经济手段在内的相关措施，形成共同的管理方法，要求综合成本回收、社会经济发展状况、不同用户之间的平衡等因素，建立透明的用水服务价格机制；

8）综合利益相关方到决策过程中，完善流域管理计划的制订和实施；

9）综合成员国、流域区域及地方等各级政府对水管理的决策，实现水资源及环境的高效管理；

10）综合欧盟现有成员国及（或）将来各成员国的水管理方案、措施及行动，开展跨国界流域管理。

(3)《欧盟水框架指令》行动时间表

《欧盟水框架指令》为欧洲提供了一个清晰的行动计划表，见表3-1。《欧盟水框架指令》允许在6年周期的基础上运行3个规划周期，第二轮和第三轮周期的评估和规划在第一轮规划实施之后。WFD处在强大的监管之下，这样就可以通过一种务实的方法逐步实现规定的目标。

表3-1 《欧盟水框架指令》时间表（改编自水研究基金会）

完成时间	需要采取的行动	对应的指令条款	概述
2000年	《欧盟水框架指令》开始生效	第22、25条	成员国用3年的时间进行准备
2003年	将要求转换为国家立法 确定流域分区与主管机构	第3、23条	
2004年	确定流域特性：压力、影响及经济分析	第5条	用6年的时间分析问题并编制流域管理规划
2005年	确定地下水污染的主要趋势	第17条	
2006年	确定环境监测程序 公布编制首次流域管理规划的工作程序并就此提供咨询 确定地表水环境质量标准（EQS）	第8、14、16条	
2007年	向欧盟委员会报告监测程序 公布并咨询每个流域的重要水管理问题（SWMI）	第14条	
2008年	公布并咨询流域管理规划（RBMP）初稿	第14条	
2009年	公布每个流域的第一个流域管理规划 确定每一流域的措施计划（POM）以实现环境目标	第11、13条	

续表

完成时间	需要采取的行动	对应的指令条款	概述
2010年	向欧盟委员会报告流域管理规划和措施计划 引入水价政策	第9条	用3年的时间使措施计划就位
2012年	保证所有措施计划完全付诸实施 汇报实施第一个流域管理规划的进展情况	第11、15条	
2013年	审查流域管理规划第一周期的进展情况	第4条	用3年的时间实现规定的目标
2015年	第一个流域管理规划规定的主要环境目标是否实现 审查与更新第一个流域管理规划	第13~15条	下一个规划、咨询与实施的6年周期
2021年	第二个流域管理规划规定的主要环境目标是否实现 审查与更新第二个流域管理规划	第4、13~15条	下一个规划、咨询与实施的6年周期
2027年	第三个流域管理规划规定的主要环境目标是否实现 审查与更新第三个流域管理规划	第4、13~15条	

(4)《欧盟水框架指令》关键原则

1）基于结果的管理：WFD为各成员国实现得到一致认可的共同环境结果提供基础，因此指令并不描述过程或结果是"如何"取得的。WFD的设计是为了帮助成员国以最经济有效的方式实现结果。

2）综合方法控制污染排放，环境标准及不退化：WFD利用一种综合的管理方法来保证实现已被认可的目标，还为水体设定了环境标准，而要做到这点，排放许可必须充分发挥保护作用。另外一种措施就是不退化的概念，这意味着排放物的质量或接受排放的环境的质量必须得到保持或改进。

3）风险评估：基于对流域的压力与影响所进行的结构化风险评估，确定需要采取的行动。如果肯定或可能不能在2015年实现目标时，就需要采取行动。

4）预警方法：谨慎合理地利用自然资源需要基于预警原则，采取预防性行动的原则，对破坏环境的行为要从源头上予以纠正的原则和谁污染谁付费的原则。

5）转换为成员国法律：WFD规定了成员国采纳《欧盟水框架指令》的时间表，这样可以保证每一成员国具有清楚的司法权，并且建立了实现目标的框架。每个成员国实现共同目标的机制可以有所不同。

6）指定有能力的主管机构：欧盟提出由有能力的主管机构来负责执行欧盟指令，保证WFD的实施和相关的流域管理行动有清楚的问责，公众也清楚是谁的责任。实施WFD的资金由主管机构安排。

7）流域的确定：WFD要求成员国在其境内确定独立的流域并进行相应的行政安排。如果河流跨越成员国的边界或非欧盟国家的边界，则制定特殊规定来优化管理。

8）6年规划周期与明确的时间表：水资源战略规划是一个长期过程，需要跨越25~30年的时间。然而，这些战略规划需要约6年的实施和审查周期，以便取得进展、推动改进。

9）环境保护的综合方法：进行有效的流域管理需要采用多学科的方法。理想的情况是一家机构（通常是主管机构）能够集中多学科的专长，如果不可能做到，则需要建立密切的部门间合作。

10）简化审议现有法规：世界各国政府越来越认识到法律结构与规定日趋复杂并重叠，不适应当前的需要。许多国家简化规定的行动旨在减轻工业的负担，使规定简化，注重结果，而非过程。

(5)《欧盟水框架指令》措施计划

在通过监测确定流域内水体的状况后，成员国必须使用这些信息来制订综合措施计划（或改进计划）以达到环境目标，特别是该流域内"良好水体状态"的要求。作为流域管理规划的一部分，制订了这些计划，在最后的一份规划中制订措施计划和监管干预制度，这样就可以在每个水体中达到议定目标。

《欧盟水框架指令》允许采用监管组合方法来达到议定目标。具体来讲，这些措施分为基本措施和补充措施。强制性基本措施包括满足其他相关指令要求、排放许可证要求以及取水要求。当基本措施不足以实现环境目标时采取补充措施。补充措施在指令的附件中作了规定，列出了改善水体状况的部分可能方法，包括经济手段、谈判协议、修复项目、研发等。图 3-3 显示了措施计划的结构。对监管制度（许可证、执照等）和可利用的非监管制度（自愿协定、合作伙伴、教育、征税等）的透彻理解对实现《欧盟水框架指令》目标至关重要。

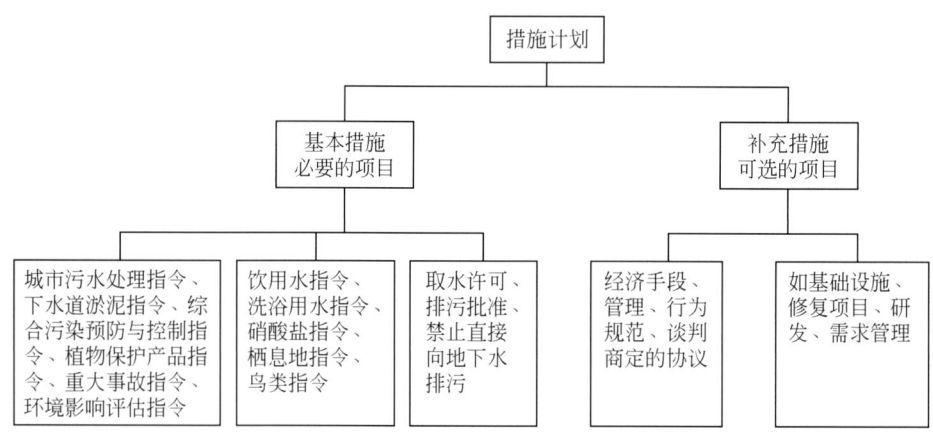

图 3-3　《欧盟水框架指令》措施计划的结构

3.3　国外水环境管理的启示

欧美水环境管理的成功经验可被简单归纳为：管理立法体系健全，管理目标具体明确，管理体制合理。

3.3.1　环境立法的启示

1）通过规定严厉的刑事责任保证企业排污申报制度的有效运转；
2）建立企业员工保护制度，鼓励员工揭露企业违法行为；

3）实施环境审计政策，鼓励企业通过自查发现并纠正违法行为；
4）建立"按日计罚"的处罚制度和黑名单制度，加大企业的违法成本。

3.3.2 水环境管理制度的启示

1）流域范围内水环境管理制度：按照流域即自然地理和水文单元而非根据管理或行政界线进行管理。

2）水环境管理目标协调：在欧洲，其主要目标包括：对水生生态系统进行一般性保护；对独特的、有价值的栖息地进行特殊保护；对饮用水源进行保护；对洗浴用水进行保护。在流域内，生态保护目标适用于所有类别的水体，后三个目标适用于流域内的特殊水体。

3）综合源头控制和水质目标管理完善：水框架法令将这种综合方式正规化：源头控制作为流域内要采取的基本措施，要求必须实施所有现成技术驱动的源头控制。此外，需要对风险进行优先顺序排列，列出优先物质清单，制订一套最为经济的措施，通过生产和加工的源头控制，使这些污染物负荷降低。

4）流域水环境管理计划详尽：流域管理计划要有详尽的说明，确定可行的时间表。

5）积极的公众参与：确定最适当的措施，实现流域管理计划中的目标，平衡各团体的利益，扩大公众参与程度。

3.4 小 结

本章介绍了美国水环境管理发展历史，重点介绍了《清洁水法》的立法背景、重要意义和主要内容。本章还介绍了《欧盟水框架指令》的总体目标、核心理念、行动时间表、关键原则和措施计划等内容。欧美水环境管理的成功经验可被简单归纳为：管理立法体系健全，管理目标具体明确，管理体制合理。比较国外水环境管理经验，我国水环境管理制度应该实行：流域范围内水环境管理制度、水环境管理目标相互协调、综合源头控制和水质目标管理完善、流域水环境管理计划详尽、积极的公众参与。

第 4 章

流域水质目标管理综述

4.1 流域水质目标管理的内涵

顾名思义,流域水质目标管理是以水质目标为基础的管理技术模式,根本目的是要保护生态系统健康和人体健康(孟伟等,2006,2007)。

世界各个国家都以水质目标作为环境管理的基础。例如,美国《清洁水法》规定"恢复和维持美国水体的化学、物理和生物完整性"(孟伟,2006),并在此基础上实施流域最大日排放负荷计算和基于水质的排污许可证管理(US EPA,1996)。《欧盟水框架指令》规定"所有水体于2015年实现良好的水生态状况",在此基础上实施了流域生态系统综合管理措施(European Union,2000)。

我国水环境保护以"防治水污染,保护和改善环境,保障饮用水安全,促进经济社会全面协调可持续发展"为保护目标。虽然长期以来一直关注污染排放,但是在法律法规、标准和技术上对水质目标缺乏明确的规定,造成污染物排放控制与水质目标相脱节,未形成以水质目标保护为核心的管理技术体系。

因此,流域水质目标管理是在我国现行水污染物排放总量管理制度的基础上进一步发展形成的,强调以水生态系统健康为水环境质量目标要求,以先进的、规范的技术方法体系为支撑,建立一种以水质目标为基础的水环境管理技术体系。

4.2 流域水质目标管理的主要制度

流域水质目标管理主要是根据以下要求,建立其相应的管理制度:

1)如何科学确定流域水质目标?根据"分区、分类、分级、分期"的管理要求,通过实施水生态功能分区、水环境质量基准、水环境质量评价等技术科学确定水质目标,实现水环境质量的科学管理。

2)如何保障流域水质目标有效实施?要求采取以环境质量倒逼污染排放的水环境容量总量控制,实施基于水质的控制单元排污许可证管理机制。

3)如何减少流域水质目标的潜在风险?构建流域水环境风险预警平台,形成突发和累积两种潜在风险的预防管理机制。

综上所述,流域水质目标管理是质量管理、风险管理和总量控制三位一体的管理模式(图4-1)。

质量管理	划定水生态功能区，识别主要生态服务功能，制订适宜的水环境基准标准，实施流域生态承载力调控，恢复水生生物多样性
风险管理	完善水环境监测技术，构建风险评估与预警体系，形成突发性和累积性风险预警和应急能力
总量控制	根据水环境质量标准，实施污染物排放容量总量控制，确定各类污染源允许排放负荷，实施最佳污染治理技术，建立排污许可管理体系

图 4-1　流域水质目标管理模式

4.3　流域水质目标管理遵循的主要原则

（1）水生态完整性保护优先原则

水生态系统是由水生生物群落与水环境共同构成的具有特定结构和功能的动态平衡系统，不仅为水生生物提供栖息地，对地球的环境具有重要的调节作用，而且也与人类的生存生活密切相关，为人类提供水资源和水产品（唐克旺，2013）。总的来说，水生态完整性是物理、化学和生物完整性之和，是与某一原始的状态相比，质量和状态没有遭受破坏的一种状态。

生态系统完整性的研究已成为当前生态学研究中的一个热点问题。生态系统完整性作为公共政策的基本原则，已经在许多国家区域生态系统保护中作为重要的原则被提出和采纳，有力地支持了资源管理和生态环境保护。

20 世纪 80 年代以来，越来越多的国家开始实施以流域为基本单元的水环境管理，流域水生态系统管理逐渐成为主流的管理模式，其理念强调水环境污染控制向水生态系统完整性保护转变。例如，1972 年，美国的"清洁水行动"目标为"恢复和维持国家淡水的、化学的、物理的和生物的完整性"，第一次用"生物完整性"来描述淡水生物系统的状态，以替代水化学指标，测量污染排放和土地利用对水环境的影响。美国于 1985 年修改《清洁水法》，开始实施流域 TMDL 战略；欧盟在 2000 年通过《欧盟水框架指令》，在其 29 个成员国与周边国家实施流域综合管理，明确提出要以水生态区和水体类型为基础评估水体的生态状况，从而确定水生态系统健康恢复目标的保护原则（European Union，2000）。

（2）"分区、分类、分级、分期"原则

我国地理区域幅员辽阔，流域水生态系统类型表现出显著的地理分布差异，社会经济发展具有显著的阶段差异性，生态功能以及环境问题都有所不同。把自然资源按其生态系统的分类和分区，针对每一个生态区域和系统特点制定相应保护措施和合理的可持续经济发展、利用规划，这在科学上已成为被广泛接受的理念。

实行"分区、分类、分级、分期"管理是国际上水环境管理的最佳模式（孟伟，2006）。

1）分区是指基于流域水环境生态系统的特征差异，有针对性地制订水环境保护方案。分区包括流域分区、生态功能分区和行政分区三种类型。

水生态功能区是流域生态系统管理的基本单元，在环境管理中具有如下作用：①了解各地区水生态系统基本特征与水生生物分布状况；②识别水生生境特征及主要生境功能区；③开展水生态健康评价与问题诊断的基本单元；④明确水生态功能类型及其重要性，确定水生态系统保护目标；⑤实施水环境基准的基本单元；⑥研究人类活动对水生态系统的影响，制订针对性的资源利用、水生态保护与修复措施。

2) 分类是指明确流域的优先控制目标污染物，针对不同类型污染物制订不同的污染控制方案（表 4-1）。

污染物可以根据结构、毒性、功能要求和降解特性等进行分类。根据污染物的结构和组成，可以分为合成有机物、金属、无机物和卫生学指标等；根据污染物的毒性特点，可以分为常规污染物（含氮、磷营养盐）与优先控制污染物；根据污染物对水体生态功能与资源用途的影响作用，可以分为淡水水生生物保护、海水水生生物保护、人体健康保护等方面的控制污染物；根据污染因子的降解特性，可以分为保守物质（包括重金属、难降解有毒有机物质等）和非保守物质（包括 COD、NH_3-N 等）。

表 4-1 不同类型污染物质的控制措施

污染物质类型	排放标准控制	总量控制	备注
禁排有毒有机物质	零排放	否	POP 类
限排有毒物质	是	讨论	重金属等
常规污染物质	是	是	COD、NH_3-N 等
营养物质	是	是	总氮、总磷
卫生学指标	否	否	粪大肠杆菌等

3) 分级是指基于水体功能差异性以及与其相适应的水环境质量标准体系，实施水环境质量的不同级别管理。

水体往往具有饮用水、休闲用水、捕鱼、水生生物栖息地、农业用水和工业用水等多种分类，不同功能水体对水体污染程度要求不同，因此，需要制定不同级别的水质保护目标。

我国正是依据地表水域使用功能和保护目标实施分类水质管理，将水体划分为 5 类功能区，即自然保护区、饮用水源地、渔业、工业和农业等水域（王超，2002）。按照高功能区高要求、低功能区低要求的原则，分别赋予 Ⅰ~Ⅴ 类水质标准，水域功能类别高的标准值严于水域功能类别低的标准值。但是我国的水质标准体系不够健全，尚不能支持水体功能的保护。

迄今为止，我国还未系统地组织开展过环境基准的理论研究，未建立适宜于我国水生态系统保护的水质基准体系，对基准在标准体系中的作用也缺乏足够重视。由于水生生物区系具有地域性，代表性物种不同，其他国家的水质基准不能够完全反映我国水生生物保护的要求。如果参考其他国家的水质基准制订我国的水质标准，将会降低我国水质标准的科学性，导致保护不够或过分保护的可能性。

4) 分期是指通过分析水污染防治与社会经济技术发展水平的相适应性，实施与社会经济发展同步的污染防治阶段控制策略。图 4-2 是欧盟污染防治分期实施布置。

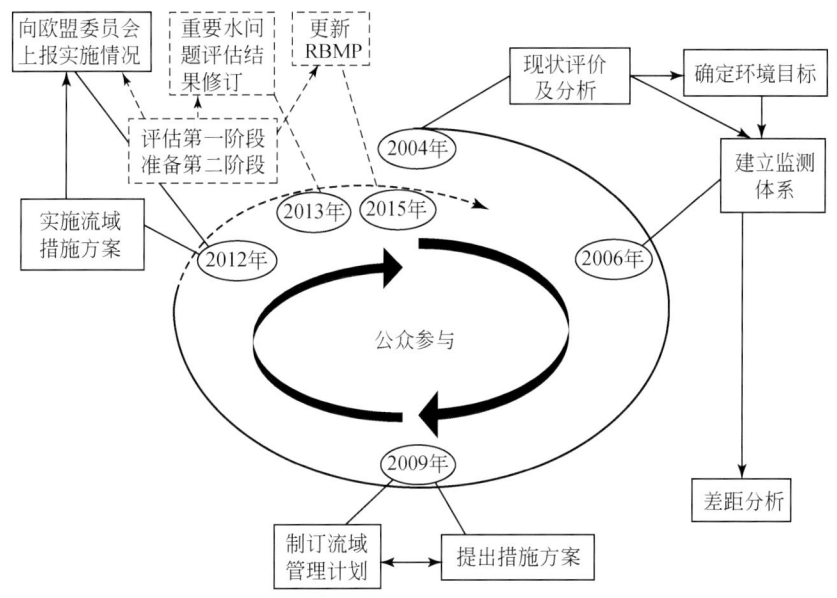

图 4-2 欧盟污染防治分期实施布置

（3）流域综合管理原则

流域水环境管理需要流域生态系统将山水林田湖作为整体考虑，明确意识到"人的命脉在田，田的命脉在水，水的命脉在山，山的命脉在林，林的命脉在土"，通过综合考虑流域各种生态系统、人类社会等因素，在流域环境承载力和生态系统完整性的框架下进行系统优化，实现水土资源管理、污染控制措施、生态保护与修复工程的优化组合，才能实现我国投资的最小化和效益的最大化，才能够实现我们所追求的生态文明建设目标。

1）环境保护目标的综合。综合物理化学质量、生态和水量等不同管理目标，保证生态系统的完整性，将其作为国家的目标。

2）所有类型水体的综合。将地表水体、地下水体、湿地、人工水体、严重改变水体、过渡水体及近岸海域综合到一个流域的范围进行统一管理。

3）所有生态系统类型的综合。要将流域自然生态系统（森林、草地）、水域生态系统（湖泊、河流）、人类社会系统（农田、城镇）等综合在一起，实现生态系统的协调共处。

4）水体功能的综合。综合水的利用、功能和价值，将水的利用、功能和价值综合到一个共同的政策框架体系，涉及环境用水、人类健康和生活用水、经济发展用水、交通用水和娱乐用水等多个方面。

5）学科的综合。综合不同学科的研究成果和专家意见，评价目前水管理面临的压力及其对水生态的影响，确定实现环境目标最经济有效的措施。

6）管理措施的综合。综合与流域可持续发展相关的所有管理和生态因素，包括质量标准、排放标准、总量控制、风险管理、区域限批及危险物质淘汰等联合污染控制方法，以及水资源利用、水利工程优化、景观格局优化、产业结构调整、其他水体环境保护等内容。综合相关措施，形成共同的管理方法。

7）涉水立法的综合。将水管理综合到一个连贯的、共同的法律框架上，实现水法、水污染防治法等法律的协调。

8）规划的综合。制订统一的流域保护规划，涵盖环境保护、水土资源利用等内容，规划计划相协调，规划任务明确，再分别由负责部门实施。综合利益相关方到决策过程中，完善流域管理计划的制订和实施。

9）部门和政府的综合。综合各个部门、流域区域及地方各级政府对水环境管理的决策，实现水资源及水环境的高效管理。

（4）承载力原则

在现有的技术水平上，流域生态系统所能够提供的生态产品能力是有限的，不可能给人类提供无尽的服务和产品。因此，人类发展要尊重流域自身所具有的水生态承载力能力，才能够实现可持续发展（彭文启，2013；王西琴，2011）。水生态系统具有一定程度的结构与功能稳定性，既可缓解经济社会作用的各种压力与扰动破坏，又可最大限度地保障水生态承载力的正常调节作用及功能发挥。维持物理、化学、生物完整性的水生态系统，即良好的水生态状况，是流域经济活动可持续发展的前提。

流域水生态承载力是一类复合承载力，包括水资源承载力、水环境承载力、栖息地环境承载力等，但并非这些承载力的简单加和，而是反映限制条件不断递进，反映时空异质性不断加强的关系。其中，水资源承载力主要反映水量的支撑作用，表现为"量"的限制（周亮广，2009）；水环境承载力主要反映水质的限定作用，主要强调最差时段的限制作用，表现为"质"的限制（赵卫，2007）；栖息地环境承载力按照水生生态系统完整性保护要求，以水生生物保护为基点，在"量"和"质"基础上，借助水生生物栖息地质量需求的限制作用，密切与自然水文情势的关系，具有与时序密切相关的特征，可以表现小尺度的空间分异性和全时段的时间分异性，总体上表现为"量、质、序"的递进限制。

由于流域水生态系统具有显著的时空异质性特征，因此决定了与流域水生态承载力有关的限制条件具有高度的时空异质性。同时，不同发展阶段，人类对流域水生态系统的要求也不同，如水生态保护目标的高低随着时间的变化而呈现出动态性。因此，"分区、分期"属性是流域水生态承载力的固有属性。经济社会的人类活动应依据流域水生态承载力时空差异合理布局，以最大限度地实现水生态系统与经济社会发展的协调。

4.4 流域水质目标管理与现行水环境管理模式的区别

1）在流域水质目标质量管理中，强调生态保护理念，强调反退化原则、强调将生态系统健康作为保护目标。我国当前将保护饮用水安全和水体使用功能作为管理目标，忽视了水生态系统健康保护。水生态系统作为水环境最直接的受体，对水环境污染反应最为敏感，最能反映流域整体污染状况。对其实施保护，潜在地保护了饮用水安全与水体使用功能。

2）在流域水质目标风险管理中，强调不仅对突发性风险事故的预防和应急，而且强调对累积性生态风险的防范，以预防和规避风险为目的，实施主动性管理。长期以来，我国都是被动应对突发性风险，没有建立起风险预警平台，未能实现主动性管理；对潜在风险源缺乏有效监控，特别是缺乏污染源有毒污染物排放的风险管理制度。

3）在流域水质目标总量控制中，强调以质量倒逼污染控制，强调以水生态承载力和水环境容量为基础，发放排污许可证，实施污染物容量总量控制。我国当前实施的总量控制，就是以规定排放总量减少量为管理目标，而不是以水体承载能力为依据确定排放总量。

4.5 流域水质目标管理技术体系

围绕着如何确定水质目标、如何保障水质目标、如何规避水质目标潜在风险三个方面技术需求，构建了我国流域水质目标管理技术体系（图4-3）。其关键技术包括流域水生态功能分区、水环境基准、水环境容量控制与基于水质的排污许可管理、污染控制技术评估与基于BAT的排放限值制定、水环境监测、水环境风险评估与预警等。

4.6 流域水质目标管理体系构建的技术需求

(1) 流域水生态功能分区

鉴于水功能区划主要是从水体使用功能角度出发，对流域水生态区域差异及其功能保护考虑不足，难以作为生态保护的基本依据，需要根据水生态类型和功能空间差异性，从"生态区—生态亚区—河流分类—河段功能分类"的多尺度角度，建立中国的流域水生态功能分区体系，识别揭示各地区水生态系统结构特征、水生生境类型特征和水生态功能的主要依据，为确定水生态保护目标提供基础，从而实现"分区、分类、分级、分期"的流域水质目标管理模式。

(2) 流域水环境基准和标准

鉴于现行水环境标准主要参考发达国家的水质基准值来确定，缺乏本土基准值支持，不能反映我国水生态系统保护的要求，可能导致环境"欠保护"或"过保护"的风险。要开展我国水环境质量基准制订技术方面的研究，提出体现"分区、分类、分级、分期"的本土基准制定的技术方法，提出我国本土水环境基准阈值，为我国地表水环境质量标准修订提供依据。

(3) 流域水环境质量评价

针对我国水环境质量评价主要是依据地表水环境质量标准，根据水化学指标进行质量评价，不能反映水生态系统物理、化学和生物完整性的破坏状况，不能反映污染物长期累积和多种污染物的复合效应。要开展基于水生生物的水环境质量评价方法研究，提出我国水生态系统健康评价方法和标准，为科学认知和诊断我国水环境质量提供依据。

(4) 排污清单编制和排污负荷核定

鉴于我国目前缺乏有效的排污清单构建体系，长期造成污染源数量统计不完整、排污负荷核定不准确，不能为排污许可发放和管理提供有效支持。开展我国各种类型污染源的排放图谱构建、主要排放污染物识别和排放清单构建的技术，为建立我国的污染源动态清淡管理系统和排污许可管理奠定科学的基础。

(5) 容量总量控制和基于水质的排污许可证管理

鉴于我国目前总量控制主要以目标总量为主，未充分考虑水环境容量和水生态承载力，导致污染物削减与水质改善相脱节，需要开展我国流域水环境容量总量控制关键技

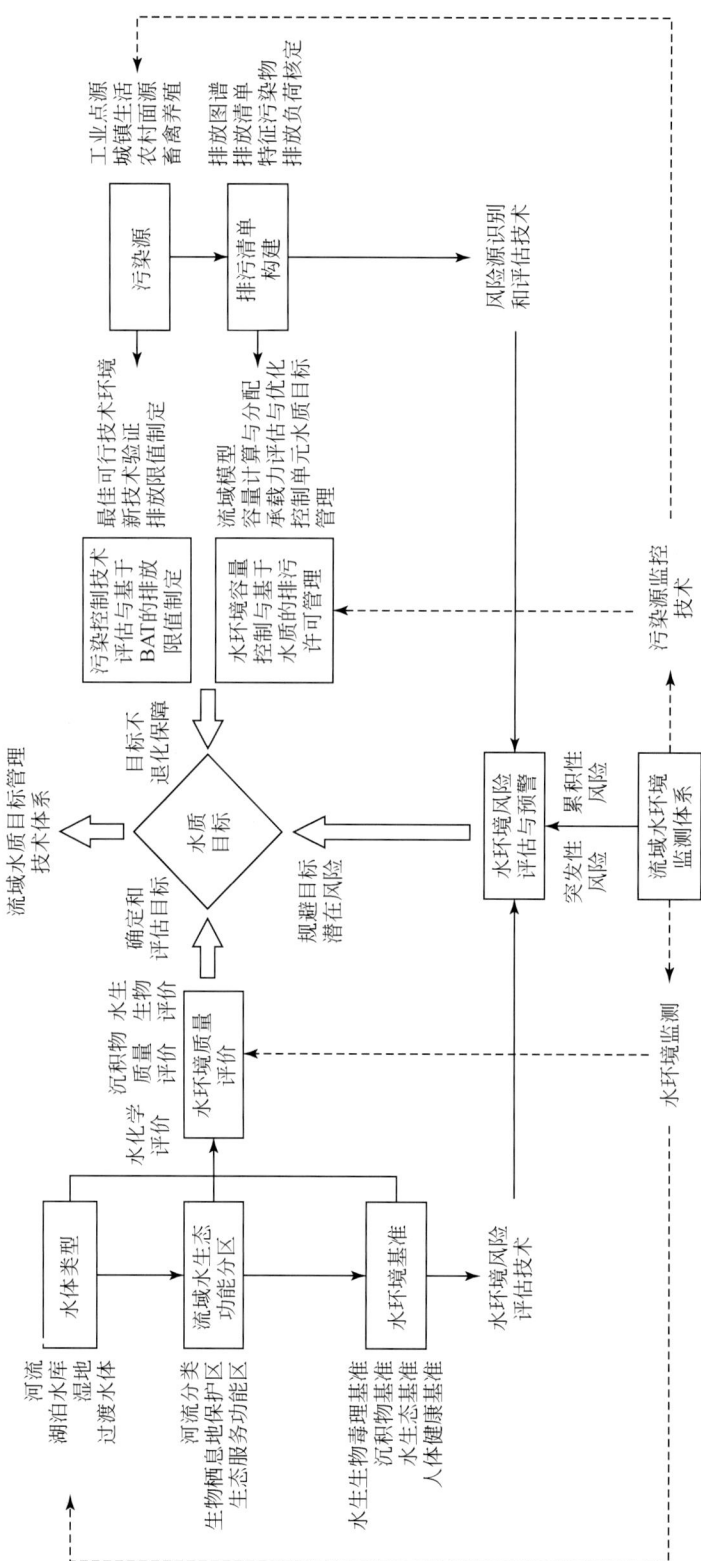

图 4-3 我国流域水质目标管理的技术框架

术，提出"流域-控制单元-水污染物容量总量控制"体系，构建控制单元水质目标管理技术，建立基于水质的排污许可证管理技术。

（6）水污染防治技术评估和基于 BAT 的排污限值制定

针对我国环保技术繁杂但市场无序、缺乏环境技术管理体系顶层设计、技术评估工作科学性不足、重点行业污染防治技术管理体系不健全等关键问题，急需开展国家环境技术管理体系顶层设计，构建污染防治最佳可行技术评估和环境新技术验证制度体系和方法，形成我国重点污染行业的最佳可行技术清单，推动我国环境技术管理体系建设。

（7）流域水环境监测技术

针对我国流域水环境监测技术落后、方法缺失、质量管理缺乏顶层设计、系统性不强、缺少在综合管理与决策层面对数据集成、共享、综合分析的业务化平台，机动及应急监测能力不足，监测全过程的质量管理体系不健全，监测数据的准确性、公正性受到挑战，而且水环境遥感业务化关键技术有待突破、保障流域水环境监测网络稳定高效运行的体制机制亟待创新等核心问题，需要开展流域监测业务化平台、水环境监测分析方法、质量管理、体制机制等开展技术研发，形成一套从国家到县的流域四级环境监测体系，真实反映水环境质量状况，支撑水污染控制和管理决策。

（8）流域水环境风险评估与预警技术

针对我国当前水环境质量风险管理能力薄弱，缺乏有效的环境风险评估预警与控制技术支撑等问题，急需开展流域水环境风险源识别、风险预警监控、风险快速模拟、风险评估以及事故应急处置等风险管理等关键技术研究，建立突发性和累积性水环境风险管理技术体系，推动我国水环境管理从被动式向主动式转变，提高水环境管理的科学性和时效性。

4.7 小　　结

流域水质目标管理是以流域水环境质量为目标，以水污染物容量总量控制为核心的新型流域水环境管理制度。在坚持水生态保护优先、"分区、分类、分级、分期"管理、综合统筹和承载力原则前提下，该制度以生态保护确定管理目标为导向，实施风险防控和容量总量控制，建立质量管理、风险管理和总量控制管理三位一体的管理模式。

流域水质目标管理是在现有水环境管理制度基础上的进一步突破。其关键技术包括流域水生态功能分区、水环境基准、水环境容量控制与基于水质的排污许可管理、污染控制技术评估与基于 BAT 的排放限值制定、水环境监测、水环境风险评估与预警等，共同构成了流域水质目标管理技术体系。

第二篇

流域水环境质量管理关键技术

第5章

流域水生态功能分区

5.1 我国流域水生态功能分区提出的背景

流域水生态功能分区是区域性环境管理的重要手段。我国水环境管理长期围绕水质目标这个核心，制订水环境管理的策略和方法。随着人们对水生态系统结构和功能认识的不断深入，水环境管理逐渐从水质管理向生态管理演变。这种演变的一个重要特征就是对水生态功能的重新认识，即除了关注水资源为人类提供直接利用的价值外，还要注重维持生态系统健康所需要的自身功能。因此，为满足淡水生态系统功能识别、生态系统健康恢复以及生态系统资源可持续利用的战略新需求，流域水生态功能分区近年来日益引起人们的关注，成为研究的热点领域之一。

我国跨越多个气候带，生物栖息地环境差异大，造成水生生物群落的空间格局差异较大，例如我国鱼类就可以明显分为5大区系（李思忠，1981）。不经过系统分类和区域划定，在中国这么大的国家识别那些优先保护和恢复的区域近乎是一个不可能完成的任务，而这种任务可以利用生态区得到很好的实现。

区划是从区域角度观察和研究地域综合体，探讨区域单元的形成发展、分异组合、划分合并和相互联系，是对过程和类型综合研究的概括与总结（郑度，2005）。因此，区划是人类科学认识区划对象的一种手段，目的是为经济建设和社会发展服务。当前我国已有的区划有综合自然区划（黄秉维，1959）、生物地理区划（解焱，2002）、生态区划（傅伯杰，2001）、生态功能区划（燕乃玲，2003）、水功能区划（梅绵山，2012）以及主体功能区划（方忠权，2008）等（表5-1）。

表5-1 我国现有的水体相关区划

相关区划	内涵	问题
综合自然区划	对地表自然综合体的地带性规律的认识和划分	偏重于自然资源的分类和管理
生物地理区划	以生物种群或者群落为研究对象，强调生物物种的分布规律、种系差异及其起源差异。包括植被区划、动物地理区划和水生生物地理区划等	偏重于单个生物群落的地理分布分析，对水生态系统的区域分异规律研究不够
生态区划	以生态系统及其服务功能为研究对象，强调生态系统和生态过程的完整性	综合植物和哺乳动物分布特点
生态功能区划	环境保护部制定功能区划类型，开展生态功能重要性、敏感性等评估，确定功能区，评估的类型主要包括生物多样性保护、水源涵养和水文调蓄、土壤保持、沙漠化控制、营养物质保持等	关注陆地生态系统的服务功能，未体现水生态系统功能

续表

相关区划	内涵	问题
水功能区划	一种水体使用功能的区划，目的是保障水资源人类利用的需求和目的。特点是建立功能区与地表水质标准等级的对应关系	偏重于水体使用功能的区划，对水生态系统特征识别不够
主体功能区划	着重从"合理开发"角度对不同区域进行优化开发、重点开发、限制开发和禁止开发的主体功能进行定位	综合考虑不同要素（水、气、土壤等）生态环境功能、区域资源禀赋和社会经济特征的管理要求，是生态保护与社会经济相协调的管理单元

我国当前水生态功能区划面临的问题是：

1）未体现流域整体区划特征，未能形成中国水生态功能区划理论与程序。
2）未体现我国不同流域的水生态系统特点，如高寒、温带和亚热带生态系统等。
3）缺少河流类型以及水生生境类型的划分，如山区河流、平原河流、冷水性、温水性，等等。
4）只注重使用功能，而对水生生物保护功能区的识别重视不够，如保护物种的产卵场、洄游通道等。

因此，在当前我国流域水生态系统质量日益恶化的背景下，完成水生态功能分区，对于我国水环境生态质量提升、构建我国的流域水环境质量目标管理技术体系具有重要的意义。

5.2 流域水生态功能区划的概念和特征

5.2.1 流域水生态功能区划的概念

水生态功能区划是依据流域水生态系统完整性保护要求，根据水生生境类型以及服务功能区域特征，在不同尺度上划定的具有特定水生态功能特征的区域或者水体单元。

水生态功能区一方面反映水生态系统及其生境类型的空间分布特征，确定要保护的关键物种、濒危物种和重要生境区域；另一方面反映水生态系统服务功能空间分布特征，明确流域水生态服务功能要求。流域水生态功能区是对水生态功能区的继承和发展，不仅强调水体生态服务功能的识别，而且强调水生态系统自身功能的辨别。

5.2.2 流域水生态功能区划的基本特征

(1) 基于流域单元的分区体系

流域是一个具有相对完整自然过程的区域单元（魏晓华，2009），具有不同尺度，面积大小可以从几十万平方千米的水系变化到几百平方千米的支流。流域的等级结构为生态分层提供一张层次分明的自然网，并把影响水生陆生生态系统形成及其功能的物理、化学和生物过程结合在一起。研究表明，流域边界是水生生物长期演化的重要物理阻碍，由于长期阻碍造成基因不交换，生态系统朝着分异方向演化，尤其在鱼类方面表现突出，因此解焱等指出，流域边界应当是水生生物地理区划需要考虑的主要原则。因此，水生态功能区应当在流域的框架下开展，这样既有利于保持水生态系统过程的完整性，也有利于从流域整体的角度制定和实施流域生态保护策略。

（2）反映淡水生态系统空间等级结构特征

淡水生态系统在空间上的分布格局具有尺度效应，不同尺度格局形成原因在于其水生态过程的不同，大尺度上的生态过程限制小尺度上的生态格局，例如按照空间尺度可将流域水生态系统从大到小划分为：生态区、流域、河流、河区、河段和微生境等（Imhof et al.，1996；Frissell et al.，1986；Wallace，2007）。水生态功能区要基于水生态系统尺度结构建立，是一个逐级嵌套的等级体系，大尺度主要体现水生态系统自然区域差异，小尺度主要体现水生态功能特征的空间差异。

（3）具有陆地与水体的一致性关系

作为一种分区尺度由大到小的等级嵌套的分区体系，水生态功能区是由陆地要素与水体要素共同决定的，在整合水体和陆地生态保护方面具有很大的潜力。大尺度分区是以景观生态过程特征如地形、气候等因素为依据，体现影响水生态系统的陆地环境要素的空间差异特征；小尺度分区依据则是依据水体生态过程特征如水生生物种群结构、水生生境特征等分区的，直接体现水生态系统的特征。因此，水生态功能区的等级体系不仅反映陆地要素对水生态功能特征的驱动机制，而且直接反映水体生态功能状况特征，从而为水生态系统保护和陆地控制措施提供整合依据。

（4）综合反映水生态系统功能与服务功能

水生态系统具有多种生态服务功能，可以分为维持生物群落的自身功能，以及为人类提供多种服务和产品的功能（Maxwell et al.，1995）。水生态功能区要综合识别和反映两种功能的区域特征，为人类实施最优化管理提供基础。

（5）区域区划和类型区划的统一

区划分为区域区划和类型区划两种。区域区划是根据一定目的和要求将整个区域划分成不同子区，具有发生统一性、空间连续性以及区划单元内部的相对一致性等特点，采用自上而下的方法，由完整的区域表现；类型区划是按照自然地理环境属性的相似性和差异性归并或划分为各种不同的类型单元，具有离散和不连续性、空间可重复性、多级属性等特点，多采用自下而上方法，由分散区域表现。水生态功能区是区域区划和类型区划的统一。在大尺度分区方面，以为地理气候环境要素为指标，将高级地域单位自上而下划分为低级单元，主要表现为区域区划；在小尺度方面，水生态功能区采用水生态类型分区，将低级水生态单元自下而上合并为高级水生态单位，属于类型区划的方法。

5.2.3 流域水生态功能区划与已有功能区划的差异

除了正在制订流域水生态功能分区方案，国家不同的管理部门分别实施不同管理性的功能分区方案，如水利部颁布实施的水功能区划方案、环境保护部颁布实施的生态功能区划方案、国家发展和改革委员会颁布实施的主体功能区划方案，这些区划方案都是不同管理部门根据其管理需求开展的区划工作。它们与流域水生态功能区划在分区法律依据、概念、目的、体系、方法和指标及管理中的应用均有所不同（表5-2）。

表 5-2　水生态功能分区、水功能分区、生态功能区划和主体功能分区的差异性比较

差异性	水生态功能分区	水功能分区	生态功能区划	主体功能区划
基本概念	根据水生态系统结构、过程在不同尺度上的空间分布格局特征以及维持生态系统完整性的要求,明确水功能类型及其重要性,确定水生态系统对水资源利用、研究人类活动对水生态系统的影响,制定针对性的资源利用、水生态保护与修复措施	根据流域或区域水资源状况、水资源开发利用现状以及一定时期社会经济在不同地区、不同用水部门对水资源的不同需求,同时考虑水资源的可持续利用,在江河湖库等水域划定具有特定功能的水域,为水体保护目标确定提供依据	根据区域生态服务功能空间分异规律、生态环境敏感性与生态服务功能空间分异特征,将区域划分为不同区域	在对不同区域的资源环境承载能力、现有开发密度和发展潜力等要素进行综合分析的基础上,以自然环境要素,社会经济发展水平、生态系统特征以及人类活动形成的空间分异为依据,划分出具有某种特定主体功能的地域空间单元
法律依据	无	《中华人民共和国水法》	生态功能区划主要是根据《全国生态环境保护纲要》编制的。国务院发布的《全国生态环境保护纲要》明确指出,各地要"抓紧编制生态功能区划,指导自然资源开发和产业合理布局,推动社会经济与生态保护协调、健康发展"	《中共中央关于制定国民经济和社会发展第十一个五年规划的建议》和《中华人民共和国国民经济和社会发展第十一个五年规划纲要》明确指出,要根据资源环境承载力、现有开发密度和发展潜力,统筹考虑未来我国人口分布、经济布局、国土利用和城镇化布局,将国土空间划分为优化开发、重点开发、限制开发和禁止开发四类主体功能区,按照主体功能定位调整完善区域政策和绩效评价,规范空间开发秩序,形成合力有序的空间开发结构
分区目的	了解各地区的基本自然地理状况,揭示不同区域水生生物状况,水生生态空间分布格局及其退化状况,明确水生态功能类型及其重要性,确定水生态系统保护目标,研究人类活动对水生态系统的影响,制定针对性的资源利用、水生态保护与修复措施	根据区域水域的自然属性,结合社会需求,协调调整水域的功能及功能顺序,为确定该水域的开发利用和保护提供科学依据,以实现水资源的可持续利用	明确各类生态区的主导生态服务功能以及生态保护目标,划定对国家生态安全起关键作用的重要生态功能区域。按照综合生态系统管理理念思想,改变按要素管理生态系统的传统模式,按生态系统类型分布及其对各种重要生态问题、分别提出生态保护的主要方向,以生态功能区划为基础,指导区域生态保护建设、产业布局,资源利用和经济社会发展规划,协调资源利用与生态保护的关系	根据经济社会可持续发展的要求和各区域的现实条件,对各区域按其功能定位、发展方向和模式加以分类,以便建立起开发强度等级差别控制的空间开发管制方案,以此作为实现区域协调发展的基础,促进形成有序、整体协调的空间开发格局

续表

差异性	水生态功能分区	水功能分区	生态功能区划	主体功能区划
分区原则	体现水生态系统管理思想，主要包括发生学原则、等级性和尺度原则、相对一致性原则、区域主导因素相结合的原则、综合分析的原则、流域边界完整性原则	强调水资源利用与社会经济发展的协调性和可持续性，提出不同功能区划的水质分区原则，主要划分原则包括可持续发展原则、统筹兼顾原则、前瞻性的原则、便于管理的原则、可行的原则以及水质水量并重的原则	体现生态区划分的基本思想，主要划分原则包括主导功能原则、区域相关性原则、协调原则和分级区划原则	1. 贯彻体现国土部分覆盖的原则，只有符合四类主体功能区标准的区域才可划入主体功能区，不符合标准的区域待以后时机成熟、调整标准后逐步划入四类主体功能区内 2. 主体功能区划在很大程度上要依托现有行政区成熟，在局部一些区域可适度突破现有的行政区划边界，从总体保障主体功能区划的顺利实施 3. 坚持自上而下的推进原则，同时允许部分省市先行试点自下而上的探索 4. 主体功能区划方案应满足国土空间的中长期战略性开发和布局的安排，在保持相对稳定的前提下，实现灵活的动态调整
分区体系	包括国家、流域和区域3个层面。其中，流域水生态区包括4级体系，即水生态区、水生态亚区、水生态功能区和水生态管理区	采用两级分区划，即一级区划和二级区划。一级功能区分四类，即保护区、保留区、开发利用区、缓冲区，反映的是水资源总体功能的空间分布规律；二级功能区分七类，即饮用水源区、工业用水区、农业用水区、渔业用水区、景观娱乐用水区、过渡区、排污控制区，是对一级功能区开发利用区的进一步细分，体现不同功能开发利用类型的差异	总体上以陆地生态系统功能为主导，结合陆地生态系统自然属性特征所建立。一级分区、二级分区分别采用生态功能类型方案，包括生物多样性保护、水源涵养和水文调蓄，土壤保持，沙漠化防护，营养物质保持和海岸带防护功能等	以国家和省级行政区两级体系划来建立。每一级划分体系采用优化开发、重点开发、限制开发和禁止开发四类主体功能

续表

差异性		水生态功能分区	水功能分区	生态功能区划	主体功能区划
分区指标和分区方法		流域水生态区和水生态亚区根据气候、地理、植被和土壤等因子进行划分，体现水生态系统空间差异性；流域水生态功能根据水生态系统功能评估结果进行划分；流域水生态管理区根据水生态系统健康状况进行划分	划分指标和方法与一般自然区划所使用的指标和方法不同，它并不按统一的划分标准体系根据事先规定的划分指标通过单元聚合或分解进行划分。水功能区划中的每种功能区类型都有其特定的分区指标和标准。不同功能区类型之间所使用的划分指标并不相同，因此在划分过程中需要逐个划分功能区单元	生态功能区划是在生态环境现状评估、生态环境敏感性与生态服务功能重要性评价的基础上，分析其空间分异规律，确定不同区域的生态功能类型，最终提出生态功能区划方案。所使用的分区指标主要包括陆地生态系统特征、生态环境敏感性和生态服务功能类型，按照目前的分区方法完成分区方案的划定	尚未提出全国统一的划分指标和方法。主体功能区评价指标主要包括资源环境承载能力、现有开发密度和开发强度、未来发展潜力等，同时还要考虑不同区域在全国国土空间开发格局中的地位和重要性
管理作用		水生生物保护物种、健康评估、基准标准制订、生境保护与恢复依据	依据《地表水环境质量标准》，确定各功能区水质保护标准等级	生态功能定位	产业准入、产业结构调整，区域经济发展模式，重大工程准入

5.2.4 流域水生态功能区划在环境管理中的应用

水生态功能区方案提供了区域的基本自然地理和水生生物状况，揭示不同区域水生生物空间分布格局及其退化状况，明确水生态功能类型及其重要性，因此在管理中可为水生态保护目标确定、开展生态资产评估和生态红线划定提供本地边界。

基于水生态功能区，可以建立适宜的、体现区域特征的水生态健康评估方法（孟伟，2011），通过水生态系统健康状况科学评价，可以梳理各生态区域面临的生态压力和生态环境问题，掌握我国社会经济发展对流域水生态系统的动态影响，对水生生物多样性保护等重大生态安全问题进行识别。

水生态系统及其主导功能的空间分异，为进行合理的资源开发和利用提供了基本框架。依据区划编制生态保护和恢复规划，制定针对性的资源利用、水生态保护与修复措施，做到因地制宜和分类管理，提出针对性的水环境分区管理措施。

水生态功能区是为生态系统的监测、研究、评价、修复和管理提供的一种空间结构。通过观察某一地区生态系统的演变，研究人类活动对水生态系统的影响，可预测一个无资料地区生态系统的动态变化。这就提供了一种推理机制，特定生态系统过程知识能应用到具有相同特性的地区，类似的管理策略也能应用到这些地区。

5.3 流域水生态功能分区体系和方法

5.3.1 流域水生态功能分区体系

结合国内外水体分区框架，考虑流域的尺度性、河流等级性以及水生态管理的需求等，提出4级流域水生态功能区体系（表5-3），分别针对流域、亚流域、河流、河段4个尺度。其中，一级区和二级区主要是水生态系统的地理分区，体现流域水生态系统区域特征，根据气候、地貌、植被和水生生物群落等自然性指标进行划分；三级区和四级区主要是河流及其河段的生境及功能区类型划分，反映水生态系统中小尺度差异，根据土地利用方式、河流规模、河道形态和功能类型进行划分，是水环境管理的抓手。

表 5-3 流域水生态功能分区等级体系

分区等级	形式	分区特征
一级区	区域尺度河流分类，反映区域背景影响下的河流类型特征	反映区域尺度上影响水生态系统区域差异的气候、地势地貌和地质等环境要素类型分异规律
二级区	区域尺度河流分类，反映一级区背景影响下的河流类型特征	反映区域尺度上影响水生态系统区域差异的地貌、植被等环境要素类型分异规律
三级区	子流域尺度河流分类，反映汇水区背景特征对河流的影响及河流结构特征	反映汇水区尺度上土地利用、河流结构等影响下的河流类型
四级区	河流尺度河流分类，反映河段尺度上河流结构与功能特征	反映河段尺度上的河流生境类型与功能差异

5.3.2 流域水生态功能分区程序

流域水生态功能分区程序包括分区准备阶段、分区阶段和分区结果输出阶段（图5-1）。

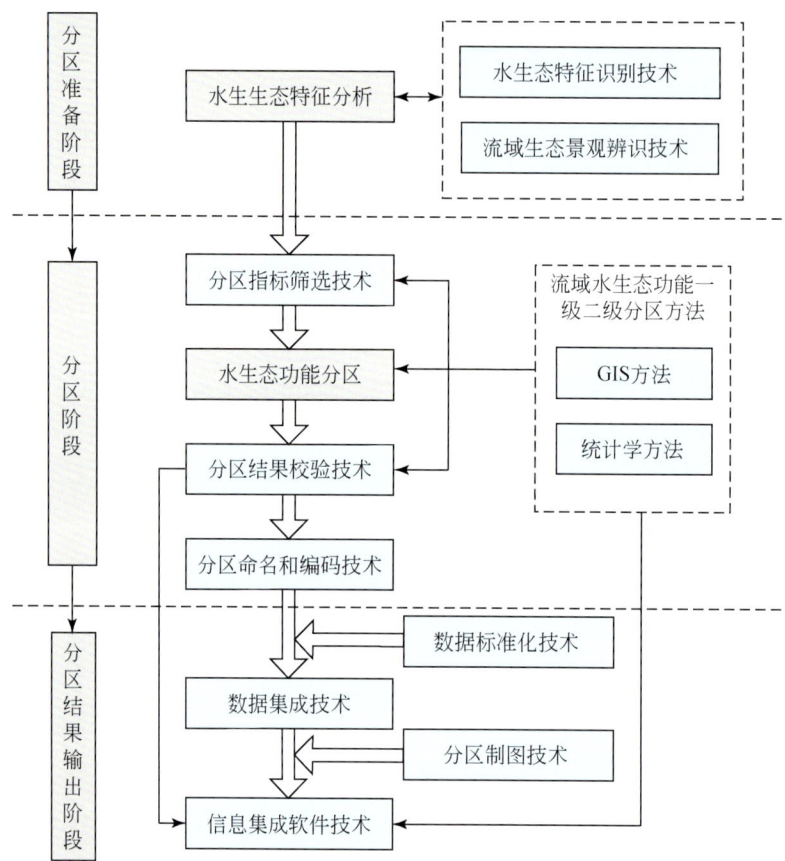

图5-1 流域水生态功能分区程序示意图

5.3.3 流域水生态功能分区方法

流域水生态功能分区一般使用自上而下和自下而上两种划分方法。自上而下的划分主要是通过各类地理和环境要素类型图件进行叠加合并进行划分；自下而上可基于栅格图层使用空间聚类方法进行划分（邬建国，2007）。

一级区和二级区可根据气候、地貌和植被等指标，可以采用自上而下的方法进行划分，形成的分区结果需要利用水生生物群落类型空间格局进行合理性验证和边界勾绘与调整，以保证陆地生境与水生生物类型空间分布的一致性。

三级区和四级区可采用自下而上的方法进行划分。三级区是以子流域为单元进行分析，四级区是以河段为单元进行分析，自下而上合并成不同类型单元。

5.4 流域水生态功能区命名方式

流域水生态功能区的命名在水生态功能区划中占有重要地位，命名的科学、合理、准确与否关系到方案的科学性、严谨性和可操作性。

5.4.1 流域水生态功能区命名原则

流域水生态功能区命名要准确体现各个分区的地理空间位置、水生态特征和功能要求，同一级别水生态功能区的名称应相互对应，文字简明扼要。命名应遵循以下原则：

1) 反映分区地理空间位置原则。根据分区名称就能简单确定各分区所处的地理位置。
2) 体现流域水生态特征原则。一级区名称体现流域气候、地貌等区域特征差异；二级区名称要体现地貌、植被等区域特征差异；三级区名称要能够体现河流类型差异；四级区体现河段功能差异。
3) 反映分区级别原则。水生态功能分区是一个层级体系，要能够从名称上识别区分区所处的级别。
4) 合理性、稳定性和简明性原则。水生态功能区名称结构要与分区分级和分类体系相适应；水生态功能区名称一经确定，主要分区就不能发生变化，应保持不变；分区名称应尽量简单明了。

5.4.2 流域水生态功能区命名规则

（1）一级区命名规则

一级水生态功能区名称由 3 部分组成，即由"区位+主导特征类型+水生态区"构成。其中，"区位"可由各分区涉及的主导流域/河流名称表示；"主导特征类型"可由气候、地貌、地势和地质等指标表示。

各分区涉及的水生态系统类型按重要顺序排列，命名择其中典型或最重要者，或以组合的方式表示，如用"平原河流"表示组合水体类型。

（2）二级区命名规则

二级水生态功能区名称由 3 部分组成，即由"区位+主导特征类型+水生态亚区"构成。其中，"区位"可由各分区涉及的主导河流上（中、下）游表示；"主导特征类型"可由地貌、植被等指标表示。

各分区涉及的水生态系统特征按重要顺序排列，命名择其中典型或最重要者，或以组合的方式表示。

（3）三级区命名规则

三级水生态功能区名称由 4 部分组成，即由"区位+主导特征类型+河流/湖泊/河口+区"构成。其中，"区位"可由各分区涉及的河流名称或地域名称表示；"主导特征类型"可由河流结构、土地利用类型等指标表示。

（4）四级区命名规则

四级水生态功能区名称由 4 部分组成，即由"区位+主导特征类型+功能+区"构成。

其中，"区位"可由各区涉及的河流名称表示；"主导特征类型"可由河流生境类型与功能类型等指标表示。

5.5 流域水生态功能分区关键技术

5.5.1 流域水生态空间差异性分析技术

流域水生态空间差异性分析技术是对大型水生动物、植物等进行空间分布规律的分析，识别其群落区域差异规律。生物群落主要包括鱼类、大型底栖生物、大型水生植物、浮游动物、浮游植物等。技术要点包括各种水生生物的调查、取样、样品分析、确定水生生物的优势物种、分析水生生物时空分布特征（孟伟，2011）。

具体步骤如下：

1）群落结构特征：确定调查出的各种类群的分类地位（目、科、属、种），然后从物种组成、所占百分比、优势类群、优势种、优势度、生物多样性指数等方面对生物群落结构特征进行分析。

2）生物量或者生物密度特征：估算出单位体积或面积内水生生物的个体数，计算生物密度，或者再乘以个体平均重量即可计算出生物量。

3）群落多样性指数特征：采用 Shannon-Weiner 多样性指数、Pielou 均匀度指数、Margalef 丰富度指数和 Simpson 优势度指数。

4）生物分布与环境的关系：根据水生生物空间分布特点，进一步分析检验各主要分布区域的各项水体理化指标。例如，典范对应分析、排序分析、广义相加模型和人工神经网络等统计分析方法都适合分析物种分布与环境变量间的非线性关系。

5）水生态格局分析技术：采用空间聚类分析技术等，进一步分析水生生物群落物种组成、密度、优势种等指标的空间分异规律，为水生态功能分区提供支持。常见的聚类分析方法有系统聚类法、动态聚类法和模糊聚类法，操作可在统计软件下进行，可使用的软件有 PC-ORD、SPSS、R 软件等。

5.5.2 流域水生态功能一、二级区分区技术

流域水生态功能一、二级区的划分，是在大尺度上对影响水生生物特征的河流水资源、地貌、植被格局/亚格局特征的划分，体现河流大尺度上的类型特征，以及水生态空间格局特征。流域水生态功能一、二级区分区技术路线见图 5-2。

5.5.2.1 流域水生态功能一、二级区分区指标筛选技术

已有的水生态分区多根据专家经验选择分区指标，导致选择的指标可能与水生生物、水生态系统并无相关性的指标被用于分区，且选择的很多指标相关性高，冗余信息多，影响分区结果的精度。因此，在流域水生态功能分区中，选择与水生生物和水生态系统相关的指标，可以保证分区结果的准确性（Kong et al., 2013）。

指标筛选的目的就是要通过主成分分析、相关性分析等统计学方法，去除冗余信息，

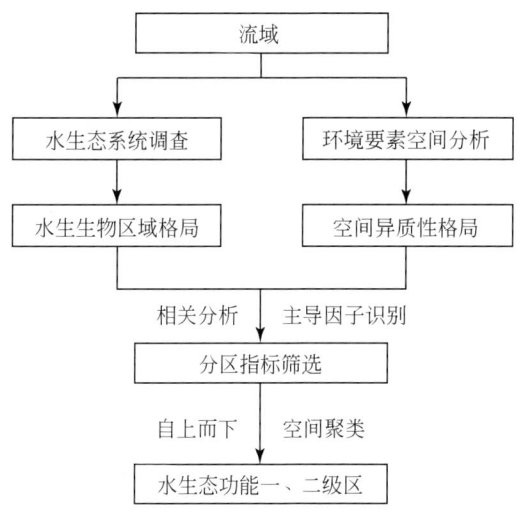

图 5-2 流域水生态功能一、二级区分区技术路线

识别主导因子，筛选出对分区结果贡献率最高的指标，能够客观、简单、快速、有效地实现水生态分区。指标筛选主要包括备选指标构建、指标统计学分析（空间异质性、敏感性、相关性分析）等过程。

（1）备选指标体系构建以及指标获取

由于各个流域的主导环境要素并不相同，因此不能完全采用同一指标进行分区，此需要基于备选指标体系进行指标筛选，确定能够明显影响水生态系统特征的主要指标，形成最终的分区指标体系。在对国内外文献充分调研的基础上，构建适用于不同级别分区的环境指标库（表 5-4 和表 5-5），分析每一指标的生态学意义、类型及可获取性。

表 5-4 水生态功能一级区分区备选指标体系

指标类型	指标	指标表现形式
气候	年均降水量（mm）、年均气温（℃）、积温、湿润指数	定量
水文	径流深	定量
地质	岩性	定量
地形地貌	地貌类型或高程（m）	定性、定量
水生生物地理分布格局	水生生物群落类型	定性

表 5-5 水生态功能二级区分区备选指标体系

指标类型	指标	指标表现形式
地貌	地貌类型、高程（m）、坡度	定性、定量
植被	植被类型、植被指数、覆盖度	定性、定量
土壤	土壤类型、土壤组成	定性、定量
土地利用	土地利用类型、人类用地比例	定性、定量
水生生物地理分布格局	水生生物群落亚类型	定性

（2）指标筛选原则

1）主导性原则：在选取区划指标时，应在综合分析各要素的基础上抓住其主导因素，这样既可把握住不同区域水生态系统的本质，又不会使指标体系过于繁杂而重复。

2）独立性原则：指标能够独立地反映与分区目标的相互作用，而不依赖其他指标，也就是我们常说的指标之间相关性差。

3）直接性原则：尽量选取直接性、单因子指标，避免综合性、评价性指标。因为综合性指标可能会导致指标的重复选择，降低分区指标的信息度，导致分区结果的偏离；评价性指标会增加人为主观性，降低分区结果的可信度。

4）空间灵敏性原则：在流域的不同单元上，筛选后的指标值应该有足够的变异度（变化幅度或阈值），可以明显地表征空间差异性，利于分级。如果某个指标的值变异度很小，虽然也能支持分级，但这个变化幅度在该尺度下不能引起任何目标的变化，表现为全流域的同质性，这样的指标在分区上是没有意义的。

5）时间稳定性原则：选择相对长期稳定的指标，避免易变性指标。分区的结果应具有一定的稳定性，在较长的一段时间内不应发生改变，因此选择的指标应该具有一定的稳定性。

（3）指标筛选的方法

1）环境指标敏感性分析：使用统计学方法，通过对数据极差、标准差和变异系数等统计指标的分析，反映数据的敏感程度。数据的敏感性决定数据在分区中的可用性，数据变异性越大，其敏感性越大，反映的环境差异越明显，在分区应用中结果越好。定量研究各空间变量的统计特征，是满足分区的量化操作和可重复性的重要保证。

2）环境指标空间自相关分析：采用统计学方法，分析环境要素空间变异性，识别环境因子在空间上的相关和变异特征，识别认识分区适用范围，选择那些与分区尺度具有一致性的环境指标作为分区指标。

3）水生态相关性分析：统计分析环境指标与水生态系统格局特征指标的相关性，识别水生态系统空间分布变化的主要影响因子，选择与水生态系统格局相关性高的环境因子作为分区指标。

4）环境指标主成分分析和相关性分析：在筛选出的对水生态系统具有显著影响的环境指标中，对环境因子进行主成分分析，识别那些主要影响指标；开展分区指标之间的空间相关性分析学，选择不相关指标作为分区指标，避免环境要素信息的冗余。

5）文献调研与专家经验判别：结合流域已有分区案例所选用的环境因素指标，以及相关领域专家的经验，探讨所筛选环境因子的区域适用性，进一步筛选适用于该流域水生态区和水生态亚区划分的指标体系。

5.5.2.2 流域水生态功能一、二级区分区方法

流域水生态功能分区的方法主要有两类：一类是自上而下的环境要素空间叠加分析技术，另一类是自下而上的空间聚类分析技术。两类分区方法使用的数据类型不同，分区的方法也不同。

（1）空间叠加分析技术

空间叠加分析是地理信息系统最常用的提取空间隐含信息的手段之一（汤国安和杨

昕，2006）。地理信息系统的叠加分析是将有关主题层组成的数据层面进行叠加、产生一个新数据层面的操作，新图层综合原来两层或多层要素所具有的属性。叠加分析不仅包含空间关系的比较，还包含属性关系的比较（汤国安，2006）。

从数据格式的角度分类，可以分为矢量数据叠加和栅格数据叠加。矢量数据和栅格数据存储数据的方式不同，矢量数据以点线面的形式存储信息，而栅格数据以相元存储数据。由于使用的数据存储方式不同，叠加分析的操作也不同，包括矢量的叠加和栅格的叠加。

1）矢量数据图层的叠加。根据操作要素的不同，叠加分析可以分成点与多边形叠加、线与多边形叠加、多边形与多边形叠加；根据操作形式的不同，叠加分析可以分为图层擦除、识别叠加、交集操作、均匀差值、图层合并和修正更新。

2）栅格数据中的基本存储单元为相元，每一个相元的数值代表属性的数值，多存储定量数据。栅格的叠加包括数学运算和函数运算。通过栅格数据的叠加分析可以反映指标的特征。

所有叠加分析均可在地理信息处理软件下实现（图5-3），如 ArcGIS 等（汤国安，2006）。

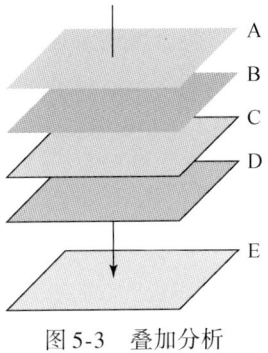

图5-3　叠加分析

（2）空间聚类分析技术

随着3S技术的发展，大量的空间数据也随之出现。大量的数据可以提供更多有用的信息，而空间数据挖掘可以提取空间数据中隐含的知识、空间关系或其他有意义的模式等，其中空间聚类在空间数据的特征提取中起到了极其重要的作用。

空间聚类是指将数据对象集分组成为由类似的对象组成的簇，这样在同一簇中的对象之间具有较高的相似度，而不同簇中的对象差别较大，即相异度较大（杜培军，2009）。作为一种非监督学习方法，空间聚类不依赖于预先定义的类和带类标号的训练实例。空间数据库包含大量与空间有关的数据，这些数据来自不同的应用领域，如土地利用、居住类型的空间分布、商业区位分布等。因此，根据数据库中的数据，运用空间聚类来提取不同领域的分布特征，是空间数据挖掘的一个重要部分。

空间聚类方法通常可以分为四大类：划分法、层次法、基于密度的方法和基于网格的方法。算法的选择取决于应用目的，例如要求距离总和最小，通常用K-均值法或K-中心点法；而对于栅格数据分析和图像识别，基于密度的方法更合适。此外，算法的速度、聚类质量以及数据的特征，包括数据的维数、噪声的数量等因素，都影响到算法的选择（杜培军，2009）。

操作可在 ERDAS、ENVI、ArcGIS 等遥感图像处理和地理信息软件下进行。

(3) 分区边界确定技术

流域水生态功能区在管理应用中最突出的特点之一就是体现流域边界，因此在水生态功能一、二级区分区中，分区边界的确定也参考流域边界。美国具有统一的小流域划分技术规范，并依此对全国的小流域进行划分（US Geological Survey，2012）。在我国，小流域边界的划分没有技术规范，流域边界的提取主要依据汇水面积进行提取（汤国安，2006）。

在 ArcGIS 下，基于 DEM 数据，应用水文分析工具，通过流域盆地的确定、汇水区出口的确定和集水流域的生成操作，最终得到积水流域的边界（汤国安，2006）。通过设定不同的集水面积，可以得到不同尺度的小流域边界，数量不同，在水生态功能区边界的确定中，根据流域面积的大小选择匹配等级的小流域确定边界。

根据空间聚类结果，结合小流域边界，本着保持流域完整性的原则，判断小流域所属的生态功能区，最终确定水生态功能一、二级区的边界。

操作可在 ArcGIS 软件下通过水文分析模块以及编辑功能实现。

5.5.2.3　流域水生态功能一、二级区分区结果验证技术

所有的分区都不是一步到位的，即使分区体系再完善，选取的指标再合理，采样分析的数据再精确，得到的分区结果也仍然存在不合理的地方。因此，对分区结果的验证是有必要的。通常的验证包括：与其他现有分区的比较，分析差异，调整结果；用具体的分区目标指数验证；通过专家判断进行分区边界调整。

流域水生态功能一、二级区分区结果校验技术用于检验流域水生态功能一、二级区分区结果的合理性。该技术主要包括：成果对比分析检验法和数据统计检验法。其中，成果对比分析检验法是通过对比分区成果及其相关原则来判断结果的合理性，数据统计检验法是通过对分区结果中不同区域的相关生物指标的统计分析来判断结果的合理性。该方法主要是采用数学方法来反映客观现象总体数量，对数据精度的要求较高。可用的数据统计校验法主要有生物多样性指数和 DCA 法。

在水生态系统保持自然状态的地区，检验指标可采用生物指标，如鱼类、浮游动植物、底栖动物和大型水生植物的分布。

成果对比分析检验主要是通过列表或图层叠加等方式直观地进行差异性分析。列表法指通过列表方式，列出不同分区内相同指标的具体数据，直观地判断分区之间的差异性。图层叠加法是将分区结果图层与各指标图层一起叠加，判断各分区单元内的指标数据是否一致，从而得出结论。基于该方法进行校验的数据主要包括环境因子数据和生物指标数据。

5.5.3　流域水生态功能三级区分区技术

流域水生态功能三级区分区是在二级区内对河流的分类，体现小流域尺度上河流的干扰特征和河流的结构特征。流域水生态功能三级区的划分技术路线见图 5-4。

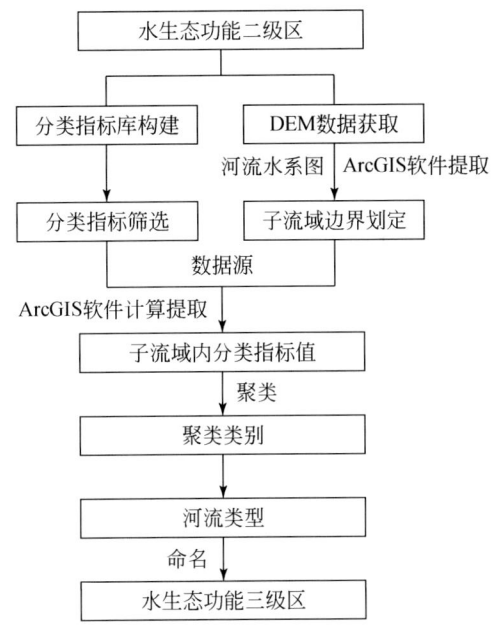

图 5-4 流域水生态功能三级区（河流类型）划分技术路线

5.5.3.1 子流域划分技术

流域水生态功能三级区河流分类体现子流域尺度上河流系统的特征。子流域划分的目的为识别影响河流水体特征的适宜汇水区边界（Lotspeich，1980），服务于分类指标的计算。

子流域划分的具体划分方法：

利用 DEM 生成流域的汇水区边界，结合水系图对子流域进行重新调整，最终得到子流域边界。子流域划分使用的 DEM 分辨率根据数据的可获取性和三级区上的尺度确定，可从 USGS 网站免费下载 90m 分辨率 SRTM 数据（http://srtm.usgs.gov）；子流域汇水区的面积阈值根据水生态功能三级区流域的尺度特征确定，应大于 100km^2。

子流域划分应遵循以下原则：

1）一个水文单元有一个单独的出水口；
2）水文边界必须完全按地形和水文特征划定，不可以行政和管理边界划定；
3）边界不可遵循河流或平行河流划定，除非护堤等类似结构阻碍河流流向出口点；
4）边界可以垂直跨过河流（在排水口处）；
5）给定级别的水文单元必须保护相同的尺度。

5.5.3.2 三级区分区指标

三级区划分可使用的指标有子流域内的土地利用、流域面积、河流结构（河网密度、河流等级等）指标（表 5-6）。指标筛选的原则和方法同 5.5.2.1 节。

表 5-6 三级分区可用指标、含义及其计算方法

指标类型	含义	计算方法
土地利用类型面积比例	每个三级区单元内的主要土地利用类型所占的百分比，包括林地、草地、农田、城镇用地和其他建设用地的百分比	在 ArcGIS 软件下，用辽河流域土地利用的数据图层提取出三级区单元的土地利用面积
河流等级	每个三级区单元内数量最多的河流等级和最大河流等级两种指标类型	河流等级的计算方法是根据 Strahler 法定义河流顶端的没有支流的河流为最低等级，根据支流的增加等级增加，辽河流域河流总共分为 6 个等级
节点数量	每个三级区单元内河流节点的总数量	两条河流相交记为 1 个节点，不记为 2 个；3 条河流在同一点相会，记为 2；4 条河流记为 3。$N-1$，依此类推
流域面积	每个三级区单元的汇水区面积	在 ArcGIS 软件下，选中该三级分区单元及上游所有流域单元，面积通过属性表计算得到

5.5.3.3 流域水生态功能三级区分区技术

流域水生态功能三级区分区可通过聚类分析、专家经验分析等方法进行。在各水生态功能二级区内，采用自下而上的方法对子流域的指标进行聚类分析，根据聚类结果划分的数量，结合流域河流特征，通过专家经验判读确定河流类型的数量。

5.5.4 流域水生态功能四级区分区技术

流域水生态功能四级区分区是河段尺度上的河流分类和功能判别定位。在对河流进行分类的基础上，同时识别河流水生态功能。

流域水生态功能四级区分区的步骤为：
1) 评价单元的确定；
2) 河流分类；
3) 功能可达性分析；
4) 水生态功能四级区划定；
5) 命名。

5.5.4.1 河段尺度分类

河段尺度的河流分类首先需要确定分类的基本单元。河段组成水系，因此可从水系图获取。水系图可以利用 DEM 在 ArcGIS 下提取，也可以从测绘部门获取，根据四级区的尺度确定使用水系图的比例尺。四级区尺度下，可用 1∶25 万水系图或 90m 分辨率 DEM 提取的水系图。

河段可以河段交汇点为节点进行划分，以河段为单元计算河流水体特征。河段尺度上常用的指标见表 5-7，主要为河流结构指标。

表 5-7 河段分类可用指标、生态意义及命名分类

指标	生态意义	命名
河段自然性	与河段栖息地要求相关	天然河段、非天然河段
河谷封闭度	与河道单元形态和河道内栖息地相关	严重封闭、中等封闭、低封闭
蜿蜒度	与栖境多样性相关，影响生态系统多样性	高蜿蜒度、中蜿蜒度、低蜿蜒度
河流基质类型	与河流形状、河流平面、河流稳定和栖息地要求相关	基岩、漂石、卵石、砾石、沙粒、粉砂、黏粒
水流类型	与河床地貌形态、栖息地条件相关	涡流、非涡流、死水、槽流、渗透流、回流

根据数据质量、数据存储格式以及数据分辨率等特征，生境分类的方法有自上而下和自下而上两种（Higgins et al.，2005）。如果数据精度高、质量好，且数据为电子格式，就选择自下而上的分类方法；否则，采用自上而下的方法。根据河段指标的相似性，采用聚类的方法进行河流分类，聚类操作在 R、SPSS 等分析软件下完成。

5.5.4.2 水生态功能评价

(1) 水生态功能分类

根据水体满足自然和人类需求的重要性，将水体功能分为 5 类，分别为饮用水功能、水生生物保护功能、水资源供给功能、休闲娱乐功能和支持服务功能（表 5-8）。各功能类型下，根据水体功能的特征可进一步细分。

饮用水功能按照取水方式和供水人口数，可分为 4 个水体亚功能：集中式地表饮用水功能、分散式地表饮用水功能、集中式地下饮用水功能、分散式地下饮用水功能。

水生生物保护功能是水生态功能关注的重点，为全面反映生物保护的需求，从生物活动区域、栖息地质量和栖息地类型 3 个角度分别对水体生态功能进行分类。

水资源供给功能分为农业用水功能和工业用水功能两类。

休闲娱乐功能分为接触性娱乐和非接触性娱乐两类。

支持服务功能分为洪水调节功能、水源补给功能、泥沙输送功能、水产品提供功能、水质净化功能、水力发电功能和航运功能 7 类。

(2) 功能类型确定方法

通过资料收集、数据调查方法获取数据。

第一，确定河段的生态功能。首先，开展水体物理评价、水体化学评价和水生生物群落现状评价，分析水生态功能现状；其次，通过预测分析，分析河段的潜在生态功能；最后，确定河段生态功能。

第二，确定河段的服务功能。某一河段可能具有多种服务功能，因此需要进行功能判别。

第三，通过功能可达性分析，分析初定功能是否可达，以确定维持、更改或放弃该河段的生态功能。

第四，确定功能重要性排序，以确定该河段最重要的生态功能。河流生态功能重要性按照保护人体健康（饮用水功能）、保护生物健康、保障生活用水、接触性娱乐功能、维持工业用水、维持农业用水、非接触性娱乐功能排序。

表 5-8 河段生态功能类型

河段	饮用水功能				水生生物保护功能																			水资源供给功能		休闲娱乐功能													支持服务功能						
					生物活动区域											栖息地地质量			栖息地类型							接触性娱乐							非接触性娱乐											
	集中式地表饮用水功能	分散式地表饮用水功能	集中式地下饮用水功能	分散式地下饮用水功能	濒危物种产卵场功能	濒危物种索饵场功能	濒危物种洄游通道功能	珍稀物种产卵场功能	珍稀物种索饵场功能	珍稀物种洄游通道功能	优势物种产卵场功能	优势物种索饵场功能	优势物种洄游通道功能	底栖动物敏感种栖息地功能	底栖动物清洁种栖息地功能	优质栖息地功能	良好栖息地功能	一般栖息地功能	冷温淡水鱼类栖息地	河口鱼类栖息地	水库鱼类栖息地	湖泊鱼类栖息地	河口湿地生境	自然保护区	农业用水功能	工业用水功能	游泳功能	潜水功能	跳水功能	冲浪功能	漂流功能	划船功能	垂钓功能	观景功能	度假功能	野营功能	散步功能	观鸟功能	美学教育功能	洪水调节功能	水源补给功能	泥沙输送功能	水产品提供功能	水质净化功能	水力发电功能	航运功能
河段1	√				√	√		√	√		√	√		√	√	√																														
河段2													√					√		√					√		√					√	√	√	√		√		√	√	√		√	√		
河段3																										√												√			√	√			√	√

5.5.4.3 流域水生态功能四级区分区

确定河段最重要的生态功能，作为最终划分依据。

1）在没有地区性指定的河流功能区情况下，功能大类型重要性一般按照以下排序方式：

饮用水功能>水生生物保护功能>水资源供给功能>支持服务功能>休闲娱乐功能。

2）亚功能的重要性排序，按照以下的方式：

饮用水功能的重要性排序：集中式地表饮用水功能>集中式地下饮用水功能>分散式地表饮用水功能>分散式地表饮用水功能。

按生物生活区分类的水生生物保护功能重要性排序：指示物种栖息地>栖息地质量>栖息地类型。

水资源利用功能的重要性排序：工业用水功能和农业用水功能同等重要。

支持服务功能：洪水调节功能>水源补给功能>水力发电功能>水产品提供功能>水质净化功能>航运功能>泥沙输送功能。

休闲娱乐功能：潜水功能>游泳功能>跳水功能>冲浪功能>漂流功能>划船功能>垂钓功能>观景功能>度假功能>野营功能>散步功能>观鸟功能>美学教育功能。

5.5.5 流域水生态功能区实施保障机制

在对国内外水生态功能管理及其保障体系综述的基础上，分析水生态功能分区在水环境管理中的技术优势和面临的管理挑战，在此基础上，构建我国水生态功能分区实施的国家保障策略，提出水生态功能分区的管理政策建议。

配合水环境综合管理的技术途径，建立相应的实施保障机制，以提高政府和利益相关者政策工具选择和实施的能力，保证有效水环境管理政策实施。根据我国现有政策体系和管理组织构架，该保障机制包括以下内容（图5-5）。

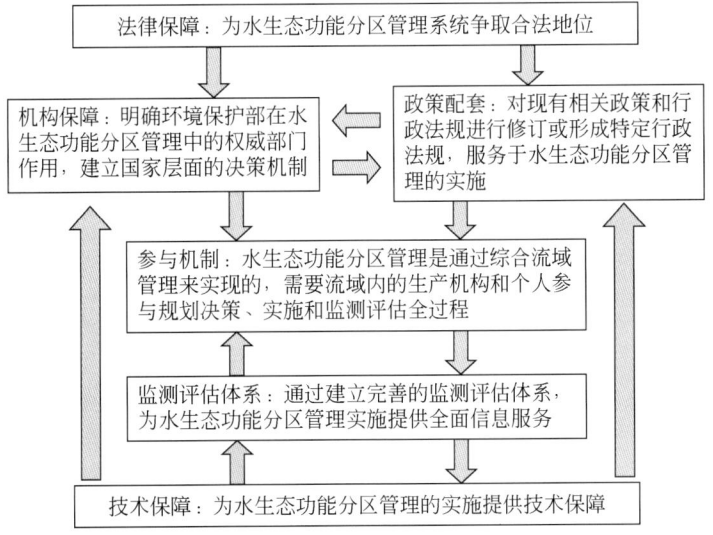

图5-5 基于水生态功能分区的水环境管理体系实施保障机制框架

（1）法律保障

利用相关国家法规修订的机遇、国家标准政策、行业行政管理规范等为水生生态功能分区管理系统争取合法地位（通行证）。

（2）机构保障

根据各国经验，建议我国进一步明确环境保护部在水环境功能分区管理中的权威部门作用，联合其他相关政府部门，由国务院直接召集，成立国家水环境综合管理协作委员会，作为水生态功能分区管理实施的最高决策机构。

（3）政策配套

在水生态功能分区管理技术体系得到实施"通行证"的前提下，对现有相关政策和行政法规进行修订或形成特定行政法规，服务于水生态功能分区管理的实施，主要包括：

1）对涉及水生态功能分区管理的相关环境管理政策和行政法规，增补支持水生态功能分区管理实施的技术实施细则。

2）在需要的前提下，地方政府可以启动地方立法程序，制定适应本地条件的特定的地方政策和行政法规，服务于本地水生态功能分区管理的实施，特别是形成以流域为单元的特殊管理条例和技术标准的颁布。

3）以流域为基本单元，确定实现该流域的关键政策抓手，并以地方政府协议的形式，形成流域管理特殊管理运作模式。

（4）参与机制

水生态功能分区管理是通过流域综合土地利用等关键活动来实现的。这个过程需要所有流域内的生产机构和个人的参与。除通过流域管理条例等行政法规规范生产和生活实践行为外，更重要的是引入相应的运作机制，保证利害攸关者的责权利。具体内容包括生态补偿机制、环境许可权证的交易机制以及社区保护组织。

（5）技术保障

水生态功能分区仍然处于理论探索阶段，主要解决实现各级分区的指标选择、分区方法等理论问题。建立一个能指导水环境综合管理的技术体系，只是走出了第一步。要将理论的分区体系，转变成支持水环境管理的技术体系，至少还要解决以下几个方面的问题：水生态功能分区基础数据库建设、水生态功能分区与水环境管理目标的关系，水生态功能分区与水环境管理区的关系，水环境管理关键技术与决策体系的关系。

（6）监测评估体系

通过建立完善的监测评估体系，为水生态功能分区管理实施提供全面的信息支持，主要包括：

1）数据标准和交换制度的建立：以流域为单元，根据水生态功能分区管理的目标体系，建立监测评估指标体系和相应的数据标准（数据格式、采集操作标准等），以及数据交流共享制度。

2）监测平台建设：建设流域管理的监测和评估平台，并建立监测评估网络，实现有效数据共享。

3）监测评估体系的运行和监督：数据采集、储存、分析和决策的信息支持。

案例

辽河流域水生态功能一至三级区划分

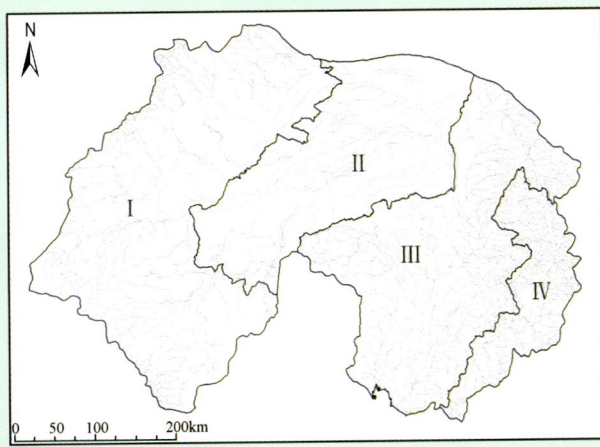

水生态功能一级区
分区指标：
降水、海拔
分区方法：
叠加分析
分区结果：
4个水生态功能一级区
分区命名：
如 I.西辽河上游高原丘陵半干旱水生态区

图 5-5-1 水生态功能一级区

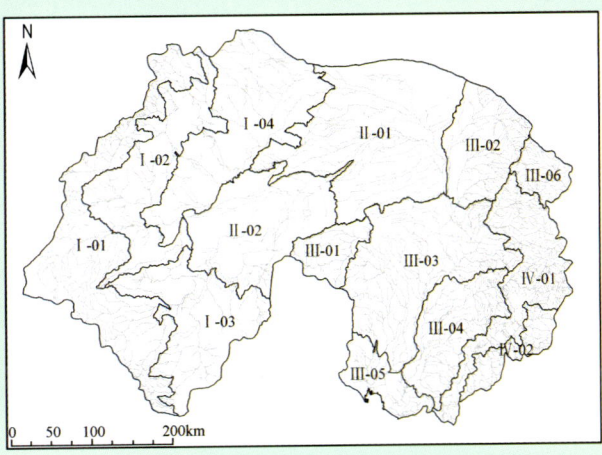

水生态功能二级区
分区指标：
海拔、NDVI
分区方法：
空间聚类分析
分区结果：
14个水生态功能二级区
分区命名：
如 I-04西辽河上游起伏平原水生态亚区

图 5-5-2 水生态功能二级区

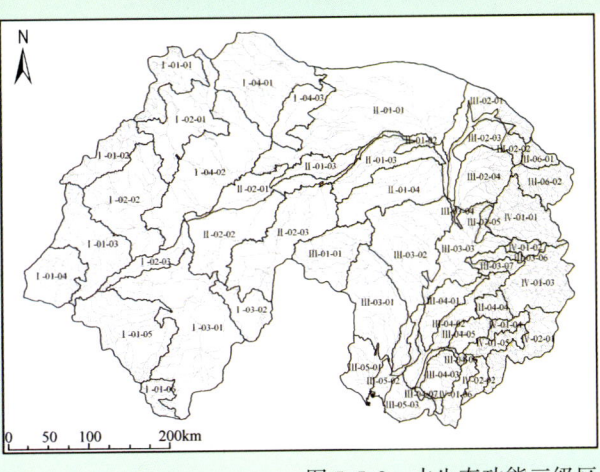

水生态功能三级区
分区指标：
土地利用面积比
河网等级
分区方法：
空间聚类
分区结果：
53个水生态功能三级区
分区命名：
如 I-04-02 乌力吉木伦河支流中下游低海拔丘陵草地覆盖季节河流区

图 5-5-3 水生态功能三级区

5.6 小　　结

基于水生态区管理是当前国际上主要的水环境管理方式。在分析我国水环境管理发展历史的基础上，结合国内外文献调研，分析了我国已有水环境管理区的特点及其在水环境管理引用上的不足，提出适合我国当前水环境管理需求的水生态功能区基本概念、特征、理论、分区体系、划分方法、管理应用及实施保障。以辽河流域为例阐述了分区指标、分区方法和分区结果。水生态功能分区突出了水生态系统管理的需求，是我国已有水环境分区管理模式的进一步发展，符合当前国际上水环境管理向水生态管理转变的理念。同时，充分考虑我国当前社会经济发展的需求，提出了基于水生态功能区的配套管理技术，包括法律、机构、政策、监测等，这些技术共同构成了我国基于水生态功能分区的管理技术体系。

第 6 章

流域水环境基准

6.1 流域水环境质量基准概况

流域水环境质量基准简称水环境基准或水质基准,是指为保护水环境的特定用途,对水体中某物质存在水平的客观定量或定性限制;通常表述为水环境中某物质对特定对象不产生有害影响的最大剂量(或无作用剂量)或浓度,主要考虑自然生态特征,同时基于毒理学及污染生态学试验的客观记录和科学推论,是制定水环境质量标准的科学依据,不具有法律效力(US EPA, 1980;孟伟, 2005)。流域水环境质量标准简称水环境标准或水质标准,是以水质基准为依据,在考虑自然环境和国家或地区的社会、经济、技术等因素的基础上,经过综合分析后制定,有国家相关管理部门颁布的具有法律效力的限值或限制,是进行环境评价、环境监控等环境管理的执法依据,具有法律强制性。水质基准和水质标准共同组成水环境管理的重要尺度。

水质基准可以分为两大类:一类以保护水生生物及水生态系统为目标;另一类以保护人体健康为目标。前者包括水生生物基准、水生态基准(生物学完整性基准)、营养物基准及沉积物基准等;后者人体健康基准主要指保护人体从饮用水和摄食水生生物的途径不引起人体健康危害的水体中污染物限值,目前应用中还包括娱乐用水基准、病原体基准以及感官基准。

6.1.1 国外水质基准概况

国际上,最早开展水质基准相关实验研究且目前基准技术体系建设较完善的是美国。美国第一个国家水质基准(绿皮书)(National Technical Advisory Eommittee, 1968)由美国内政部国家技术顾问委员会于1968年发布。US EPA 与美国国家科学院、国家工程院合作,在1974年发布了水质基准(蓝皮书)(National Technical Advisory Eommittee, 1974)。1976 年,应《联邦水污染控制法案修正草案》的要求,US EPA 发布了红皮书(US EPA, 1976)。该文件推荐53个水质项目的基准值,包含金属、非金属无机物、农药以及其他有机物等,涉及的水体功能有饮用水供应、农业灌溉用水、休闲娱乐用水以及水生生物繁殖用水等。1986 年发布的金皮书是对之前美国水质基准资料的汇编(US EPA, 1986a)。此外,US EPA 分别在 1999 年、2002 年、2004 年、2006 年和 2009 年主要针对人体健康和水生生物的保护发布了国家水质基准的系列修补版本文件(US EPA, 1999, 2002, 2004, 2006, 2009)。美国现行的国家水质基准修订于 2012 年,主要包括水生生物基准和人体健康基准。水生生物基准分为淡水急性、淡水慢性、海水急性、海水慢性 4 类基准,包括 58 项污染物基准限值;人体健康基准分为消费水和水生生物、只消费水生生物两类基准,包括121项基准限值，另外还包括27项人体感官基准，共206项水质基准限值（US EPA，2002）。

欧盟国家的水质基准发展也经历了由简单到成熟的过程，早期只是对单独的某些污染物做了规定。近年来随着欧盟水环境政策的发展，以欧盟1996年颁布的《污染防治综合指令》（IPPC指令，96/61/EC）和2000年颁布的《欧盟水框架指令》（WFD，2000/60/EC）为代表的环境政策指导文件，对各成员国水环境质量标准的制定起到了发展和促进作用。《欧盟水框架指令》建立了欧洲水资源管理的框架，并对已有的水质指令作了补充，是针对水环境质量的基准与标准体系。欧盟在水框架指令中提出不应注重单一污染物的控制，而是要关注所有水环境风险胁迫因子的综合影响，以水体的"良好生态状态"为保护目标，并规定所有签约国都需在2015年达到这一目标。由于水环境管理现状的客观需求，现阶段水框架指令依然要对环境优先控制污染物设置单独的水质目标。

具体实践过程中，美欧等通常以国家层面（如US EPA）颁布的优控污染物水质环境基准推荐值为主要科学依据，以保护水体的水生生物、水生态系统能正常生长和繁衍发展及人群一般可健康利用水体中的水（通常的工、农业生产及生活饮用、娱乐用水等）与水生物资源（可食用的水生生物等）为基本水体功能目标，国家内部各州或部落等相关政府行政部门依据国家基准值制定颁布行政执行的水质环境标准限值。现今国际环境基准的主流定值方法主要基于生态系统中生物物种对目标物质的敏感性特征，同时以保护自然生态系统结构与功能的完整性及人体健康为前提。

目前水环境基准的基础研究方面，主要缺乏种群、群落和生态系统等尺度上对污染物的生态学暴露数据及基准数据推导转换方法学研究，尤其在复合污染条件下，目标污染物在环境介质中迁移转化过程的联合作用机制尚不清楚。

6.1.2 我国水质基准概况

2008年以前，我国没有开展过系统的水质基准研究，国内部分学者依据我国水生生物区系分布特征，针对部分典型污染物进行了水质基准阈值的研究尝试，仅有零星的文献发表（张彤，1997 a，b，c；Yin et al.，2003）。由于国内水质基准的研究力度有限，无法对我国水质标准制订和修订提供有力支持。我国现行水环境标准主要参考美国、欧盟等发达国家和地区的水质基准值和标准值来确定，国内水质基准研究相对滞后，主要缺乏各类水环境污染物的本土水生生物毒理学、污染生态学及相关水环境健康效应的有效基准数据，生物区系资料也不完整，尚未建立适合于我国环境保护的水环境质量基准技术方法，对环境基准在环境管理标准制定中的科学支撑作用也缺乏重视。由于不同地区水环境中水生生物、水化学-物理特征等自然生态系统要素具有明显的生态地域性差异，其他国家的水环境质量基准或标准不一定能反映我国水生生物与水功能保护的需求，所以完全参照或采用其他国家的水质基准或标准值来制定我国的水环境保护标准，不仅可能降低我国水质标准制定的科学性，而且还可能导致环境质量的"欠保护"或"过保护"风险。

在水环境基准方法研究和实践管理应用领域，目前US EPA在其相关文件中明确规定，只能用分布在北美（美国）的水环境代表性生物作为实验试验物种，来推导保护美国淡水和海洋生态系统的水环境基准值，有关人体健康的水质基准的制订也要充分考虑北美的人体特征、消费习惯及生态学暴露途径等要素。当前国内外在污染生态效应、环境毒理学及健康风险评估等研究领域，正经历由关注单一物质污染向关注多个物质联合污染的转变，由简单环境介质行为向生态系统多介质复合作用过程的方向发展。因此，我国现有的环境标准由于没有自己的环境基准作依托，在科学准确性和管理适用性方面还有较多欠缺，制约了国家环境保护管理战略目标的良好实现。

2008 年以后，我国政府陆续设置了基准相关的科研项目，启动了我国系统的水质基准研究，经过国内优势科研院所及大专院校的不懈努力，在水质基准的技术体系框架、支撑技术平台、本土物种筛选、基准阈值研究、基准向标准转化等诸多方面取得了显著进展，基本建立了我国水质基准的技术方法学，为进一步完善建立具有我国特色的水质基准/标准体系奠定了良好的基础。

借鉴发达国家及国际组织已有的管理经验和科学成果，根据我国生态保护战略目标和污染物控制与治理的需求，确立我国水环境质量基准研究的优先方向和优先控制污染物，建立具有中国特色的水环境基准和标准技术体系，并为今后其他相关环境基准和标准的构建提供方法学依据。

6.2 流域水环境基准体系

6.2.1 水生生物毒性效应基准指标体系

针对特定流域水环境特征、污染物和有害环境因子的种类以及对环境生物暴露水平和暴露方式，依据我国现有的生物测试国家标准，借鉴 US EPA、OECD 等国家和国际组织制定的生物测试标准方法，根据特定污染物对水生生物的毒性特征和毒性作用模式确定基准指标，我国水生生物毒性效应的水质基准指标可分为普适性基准指标和特征效应基准指标（图6-1）。

普适性基准指标包括水生生物急性毒性指标、亚慢性/慢性毒性指标、繁殖毒性指标、生物浓缩系数，应用于一般性污染物；特征效应基准指标包括遗传毒性效应指标、发育毒性效应指标、内分泌干扰毒性效应指标、免疫毒性效应指标，这些类型的指标是基于对特定流域水生生物最大保护原则，仅应用于经科学研究证实具有特征效应的污染物水质基准的制定，以达到对该流域水生生物进行充分保护的目的。

应用于一般污染物的普适性基准指标以水生生物急性死亡、亚慢性/慢性损伤和生物浓缩/积累效应为基础，用于计算"基准最大浓度"（CMC）和"基准连续浓度"（CCC）。

6.2.2 流域特征污染物的筛选

流域特征污染物是指从众多有毒有害的化学污染物中筛选出的在流域环境中出现概率高、对人体健康和生态平衡危害大，并具潜在环境威胁的污染物。与流域水环境基准研究相适应的特征污染物筛选技术根据不同流域水环境参数、水体用途、敏感受体以及周边工农业发展情况，提出预期的污染频谱，与现场污染物检测相结合，确定特定流域水环境需要优先研究和制定水环境基准的特征污染物名单。

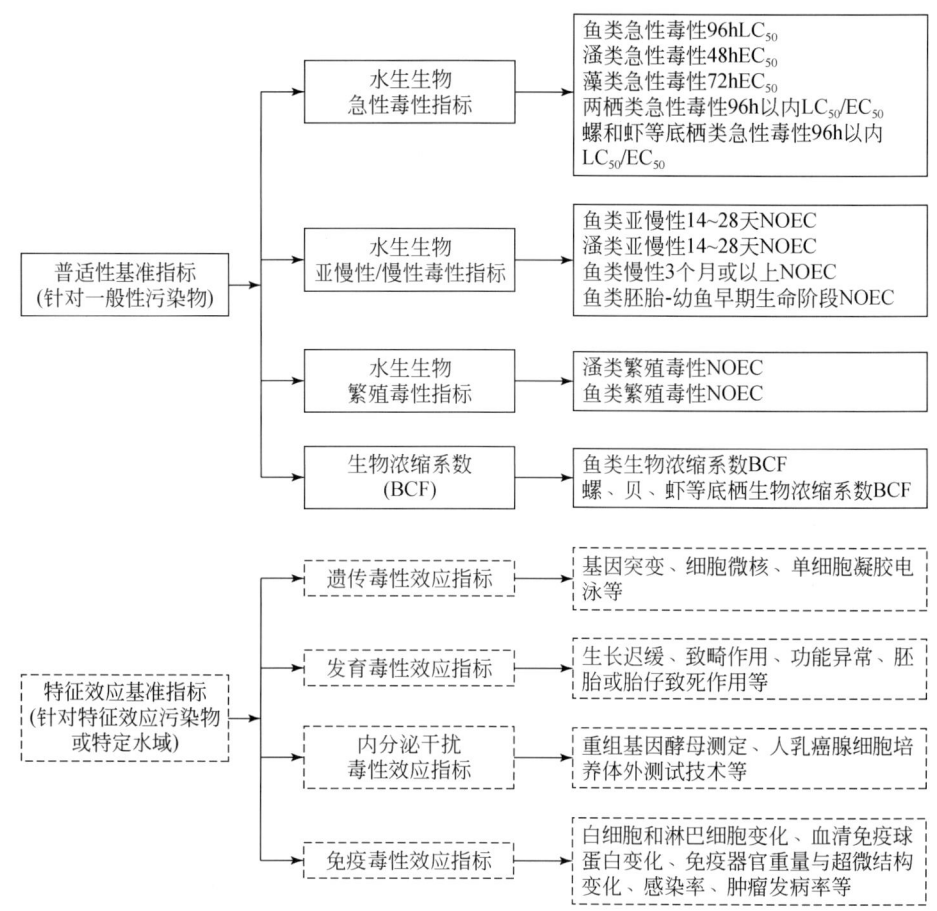

图 6-1　我国水生生物毒性效应的水质基准指标体系

（1）流域特征污染物筛选流程

筛选流域特征污染物是控制化学品污染的一项重要的基础性工作，要从量大面广的流域化学污染物中筛选出特征污染物名单，必须对化学污染物做出严格而客观的评价，既要考虑到化学污染物本身的物化性质、毒性毒理、生态效应、环境行为等因素，又要考虑到使用现状、环境暴露，潜在危险风险等诸多因素。流域特征污染物筛选流程如图 6-2 所示。

（2）特征污染物筛选方法确定

目前，国外常用的污染物筛选方法有综合评判法、综合评分法、模糊聚类法、密切值法、Hasse 图解法、潜在危害指数法等。国内常用的方法是由 US EPA 工业环境实验室提出的化学物质的潜在危害指数法。潜在危害指数法是一种依据化学物质对环境的潜在危害大小进行排序的方法，其特点是抓住化学物质对人和生物的毒效应作为主要参数，利用各种毒性数据通过统一模式来估算化学物质的潜在危害大小，它既考虑一般毒性和特殊毒性，也考虑累积性和慢性效应。潜在危害指数最大的不足之处就是不考虑各化学物质在环境中的存在状态或者假设认为环境中所有物质都存在且具有相同浓度。然而，在实际流域水环境中，各种化学物质因源的排放强度不同、环境介质对其稀释降解等作用存在差异，

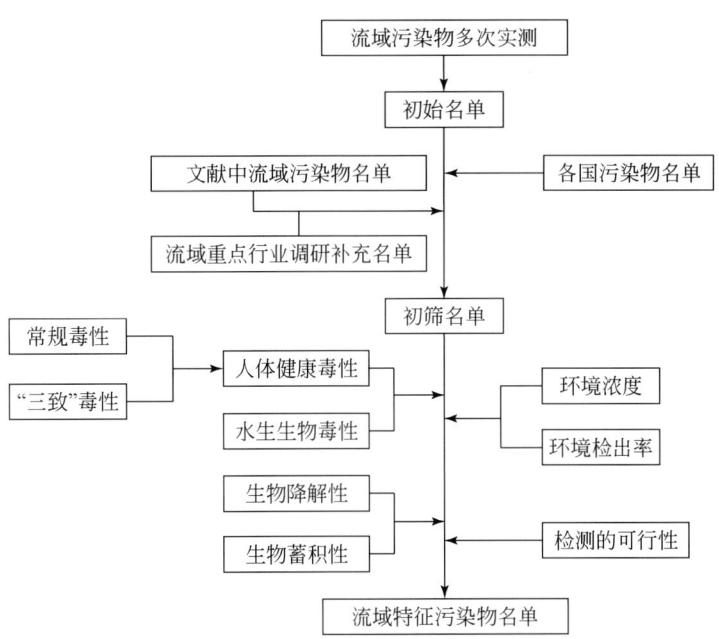

图 6-2 流域特征污染物筛选流程

各监测点位污染物的浓度、检出频率等各有不同。因此，单独运用潜在危害指数法进行流域水环境污染物的筛选是不客观的，可以对已确定流域中的污染物进行优先筛选。

加权评分法是通过潜在危害指数与其他限定条件相结合，是潜在危害指数法的发展与改进。在筛选前对选定因子赋予一定的权重，根据各因子取值范围并按照一定的原则划定若干区间，各区间按从小到大的顺序依次赋予相应的分值。然后，各因子所取得的分值乘以该因子的权重，最后将各因子所得的值相加之和，就是该化学物质在流域水环境中的评价得分，通过排序就可得到污染物的筛选结果。该方法的因子较少，只有潜在危害指数、地表水的平均检出浓度和检出率及底泥的平均检出浓度和检出率。其中潜在危害指数占的权重最大（定义为2），其他权重定义为1。按照加权评分，分数由高至低确定水环境中特征污染物。如果加权后的分数低但该化学物质已经是国内外优先控制污染物的化合物，那么也应将其列入特征污染物行列。

1）模式方法。

潜在危害指数的计算公式如下：

$$N = 2aa'A + 4bB \tag{6-1}$$

式中，N 为潜在危害指数；A 为某化学物质的周围多介质环境目标值（ambient multimedia environmental goals，AMEG）所对应的值；B 为潜在"三致"化学物质 AMEG 所对应的值；a、b、a' 为常数。

A、B 值的确定方法如表 6-1 所示。

a、a'、b 的确定原则如下：

可以找到 B 值时，$a = 1$；无 B 值时，$a = 2$。某化学物质有蓄积或慢性毒性时，$a' = 1.25$；仅有急性毒性时，$a' = 1$。可以找到 A 值时，$b = 1$；找不到 A 值时，$b = 1.5$。

表 6-1　A、B 值的确定

一般化学物质 $AMEG_{AH}/(\mu g/m^3)$	A 值	潜在"三致"化学物质 $AMEG_{AC}/(\mu g/m^3)$	B 值
>200	1	>20	1
<200	2	<20	2
<40	3	<2	3
<2	4	<012	4
<0102	5	<0102	5

$AMEG_{AH}$ 计算模式有两种：

$$AMEG_{AH} = 阈限值（或推荐值）/420 \times 10^3$$

式中，阈限值为化学物质在车间空气中的允许浓度（mg/m^3，时间加权值）；推荐值为化学物质在车间空气中最高浓度推荐值（mg/m^3）。

推荐值在没有阈限值或推荐值低于阈限值时使用。

$$AMEG_{AH} = 0.107 \times LD_{50}$$

这是个在没有阈限值和推荐值时使用的公式。

LD_{50} 的数据主要以大白鼠经口给毒为依据。若没有大鼠经口给毒的 LD_{50}，也可用小鼠经口给毒的 LD_{50} 等其他毒理学数据来代替。

潜在"三致"化学物质 $AMEG_{AC}$ 及其计算：$AMEG_{AC}$ 即空气中以"三致"影响为依据的 AMEG，$AMEG_{AC}$ 的计算公式也有两种：

$$AMEG_{AC} = 阈限值（或推荐值）/420 \times 10^3$$

式中，阈限值为"三致"物质或"三致"可疑物的车间空气中的允许浓度（mg/m^3）。

$$AMEG_{AC} = 10^3/(6 \times 调整序码)$$

式中，调整序码为反映化学物质"三致"潜力的指标。在一些情况下可能无法查到该值，则用第 1 种方式计算 $AMEG_{AC}$。

2）分级方法。

潜在危害指数的分级：一般将统计的危害指数范围分成五个区间，第一区间至第五区间分别为 1 分、2 分、3 分、4 分、5 分。

水体平均检出浓度（CW）和沉积物平均检出浓度（CS）的分级：确定平均检出浓度的最大值和最小值，利用公式

$$a_n = a_1 q_n - 1$$

式中，a_n 为平均检出浓度的最大值；a_1 为平均检出浓度的最小值；q 为等比常数；$n = 6$。确定平均检出浓度的区间，第一区间至第五区间分别为 1 分、2 分、3 分、4 分、5 分。

水体总检出频次（FW）和沉积物总检出频次（FS）的分级：确定平均检出率的最高值和最低值，将此区间分为五个区间，第一至五区间分别为 1 分、2 分、3 分、4 分、5 分，以此确定分级标准。检出率 1%~20.0%，分值为 1；检出率 20.1%~40.0%，分值为 2；检出率 40.1%~60.0%，分值为 3；检出率 60.1%~80.0%，分值为 4；检出率大于 80% 时，分值为 5。

3) 总分数（R）-加权方法。

根据 3 类定标原则，可将各化学物质的几种信息归结为 3 个因子。在对每个因子进行分数组合时，要确定各因子的权重。对最重要的因子要指定最大的权，使之在确定最后分数时能产生最大的影响。总分值（R）= $2N + CW + FW + CS + FS$，根据总分值（R）确定特征污染物。

案例

太湖流域和辽河流域特征污染物筛选

根据上述评分标准和总分计算方法，对太湖流域和辽河流域检出的有机污染物评分。按总分值的大小排序，筛选出太湖流域特征污染物 7 类 50 种（表 6-2-1），其中排名前 10 位的特征污染物分别为：芘、邻苯二甲酸二甲酯、邻苯二甲酸二正丁酯、邻苯二甲酸二（2-乙基己基）酯、1,4-二氯苯、2-甲基苯酚、4-甲基苯酚、萘、菲、荧蒽。辽河流域共筛选出特征污染物 7 类 60 种（表 6-2-2），其中排名前 10 位的特征污染物分别为：芘、4-硝基酚、䓛、β-六六六、苯并[a]芘、苯并[a]蒽、2,6-二硝基甲苯、邻苯二甲酸二乙酯、δ-六六六、2-甲基-4,6-二硝基酚。

表 6-2-1　太湖流域水环境特征污染物清单（7 类 50 种）

序号	类别	数量	化学物质
1	重金属	8	铬、镍、镉、铜、铅、锌、锰、钡
2	取代苯类	5	硝基苯、氯苯、邻二氯苯、间二氯苯、对二氯苯
3	酞酸酯类	5	邻苯二甲酸二甲酯、邻苯二甲酸二正丁酯、邻苯二甲酸二乙酯、邻苯二甲酸二正辛酯、邻苯二甲酸二（2-乙基己基）酯
4	酚类	8	2-硝基酚、2,4-二氯酚、4-氯-3-甲基酚、2,4,6-三氯酚、五氯酚、苯酚、2-甲基苯酚、4-甲基苯酚
5	多环芳烃	13	萘、菲、蒽、荧蒽、芘、苯并[a]蒽、䓛、苯并[b]荧蒽、苯并[k]荧蒽、苯并[a]芘、茚并[1,2,3-cd]芘、二苯并[a,h]蒽、苯并[ghi]芘
6	有机氯农药	8	α-六六六、β-六六六、γ-六六六、δ-六六六、p,p'-DDD、p,p'-DDE、p,p'-DDT、o,p'-DDT
7	其他	3	二苯呋喃、异氟尔酮、双(2-氯异丙基)醚

表 6-2-2　辽河流域水环境特征污染物清单（7 类 60 种）

序号	类别	数量	化学物质
1	重金属	7	铬、镍、镉、铜、铁、铅、锌
2	取代苯类	12	甲苯、乙苯、异丙基苯、硝基苯、2,4-二硝基甲苯、2,6-二硝基甲苯、氯苯、邻二氯苯、间二氯苯、对二氯苯、1,2,4-三氯苯、六氯苯
3	酞酸酯类	4	邻苯二甲酸二甲酯、邻苯二甲酸二正丁酯、邻苯二甲酸二乙酯、邻苯二甲酸二（2-乙基己基）酯

续表

序号	类别	数量	化学物质
4	酚类	10	2-硝基酚、4-硝基酚、2,4-二氯酚、五氯酚、苯酚、2-甲基苯酚、4-甲基苯酚、4-氯-3-甲基酚、2-甲基-4,6-二硝基酚、2,4-二甲基酚
5	有机氯农药	8	α-六六六、β-六六六、γ-六六六、δ-六六六、p,p'-DDD、p,p'-DDE、p,p'-DDT、o,p'-DDT
6	多环芳烃	14	芴、萘、菲、蒽、荧蒽、芘、苯并[a]蒽、䓛、苯并[b]荧蒽、苯并[k]荧蒽、苯并[a]芘、茚并[1,2,3-cd]芘、二苯并[a,h]蒽、苯并[ghi]苝
7	其他	5	N-亚硝基二丙胺、二苯呋喃、异氟尔酮、咔唑、双(2-氯乙基)醚

6.3 流域水生生物基准

流域水生生物基准是为保护水生生物及其使用功能，一般指的是水环境中的污染物对水生生物及其使用功能不产生长期和短期不利影响的最大浓度（US EPA，1985）。

6.3.1 流域水生生物基准制定原则

具有流域生态分区差异性的水生生物基准制定技术框架见图6-3。关键是通过与基准相适应的基于生态功能分区的典型污染物筛查、生物测试物种辨析、生物测试终点甄别、数值推导模型选择方法和技术，制定具有流域生态分区差异性的水生生物基准，其中制定水质基准的核心技术是基于风险评估的基准值推导。

6.3.2 流域水生生物基准制定流程

流域水生生物基准的制定流程如图6-4所示，其关键是通过与基准相适应的生物测试物种辨析、生物测试方法建立、数值推导模型选择制定水生生物基准。制定水生生物基准的核心是基于风险评估的基准值推导。

6.3.3 流域水生生物毒理学数据获取技术

（1）流域水生生物毒理学数据的筛选

基准数据筛选原则包括：弃用一些有问题或有疑点的数据，如未设立对照组的、对照组的试验生物表现不正常的、稀释用水为蒸馏水的、试验用化合物的理化状态不符合要求的或试验生物曾经暴露于污染物中的，类似的试验数据都不能采用，至多用来提供辅助的信息。将不符合水质基准计算要求的试验数据剔除，其中包括非我国物种的试验数据、实验设计不科学或者不符合要求的试验数据等。如果可同时获取同一物种不同生命阶段（例

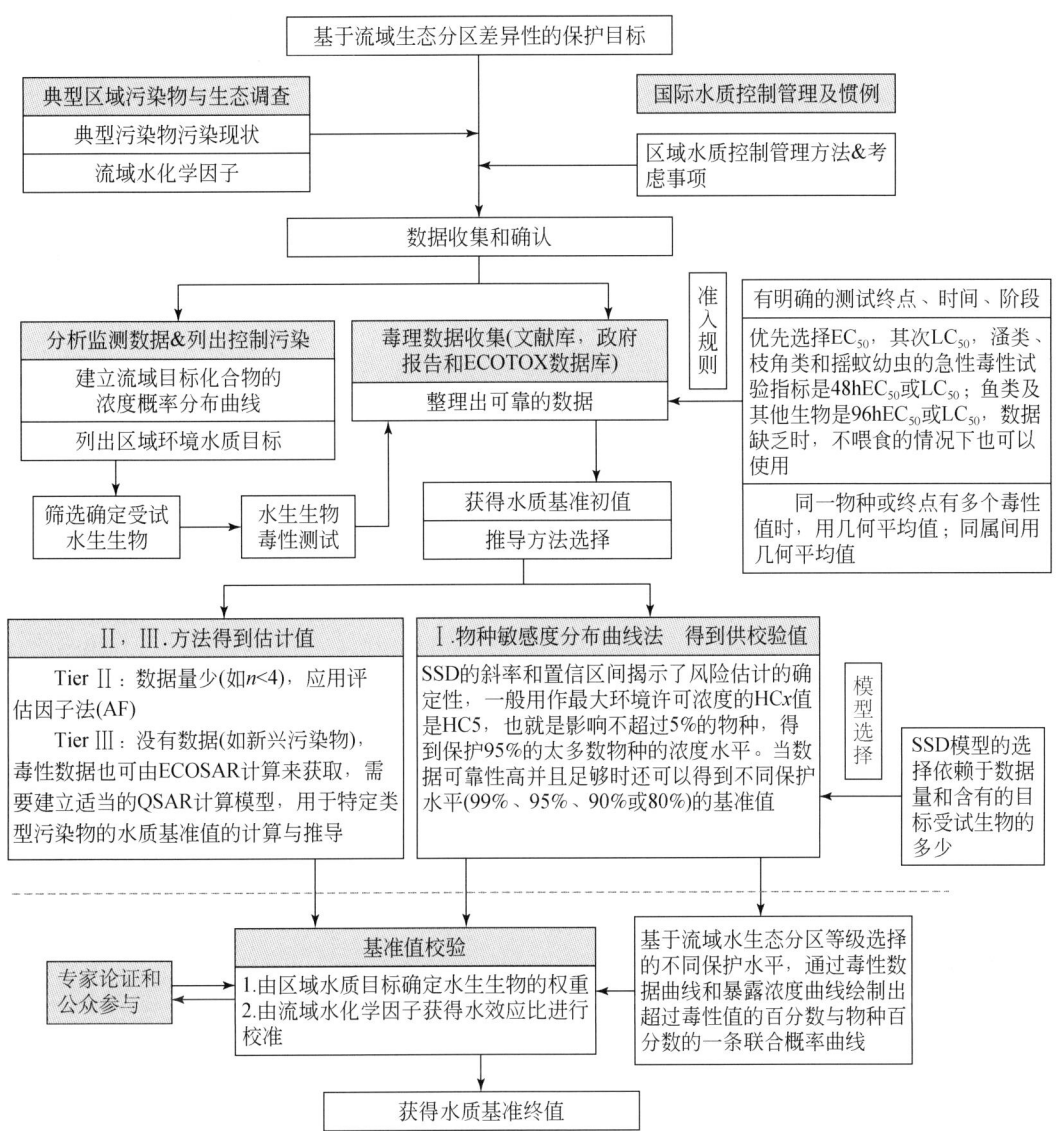

图 6-3 具有流域生态分区差异性的水生生物基准制定技术框架

如卵、幼体和成熟体）的毒理学数据，应选择该物种最敏感生命阶段数据。

(2) 流域水环境代表物种筛选技术

在应用模型推导法进行水质基准推导时，各国或组织对"最少毒理学数据需求"（minimum toxicity data requirement，MTDR）的要求不尽相同（CCME，1991；SLOOF，1992；Van et al.，1991；Ontario Ministry of the Environment，1991）。我们国家水生生物基准推导的目的是保护大部分（95%以上）水生生物，因此，毒理学数据必须包括水生态系统中的藻类、无脊椎动物和鱼类。流域基准可以根据不同区域设立各自保护目标适宜的生物物种进行校准。

根据保护水生生物及其用途的水质基准推导的最少数据原则，选择的水生生物测试种应涵盖 3 个营养级：藻类/初级生产者、小型甲壳类/初级消费者以及鱼类/次级消费者。在水生生物急慢性毒性参数收集中，选择的水生生物测试种应涵盖至少 3 门 8 科；当选择

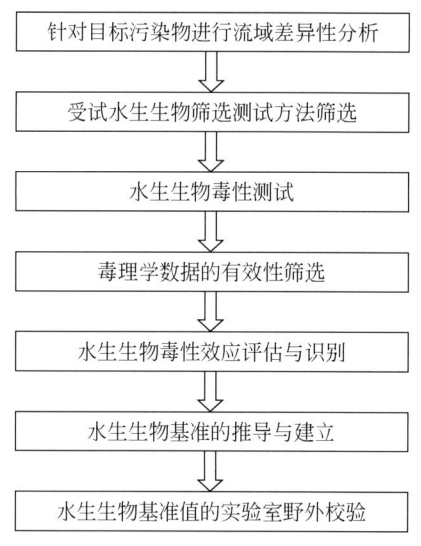

图 6-4 流域水生生物基准制定流程

的水生生物物种具有充分的代表性,并满足所采用的相关推导方法的要求时,其分类单元数量也可以减少为 3 门 6 科(刘征涛,2012)。水生生物的急慢性比需要至少 3 个科的水生动物物种,需要至少 1 种淡水植物毒理学数据,至少选用 1 种淡水物种来确定生物富集系数。

6~8 个分类单元(科)的淡水水生生物分别是:

1) 硬骨鱼纲中的鲤科,如我国最为常见的四大家鱼等;
2) 硬骨鱼纲中的第 2 个科,要求非鲤科,冷水鱼优先,如鲑科等;
3) 脊椎动物门中的第 3 个科,可以是硬骨鱼纲或者两栖动物;
4) 浮游甲壳类生物,如枝角类等;
5) 底栖甲壳类生物,如虾、蟹等;
6) 节肢动物门和脊索动物门以外的任意一个科;
7) 节肢动物门的一种昆虫;
8) 昆虫纲的任一科。

水生生物的急慢毒性性比需要至少 3 个科的水生动物物种:至少一种是鱼类,一种是无脊椎动物,一种是敏感的淡水种。还需要至少 1 种水生植物毒理学数据。

基于提出的我国"3 门 6 科"最少毒理学数据需求原则,筛选提出我国"4 门 10 种"本土基准受试生物名单(表 6-2),为我国水质基准研究中生态毒理受试物种筛选提供了良好借鉴。

表 6-2 我国"4 门 10 种"水质基准受试生物

分类地位	生物类别	物种名	拉丁名
脊椎动物门	鱼类	鲢鱼	*Hypophthalmichthys molitrix*
脊椎动物门	鱼类	黄颡鱼	*Pelteobagrus fulvidraco*
脊椎动物门	两栖类	林蛙蝌蚪	*Rana chensinensis*
节肢动物门	浮游甲壳类	大型溞	*Daphnia magna*

续表

分类地位	生物类别	物种名	拉丁名
节肢动物门	底栖甲壳类	青虾	*Macrobrachium nipponense*
节肢动物门	昆虫类	羽摇蚊幼虫	*Chironomus plumosus*
节肢动物门	昆虫类	蜻蜓幼虫	*Libellulidae rambur*
软体动物门	螺类	中华圆田螺	*Cipangopaludina chinensis*
水生植物	浮游植物	蛋白核小球藻	*Chlorella pyrenoidosa*
脊椎动物门	模式鱼类	斑马鱼	*Danio rerio*

6.3.4 流域水生生物基准值的表征与计算方法

6.3.4.1 流域水生生物基准值表征

不同国家和国际组织对基准数值表达有不同的方式，基准表征分为短期和长期基准浓度两种方式。

短期基准即基准最大浓度（criteria maximum concentration，CMC），是指短期暴露不会对水生生物产生显著影响（急性毒性效应）的最大浓度，是为了防止高浓度污染物短期作用对水生生物安全造成的危害，通过特定流域生态分区代表性水生生物的急性毒性试验确定的水生生物安全的短期基准。该浓度的具体含义是：1 小时暴露平均浓度 3 年内平均超标次数不超过 1 次。

长期基准即基准连续浓度（criteria continuous concentration，CCC），为了防止低浓度污染物长期作用对水生生物造成的慢性毒性效应，基准连续浓度是指污染物低浓度长期暴露不会对水生生物的生存、生长和繁殖产生慢性毒性效应的最大浓度长期基准。该浓度的具体含义是：4 天连续暴露平均浓度 3 年内平均超标次数不超过 1 次。

6.3.4.2 流域水生生物基准的计算方法

推导水生生物基准的主流方法包括评估因子法与模型推导法。

（1）评估因子法

评估因子法（assessment factor，AF）是水质基准的基本推导方法之一，目的在于以得到的实验数据为依据外推得到一个可保护环境的基准值。使用可获得的最低生物毒性值与评价因子的比值（或乘积）推导水质基准值（中国环境科学研究院，2010）。AF 的大小依赖于可获取毒性数据的数量和质量，AF 的取值范围通常是 10~1000。一般在可获得的毒性数据较少时使用该方法。

基准值 = [Effect] measured/AF，或基准值 = [Effect] measured × AF。

（2）统计外推法

不同种类的生物，由于生活习性、生理构造、行为特征和地理分布等的不同而产生物种差异，体现在毒理学上反映为不同物种对相同污染物的同一剂量具有不同的反应敏感性，即剂量-效应关系，即不同生物物种对同一污染物的敏感性具有差异性，而这些差异可以遵循正态分布或对数分布等数理模型。

应用 SSD 数理推导水质基准的理论基础为：通过最大似然估计或其他方法，将污染物对生物的效应浓度拟合为未知参数的频数分布模型，如对数－正态（log-normal）（Van et al.，2004）、对数-逻辑斯蒂分布（log-logistic）（Aldenberg et al.，1993）、对数－三角函数（log-triangle）（US EPA，1985）等。US EPA 发布的保护水生生物水质基准的推导方法中选择的拟合函数为对数－三角函数。在分布模型中，污染物对生物的效应浓度小于等于危害浓度（hazardous concentration，HC）的概率为 p，在 HC_p 浓度下，生境中（100－p）%的生物是相对安全的（Van et al.，1998）。

本研究应用美国 US EPA 推荐的水生生物基准方法–物种敏感度排序法（species sensitivity rank，SSR）（US EPA，1985），其总体技术路线如图 6-5 所示，采用 SSR 法，具体方法步骤为：

根据实验数据确定 4 个实验终点值：FAV，根据对各种鱼和无脊椎动物的急性毒性数据，并考虑受试物种的数量和相对敏感性导出；FCV，根据对动物的慢性毒性数据导出，也可根据急慢性比和最终急性值计算得出；FPV，选择最低的植物毒性数据即得其值；FRV，根据一个生物富集系数和一个最大允许组织浓度计算得出。

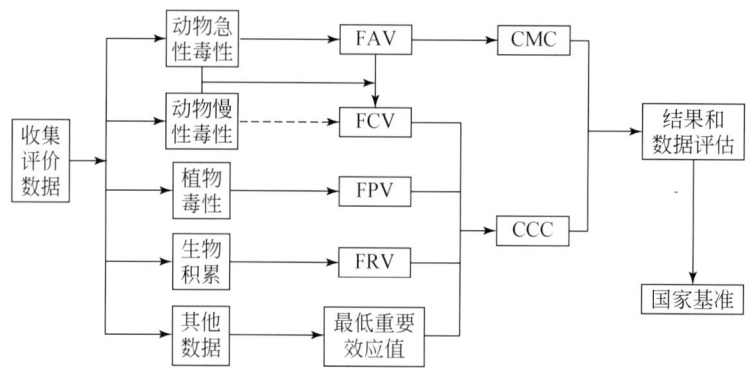

图 6-5 物种敏感度排序法技术路线

计算步骤如下：把所获得的至少"3 门 8 科"的生物毒性数据，按属的毒性数据从小到大排列，累积概率按公式 $P=R/(N+1)$ 进行计算。其中，R 是毒性数据在序列中的位置，N 是所获得的毒性数据量，根据下面公式，得出排序百分数 5% 处所对应的浓度，该浓度即 FAV，短期基准 =FAV/2。慢性数据充足时，FCV 依照 FAV 的计算方法获得，慢性数据不充足时，采用公式 FCV = FAV/FACR 获得。其中 FACR 等于至少 3 种生物 ACR 的几何平均值。FRV 的计算：求 BCF，BCF = 组织中化学物质浓度/水体中化学物质浓度，试验应持续到明显的稳定状态或 28 d 再计算；残余值 = 最大组织允许浓度/BCF。最大组织允许浓度是由美国食品和药物管理局（FDA）给出的限量标准或最大允许日摄入量推导出的；取残余值的最低值，即 FRV。短期基准为 FCV、FPV 与 FRV 中较小值。

6.3.4.3 基准值的比对与校验

推导得出的污染物水质基准建议值需要通过各实验室和机构的反复比对和严格校验，其内容至少包括：对基准推导中应用的代表性生物物种的种类与数量以及生态相关性的检验；特定污染物对代表性物种的毒理学数据的筛选与获取过程；基准值计算与推导的方法学与过程的审核等。确定相对统一的针对特定污染物的基准建议值，以保证一致性和可靠性。

案例

流域水生生物基准阈值

1. 镉水生生物基准

(1) 数据筛选与分析

依据基准数据筛选原则,搜集迄今发表的我国水生生物的镉急性、慢性毒性数据,依据基准数据筛选原则,剔除不符合水质基准技术要求的数据,确定有效数据。

1) 镉的急性毒性数据。

有几十种我国淡水生物镉毒性效应的研究报道,其中大型溞的数据最丰富。研究表明,不同试验水质条件下的镉毒性效应,或不同的生物种群对镉毒性的反应有很大差异。

2) 镉的慢性毒性数据。

镉对淡水脊椎动物的慢性毒性研究较少,包括的主要物种有亚东鲑、白斑狗鱼等7种生物。

3) 镉的植物毒性数据。

水生植物对镉毒性的抗性同样存在很大差异,最不敏感的淡水水生植物是浮萍。总体来说,水生植物对镉的耐受性远大于水生动物。

(2) 镉生物毒性数据的调整

水体硬度对镉生物毒性数据具有很大影响,因此不同硬度试验条件下得出的镉毒性数据需要进行调整才能进行基准计算,参照 US EPA 镉基准技术文件,对镉毒性数据进行调整,调整方法如下。

如统一将毒性数据调整至水体硬度等于50mg/L,对于急性毒性数据,调整值=exp[1.0166×ln(50/原硬度)+ln 原值];对于慢性毒性数据,调整值=exp[0.7409×ln(50/原硬度)+ln 原值]。

(3) 镉水生生物基准制定

对调整后的镉生物毒性数据分析排序后,得出用于计算基准的属平均急性毒性值(GMAV)。按照SSR法,得出我国镉水生生物急性基准如下所示,是一个以水体硬度为自变量的函数。

$$CMC_S = (1.1367 - 0.04184 \times \ln H) \times e^{1.0166 \times \ln H - 2.966}$$

式中,S 代表可溶性金属,H 为水体硬度。当水体硬度为 100 mg/L $CaCO_3$ 时,CMC 为 5.25 μg/L。

由于慢性毒性数据不足,因此直接采用评估因子(默认为10)方法提出镉慢性水生生物基准,当水体硬度($CaCO_3$)为 100 mg/L 时,CCC = 5.25/10 = 0.53 μg/L。

得出的镉基准阈值与美国镉基准值等的对比见表 6-3-1,可知,得出的镉基准值比美国限值略高,这主要是由于我国现有本土敏感生物数据较少,我国现有镉地表水标准值相对是合理的。

表 6-3-1　镉水生生物基准限值比较

基准来源	水生生物基准限值/（μg/L）				
	CMC		CCC		
本研究	5.25		0.53		
美国	2.0		0.25		
我国地表水镉标准	Ⅰ级	Ⅱ级	Ⅲ级	Ⅳ级	Ⅴ级
	1	5	5	5	10

2. 氨氮水生生物基准

(1) 数据筛选与分析

按照 US EPA 水生生物基准技术指南中的数据筛选原则，搜集得到我国本土淡水生物的氨氮毒性数据，包括 11 属淡水无脊椎动物、8 属脊椎动物的氨氮急性数据以及 4 属慢性毒性数据。数据来源包括 US EPA 的 ECOTOX 毒性数据库、美国 2009 年氨氮水质基准文件及中国知网等。由于氨氮毒性受到水体 pH 和温度的影响，因此合格的氨氮毒性数据必须包括进行毒性测试时的 pH 和温度等试验条件。

(2) 氨氮毒性数据的调整及物种敏感度排序

按照美国氨氮基准技术文件，将搜集得到的氨氮急性毒性数据统一调整至 pH8.0、25℃条件下。依据调整后的数据计算不同生物种、属的 SMAV 和 GMAV。对氨氮急性最敏感的 4 属生物包括河蚬、中华鲟、静水椎实螺和中华绒螯蟹。氨氮慢性毒性数据共 4 属，数据丰度欠缺，无法直接进行慢性基准的计算。

(3) 氨氮水生生物基准推算

对氨氮最敏感的 4 属生物中有 3 属无脊椎动物和 1 属鱼类，因此，CMC 公式采用无脊椎动物的温度外推关系，但最大值不能超过最敏感鱼类（中华鲟）乘以 0.468 的值（4.88mg/L）。根据氨氮基准方法学，我国氨氮 CMC 基准公式为

$$CMC = 0.468 \times \left(\frac{0.0489}{1+10^{7.204-pH}} + \frac{6.95}{1+10^{pH-7.204}} \right) \times \min(10.40, 6.018 \times 10^{0.036 \times (25-T)})$$

式中，7.204 是氨氮急性毒性的拟合参数，0.036 是无脊椎动物的急性温度斜率，0.0489 和 6.95 为合成参数，与 R 有关，以上参数 1999 年和 2009 年美国氨氮基准文件均直接引用；0.468 为公式系数，10.40 是最敏感鱼类的 GMAV，6.018 是最小的 GMAV，这 3 个参数为依据我国物种毒性数据修正而得。上式可进一步简化为

$$CMC = \left(\frac{0.023}{1+10^{7.204-pH}} + \frac{3.25}{1+10^{pH-7.204}} \right) \times \min(10.40, 6.018 \times 10^{0.036 \times (25-T)})$$

氨氮的我国本土生物慢性毒性数据不足，无法按照上述技术路线推导 CCC，采用下述公式获取：CCC = CMC/AF。其中，AF 为相同水质条件下美国 CMC 与 CCC 的比值，公式为 $AF = CMC_{美,pH,T}/CCC_{美,pH,T}$。

因此，设 pH 为 8、温度为 25℃时，我国氨氮水生生物基准 CMC = 2.8 mg/L，依据美国 CMC 与 CCC 的关系，在此水质条件下取比值为 11.13，CCC = 0.25 mg/L。

相同水质条件下，本研究得出的氨氮基准阈值与美国氨氮水生生物基准值等相关基准/标准限值的比较见表 6-3-2。由表可知，在非极端水质条件下，建议我国现行氨氮的一级地表水标准可以适当放宽。

表 6-3-2　氨氮水生生物基准限值比较

基准来源	水生生物基准限值/（mg/L）				
	CMC		CCC		
本研究	2.8		0.25		
美国	2.9		0.26		
我国地表水氨氮标准	Ⅰ级	Ⅱ级	Ⅲ级	Ⅳ级	Ⅴ级
	0.15	0.5	1.0	1.5	2.0

6.4　流域水环境生态基准

流域水环境生态基准是指维持生态系统结构平衡合理、生态功能完整的水生生物种群、群落及生态系统的生物组成多样性，并与自然环境相协调的相关指标阈值。生态基准是以保护流域水环境生态完整性（ecological integrity，EI）为目的，用于描述满足指定水生生物用途，并具有生态完整性的水生生态系统的结构和功能的描述型语言或数值。流域水环境的生态完整性包括三方面的要素：生物完整性、物理完整性和化学完整性。同时满足生物、物理和化学完整性的水环境生态系统才具有生态完整性。

6.4.1　流域水环境生态基准制定流程

流域水环境生态基准的制定主要包括参考状态的选择、基准指标体系的确定、基准指标的调查以及基准的计算等几方面，制定流程，如图 6-6 所示。

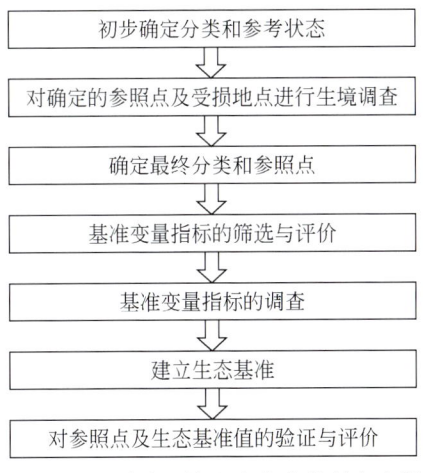

图 6-6　流域水环境生态基准的制定流程

6.4.2 流域水环境生态基准关键技术

6.4.2.1 流域水环境参考状态选择方法与技术

参考状态（参照点）用以描述流域内不受损害或受到极小损害水体的生态学特征，体现水体在不受人类活动或干扰情况下的"自然"状态。选择合适的水环境参考状态是进行确定水生态基准的关键。

针对每类水体都需要选择合适的参考状态。流域水环境参考状态的确定主要有以下四种方法：

1）历史数据估计；
2）参照点调查采样；
3）模型预测；
4）专家咨询。

每种方法都有其优点及缺点，因此常常需要联合使用这几种方法。

参照点指不受损害或受到极小损害且对该水体或邻近水体的生物学完整性具有代表性的具体地点，参照点应选择水体内最接近自然的点。在参照点的选择过程中应遵循两个原则：①受人类的干扰最小：参照点应选取未受人为活动干扰的地点，但在具体的水体中真正未受干扰的参照点很难找到。因此实际上常常选取受到人类干扰最小的地点作为参照点。②具有代表性：所选择的参照点必须可以代表水体调查区域的最优状况。

6.4.2.2 流域水环境生态基准变量指标体系的筛选

(1) 流域水环境筛选原则

所选变量指标应该符合敏感性原则，选择的生态基准指标体系应该体现生态系统的以下特征：群落的复杂性，如多样性或丰富度；群落组成的单一性或优势度；对干扰的耐受性；不同营养层级的作用关系。

(2) 流域水环境生态基准变量指标

流域水环境生态基准指标体系由生物完整性指标以及营养物基准变量指标构成，如图6-7所示。

6.4.2.3 流域水环境生态基准表征和计算方法

(1) 流域水环境生态基准表征方法

流域水环境生态基准可分为描述性生态基准和数值型生态基准。前者采用描述性的语言对应该满足指定水生生物用途的流域水环境的生态完整性进行描述，后者采用数值的方法对应该满足指定水生生物用途的流域水环境的生态完整性进行描述。

(2) 流域水环境生态基准计算方法

综合指数法和频数分布法是计算流域水环境生态基准的两种主要方法。如果有大量的野外生物和理化指标的调查数据，那么就使用综合指数法来计算生态基准值。

1）综合指数法。综合指数法来源于US EPA提出的生物学基准和营养物基准的制定方法，综合指数法计算流域水环境生态基准的流程如图6-8所示。

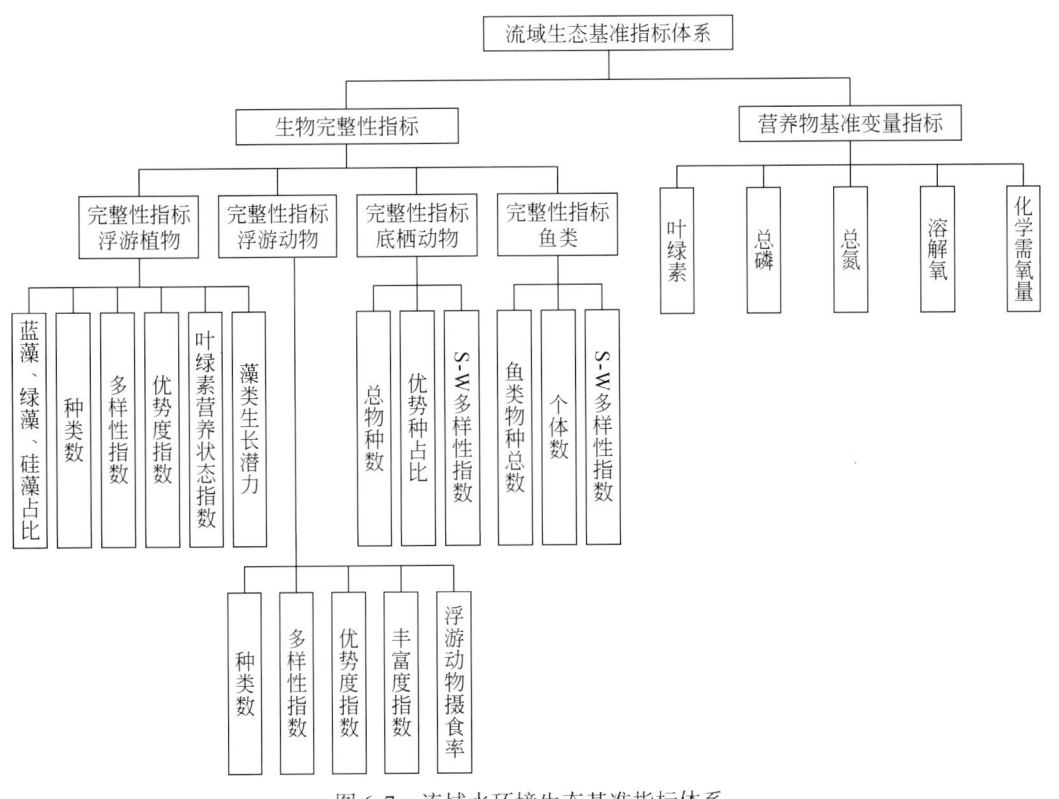

图 6-7 流域水环境生态基准指标体系

2) 频数分布法。频数分布法是对总数据按某种标准进行分组，统计出各个组内含个体的个数，再将各个类别及其相应的频数列出并排序的方法。运用频数分布法推导生态基准值时，先选取参照点和基准指标，再结合流域状况，最后得出最佳的生态基准值。

流域生态基准的频数分布技术方法主要包括 3 个部分：计算流域所有数据和参照点的频数分布百分率；选取适宜基准指标频数分布的百分点位作为参考状态；确定基准指标的生态基准值。方法的关键是选取适宜频数分布的百分点位作为基准指标的参考点。

应用频数分布法进行基准值推导时，一般选取参考状态的上 25% 频数的数值和流域点位的下 25% 频数的数值，合并作为基准建议值，如图 6-9 阴影部分所示。

在实际应用中，并不固定使用 25% 频数的数值，根据不同流域的生态特性和参照点的状况，以及不同指标在流域中的实际分布状况，可以有所变化。

(3) 提出流域水环境生态基准建议值

参考条件确定以后，根据不同的情况依据参考条件提出基准推荐值，基准推荐值提出以后由专家进行综合分析，包括分析各指标推荐基准值的匹配状况。若出现压力指标浓度高、响应指标浓度低等不相匹配的问题，将由专家进行综合诊断及决策。推荐的基准值需要提交专家进行评价、确定和解释。基准值的验校则主要由地方政府根据实际状况开展。

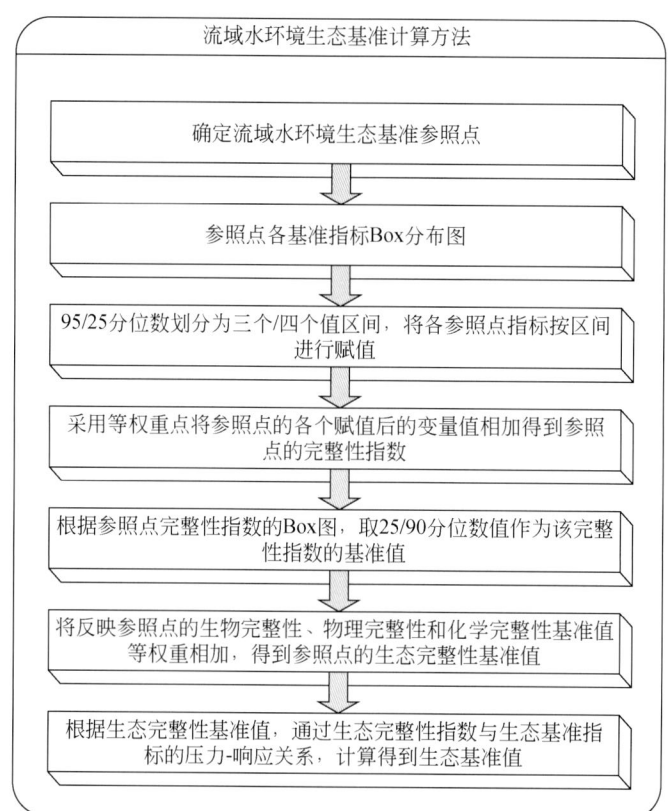

图 6-8　计算流域水环境生态基准的综合指数法

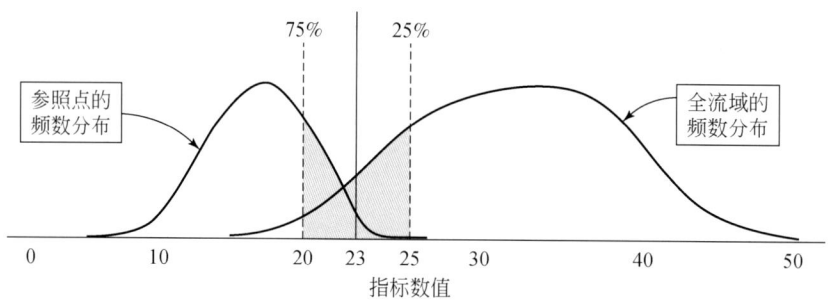

图 6-9　应用频数分布法推导基准建议值的一般方式

> **案例**
>
> **流域水环境生态基准阈值——太湖流域叶绿素基准阈值**
>
> 1. 参照点的选择
>
> 根据太湖的内同性与外异性及地域完整性原则，以自然地理及水动力学特征为依据，将太湖分为 7 个区域：东太湖、梅梁湖、贡湖、西南区、西北区、湖心区和东部滨岸区。在选择参照点 RS 时，我们以东太湖和东部滨岸区的采样点为 RS。

2. 参照点各基准指标的选择

浮游植物指标（IPI）：蓝藻（%）、绿藻（%）、硅藻（%）、多样性指数 H、优势度指数 D、种类数；

浮游动物指标（IZI）：轮虫（%）、多样性指数 H、优势度指数 D、种类数。

做出夏冬两季各基准指标的 Box 图。

3. 生态完整性指数计算

依据 Box 图按照评分标准对各参照点评分。

采用等权重法将参照点的各个赋值后的变量值相加得到参照点的各完整指数（IWI, IZI, IPI）。

根据参照点完整指数的 Box 图，取 90 分位数值作为该完整性指数的基准值。

将反映参照点的生物完整性、物理完整性和化学完整性基准值等权重相加，得到反映生态完整性 IEI 的基准值。

2009 年夏季太湖流域的生态完整性基准值 IEI = IWI+IPI+IZI = 21+30+20 = 71。

2009 年冬季太湖流域的生态完整性基准值 IEI = IWI+IPI+IZI = 15+30+20 = 65。

4. 太湖流域夏季叶绿素生态基准

采用 2010 年太湖夏季野外调研数据，建立叶绿素 a-生态完整性指数的压力响应回归曲线（图 6-4-1）。根据夏季太湖流域的生态完整性基准值（71），通过叶绿素 a 浓度-生态完整性指数的压力响应回归曲线，计算得到太湖流域夏季叶绿素 a 生态基准为 4.6 μg/L（图 6-4-1 中 B 点）。

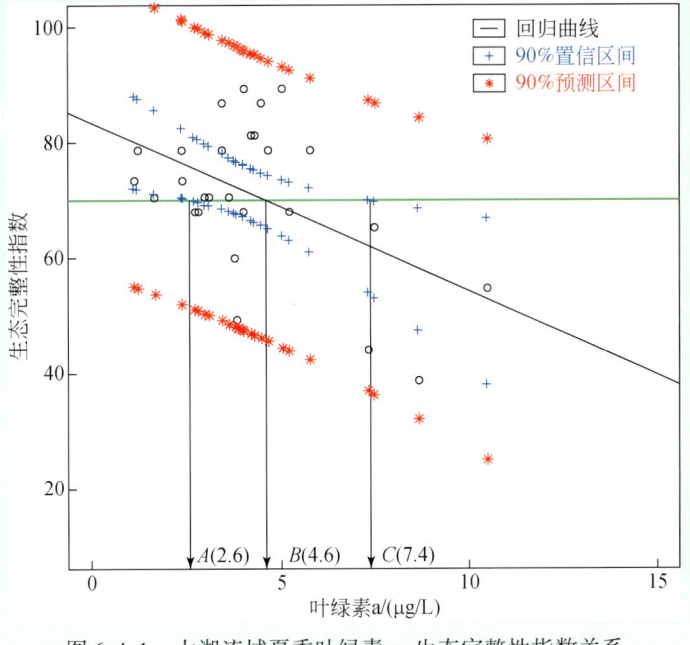

图 6-4-1 太湖流域夏季叶绿素 a-生态完整性指数关系

6.5 流域水环境沉积物质量基准

沉积物质量基准指特定的化学物质在沉积物中不对底栖水生生物或其他有关水体功能产生危害的实际允许值。目标是保护特定流域具有重要生物分类学意义、对群落结构稳定具有决定作用或者具有流域商业或经济价值的底栖生物，并确保污染物的生物累积和生物放大不会危害生物区系的各个营养级，不会影响水体的其他功能。

6.5.1 流域沉积物质量基准制定流程

流域沉积物质量基准制定的技术流程如图6-10所示。

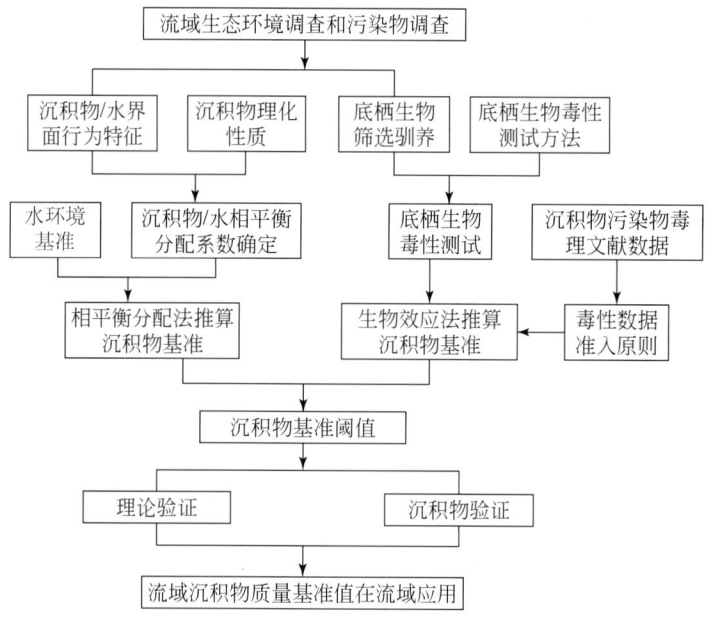

图6-10 流域沉积物质量基准制定的技术流程

(1) 流域典型底栖生物筛选

不同流域水环境中分布的底栖生物种类存在较大差异。沉积物质量基准的制定需要根据各流域水环境生物区系特点，选择适当的典型物种用于基准值推导，为大多数底栖生物提供适当保护。（当采用相平衡法推算沉积物质量基准时，首先需要推算污染物的水环境质量基准，需要进行流域典型水生生物筛选。根据流域水环境水生生物分布的调查与记载资料，筛选出源于3门8科的流域土著生物作为水生生物安全基准推导的代表生物。）

(2) 流域底栖生物基准指标获取

在确定了沉积物质量基准典型底栖生物的基础上，确定针对不同受试生物的毒理学指标，选择适当的生物测试方法，开展特定化学品对各种受试生物的毒性测试；也可以从相关文献资料中筛选符合要求的毒性数据，用于基准值的计算推导。毒性测试方法可参照中华人民共和国国家标准、OECD化学品毒性测试技术指南、US EPA标准方法等规范性文件。对于尚未建立标准方法的毒性检测,需要在基准值计算推导中详细描述。

(3) 基准值推导

基准值推导包括基准值推导方法、基准值校正等。沉积物质量基准的推导方法多种多样,大致可分为两大类,即数值型质量基准和响应型质量基准。数值型质量基准的推导方法包括背景值法、相平衡法、水质基准法等,又称化学-化学方法。响应型质量基准推导方法包括生物检测法、生物效应法、表观效应阈值法等,又称化学-生物混合方法。数值型沉积物质量基准易于比较、定量化和模型化;响应型沉积物质量基准更真实地反映实际污染沉积物的生物效应。各类沉积物质量基准之间是密切相关的,在实际环境中往往需要联合应用。

6.5.2 流域典型底栖生物筛选技术

(1) 底栖生物调查

通过进行大量的文献调研,结合底栖生物的现场采集和鉴定,确定流域典型底栖生物种类。

(2) 受试生物选择的一般要求

为反应特定化学品在典型流域底栖生物的实际影响状况,沉积物质量基准值制定中的受试生物应主要选择本地物种进行毒性测试,受试物种的选择应以本地物种为主,也可以包括广泛分布或养殖的引进种,首先要考虑受试生物对目标污染物的敏感度和可能的暴露方式。

在基准制定中需要特别关注的是,研究流域的底栖生物中是否存在对特定化学品或目标污染物特别敏感的地方物种,或在水生生态系统中具有特殊重要性的地方物种,这些物种应作为基准制定的受试物种。同时需要关注在研究流域内是否分布有国家、省、市等各级自然保护区,以及保护物种。这些物种通常不能作为受试生物进行毒性测试,但需要收集国内外相关文献资料,证明特定化学品或目标污染物对这些保护物种的不利效应不会显著高于那些用于毒性评估的受试生物。

对于承担着养殖功能的研究流域,受试生物中包括当地重要的养殖种类,以保证制定的沉积物质量基准能够保护这些养殖生物,并确保不会通过食物链的富集和放大作用而危害到其他生物。

(3) 受试生物毒性测试的一般要求

根据暴露时间长短,沉积物毒性试验可以分为急性毒性试验、慢性毒性试验和亚慢性毒性试验。毒性试验必须选择敏感生物体的敏感试验终点进行。在制定流域沉积物质量基准时,选择典型底栖生物进行毒性测试,测试方法可参照 US EPA、OECD、荷兰、澳大利亚等提供的标准沉积物毒性测试方法进行。

6.5.3 流域沉积物基准指标

针对典型流域水环境特征、污染物和有害环境因子的种类以及对环境生物暴露方式,依据现有的生物监测国家标准,借鉴 US EPA、OECD 等国家和国际组织制定的生物测试标准方法，根据特定化学品或污染物对底栖生物的毒性特征和毒性作用模式确定基准指标。基准指标是基于生物个体水平的毒理学指标，包括对生物个体的急性和亚慢性/慢性毒性和繁殖毒性，适用于所有结构类型污染物或环境胁迫的基准推导，是污染物基准制定的基础指标。

6.5.4 流域沉积物基准推导技术

本研究采用相平衡分配法推算数值型沉积物质量基准，采用生物效应法推算响应型沉积物质量基准，并对两种方法推算的基准值进行校验，提出最终沉积物质量基准指导值。

6.5.4.1 相平衡分配法

（1）理论假设

相平衡分配法以热力学动态平衡分配理论为基础，适用于非离子型有机化合物，且要求 $logK_{ow}>3.0$，并建立在如下假设上（Ankley et al.，1996；祝凌燕，2009）：

1）化学物质在沉积物/间隙水相间的交换快速而可逆，处于热力学平衡，因而可用分配系数 K_p 描述这种平衡；

2）沉积物中化学物质的生物有效性与间隙水中该物质的游离浓度（非络合态的活性浓度）呈良好的相关关系，而与总浓度不相关；

3）底栖生物与上覆水生物具有相近的敏感性，因而可将水质基准应用于沉积物质量基准中。

（2）非离子有机污染物基准推算

根据相平衡分配法的基本理论，当水中某污染物浓度达到 WQC 时，此时沉积物中该污染物的含量即该污染物的沉积物质量基准（sediment quality criteria，SQC），可用下式表示：

$$C_{SQC} = K_p \times C_{WQC} \tag{6-2}$$

式中，K_p 为有机物在表层沉积物固相-水相之间的平衡分配系数，它反映沉积物的机械组成、吸附特性等，受环境因素如 pH、Eh 等的影响，因此建立沉积物基准的关键在于 K_p 的获得；C_{WQC} 一般为 FCV 或 FAV。

目前对沉积物中非离子有机污染物的沉积物质量基准研究开展得较早，大多的研究表明，上覆水对有机污染物在沉积物上的吸附影响极小，沉积物中的有机碳是吸附这类污染物的主要成分，而只有当有机物包含极性基团或者沉积物中的有机碳含量很少的时候，沉积物的其他成分才会对吸附起作用。因此以固体中有机碳为主要吸附相的单相吸附模型得到广泛的应用，将 K_p 转化为有机碳的分配系数，当沉积物中有机碳的干重大于 0.2% 时，此时污染物的沉积物质量基准浓度（C_{SQC}）修正为

$$C_{SQC} = K_{OC} \times f_{OC} \times C_{WQC} \tag{6-3}$$

式中，K_{OC} 为固相有机碳分配系数，即其在沉积物有机碳和水相中的浓度的比值；f_{OC} 为沉积物中有机碳的质量分数。

K_{OC} 可以通过沉积物毒性实验获得，也可以由非极性有机物的 K_{OC} 与其辛醇/水分配系数 K_{OW} 之间的关系得到。

K_{OW} 与 K_{OC} 之间的回归方程建立在大量的数据之上,适于大量的化合物及粒子类型,因此得到广泛应用,其关系如下:

$$\lg K_{OC} = 0.00028 + 0.9831\lg K_{OW} \tag{6-4}$$

定义有机碳标准化质量基准 SQC_{OC} 为 C_{SQC}/f_{OC},则有

$$SQC_{OC} = K_{OW} \times C_{WQC} \tag{6-5}$$

以上公式即为基本理论模型公式。利用该模型就能够导出大多数非极性化合物的沉积物基准值。

(3) 重金属的沉积物质量基准推算

化学物质在沉积物与间隙水相间的分配平衡可以表述为

$$C_d + S_j \longleftrightarrow CS_j \tag{6-6}$$

$$K_{p,j} = [CS_j]/[C_d][S_j] \tag{6-7}$$

式中,$[C_d]$ 为化学物质的游离态浓度,S_j、$[S_j]$ 分别为沉积物中第 j 个吸附相及其百分浓度;CS_j,$[CS_j]$ 分别为结合在第 j 个吸附相中的化学物质及其浓度;$K_{p,j}$ 为化学物质在第 j 个吸附相–水体系中的平衡常数。

化学物质在沉积物中的总浓度为

$$[CS_T] = \sum_1^j K_{p,j}[C_d][S_j] \tag{6-8}$$

根据底栖生物与上覆水生物敏感性相同的假设,式(6-8)可变为

$$C_{SQC} = \sum_1^j K_{p,j}[S_j] \times C_{WQC} \tag{6-9}$$

式中,C_{SQC}、C_{WQC} 分别为该化学物质的沉积物质量基准和水质基准。

当与沉积物处于平衡的间隙水相中第 i 种重金属的浓度达到水质基准(WQC_i)时,它在沉积物中的浓度即可视为其沉积物质量基准(SQC_i),即

$$C_{SQC_i} = K_p \times C_{WQC_i} \tag{6-10}$$

$$K_p = C_S/C_{IW} \tag{6-11}$$

式中,K_p 为第 i 种重金属在表层沉积物固相–水相之间的平衡分配系数;C_S 和 C_{IW} 分别为该种重金属在沉积物固相和间隙水相中的浓度。

沉积物中的重金属并非全部都与间隙水中的重金属处于平衡中。因为沉积物原生矿物中含有的重金属(即残渣态重金属,$[Me_i]_r$)通常并不与水相重金属保持平衡,而且通常也不具有生物有效性。用酸可挥发性硫化物(acid volatile sulfide,AVS)含量来表示这一部分重金属。

因此,在以平衡分配法建立沉积物中重金属的质量基准时,计算公式修正为

$$C_{SQC_i} = K_p \times C_{WQC_i} + [Me_i]_r + [AVS\text{-}Me_i]_{max} \tag{6-12}$$

式中,$[Me_i]_r$ 为沉积物中第 i 种重金属的残渣态含量;$[AVS\text{-}Me_i]_{max}$ 为沉积物中 AVS 能结合第 i 种重金属的最大量。式(6-12)即建立 SQC/Metal 的基本理论模型公式。

求算重金属在沉积物–水相之间的平衡分配系数 K_p 是建立 SQC 的关键所在。K_p 是一系列复杂因素,包括沉积物自身性质和组成(如粒径分布、其他地球化学性质和表面性质等)、沉积物–水界面环境条件(如 pH、Eh 和 T 等,特别是 pH)的函数,即

$$K_p = f（沉积物组成和性质，pH，Eh，T，\cdots）$$

K_p 有两类求算方法：一类是利用现场或实验室测得的数据直接计算 K_p，另一类是利用数理模式和模拟实验相结合间接计算 K_p。

利用现场或实验室测得的沉积物和间隙水中各种重金属的浓度算出 K_p 值。这种利用沉积物和间隙水中各种重金属的浓度计算平衡分配系数的方法既简便又可信度较高，避免了模型、参数的复杂计算和其主观选择带来的不确定性。

获得 K_p 值，需要测定 C_{IW} 和 C_S，C_{IW}（μg/L）可根据 US EPA 的推荐获得，C_S（mg/kg）指金属元素在沉积物固相中的含量。在计算中使用的数据是将冻干的沉积物样品用硝酸、高氯酸及氢氟酸消解后得到的金属元素的总量，以 C_T 表示。由于沉积物中残渣态的金属并不参与非均相体系的平衡反应，故在计算中扣除这一部分含量，即

$$C_S = C_T - C_T \times A = C_T \times (1 - A) \tag{6-13}$$

式中，A 表示以残渣态形式存在的金属含量占重金属总量的百分比。

采用 BCR 三步连续提取法对沉积物重金属元素有效结合态进行提取分析，使用比色法对 AVS 和同步提取的重金属（SEM）进行测试。

6.5.4.2 生物效应法

生物效应法适用于建立基于生物效应的污染物沉积物质量基准，通过整理和分析大量的水体沉积物中污染物含量及其生物效应数据，以确定沉积物中引起生物毒性与其他负面生物效应的污染物浓度阈值。为保证数据库内部数据的可靠性和一致性，还需要对收集的数据进行严格的筛选，并不断进行更新。

（1）基本步骤

应用生物效应法建立沉积物质量基准的具体步骤为：

1）沉积物生物效应数据库的建立。

2）沉积物质量基准的建立。分析数据，以确定产生生物效应的阈值效应浓度（threshold effect level，TEL）和可能效应浓度（probable effect level，PEL）。

3）对 TEL 和 PEL 值进行检验。

（2）数据库的建立

尽可能全面地收集所研究流域的化学与生物数据，包括：利用沉积物/水平衡分配模型计算所得的生物效应数据；沉积物质量评价研究中得到的生物效应数据；沉积物生物毒性试验数据；沉积物现场生物毒性试验和底栖生物群落实地调查数据。

所有符合筛选标准的数据都计入数据库当中。对于单一化合物要计入的信息包括污染物浓度、研究流域、试验方法（包括暴露时间、生物物种及其生活阶段、生物效应终点等）。

将所收集的数据按照浓度大小进行排序。如果文献中报道在某一浓度下有明显生物效应，则对该数据进行标记。所包括的生物效应包括：沉积物毒性实验中观察到的急性毒性值、慢性毒性值、表观效应阈值法确定的临界浓度、平衡分配法计算得出的基准值；现场调查中观察到的污染物与生物效应之间有明显一致的数据。所有标记为有生物效应的数据构成生物效应数据列。其他数据则构成无生物效应数据列。无毒性或者无效应的样本资料假定为背景条件。

(3) 基准建议值推算

生物效应数据列中第 15 个百分点的值计为效应数据列低值（effects range-low，ERL）；生物效应数据列中第 50 个百分点的值计为效应数据列中值（effects rang-median，ERM）；无生物效应数据列中第 50 个百分点的值计为无效应数据列中值（no effect range-median，NERM）；无生物效应数据列中第 85 个百分点计为无效应数据列高值（no effect range-high，NERH）；阈值效应浓度 TEL＝(ER-L×NERM) 1/2；可能效应浓度 PEL＝(ER-M×NERH) 1/2。

当沉积物浓度低于 TEL 值时，不良生物效应不会发生；高于 PEL 值时，不良生物效应会发生；介于两者之间，则表明不良生物效应偶尔发生。TEL 和 PEL 可以作为初步的沉积物质量基准。

(4) TEL 值和 PEL 值的验证

需要对 TEL 和 PEL 进行可比性、可靠性和可预测性三方面的检验。

1) 评价用不同的方法和程序得的沉积物质量评价基准的可比性；
2) 用 NSTP 数据库中的沉积物中化学物质浓度和生物效应数据的一致性来评价沉积物质量评价基准的可靠性；
3) 用其他地区的独立毒理数据来评价沉积物质量评价基准的可预测性。

案例

流域沉积物基准阈值——重金属

利用相平衡分配法计算太湖和辽河流域重金属的沉积物质量基准，结果如表 6-5-1 所示。

表 6-5-1 太湖和辽河流域整体沉积物重金属质量基准值 （单位：mg/kg）

流域	Cd	Cu	Pb	Zn
太湖	6.42	55.3	20.6	201.5
辽河	5.42	52.8	15.7	177.7

利用生物效应法计算太湖和辽河流域重金属的沉积物质量基准，结果如表 6-5-2 所示。

表 6-5-2 Cu、Cd、Zn、Pb 初步沉积物基准值的推算

（单位：mg/kg 干重）

重金属	无生物效应数据列			生物效应数据列			效应浓度	
	NERM	NERH	数据量	ERL	ERM	数据量	TEL	PEL
Cu	30.5	193	22	68	170	51	45.5	181.1
Cd	2.6	14.4	19	3.5	25.0	27	3.0	19.0
Pb	40.0	181.2	19	56.0	230.0	28	47.3	204.1
Zn	93.4	969.4	15	60.0	168.0	36	74.9	403.6

6.6 混合物联合毒性的水质基准

6.6.1 混合物毒理学评估

混合物毒理学评估主要针对具有相似毒性作用机制的污染物组成的混合物。水体环境中混合物的联合毒性评价应用最为广泛的模型是：效应加和（response addition，RA）模型与浓度加和（concentration addition，CA）模型。RA模型用于评价具有相异作用机制化学物质的混合物毒性；CA模型用于评价具有相同或相似作用机制化学物质的混合物毒性。水体中混合物的水质目标管理以CA模型为基础，对相似作用机制污染物组成的混合物进行管理。

6.6.2 重金属联合毒性

由于重金属毒性易受到各种水质参数的影响，混合物随着水质参数的作用显现不同的联合毒性。建立重金属的水质基准值时，应该着重研究重金属之间或者重金属与其他类型的污染物，对水生生物造成的协同毒性作用。因此，为了有效地评价水体环境中重金属的生态风险，需要考虑水体环境的水质参数对重金属混合物毒性的影响，制定对水生生物更加"安全"的重金属水质基准。

6.6.3 混合物水质基准推导方法

运用物种敏感度分布（species sensitivity distribution，SSD）曲线法建立混合物的生态风险评价推导方法，通过计算混合物风险商 RQ_m 推导具有相似作用模式的化合物的混合物水质基准值（Chevre et al.，2006）。$RQ_m<1$，说明混合物对水生生物不构成风险，可作为该组化合物的混合物水质基准值使用。水质管理中考虑混合物的联合毒性的障碍主要在于：混合物组分化合物的生态毒性数据的质量和数量造成组分的水质基准大小顺序不一致。混合物组分的毒性数据的不稳定将对混合物的生态风险评价造成很大的不稳定性。

运用SSD曲线对混合物进行生态风险评价，建立在混合物组分化合物具有相同的毒性作用机制的基础上。也就是说，混合物产生的联合毒性作用符合浓度加和模型。

运用SSD方法进行混合物的水生生态风险评价的方法分为三个步骤：

第一步，计算混合物组分的相对效能 RP_i。

第二步，计算参考物质的5%的毒害浓度 $HC_{5,ref}$。

第三步，预测混合物中 i 组分的 $HC_{5,i}$。

水体中混合物总的风险商 RQ_m 为混合物所有组分的风险总和，公式如下：

$$RQ_m = \sum_{i=1}^{n} RQ_i = \sum_{i=1}^{n} \frac{MEC_i}{HC_5 - 95\%_i} < 1 \qquad (6-14)$$

如果混合物总的风险商 $RQ_m<1$，符合该水体的水质管理目标，可作为该水体中污染物的混合物水质基准。

> **案例**
>
> ### 混合物水质基准
>
> 利用上述混合物水质基准推导方法计算三种氯酚化合物在我国河流中的混合物风险商 RQ_m,如图 6-6-1 所示。
>
>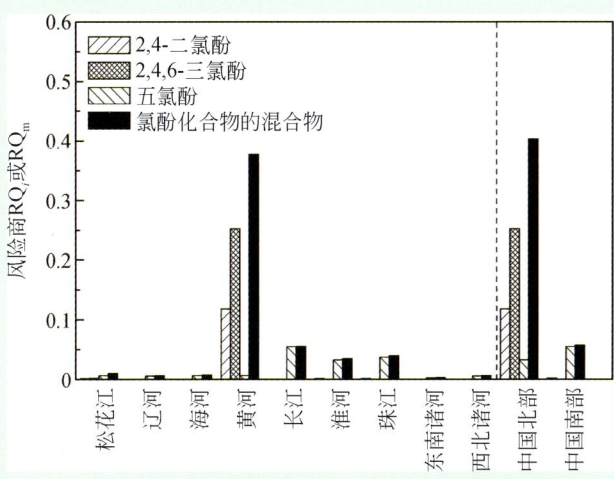
>
> 图 6-6-1 三种氯酚化合物在我国河流中的混合物风险
>
> 松花江、长江、珠江与辽河、海河、黄河、淮河以及东南诸河、西北诸河中 3 种氯酚化合物的混合物风险商均小于 1,表明在所调查河流中 3 种氯酚化合物的混合物风险都可接受,可作为 3 种氯酚化合物的水质基准值。

6.7 流域水质基准向标准转化

流域水质基准是基于客观的科学实验得到的客观结论,在向水质标准转化的过程中,需要在风险评估的基础上,考虑经济、政治、技术以及管理上的可行性,才能转化成真正为环境管理所用的水质标准。各国基于不同的风险指标和风险分级对水质基准向水质标准的转化提出不同的技术方法,通常,应急性水质标准按照污染物急性毒性效应制定,而常规水质标准则按照慢性毒性效应制定。

基于 SSD 原理,首先在数据分析的基础上获得 HC_5,该值可以通过基于不同的拟合函数的 SSD 方法获得。本方法推荐使用 SSD-AU 法(澳大利亚)作为基本方法,综合考虑 SSR 法、SSD-RIVM 法(荷兰)、SSD-EU 法(欧盟)3 种 SSD 原理方法的计算结果制定应急水质标准,实际应用中 SSD-EU 法采用基于 log-logistic 原理的公式 $y = 1/\{1+\exp[(\alpha-x)/\beta]\}$ 推算,澳大利亚与荷兰的 SSD 方法推荐采用国际共享软件计算。

当生物受胁迫的比例不同时,污染物引起的生态风险也不同,荷兰在水环境生态风险评估中,设定水生生物受胁迫的比例达到 50% 时,为严重风险。一般认为,水环境中 95% 的水生生物受到保护时,水体基本无生态风险。参照以上标准,本研究依据水生生物受胁迫的不同比例而设定 4 级生态风险分别对应于 4 级应急水质标准,如图 6-11 所示,分别为"Ⅳ级""有严重风险"（超过50%生物受胁迫）、"Ⅲ级""有明显风险"（超过30%生物受胁迫）、"Ⅱ级""有一定风险"（超过15%生物受胁迫）和"Ⅰ级""有潜在风险"（超过5%生物受胁迫）（Van et al.，2007）。另外，水质标准等于HC除以矫正因子，根据美国及荷兰等制定的技术导则，矫正因子一般取值为1~10。因水体中污染物浓度越大时，风险的不确定性越大，所以本研究设定在计算标准时，从Ⅳ级到Ⅰ级标准矫正因子依次最大取值为10、8、5和2。

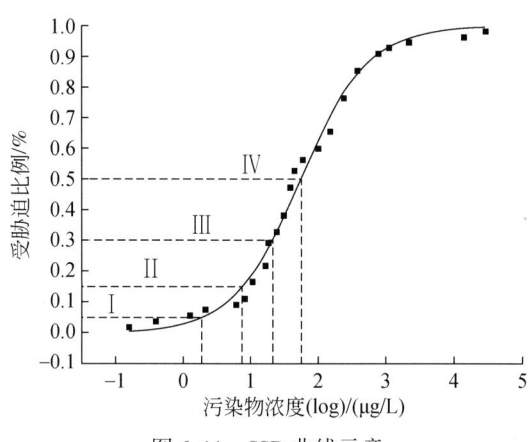

图6-11　SSD曲线示意

Ⅰ，Ⅱ，Ⅲ，Ⅳ分别代表受胁迫的生物比例为0.05、0.15、0.3、0.5时（Y轴）对应的4级应急水质标准限值（X轴）："有潜在风险"（Ⅰ级）、"有一定风险"（Ⅱ级）、"有明显风险"（Ⅲ级）、"有严重风险"（Ⅳ级）

应急水质标准推导方法具体如下：

1）按照数据规范搜集污染物对水生生物的急性毒性数据。

2）分别采用SSR、SSD-EU、SSD-RIVM和SSD-AU方法计算HC_5。

3）计算HC_5的算术平均值：$HC_{5,v}$。

4）计算SSD-AU方法的HC_5与$HC_{5,v}$的差异率：$d\%$。

5）采用SSD-AU方法，结合AF矫正计算HC_X，计算过程中HC_{50}、HC_{30}、HC_{15}和HC_5的AF最大分别可选用10、8、5和2。

6）分类水质标准等于$HC_X \times (1-d\%)$。

7）最终应急水质标准以SSR法的CMC为Ⅰ级标准，其他标准值依次按比例调整，得到最终标准值。

> **案例**
>
> **氨氮水质标准推导**
>
> 本研究依据US EPA推荐的SSD-双值基准方法进行辽河流域氨氮水生生物基准的推导，得到的水质基准分为基准最大浓度和基准连续浓度。大致推算过程为：按照物种敏感度对氨氮毒性数据排序，生物毒性的数据量小于59时，选择最敏感的四个生物属数据进行非参数计算，CMC = FAV/2，CCC = MIN（FCV，FPV，FRV），在双值基准法的基础上，US EPA推荐使用数学经验模型表述水体温度和pH对氨氮毒性的影响。

1. 氨氮毒性数据搜集

针对辽河流域水生生物搜集了氨氮的急性毒性数据，数据来源于 ECOTOX 毒性数据库、美国氨氮基准文件及中国知网，按照美国水生生物基准技术指南对数据进行筛选，剔除不合格的数据及非辽河物种的数据，保留辽河流域外来引进种的数据。由于慢性数据较少，数据选择原则与急性数据同。

2. 流域氨氮水质标准

利用 ETX2.0 进行应急风险评估，经计算，水生生物受到氨氮胁迫时的比例分别为 >50%、30%、15%、5% 时，对应的氨氮浓度（CMC）分别为 25.4 mg/L、15.8 mg/L、4.48 mg/L、3.56 mg/L。据此，将应急风险设定为 4 级（图 6-11），制定的应急标准值如表 6-7-1 所示。

表 6-7-1 辽河流域应急氨氮水质标准*

标准分类	标准数值**/（mg/L）	风险描述	受胁迫生物比例/%	应对措施
Ⅳ	25.4	有严重风险	>50	采取紧急措施
Ⅲ	15.8	有明显风险	30	要采取措施
Ⅱ	4.48	有潜在风险	15	值得关注
Ⅰ	3.56	无明显风险	5	无

* 本标准数值设定的水质条件为：pH 8.0，温度 25℃，水质状况如果超出设定条件，会增加一定的风险。
** 本标准的浓度持续时间设定为 1 h，水体氨氮浓度超出此时间，设定风险将明显增加。

3. 常规水质标准

常规水质标准用于水环境的日常管理，主要与水质基准中的 CCC 有关。推算出不同水质条件下的氨氮 CCC。对辽河流域氨氮水质标准的探讨列于表 6-7-2 中。

表 6-7-2 辽河流域常规氨氮水质标准

水质分级	水域功能	现行国家水质标准/（mg/L）	辽河流域常规水质标准/（mg/L）
Ⅰ	主要适用于源头水、国家自然保护区	0.15	0.20
Ⅱ	主要适用于集中式生活饮用水地表水源地一级保护区、珍稀水生生物栖息地、鱼虾类产卵场、仔稚幼鱼的索饵场等	0.5	0.6
Ⅲ	主要适用于集中式生活饮用水地表水源地二级保护区、鱼虾类越冬场、洄游通道、水产养殖区等渔业水域及游泳区	1.0	1.2
Ⅳ	主要适用于一般工业用水区及人体非直接接触的娱乐用水区	1.5	1.7
Ⅴ	主要适用于农业用水区及一般景观要求水域	2.0	2.2

6.8 小　　结

本章针对我国流域水环境生态特点与水生生物分布特征，总结并改进创新国外先进技术或方法，研发建立我国水质基准及标准技术或方法，包括流域水环境特征污染物筛选技术、流域水生生物基准技术、流域水生态基准技术、流域水环境沉积物基准技术、混合物水质基准推导方法和应急水质标准方法等。在本土基准受试生物筛选、基准毒性数据需求原则、流域特征污染物筛选等多项水质基准关键技术上取得重要突破，初步构建了我国流域水环境质量基准方法框架体系。

1）将潜在危害指数与其他限定条件相结合，提出加权评分法作为筛选特征污染物的核心技术，对选定环境因子赋予一定的权重，根据各因子取值范围划定若干区间赋值，将计算得到的潜在危害指数结果进行加权后评分，综合考虑化学物质的生物毒性效应、在流域环境中的浓度水平和检出率等，通过排序筛选获得流域特征污染物。

2）针对我国流域水生生物区系分布，建立"3门6科"最少本土毒性数据需求原则，为水质基准推算奠定重要技术原则，进行我国本土基准受试生物筛选，提出"4门10科"本土基准受试生物名单，并建立其实验室驯养及毒性测试方法；在水质基准数据准入规范中，提出基准数据分类、分级使用的技术方法。

3）水生态学基准建立包括参照态选择、基准指标体系、基准变量调查方法以及生态学基准推导方法在内的完整技术框架，并结合我国流域水环境基本状况，选定目标流域的参考位点与区域，建立适合我国流域特征的参考指标及参照位点；基于浮游生物群落对环境压力变化的敏感性分析，评估浮游生物群落对水体健康状况的表征，以浮游生物群落变化作为生态学基准指标的基础，经验证简便可行并具有代表性；针对生态系统的现实复杂性，将水体理化因子及富营养化指标纳入水生态学基准指标体系，提出水生态系统健康-浮游生物群落变化-水体富营养化状况-水体理化因子之间的耦合关系，建立水生态基准的综合指数表征法，并在水体健康状况的综合评估中进行示范应用。

4）针对沉积物基准传统理论方法的不足之处，实现关键技术突破，基于流域区域与沉积物特征优化沉积物基准技术路线，构建完整的沉积物基准技术方法框架。对于相平衡分配法，发现解吸滞后使得按照线性模型计算的疏水性污染物基准过于严格，引入二元吸附解吸模型对非解离污染物基准计算方法进行修正；对于重金属污染物，发现残渣态重金属通常并不与水相重金属保持平衡，也不具有生物有效性，对原有公式进行修正，提出新的基准函数关系。

5）针对我国流域复合型污染的特点，研发"联合毒性基准方法"并取得一定突破，以氯酚化合物为例，开展混合物生态风险评价，为水质基准定值提供依据。

6）针对我国缺乏应用于突发性环境污染事故的应急水质标准的需求，基于SSD风险评估理念初步提出应急水质标准方法，将受污染物暴露胁迫的水生生物比例超过5%、15%、30%和50%时对应的生态风险级别分别设定为Ⅰ级（潜在风险）、Ⅱ级（一定风险）、Ⅲ级（明显风险）和Ⅳ级（严重风险），并通过数值拟合，推算氨氮的应急水质标准限值。

第 7 章

流域水环境质量评价

7.1 流域水环境质量评价的概念和分类

7.1.1 流域水环境质量评价基本概念

环境质量是指在一个具体的环境内，环境的总体或环境的某些要素，对人类的生存和繁衍以及社会经济发展的适宜程度，是反映人类的具体要求而形成的对环境评定的概念。20 世纪 60 年代，随着环境问题的出现，常用环境质量的好坏来评价环境遭受污染的程度。质量评价是指按照一定的评价标准和评价方法对环境要素的优劣程度进行定性、定量描述，评定和预测。流域水环境质量评价是以水环境监测资料为基础，按照一定的评价标准和评价方法，对水质要素进行定性或定量评价，以准确反映水质现状，可以了解和掌握影响本地区水体质量的主要污染因子和主要污染源，从而有针对性地制定水环境管理和水污染防治的措施与方案，为水环境保护和水资源规划管理提供科学依据。

7.1.2 流域水环境质量评价分类

按照流域水环境要素的不同，流域水环境质量评价可以分为地表水水质评价、沉积物质量评价和水生生物质量评价。流域水环境质量评价必须以水质、沉积物及水生生物等监测资料为基础，经过数理统计得出统计量（特征数值）及环境的各种代表值，然后依据水质、沉积物、水生生物评价方法及分级分类标准进行评价。在综合河流物理、化学和水生生物等多类型评价指标的基础上，流域水环境质量评估技术思路如图 7-1 所示。

7.2 地表水水质评价

地表水水质评价技术路线如图 7-2 所示。

7.2.1 单因子水质评价方法

单因子水质评价方法是将水体中某种污染物实测浓度与该种污染物的评价标准进行比较以确定水质类别的方法。现行的《地表水环境质量标准》（GB3838—2002）中明确规定："地表水环境质量评价应根据应实现的水域功能类别，选取相应类别标准，进行单因子评价。"

地表水水质评价指标为：《地表水环境质量标准》表 1 中除水温、总氮、粪大肠菌群以

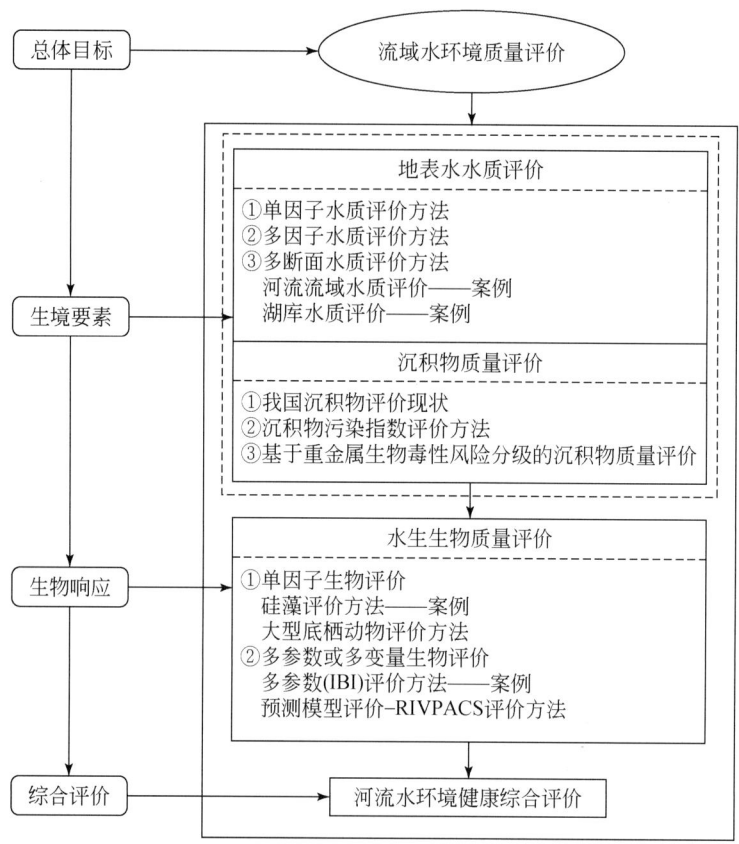

图 7-1 流域水环境质量评价技术思路

外的 21 项指标。水温、总氮、粪大肠菌群作为参考指标单独评价（河流总氮除外）。水温、总氮、粪大肠菌群每月需要开展监测，但是不参与水质评价。

湖泊、水库营养状态评价指标为叶绿素 a、总磷、总氮、透明度和高锰酸盐指数等 5 项。

(1) 标准指数法

单项水质参数 i 在第 j 点的标准指数：

$$S_{i,j} = \frac{C_{i,j}}{S_i} \tag{7-1}$$

式中，$S_{i,j}$ 为单项水质参数 i 在 j 点的标准指数；$C_{i,j}$ 为第 i 种污染物在 j 点的实测浓度；S_i 为第 i 种污染物的环境评价标准。

标准限值的确定依据水体的使用功能而定，一般情况下，取Ⅲ类标准限值。当评价因子 $S_{i,j}$ 的标准指数<1 时，表明该水质因子满足选定的水质标准；当标准指数>1 时，表明该水质因子超过选定的水质标准，已不能满足使用要求。

(2) 污染超标倍数法

污染超标倍数法就是依据污染超标倍数判别水体污染程度的一类方法，污染超标倍数法计算评价指标 i 的超标倍数公式为

$$P_{i,j} = \frac{C_{i,j} - S_i}{S_i} \tag{7-2}$$

式中，$P_{i,j}$ 为评价指标 i 在 j 点的超标倍数；$C_{i,j}$ 为评价指标 i 在 j 点的实测浓度值；S_i 为第 i 种污染物的环境评价标准。

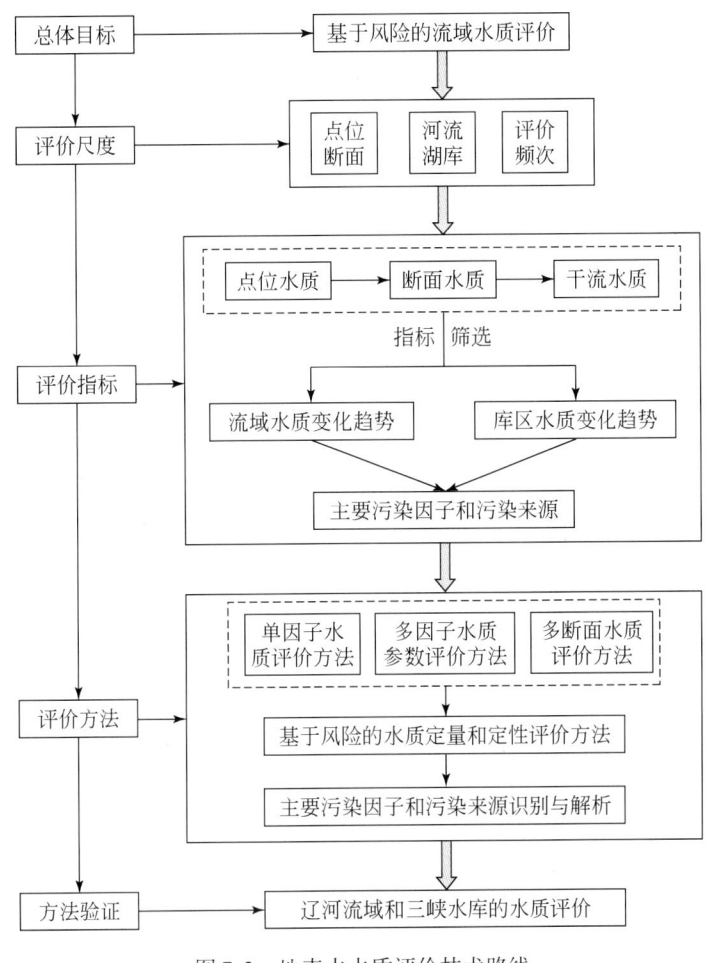

图 7-2　地表水水质评价技术路线

7.2.2　多因子水质参数评价方法

多因子水质参数评价方法是用水体各监测项目的监测结果与其评价标准之比作为该项目的污染分指数，然后通过各种污染物的相对污染值进行数学上的归纳和统计，得出一个较简单的代表水体污染程度的数值。对分指数的处理不同，使水质评价污染指数存在着不同的形式，包括简单叠加指数、算术平均值指数、均方根指数、最大值指数、内梅罗（Nemerow）指数、布朗（Brown）指数、豪顿（Horton）指数、罗斯（Rose）指数和综合营养状态指数［TLI（Σ）］等。同时针对受有机物污染较严重的水体，也采用有机污染综合评价值作为评价水质的指数，可综合说明水质受有机污染的情况。综合评价法能了解多个水质参数与相应标准之间的综合相对关系，有时也掩盖高浓度的影响。常用的综合评价法的数学模式见表 7-1。

表 7-1　常用的综合评价法的数学模式

名称	表达式	符号解释
幂指数法	$S_j = \prod_{i=1}^{m} I_{i,j}^{W_i}$　$0 < I_{i,j} \leq 1$　$\sum_{i=1}^{m} W_i = 1$	$S_{i,j}$——污染物 i 在 j 点的评价指数
加权平均法	$S_j = \sum_{i=1}^{m} W_i S_i$　$\sum_{i=1}^{m} W_i = 1$	$I_{i,j}$——污染物 i 在 j 点的污染指数
向量模法	$S_j = \left(\sum_{i=1}^{m} S_{i,j}^2 \right)^{\frac{1}{2}}$	W_i——i 污染物的权重值
算术平均法	$S_j = \frac{1}{m} \sum_{i=1}^{m} S_{i,j}$	

（1）综合污染指数法

水质指数 P 的计算公式：

$$P = \frac{1}{n} \sum_{i=1}^{n} \frac{C_i}{S_i} \quad (i = 1, 2, \cdots, n) \tag{7-3}$$

式中，P 为水质指数；C_i 为第 i 种污染物的实测浓度；S_i 为第 i 种污染物的环境评价标准；n 为参加评价的污染物的个数。

本方法对应的水质污染程度分类见表 7-2。

表 7-2　地表水环境质量分类标准

P	级别	分级依据
<0.2	清洁	多数项目未检出，个别检出也在标准内
0.2~0.4	尚清洁	检出值均在标准内，个别接近标准
0.4~0.7	轻污染	个别项目检出值超过标准
0.7~1.0	中污染	有两次检出值超过标准
1.0~2.0	重污染	相当一部分项目超过标准
>2.0	严重污染	相当一部分检出值超过标准数倍或几十倍

（2）营养状态指数法

针对湖库的营养状态评价采用综合营养状态指数法［TLI（$\sum$）］，计算公式为（郑丙辉，2006）：

$$\mathrm{TLI}(\sum) = \sum_{j=1}^{m} W_j \cdot \mathrm{TLI}(j) \tag{7-4}$$

式中，TLI（$\sum$）为综合营养状态指数；W_j 为第 j 种参数的营养状态指数的相关权重；TLI（j）为代表第 j 种参数的营养状态指数。

根据水质评价的 WPI 值和营养状态评价的 TLI 值，提出湖库测点水质综合状态的分类评价依据，具体见表 7-3。

表 7-3　湖库监测点水质综合状况评价分级标准

水污染指数值和营养状态指数值	定性评价	表征颜色
0<WPI≤40，且 0<TLI≤30	优	绿色
40<WPI≤60，且 30<TLI≤50	良好	蓝色
60<WPI≤80，或 50<TLI≤60	轻度污染	黄色
80<WPI≤100，或 60<TLI≤70	中度污染	红色
WPI>100，或 TLI>70	重度污染	黑色

7.2.3　多断面水质评价方法

对监测断面的水质评价使用水污染指数（water pollution index，WPI）法。具体计算方法是首先采用单因子评价法，即根据评价时段内该断面参评的指标中类别最高的一项来确定。断面水质指标超过Ⅲ类标准时，选择作为主要污染指标。在对多断面水质进行评价时，首先求得监测时间段内所有断面该项指标的实际监测值的算术平均值，将污染分担率小于5%且监测时间段内均未超标的指标剔除，剩余指标即筛选出的监测指标。对于 pH，一旦出现超标，即被筛选为监测指标，不参与污染分担率计算。然后依据水质类别与超标指标计算出的 WPI 值，对应表7-4，计算得出某一断面每个参加水质评价项目的 WPI 值，取最高的 WPI 值作为该断面的 WPI 值。根据断面的 WPI 值，可对断面进行定性评价。WPI 值与多断面水质定性评价分类的对应关系见表7-4。

表 7-4　多断面水质定性评价标准

WPI 值	分类	定性评价	表征颜色
0<WPI≤40	Ⅰ 或 Ⅱ 类	优	绿色
40<WPI≤60	Ⅲ 类	良好	蓝色
60<WPI≤80	Ⅳ 类	轻度污染	黄色
80<WPI≤100	Ⅴ 类	中度污染	红色
WPI>100	劣 Ⅴ 类	重度污染	黑色

未超过Ⅴ类水限值时，指标 WPI 值计算方法为：

$$\mathrm{WPI}(i) = \mathrm{WPI}_l(i) + \frac{\mathrm{WPI}_h(i) - \mathrm{WPI}_l(i)}{C_h(i) - C_l(i)} \times [C(i) - C_l(i)], \quad C_l(i) < C(i) \leq C_h(i)$$

(7-5)

式中，$C(i)$ 为第 i 个水质项目的监测浓度值；$C_l(i)$ 为第 i 个水质项目所在类别标准的下限浓度值；$C_h(i)$ 为第 i 个水质项目所在类别标准的上限浓度值；$\mathrm{WPI}_l(i)$ 为第 i 个水质项目所在类别标准下限浓度值所对应的指数值；$\mathrm{WPI}_h(i)$ 为第 i 个水质项目所在类别标准上限浓度值所对应的指数值；$\mathrm{WPI}(i)$ 为第 i 个水质项目所对应的指数值。

此外，当 GB 3838—2002 中两个水质等级的标准值相同时，则按低分数值区间值计算。

超过Ⅴ类水限值的指标 WPI 值计算方法：

$$\text{WPI}(i) = 100 + \frac{C(i) - C_5(i)}{C_5(i)} \times 40 \tag{7-6}$$

式中，$C_5(i)$ 为第 i 项目 GB 3838—2002 中Ⅴ类标准浓度限值。

(1) 河流（流域）水质评价

河流（流域）水质评价分别从评价指标、断面水质评价、干流水质评价、水质变化趋势、主要污染因子和污染来源识别等几个方面进行。首先，按照一定长度将河道划分成多个单元，在每个单元的起始点处设置模拟监测断面；其次，对各模拟断面处主要污染指标的浓度进行计算，利用聚类分析法识别水质特征相似的断面，进而确定反映流域水质变化的代表性断面及代表的河长；最后，在断面水质评价的基础上采用河长评价法对整条河流、流域（水系）进行评价。具体步骤为：

1) 根据超标率和污染分担率对浑河流域的水质评价指标进行筛选；
2) 基于断面的月监测数据，采用比较法对不同断面的最佳评价频次进行核定；
3) 对代表性断面进行水质评价；
4) 对整段代表性河流进行评价；
5) 分别采用聚类分析法和季节性 Kendall 方法对干流的时空变化趋势进行分析；
6) 采用因子分析法对干流的主要污染因子和污染来源进行识别。

当河流、流域的断面总数少于 5 个时，就计算河流、流域所有断面各评价指标浓度算术平均值，然后按照"断面水质评价"方法评价，并指出每个断面的水质类别和水质状况。当河流、流域的断面总数在 5 个（含 5 个）以上时，采用断面水质类别比例法，即根据评价河流、流域中各水质类别的断面数占河流、流域所有评价断面总数的百分比来评价其水质状况。河流、流域的断面总数在 5 个（含 5 个）以上时不作平均水质类别的评价。

> **案例**
>
> **河流水质评价应用**
>
> 浑河干流水质评价见表 7-2-1。
>
> **表 7-2-1 浑河干流水质评价**
>
> | 项目 | 浑河干流水质评价流程 |
> | --- | --- |
> | 水质评价指标 | 通过单因子评价，筛选出评价因子 10 项：溶解氧、COD_{Mn}、COD_{Cr}、BOD_5、氨氮、总磷、氟化物、挥发酚、石油类、阴离子表面活性剂 |
> | 断面水质评价结果 | 2009 年浑河干流阿及堡、戈布桥、七间房、东陵大桥、砂山、七台子以及于家房断面的 WPI 值分别为 26.39、60.09、107.38、114.78、158.90、237.46 和 221.86；水质类别分别为Ⅱ类、Ⅳ类、劣Ⅴ类、劣Ⅴ类、劣Ⅴ类、劣Ⅴ类和劣Ⅴ类 |
> | 干流水质评价结果 | 2005~2009 年浑河干流综合水质情况为：水质为Ⅱ类的河长有 15km，占总评价河长的 6.58%；水质为Ⅲ类和Ⅴ类的河长均为 10km，均占 4.39%；水质为劣Ⅴ类的河长为 193km，占 84.64% |

续表

项目	浑河干流水质评价流程
水质变化趋势分析	COD_{Cr}和氨氮在各断面均呈现显著下降趋势；WPI值而言，东陵大桥、七台子、于家房断面2005~2010年显著下降，其他断面无显著变化趋势，整体水质呈好转趋势
主要污染因子和污染来源识别	COD_{Mn}、COD_{Cr}、BOD_5、氨氮、总磷和石油类，主要来于强烈人为活动影响下的城市化和密集农业活动带来的污染。7个断面中，七台子断面受强烈人为活动影响下的城市化和密集农业活动的影响最为严重，其次是家房和砂山断面；戈布桥、七间房及砂山断面受工业废水和生活污水排放的影响较为严重

(2) 湖库水质评价

湖泊、水库评价方法分为水质评价和营养状态评价两部分。对湖泊、水库单个点位的水质评价，按照"断面水质评价"方法进行。

对整个湖库水质进行评价。首先，按照一定面积将湖库划分成若干个单元格，在每个单元格的中心位置设置模拟监测点位，采用克里金插值法对各模拟点位处主要污染指标的浓度进行计算，利用聚类分析法识别水质特征相似的点位，进而确定反映湖库水质变化的代表性点位及代表的面积，最终在点位水质评价的基础上采用面积评价法对整个湖库的水质进行评价。

湖库营养状态评价方法与水质评价方法的思路完全相同。单元格划分后，采用克里金插值法对各模拟点位处营养状态指标的浓度进行计算，利用聚类分析法识别营养状态相似的点位，进而确定反映湖库营养状态变化的代表性点位及代表的面积，最终在点位营养状态评价的基础上采用面积法对整个湖库的水质进行评价。具体评价步骤为：

1) 根据超标率和污染分担率对库区的水质评价指标进行筛选；
2) 基于断面的月监测数据，采用比较法对不同断面的最佳评价频次进行研究，确定每个断面最佳的监测频次；
3) 对不同断面水质进行评价；
4) 对库区水质进行评价；
5) 分别采用聚类分析法和季节性Kendall方法对库区的时空变化趋势进行分析；
6) 采用因子分析法对库区的主要污染因子和污染来源进行识别。

案例

湖库水质评价应用

三峡库区干流水质评价见表7-2-2。

表7-2-2 三峡库区干流水质评价

项目	三峡库区干流水质评价流程
水质评价指标	通过单因子评价，筛选出评价因子10项：溶解氧、COD_{Mn}、COD_{Cr}、BOD_5、氨氮、总磷、氟化物、汞、挥发酚、石油类
断面水质评价结果	2010年三峡干流12个断面除麻柳嘴和大溪沟的水质分别为Ⅴ类和Ⅱ类外，其他断面均为Ⅲ类。水质为Ⅲ类的10个断面中，晒网坝断面的WPI值最高，为47.18；鱼嘴和鸭嘴石断面的WPI值较低，为40.07

续表

项目	三峡库区干流水质评价流程
干流水质评价结果	2006~2010年三峡库区干流综合水质情况为：三峡库区干流全长650km水质全部达到优，河段整体评价结果为优秀
水质变化趋势分析	DO含量在上游晒网坝断面呈显著下降趋势，到中游清溪场、麻柳嘴和鸭嘴石断面逐渐呈显著上升趋势；晒网坝、麻柳嘴、扇沱和寸滩断面的总磷含量则极显著上升。12个断面中，大桥、清溪场、麻柳嘴、鸭嘴石、扇沱和朱沱的WPI值极显著下降，晒网坝和鱼嘴断面WPI值显著下降，其余断面无显著性趋势，说明三峡干流水质整体处于维持或改善状态
主要污染因子和污染来源识别	COD_{Mn}和汞的污染贡献较大，其次是COD_{Cr}、总磷和氟化物，分别来自于化工与电子行业重工业活动以及含氟产品及磷肥厂等工业废水排污。干流12个断面中，寸滩和朱沱监测断面受COD_{Mn}和汞的影响较大；苏家断面受COD_{Cr}、总磷和氟化物的影响较大，鱼嘴和大桥断面受石油类和氨氮影响较大，而大溪沟受BOD_5和阴离子表面活性剂的影响较大

7.3 沉积物质量评价

7.3.1 我国沉积物质量评价现状

(1) 单因子指数评价法

在进行河流、湖泊沉积物进行评价时，一般以湖区土壤中有害物质的自然含量作为标准值。通常采用污染指数法（单因子评价）对沉积物进行评价，污染指数评价法的公式如下：

$$I_i = \frac{C_i}{L_i} \tag{7-7}$$

式中，I_i为底质中第i中污染物的分指数；C_i为底质中第i种污染物的实测值；L_i为评价区土壤中第i种污染物的自然含量上限，L_i值可采用在未受或少受污染的地区各采样点各有害物质自然含量的平均值加两倍标准离差进行计算。

(2) 综合污染指数法

计算出各评价因子的污染指数后，按内梅罗公式计算底泥的综合污染指数：

$$P = \sqrt{\frac{I_{max}^2 + I_{av}^2}{2}} \tag{7-8}$$

式中，P为沉积物的污染指数，见表7-5；I_{max}为沉积物中污染指数I_i的最大值；I_{av}为沉积物污染指数的平均值。

表7-5 沉积物污染状况分级标准

P	沉积物污染程度分级
<1.0	清洁
1.0~2.0	轻污染
>2.0	污染

7.3.2 沉积物污染指数评价方法

考虑目前各种评价方法在沉积物评价中存在的问题，本课题提出一种新的沉积物评价方法，即沉积物污染指数（sediment pollution index，SPI）法。该方法首先吸收单因子评价法，以污染最严重的指标作为判断水质类别，将其应用于沉积物评价之中，并且能够将沉积物状况进行量化。根据量化结果，不仅能够直观判断沉积物类别，更能反映沉积物的时空变化情况。

沉积物污染指数法基于单因子评价法的评价原则，沉积物类别与 SPI 值对应表见表 7-6，用内插方法计算得出某一站点每个参加沉积物评价项目的 SPI 值，取最高的 SPI 值作为该断面的 SPI 值。

表 7-6　沉积物类别与 SPI 值对应表

沉积物类别	Ⅰ类	Ⅱ类	Ⅲ类	Ⅳ类
SPI 范围	SPI=10	10<SPI≤20	20<SPI≤30	SPI>30

（1）未超过Ⅳ类沉积物限值时指标 SPI 值计算方法

$$\mathrm{SPI}(i) = \mathrm{SPI}_l(i) + \frac{\mathrm{SPI}_h(i) - \mathrm{SPI}_l(i)}{C_h(i) - C_l(i)} \times [C(i) - C_l(i)], \quad C_l(i) < C(i) \leq C_h(i) \tag{7-9}$$

式中，$C(i)$ 为第 i 种重金属的有效态浓度；$C_l(i)$ 为第 i 种重金属所在类别标准的下限浓度值；$C_h(i)$ 为第 i 种重金属所在类别标准的上限浓度值；$\mathrm{SPI}_l(i)$ 为第 i 种重金属所在类别标准下限浓度值所对应的指数值；$\mathrm{SPI}_h(i)$ 为第 i 种重金属所在类别标准上限浓度值所对应的指数值；$\mathrm{SPI}(i)$ 为第 i 种重金属所对应的指数值（SPI 值计算方法参考单因子评价方法）。

（2）超过Ⅳ类沉积物限值的指标 SPI 值计算方法

$$\mathrm{SPI}(i) = 30 + \frac{C(i) - C_4(i)}{C_4(i)} \times 20, \quad C(i) > C_4(i) \tag{7-10}$$

式中，$C_4(i)$ 为第 i 种重金属的Ⅳ类标准浓度限值。

（3）单点 SPI 的确定

$$\mathrm{SPI} = \max[\mathrm{SPI}(i)] \tag{7-11}$$

（4）单点沉积物质量定性评价

根据单点的 SPI 值，可对单点进行定性评价。SPI 值与沉积物定性评价分级的对应关系见表 7-7。

表 7-7　单点沉积物质量评价标准

SPI 值	分类	定性评价	表征颜色
0<SPI≤10	Ⅰ类	优	绿色
10<SPI≤20	Ⅱ类	中	黄色

SPI 值	分类	定性评价	表征颜色
20<SPI≤30	Ⅲ类	差	蓝色
SPI>30	Ⅳ类	很差	红色

7.3.3 基于重金属生物毒性风险分级的沉积物质量评价

根据沉积物基准 SQC-Low、SQC-Middle、SQC-High 对应的生物毒性风险影响大小将沉积物重金属质量标准分为三级。具体分级方案如表 7-8 所示，此标准应用的对象是流域水环境沉积物中有效态的重金属含量。计算方法为：

1）沉积物中重金属质量基准值 SQC-Low = K_p×WQC（基于 CCC）。SQC-Low 的意义是指长期暴露于该沉积物浓度下的水生生物不产生不良影响的最低浓度值，其对应的毒理学意义就是使底栖生物不受慢性毒害的影响。

2）沉积物中重金属质量基准值 SQC-High = K_p×WQC（基于 CMC）。SQC-High 的意义是指短期暴露于该沉积物浓度下的水生生物不产生不良影响的最高浓度值，其对应的毒理学意义就是使底栖生物不受急性毒害的影响。

3）依据 SQC-Low 和 SQC-High 对应的水生生物毒理学意义，SQC-Middle =（SQC-Low+SQC-High）×50%，其对应的毒理学意义就是使水生生物受中等慢性毒性而不受急性毒性影响。

其中，K_p 为化学物质的沉积物/间隙水分配系数，WQC 为该化学物质的水质基准，CMC 为基准最大浓度，CCC 为基准连续浓度。

说明：由于我国目前尚没有有关地表水环境污染物的水环境质量基准，因此本研究主要参考 US EPA 于 2002 年 11 月发布的美国保护水生生物和人体健康的水质基准，并依据其中的基准连续浓度（CCC）和基准最大浓度（CMC）分别确定研究区域的水质基准（WQC）（US EPA，1989a，1995，1999，2005）。

表 7-8 基于重金属生物毒性风险的沉积物质量分级标准

沉积物质量标准分级	Ⅰ级	Ⅱ级	Ⅲ级
标准来源	SQC-Low	SQC-Middle	SQC-High
毒理学依据	沉积物中有效态重金属含量能够保护底栖生物不受慢性毒性风险的影响	沉积物有效态重金属含量能够使底栖生物受中等慢性毒性风险而不受急性毒性风险的影响	沉积物中有效态重金属含量能够使底栖生物受急性毒性风险的影响
颜色识别	绿色	蓝色	红色

案例

流域沉积物评价

浑河、太子河沉积物评价流程见图 7-3-1。

流域沉积物评价

根据相平衡分配法理论和US EPA颁布的美国保护水生生物和人体健康的水质基准值,结合辽河流域浑河和太子河流域的水质硬度、沉积物有机质含量及Cu、Pb、Zn、Cd的实测有效态浓度等参数,确定辽河流域沉积物质量基准值

浑河、太子河沉积物重金属质量基准的建立

辽河流域沉积物质量基准	Cu	Pb	Zn	Cd
K_p值	17.45	60.63	30.97	11.84
CCC/(μg/L)	12.93	4.01	50	0.33
CMC/(μg/L)	20.15	102.78	168.66	3.06
SQC-Low/(μg/g)	225.53	242.68	1551.78	3.92
SQC-Middle/(μg/g)	288.48	3235.26	3393.20	20.05
SQC-High/(μg/g)	351.44	6227.83	5234.62	36.18

浑河、太子河沉积物质量标准分级

沉积物质量标准分级	Ⅰ级	Ⅱ级	Ⅲ级
标准来源	SQC-Low	SQC-Middle	SQC-High
Cu	225.53	288.48	351.44
Pb	242.68	3235.26	6227.83
Zn	1551.78	3393.2	5234.62
Cd	3.92	20.05	36.18
毒理学依据	沉积物中有效态重金属含量能够保护底栖生物不受慢性毒性风险的影响	沉积物有效态重金属含量能够使底栖生物受中等慢性毒性风险而不受急性毒性风险的影响	沉积物中有效态重金属含量能够使底栖生物受急性毒性风险的影响
颜色识别	绿色	蓝色	红色

评价结果

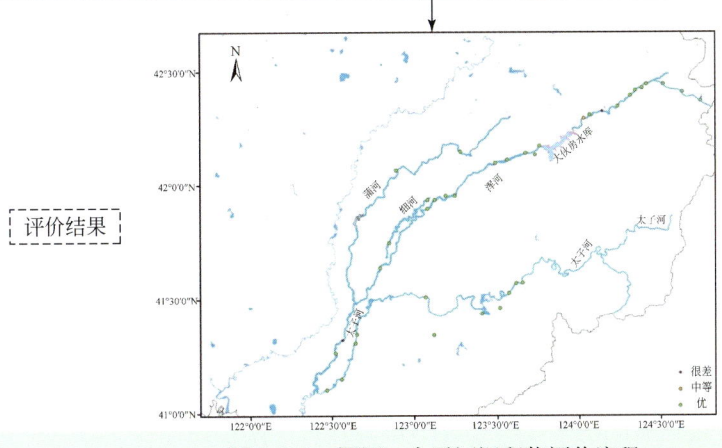

图 7-3-1 浑河、太子河沉积物评价流程

7.4 水生生物质量评价

7.4.1 单因子生物评价

单因子生物评价是指利用某一生物因子，依据其得分的高低对河流健康进行评价。单因子生物评价简洁明了，包含的类型最广泛，使用的历史也最久。其中对现代河流水生生物评价研究最有影响力的，为起源于欧洲并被广泛使用的污水分类体系理念（Kolkwitz and Marsson，1902，1909）以及其提出的污水指数（saprobity index，SI）（Kolkwitz and Marsson，1902）。继 Kolkwitz 和 Marsson 的 SI 之后，Thieneman（1914）真正提出生物监测的概念，标志着生物监测方法的诞生。早期的生物评价研究的先驱，提倡使用水生生物（包括植物与动物）在污水分类体系内进行河流健康的评价。在关注人为活动对淡水生态系统影响的研究中，这一方法成为生物指示因子得以发展的基石。

（1）硅藻评价方法

硅藻是一种光自养型藻类，为天然水体的重要成分，可以存活在绝大多数水环境生态条件下，具有种类多、分布广的特点，且对水环境条件变化极其敏感，现已查明有相当多的硅藻种只能生存在有限的水环境条件（温度、酸碱度、营养盐、金属离子浓度等）下；水环境化学状态的变化会使一些种类的增长受到限制，甚至消亡；一些种类的生长增殖得以加速，成为优势种。因此，某一种类的消失或增殖都对应着环境条件某一方面的变化，如表 7-9 所示。

表 7-9 不同指示硅藻类型反应的水体污染状态

水体污染状态	指示硅藻类型
富营养化状态	沟链藻、梅尼小环藻、极小异极藻、微型舟形藻、普通菱形藻、小型冠盘藻等
贫营养状态	微小曲壳藻、圆瘤棒杆藻、结膜窗纹藻、念珠等片藻等
清洁带	箱形桥弯藻、尖针杆藻等
中污带	亚平滑曲壳藻、冬季等片藻
多污带	微小异极藻、谷皮菱形藻
酸化水体	广缘小环藻
净泉水	冬生等片藻和等片藻
重金属锌和酚污染水体	肘状针杆藻和草鞋形波缘藻

Descy（1979）提出了硅藻指数法。目前所使用的硅藻指数大多建立在 Zelinka 等提出的方程基础上。硅藻指数法一般包括指示种、指示种丰度、指示种污染敏感度、指示种污染指数值等。在建立硅藻指数之前，应先明确硅藻群落组成与环境变量之间的联系。

近 30 年来，大量以硅藻为指示生物的指数方法相继被提出并不断改进，目前国内外普遍应用的硅藻评价指数有特殊污染敏感指数（SPI）、水生环境腐殖度指数（SI）、生物硅藻指数（BDI）、硅藻模型相似性指数（DMA）、硅藻属指数（GI）、硅藻组合有机污染指数（DAI）、富营养化硅藻指数（TDI）、湖泊富营养化硅藻指数（TDIL）等，广泛应用于水体质量评价及水体富营养化程度判定。总体而言，这些指数方法分为两类：一类为综合评价水体清洁状态的指数，另一类为评价水体富营养化程度的指数。

1) 生物硅藻指数

Costem 等（2009）提出的生物硅藻指数（biological diatom index，BDI）依赖于 838 种污染敏感度不同的关键种，通过计算各种类的丰度及在 7 级水质梯度中出现的概率，推导指数值，评价水体质量。计算过程为

$$\begin{aligned}\text{BDI} = &1 \times F(1) + 2 \times F(2) + 3 \times F(3) + 4 \times F(4) \\ &+ 5 \times F(5) + 6 \times F(6) + 7 \times F(7)\end{aligned} \tag{7-12}$$

式中，$F(i)$ 为给定种 x 在 i 级水质中出现的概率，可由下式计算：

$$F(i) = \frac{\sum_{x=1}^{n} A_x P_x(i) V_x}{\sum_{x=1}^{n} A_x V_x} \tag{7-13}$$

式中，A_x 为种 x 的丰度；$P_x(i)$ 为 i 级水体中种 x 存在的概率；V_x 为种 x 的生态幅大小；n 为丰度 >0.75% 的属种数量。

$$P_{\text{class}}(i) = \frac{N(i) \times A(i)}{N_{\text{site}}(i) \times S_{\text{om}}} \tag{7-14}$$

$$S_{\text{om}} = \sum_{i=1}^{n} \frac{N(i) \times A_i}{N_{\text{site}}(i)} \tag{7-15}$$

式中，$P_{\text{class}}(i)$ 为 i 级水质环境中各种存在的概率；$N(i)$ 为 i 级水质中各种出现的数量；$A(i)$ 为各种的堆积丰度；S_{om} 为 i 级水质环境中各种存在的数量总和；$N_{\text{sites}}(i)$ 为 i 级水质中采样点的数目。

BDI 涉及的硅藻种类丰富，包括不同 pH 值、盐度及热带地区水体中生存的硅藻种类和一些常见种类的异常形态，因而适用范围广，涵盖温带、热带地区，可用于酸化严重、盐度高的水体，且对营养物质及有机污染物变化有明显指示作用。BDI 还包含 14 种水质参数，为目前最稳定的指数之一，已被法国当作标准方法，用来定期监测水体质量。

2) 营养指数

营养指数（diatom index or trophic index，DI）为一种通过权重来评价水体富营养化程度的指数（Stenger-Kovács et al.，2007），计算公式如下：

$$\text{DI} = \frac{\sum_{i=1}^{n} N_i G_i T_i}{\sum_{i=1}^{n} N_i G_i} \tag{7-16}$$

式中，N_i 为种 i 的丰度；G_i 为种 i 的权重；T_i 为种 i 的营养状态；n 为硅藻种总数。

DI 值在 1~5 变化，与湖泊营养程度的对应关系见表 7-10。

表 7-10 DI 值与湖泊营养程度的对应关系

DI 值	1.00~1.99	2.00~2.49	2.50~3.49	3.50~3.99	4.00~5.00
湖泊营养程度	寡营养	寡—中营养	中营养	中—富营养	富营养

DI 主要用于小型湖泊的短期监测，可得到水体营养状态空间的高分辨率变化情况，与大型水生植物指数法得到的结果有较好的相关性，但不适用于水体的长期监测。

(2) 大型底栖动物评价方法

大型底栖动物评价是利用水生生物评价河流健康的指标中使用最广泛的一类。目前已

统计的底栖动物指标达50多种,大约是其他水生生物评价指标数量的5倍,其中基于耐污值构建的大型底栖动物评价指标目前使用最普遍。常见的指数评价方法有以下6种。

1) Beck 指数

Beck 于1955首先提出以生物指数来评价水体污染的程度(Beck,1955),他把从采样点采到的底栖大型无脊椎动物分成两类,即不耐有机物污染的敏感种和耐有机污染的耐污种,按下式计算:

$$BI = 2A + B$$

式中,A 和 B 分别为敏感底栖动物种类数和耐污底栖动物种类数。BI 为 0~40。BI>10,为清洁水体;BI 为 1~6 时,为中等污染水体;BI=0 时,为严重污染水体。

2) Goodnight 修订指数法

计算公式(Goodnight and Whitley,1960)为

$$GBI = \frac{N - Noli}{N} \tag{7-17}$$

式中,N 为样品中底栖动物个体总数;Noli 为样品中寡毛类个体总数。

判断标准为:GBI 值在 1~0.4,表示水质清洁到轻污染;0.4~0.2 为中污染;0.2~0 为重污染 0 的含义是样品中的底栖动物全部为寡毛类。为严重污染,0 的含义为样品中无底栖生物生存。

3) 生物学污染指数(BPI)

计算公式(王备新,2006;张远,2007)为

$$BPI = \lg(N_1 + 2)/[\lg(N_2 + 2) + \lg(N_3 + 2)] \tag{7-18}$$

式中,N_1 为寡毛类、蛭类和摇蚊幼虫个体数(个/m²);N_2 为多毛类、甲壳类、除摇蚊幼虫以外的其他水生昆虫的个体数(个/m²);N_3 为软体类个体数(个/m²)。

评价标准:BPI<0.1,清洁;BPI=0.1~0.5,轻污染;BPI=0.5~1.5,β 中污染(轻中污染);BPI=1.5~5,α 中污染(重中污染);BPI>5,重污染。

4) BMWP 指数

计算公式(Gao et al.,2012)为

$$BMWP = \sum t_i \tag{7-19}$$

式中,t_i 是科 i 耐污值,通过比较检测值与预期值。

原理:基于科一级分类阶元上各物种的出现与否,考虑出现物种的敏感值,以所有出现物种的敏感值代表环境的清洁。

5) BI

基于物种丰富度与耐污值构建的评价指标的典型代表为生物指数(biotic index,BI)(王备新等,2006)。公式为

$$BI = \sum N_i t_i / N \tag{7-20}$$

式中,N_i 为物种 i 的个体数;t_i 为物种 i 的耐污值;N 为总个体数。

原理:计算不同类群的相对丰度以及类群的耐污值乘积,既反映群落的耐污特征,也反映不同耐污类群的丰度。

6) FBI

为降低物种鉴定的难度与时间,便于实现河流健康的快速评价,Hilsenhoff 在 BI 的思想上,提出基于科级鉴定水平的生物评价指标 FBI(Hilsenhoff,1982,1987,1988)。公式为

$$FBI = \sum n_i t_i / N \qquad (7-21)$$

式中，n_i 为科 i 的个体数；t_i 为科 i 的耐污值；N 为总个体数。

原理：原理与 BI 一致，但主要考虑类群科级的耐污值，极大地提高了指数计算的效率，广泛应用于快速生物评价。

案例

大型底栖动物指数评价

太子河流域底栖动物指数评价见图 7-4-1。

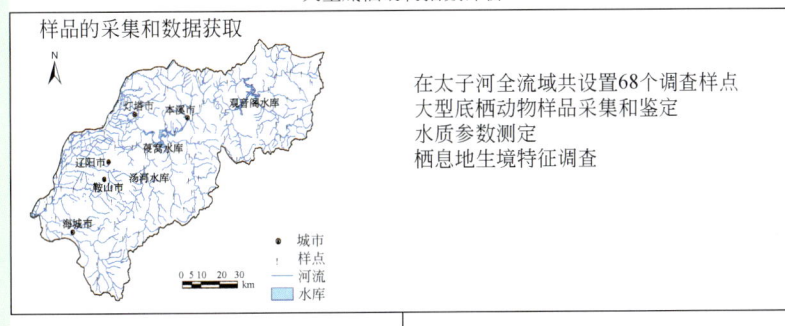

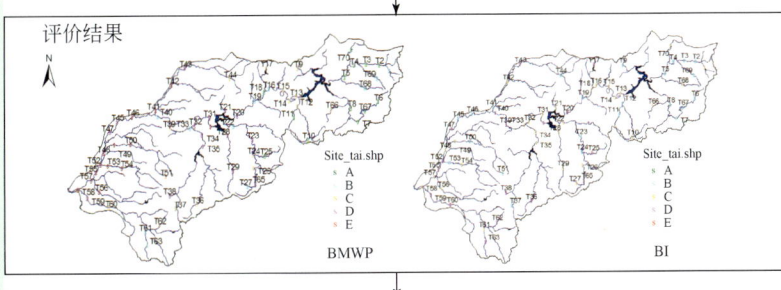

评价得分
单因子指标评价体系与对应分值

健康等级	等级代码	BMWP	FBI	BI
极好	A	>70	0.00~3.50	0.00~3.50
较好	B	50~70	3.51~5.50	3.51~5.50
一般	C	30~50	5.51~6.50	5.51~6.50
较差	D	10~30	6.51~8.50	6.51~8.50
级差	E	0~10	8.51~10.00	8.51~10.00

注：BMWP标准引自韩国大型底栖动物研究成果，数据未公开发表（Park et al., 2007；Song et al., 2006, 2007）；FBI和BI标准基于Mandaville（2002）的研究，依据国内大型底栖动物耐污值进行适当调整

小结：单因子指标评价结果存在差异
1. FBI和ASPT指数对整个流域的健康评价结果相似，对"健康"和"较差"（或"极差"）评价比例较高
2. IBI和BI指数评价结果"健康"样点所占比例较低，但BI"极差"样点为0%
3. BMWP指数评价结果在更等级的分布最均匀

图 7-4-1 太子河流域底栖动物指数评价

7.4.2 多参数或多变量生物评价

多参数或多变量生物评价方法分别以美国的生物完整性，即 IBI（多参数）和英国的多变量模型 RIVPACS（river invertebrate prediction and classification system）为代表。完整性指数的构建过程首先选择参照样点与受损样点，通过对比评价参数在参照系和受损系之间的差异，构建评价体系对河流健康进行评价；RIVPACS 的构建利用环境参数与生物参数建立预测模型，利用预测模型评价河流健康状况（Clarke et al., 2003）。

完整性是指具有或保持着应有的各组分，没有损坏或残缺。生物完整性的内涵是支持和维护一个与地区性自然生境相对等的生物集合群的物种组成、多样性和功能等的稳定能力，是生物适应外界环境的长期进化结果。简言之，生物完整性指数就是可定量描述人类干扰与生物特性之间的关系，且对干扰反应敏感的一组生物指数。它是由 Karr（1981）最先提出并以鱼类为研究对象建立的随后扩展到大型底栖无脊椎动物、周丛生物、藻类、浮游生物以及高等维管束植物。目前生物完整性指数类型通常意义主要包括鱼类生物完整性指数（F-IBI）、大型底栖动物完整性指数（B-IBI）和藻类完整性指数（P-IBI）（张远，2007）。

（1）多参数评价

基于多参数的生物完整性评价方法主要包括候选指标构建、参照点位识别、IBI 评价指标筛选、IBI 计算以及评价标准制定等步骤。在参照点位和受损点位识别的基础上，对候选指标进行分布范围、判别能力和相关性分析的筛选，在此基础上筛选出适宜的评价指标。技术路线如图 7-3 所示。

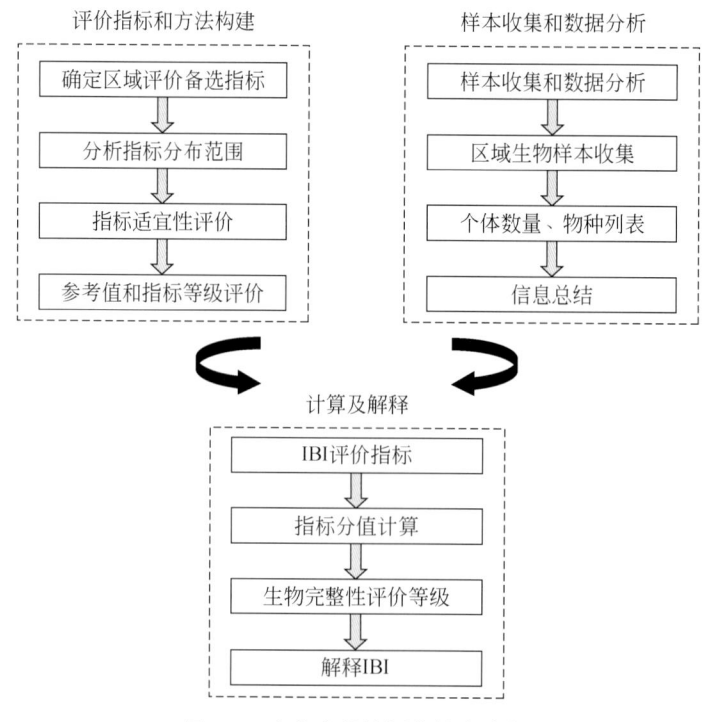

图 7-3 生物完整性评价技术路线

生物完整性的评价过程主要分为以下几个步骤：

1）样点数据资料的收集。

应用定量或半定量采样法采集生物样本。

2）点位的筛选与性质识别。

样点可分为参照样点和受损点。参照样点为未受损样点或受损极小样点；受损点为已受各种干扰（如点源和非点源污染、森林覆盖率的降低、城镇化、大坝建设等）的样点。采样时，同时测定样点水体理化指标（溶解氧、pH、导电率、总磷、浊度、温度等），并对样点生境质量（底质组成、深度、流速、河岸区植被及河岸稳定度等）进行定性评价。其中无干扰点和干扰极小点作为指标筛选过程中的参照点，干扰点作为受损点。

3）候选参数选用。

用于建立 IBI 指标体系的生物参数很多（表 7-11~表 7-13），常见的可分为 3 类：与群落组成和结构有关的参数，如多样性指数、分类单元丰富度等；与生物耐污能力有关的参数，如 BI、敏感类群指数等；与生物行为和习性有关的生境参数，如黏附者百分比。

表 7-11 着生藻类指示因子

序号	生物参数	参数描述	对干扰的响应模式
A1	着生藻类总分类单元数	种水平上的物种数量	下降
A2	硅藻总分类单元数	种水平上的硅藻物种数量	下降
A3	绿藻总分类单元数	种水平上的绿藻物种数量	下降
A4	蓝藻总分类单元数	种水平上的蓝藻物种数量	下降
A5	着生藻类属的总数	着生藻类属的数量	下降
A6	硅藻属的总数	硅藻属的总数量	下降
A7	绿藻属的总数	绿藻属的总数量	下降
A8	蓝藻属的总数	蓝藻属的总数量	下降
A9	着生藻类密度	细胞数/cm^2	下降
A10	香农-维纳多样性指数	$H' = -\sum P_i \times \log 2 P_i$。其中，$P_i$ 为群落中第 i 个物种个体数占总个体数的百分比	下降
A11	均匀性指数	$J = H'/H'_{\max}$，$H'_{\max} = \log 2S$。其中，S 为总物种数	上升
A12	硅藻分类单元相对多度	硅藻分类单元数/总分类单元数	上升
A13	蓝藻分类单元相对多度	蓝藻分类单元数/总分类单元数	下降
A14	绿藻分类单元相对多度	绿藻分类单元数/总分类单元数	下降
A15	敏感性物种百分比	所有敏感硅藻物种相对多度之和（$\sum$）。其中，敏感物种的定义为 $V_i = 4$	下降
A16	曲壳藻百分比	曲壳藻硅藻细胞数/所有藻类细胞数	下降
A17	桥弯藻百分比	桥弯藻硅藻细胞数/所有藻类细胞数	下降
A18	菱形藻百分比	菱形藻硅藻细胞数/所有藻类细胞数	上升
A19	舟形藻百分比	舟形藻硅藻细胞数/所有藻类细胞数	上升

续表

序号	生物参数	参数描述	对干扰的响应模式
A20	可运动硅藻百分比	（舟形藻属＋菱形藻属＋双菱藻属硅藻细胞数）/所有藻类细胞数	上升
A21	具柄硅藻百分比	（异极藻属＋楔形藻属＋曲壳藻属硅藻细胞数）/所有藻类细胞数	下降
A22	丝状绿藻百分比	（刚毛藻目+丝藻目+双星藻目绿藻细胞数）/所有藻类细胞数	下降
A23	颤藻百分比	颤藻目蓝藻细胞数/所有藻类细胞数	下降
A24	硅藻百分比	硅藻细胞数/所有藻类细胞数	上升
A25	绿藻百分比	绿藻细胞数/所有藻类细胞数	下降
A26	蓝藻百分比	蓝藻细胞数/所有藻类细胞数	下降
A27	着生藻类叶绿素 a 含量	$\mu g/cm^2$	下降
A28	极细微曲壳藻百分比	极细微曲壳藻细胞数/所有藻类细胞数	下降

表 7-12　鱼类评估指示因子

序号	指标类型	测量参数	对干扰的反应	描述
M1	反应群落丰富度和组成	鱼类总分类单元数	下降	样点的物种数
M2		总渔获量	下降	鱼数/电鱼 30min
M3		雅罗鱼亚科种类百分比	下降	宽鳍鱲、洛氏鱥、花江鱥、东北雅罗鱼
M4		鳊亚科种类百分比	无	鲹、鳊
M5		鳑鲏亚科种类百分比	下降	中华鳑鲏、黑龙江鳑鲏、彩鳑鲏、兴凯鱊
M6		鮈亚科种类百分比	上升	麦穗鱼、犬首鮈、棒花鮈、凌源鮈、棒花鱼、辽宁棒花鱼、清徐胡鮈
M7	反应物种个体数量比例	鲤亚科种类百分比	上升	鲫、白鲫
M8		鳅科鱼类种类百分比	下降	北方条鳅、北方花鳅、泥鳅
M9		鰕虎鱼亚目百分比	下降	葛氏鲈塘鳢、沙塘鳢、黄幼、普氏栉鰕虎鱼、波氏栉鰕虎鱼、褐栉鰕虎鱼、纹缟鰕虎鱼
M10		本地特有鱼种（葛氏鲈塘鳢+沙塘鳢）百分比	无	葛氏鲈塘鳢、沙塘鳢
M11		经济鱼类种类百分比	上升	泥鳅、池沼公鱼、东北雅罗鱼、鲹、鳊、鲫、葛氏鲈塘鳢、沙塘鳢
M12	反应营养方式	肉食性鱼类数量比例	下降	池沼公鱼、青鳉、沙塘鳢、花杜父鱼
M13		植食性鱼类数量比例	下降	中华鳑鲏、黑龙江鳑鲏、彩鳑鲏、兴凯鱊、北方花鳅、波氏栉鰕虎鱼

续表

序号	指标类型	测量参数	对干扰的反应	描述
M14	反应营养方式	杂食性鱼类的数量比例	上升	宽鳍鱲、洛氏鱥、花江鱥、东北雅罗鱼、鲹、麦穗鱼、犬首鮈、棒花鮈、凌源鮈、棒花鱼、辽宁棒花鱼、清徐胡鮈、鲫、白鲫、北方条鳅、泥鳅、葛氏鲈塘鳢、黄黝、普氏栉鰕虎鱼、波氏栉鰕虎鱼、褐栉鰕虎鱼、纹缟鰕虎鱼
M15	反应生物耐污能力	敏感性物种百分比	下降	易受环境恶化影响的特有物种
M16		耐污物种百分比	上升	泥鳅、白鲫、鲫、鲇
M17	个体条件	有异常个体（DELT）百分比	上升	畸形、病变、肿瘤、侵蚀鱼鳍
M18		非本地鱼种百分比	无	白鲫、鳙
M19		怀卵鱼比例	下降	怀卵鱼的百分比
M20	反应小生境质量	底层鱼类百分比	上升	北方花鳅、沙塘鳢、黄黝、普氏栉鰕虎鱼、波氏栉鰕虎鱼、褐栉鰕虎鱼
M21		冷水鱼百分比	无	洛氏鱥、花江鱥、东北雅罗鱼、北方条鳅、葛氏鲈塘鳢、花杜父鱼
M22		有护卵行为鱼类数量	上升	麦穗鱼、沙塘鳢
M23	反映环境质量	广布种（%）	下降	洛氏鱥、花江鱥

表7-13 大型底栖动物评估指示因子

序号	候选参数	受到干扰后其变化趋势
物种数		
A1	总物种数	下降
A2	EPT物种数	下降
A3	襀翅目物种数	下降
A4	蜉蝣目物种数	下降
A5	毛翅目物种数	下降
A6	端足目+软体动物物种数	不定
各类群相对丰度		
A7	襀翅目（%）	下降
A8	蜉蝣目（%）	下降
A9	毛翅目（%）	下降
A10	EPT（%）	下降
A11	摇蚊科（%）	上升
A12	双翅目（%）	上升
A13	（端足目+软体动物）（%）	下降

续表

序号	候选参数	受到干扰后其变化趋势
A14	寡毛类（%）	上升
敏感类群和耐污类群		
A15	敏感类群物种数	下降
A16	耐污类群物种数相对丰度	上升
优势类群		
A17	最优势类群相对丰度	上升
功能摄食类群		
A18	滤食者（%）	上升
A19	刮食者（%）	下降
A20	直接收集者（%）	上升
A21	捕食者（%）	下降
A22	撕食者（%）	下降
生态型		
A23	黏附者（%）	下降
A24	黏附者物种数	下降
多样性指数		
A25	香农-维纳多样性指数	下降
A26	Margalef	下降
A27	平均值	下降
A28	Simpson 多样性（1-优势）	下降

4）IBI 评价参数筛选。

构成 IBI 的每个参数必须对环境因子（化学、物理、水动力学和生物等）的变化反应敏感，计算方法简便，所包含的生物学意义清晰。一般通过对参数值的分布范围分析、判别能力分析（敏感性分析）和相关分析来获得一组 IBI 构成参数。

A. 候选参数分布范围检验。

分布范围检验是指对候选参数在所有监测样点中分布频率分析的方法。如果参数分布范围过窄或零值过多（≥95%），就将在参数选择中将其剔除。

B. 候选参数敏感性分析。

敏感性分析是指分析候选参数对人类活动响应程度的方法。主要利用箱线图结合单因素方差分析，筛选对人为活动有显著相应的参数。

C. 候选参数间相关性检。

相关性分析用于检验候选参数的独立性，利用 Pearson 相关性分析，剔除相关性较高的参数（$|r|>0.75$）。

5）评价量纲的统一。

通常采用记分法来统一 IBI 各构成指数的量纲。如常用的 3 分制法：根据各参数值在参照样点的频数分布，>25% 分位数值（对于参数值随污染增大的，则< 75% 分位数值），

6 分；对低于 25% 分位数值或高于 75% 分位数值的分布范围进行二等分，分别记为 3 分和 0 分。

6）IBI 指标体系的评价。

将各指标的分值进行加和，得到 IBI 值。以参照点 IBI 值分布的 25% 分位数法作为健康评价的标准，如果样点的 IBI 值大于 25% 分位数值，则表示该样点受到的干扰很小，是健康的；对小于 25% 分位数值的分布范围，进行 4 等分，分别代表不同的健康程度。据上述方法，就可以确定等级的划分标准。

> **案例**
>
> **IBI 生物完成性评价：太子河流域鱼类 IBI 评价流程**
>
> **1. IBI 备选评价指标体系**
>
> 根据调查所研究的内容和实际情况，结合应用 IBI 较为成熟的指标，制定 23 个候选指标（表 7-12），力求做到尽可能反映环境变化对鱼类（个体、种群、群落）数量、结构和功能的影响，从而有效地监测和评价水环境质量。
>
> **2. IBI 体系的筛选**
>
> 利用参照点和受损点的调查资料计算各候选生物指数值，分析候选指数对人类干扰的反应，挑选出随人类干扰反映单向增大或减小的指标，删除那些不是随干扰的增强而单向递增或递减的指标。
>
> 分析 23 个生物指标对人为干扰的反映及其在 21 个参照点中的分布情况。结果表明：鳊亚科种类百分比、本地特有鱼种百分比、非本地鱼种百分比、冷水鱼百分比不随污染强度增加而呈现单向变化。因此，这几个指标不适合参与指标体系的构建。鳄鲅亚科种类百分比、肉食性鱼类数量比例，均呈现出随污染单向减小的趋势，但它们的中位数较小都为 0，随着污染的增强，其值的可变范围非常窄，因而不适宜参与构建 IBI 体系。
>
> **3. 判别能力分析**
>
> 对余下的 17 个生物指标的判别能力进行分析。根据 Barbour 等（1995）的评价法，比较参照点和受损点的 25%~75% 分位数范围（即箱体 IQ）的重叠情况，分别赋予不同的值，分析指标的判别能力。用 SPSS 软件分析后发现，物种多样性、总渔获量、雅罗鱼亚科种类百分比、耐污物种百分比、广布种百分比的 IQ 都大于或等于 2，可以做进一步分析。
>
> **4. IBI 评价因子的构建**
>
> 对通过判别能力分析余下的 5 个指标进行正态分布检验，表明这 5 个指标都符合正态分布，然后进行 Pearson 相关分析，以检验各参数所反映信息是否相互独立，以保证每个生物指标都提供单一而不重复的信息。采用 Barbour 和 Blocksom 的标准，以

|r|>0.9 表示 2 个参数间高度相关，经检验太子河流域 2009 年调查结果的 5 个生物指标非高度相关（表 7-4-1）。

表 7-4-1 5 个候选指标间的 Pearson 相关性系数（春季）

候选指标	物种多样性	总渔获量/g	雅罗亚科百分比	耐污种百分比	广布种百分比
1	1				
2	0.473	1			
3	−0.223	0.117	1		
4	0.035	−0.18	−0.445	1	
5	−0.126	0.335	0.794	−0.415	1

根据以上 IBI 体系的确定方法，并结合太子河流域 2009 年 5 月的调查结果鱼类资源特点，以及数据的可获得性等情况，最终确定 5 个指标（表 7-4-2）进行太子河流域的生物完整性评价。物种多样性可从总体上反映生境整体质量，物种多样性丰富的地方一般环境质量都相对优秀；总渔获量可反映群落丰富度，通常随着人类干扰而下降，这个指标常用于 IBI 体系中；雅罗鱼物种随着浑浊度的增加或植被覆盖的减少而下降；耐污物种可反映生物耐污能力，从而反映河流污染程度；广布种的数量是衡量均匀度，较低的数字代表河流环境可能遭到破坏。

表 7-4-2 太子河流域 5 个鱼类 IBI 生物指标的赋分标准

序号	指标	评分标准		
		5	3	1
1	物种多样性	>4.75	2.375~4.75	<2.375
2	总渔获量/g	>39.25	20~39.25	<20
3	雅罗鱼亚科种类百分比	>20.75	11~20.75	<11
4	耐污物种百分比	<8.25	8.25~45	>45
5	广布种百分比	>6.5	3.25~6.5	<3.25

5. 太子河流域河流健康评价

2009 年 5 月的采样结果依据评价标准（表 7-4-3）最终得出各样点 IBI 的值。根据 IBI 分值作图得出太子河流域的健康状况趋势图。结果显示，太子河上游绝大部分样点为健康状态。中游健康状况多数一般，下游多差或极差。干流的中下游（尤其是下游）多为极差位点（图 7-4-2）。

表 7-4-3 太子河流域鱼类生物完整性 IBI 健康标准

健康	亚健康	一般	较差	极差
25~22	21~18	17~14	13~10	9~5

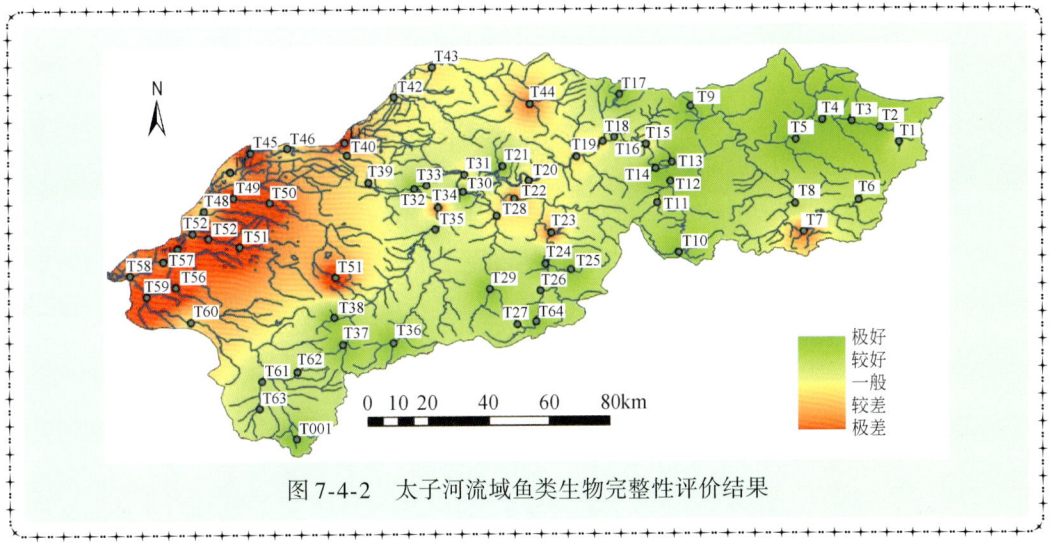

图 7-4-2　太子河流域鱼类生物完整性评价结果

（2）预测模型评价：RIVPACS

预测模型法主要基于以下思路：将假设河流在无人为干扰条件下理论上应该存在的物种组成与河流实际的生物组成进行比较，从而评价河流的健康状况。

理论假设为期望值（expected value）E：监测样点在受干扰前，可能具有的生物群落组成（物种名录和物种数）。观测值（observed value）O：期望出现的生物物种被实际调查到的数量。O/E 值（O/E value）：监测样点偏离"正常位置"的"距离"，也可以认为是受干扰样点生物多样性丧失的程度。

具体评价流程为：

1）选取无人为干扰或人为干扰非常小的河流作为参照河流。

2）调查参照河流的物理化学特征（环境数据经纬度，海拔，河流的水面宽度、深度、平均流速、最大流速，pH、电导率、溶解氧、温度、COD、TN、TP、底质组成等）及生物组成（底栖生物群落数据等）。

3）构建参照河流物理化学特征与相应生物组成之间的经验模型。

首先，采用 Bray-Curtis 系数计算样本群落的相似性，在统计过程中将稀有物种剔除；其次，通过聚类的方法对参照样本进行分组；再次，通过多元逐步判别分析 DFA 对环境变量进行筛选，环境变量在筛选前在 SAS 软件中先对其标准化；最后，对期望值进行计算。

$$P_i = \sum_{j=1}^{n} Q_j q_{ij} \tag{7-22}$$

式中，$q_{ij}=r_{ij}/n_{ij}$，q_{ij} 为 i 物种在 N 组中发生的概率，r_{ij} 为物种 i 在 j 组中出现的频次；n_{ij} 为 j 组中的样本总数；第 i 个分类单元在 j 样本的期望值 P_i 是此 j 样本属于第 N 组的概率与 i 分类单元在 N 组出现概率的乘积之和，N 为组数；Q_j 为监测样本属于 N 组的概率。

4）调查被评价河流的物理化学特征，并将调查结果代入经验模型，得到被评价河流理论上（河流健康情况下）应具备的生物组成（E）。

5）调查被评价河流的实际生物组成（O）。

6) O/E 值即反映被评价河流的健康状况,比值越接近 1,表明该河流越接近自然状态,其健康状况也就越好,根据比值,划分健康等级。

7.5 河流健康综合评价

河流健康综合评价的总体目标,是评估河流目前所处的完整性状态。通过分析河流目前受到的人为活动干扰的程度与特征,了解导致河流生态系统退化的主要因素,通过综合评估河流目前的物理、化学与生物完整性,为河流合理开发、保护和恢复提供理论依据。通过报告卡制度,为政府和公众定期提供河流健康的状况,为决策的制定与执行提供理论依据。

依据河流健康的定义,河流健康综合评价包括河流三个主要成分的完整性,即河流物理完整性、化学完整性和水生生物完整性。其中,物理完整性的评估通常采用人为判读和打分方式进行,直接对河流的物理生境和水文生境进行评估。化学完整性与生物完整性则需要利用压力-响应模型进行分析与评估。

7.5.1 河流健康综合评价指标体系的构建

河流健康综合评价应该包含全面的参数,应当既要包括生物完整性的参数,也要包括水化学和物理完整性的参数。在物理完整性指标缺失情况下,也可只对生物完整性和化学完整性指标进行评价。河流健康综合评价主要指标结构总体框架如图 7-4 所示。

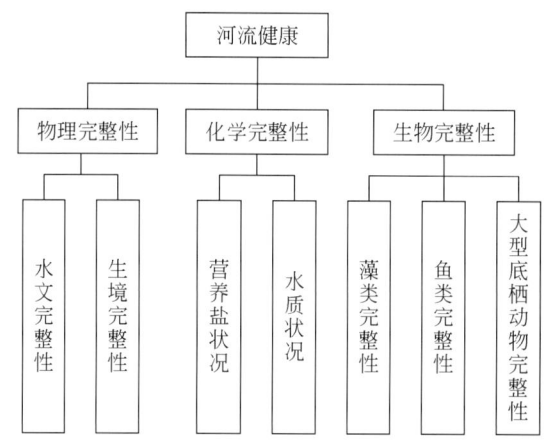

图 7-4 河流健康综合评价主要指标结构总体框架

7.5.2 河流健康综合评价技术路线

河流健康综合评价技术流程如图 7-5 所示。

(1) 河流分类

通过河流水生态功能分区,确定河流类型,同一类型的河流可以采用同样的评价指标和方法,使得河流健康评价更加客观与合理。

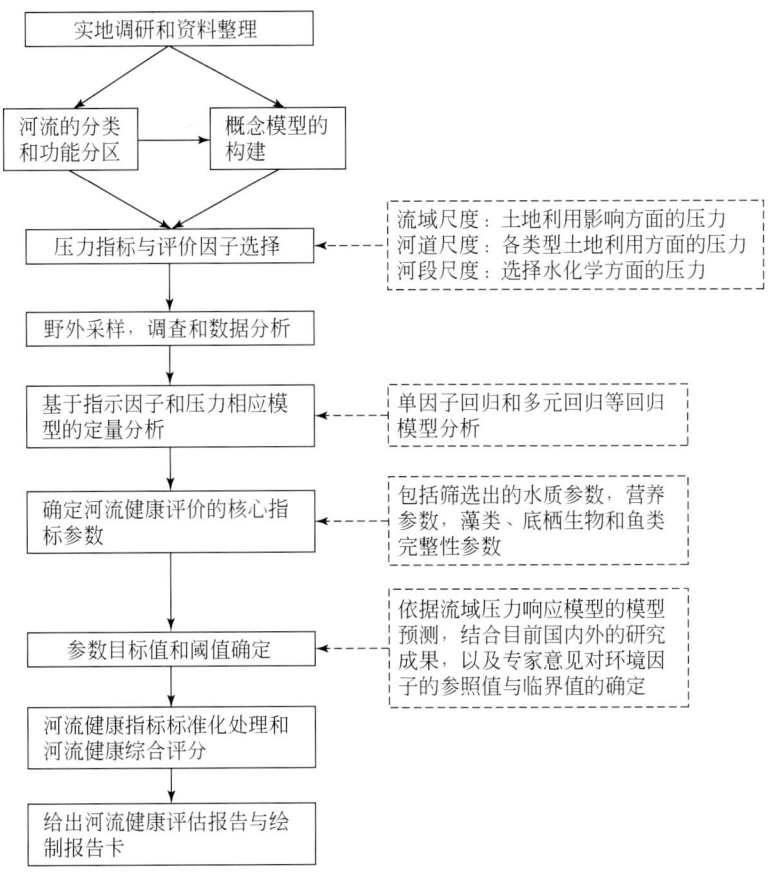

图 7-5 河流健康综合评价技术流程

(2) 评价指标库的构建

确定河流不同生态区在流域尺度、河道尺度、河段尺度上的主要压力指标,综合分析河流遇到的压力来源,构建压力指标库;基于压力指标库,分析河流物理、化学和水生生物完整性受损的程度,构建评价指标库,如表 7-14 所示。

表 7-14 河流健康综合评价指标库

评价方面	评价目标	评价指标
物理完整性	水文动态特征指标	库容量、水位、流速、底泥深度
	生境栖息地指标	湖滨带宽度、湖滨弯曲度、堤岸稳定性、湖床底质类型、植被带宽度
化学完整性	营养盐状况	氮要素:氨氮(NH_3-N)、总氮(TN)、硝酸盐氮(NO_3-N) 磷要素:活性磷(PO_4-P)、总磷(TP)
	水质状况	物理指标:pH、溶氧(DO)、电导率(EC)、悬浮物(SS) 化学指标:5日生化需氧量(BOD_5)、化学需氧量(COD_{Cr})、高锰酸盐(COD_{Mn})、挥发酚(Phenols)

续表

评价方面	评价目标	评价指标
生物完整性	藻类完整性	物种：总物种丰度、硅藻物种丰度 相对丰度：硅藻物种的相对丰度（%） 多样性指数：香农多样性指数、Berger-Parker 指数（A_BP） 藻类群落功能特征类指标：藻类叶绿素 a 含量 耐污性：敏感种的相对丰度（%） 生物指数：藻类完整性（A-BI2）
	大型底栖动物完整性	物种丰度：总物种数（M_S）、EPT 物种数（M_EPT_F） 相对丰度：EPT（%）、襀翅目（%）、蜉蝣目（%） 功能摄食类群相对丰度：捕食者个体数（%）、刮食者个体数（%） 耐污种与敏感种：敏感种数（%） 生活类型：攀爬者个体数（%） 生活特征：大型底栖动物移动能力 生物多样性指数：香农多样性指数、Berger-Parker 指数（M_BP） 生物指数：大型底栖动物完整性指数（B-IBI）、BMWP 指数（M_BWMP）
	鱼类完整性	物种：总物种数、外来物种数量 生物量：总生物量、总个体数（Fi_D） 相对丰度：本地种的相对丰度（%）、入侵种的相对丰度（%） 敏感种与耐污种：敏感种的相对丰度（%） 功能摄食性群落：肉食者的相对丰度（%） 生境需求：底栖物种的相对丰度（%）、冷水鱼的相对丰度（%） 生殖特征：护卵鱼类的相对丰度（%） 身体变异：畸形物种的相对丰度（%） 生物多样性指数：香农多样性指数、Berger-Parker 指数（Fi_BP） 生物指数：鱼类完整性指数（Fi-BI）

7.5.3 压力源确定

在流域尺度上，选择土地利用影响方面的压力；在河道尺度上，选择河岸带区域各类型土地利用方面的压力；在河段尺度上，选择水化学方面的压力。应用统计学软件解析其相关性，确定压力源。

7.5.4 评价指标的筛选和确定

（1）检验水体理化指示因子对不同尺度的人为干扰压力梯度的响应

根据实地采样数据，利用以上确定的流域尺度、河道尺度的土地利用压力源指标作为环境梯度，进行水体理化指标与压力源指标的单因子回归和多元回归等回归模型分析，寻找水化学因子同土地利用之间的关系，在此基础上确定评价指标。

（2）检验水生生物指示因子对人为干扰压力梯度的响应

根据实地采样数据，以流域尺度、河道尺度土地利用和河段尺度的水化参数分别作为环境梯度压力源，对藻类、底栖生物和鱼类进行单因子回归和多元回归等回归模型分析，寻找指示因子同压力源之间的关系。

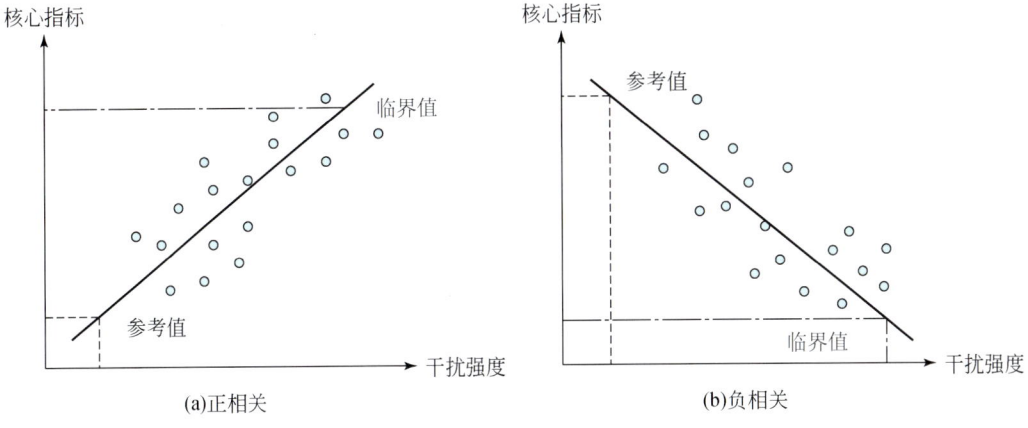

图 7-6 干扰梯度法对指标的选择

在本研究的指导手册中，干扰梯度法正如图 7-6 所示。对于干扰存在两种响应类型：(a) 正相关；(b) 负相关。

对于指标的期望参考值，其应该对环境压力梯度做出相应的响应，而环境干扰则主要表现为最小的或者是可以接受范围内的压力强度，对于 (a)，参考值应该为较低的指数值；对于 (b)，参考值应该为较高的指数值。

对于指标的期望临界值，环境干扰主要表现为较高的或者不可接受范围内的压力梯度。对于 (a)，临界值应该为中间值至较高的数值；对于 (b)，临界值应该为较低的数值至中间值。

(3) 指标因子的确定

通过上述环境指标和水生生物指标与压力源的相关关系分析，对备选评价因子进行筛选。选择那些对干扰源具有显著响应的理化因子指标和水生生物指标作为指示因子纳入到河流生态系统健康监测和评价计划中。

7.5.5 评价目标值和阈值的确定

依据流域压力-响应模型预测，并结合目前国内外的研究成果，以及专家意见，确定水环境因子的参照值与临界值。其中，水化学指标主要依据《中华人民共和国地表水水质标准》确定评价标准，而水生生物指标中使用的藻类完整性指数与鱼类完整性指数，则分别依据其总体分布范围的参照值和临界值进行评分。其技术路线如图 7-7 所示。

7.5.6 流域河流健康综合评价及示范

(1) 河流健康指标标准化处理

要对上述评估指标进行标准化处理，具体如下：

当指示因子与环境压力呈负相关时，采用下列公式：

$$指标得分 = 1 - (目标值 - 观测值) / (目标值 - 阈值)$$

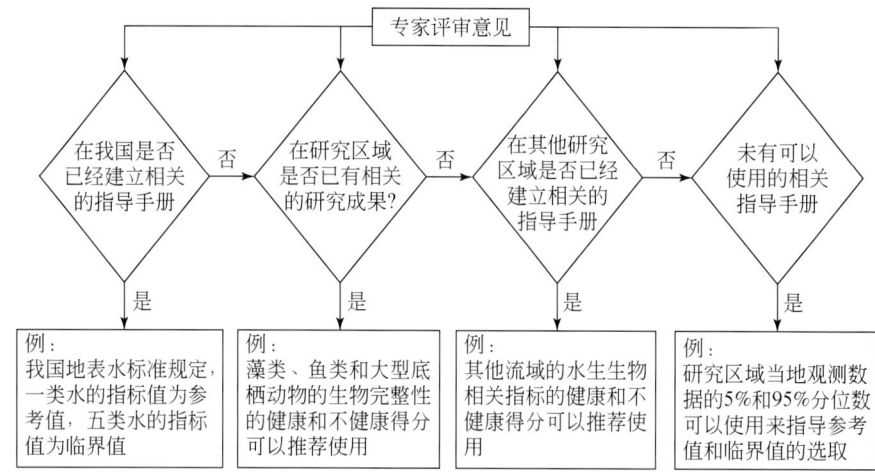

图 7-7 适用于指标计算的参考值和临界值确定的技术路线图

当指示因子与环境压力呈正相关时，采用下列公式：

指标得分 = 1-（观测值-目标值）/（阈值-目标值）

（2）综合评价

在单个指标标准化处理结果的基础上，采用加和平均值的方法，分别计算每个评价目标的得分值，具体公式如下：

$$X = \frac{\sum_{i=1}^{n} X_i}{n} \tag{7-23}$$

式中，X 为评价目标综合得分；X_i 为单个指标标准化值；i 为第 i 个指标；n 为指标数。

在分别计算水质状况、营养状况、藻类完整性、大型底栖动物和鱼类的得分基础上，采用权重加和方法综合可以计算健康总分数，具体公式如下：

$$\text{RHI} = \sum_{j=1}^{5} a_j \cdot X_j \tag{7-24}$$

式中，RHI 为生态健康综合指数；X_j 为第 j 个评价目标得分值；a_j 为第 j 个评价目标的权重。

案例

流域健康综合评价——太子河流域健康综合评价流程

1. 不同水生态区概念模型构建

根据太子河流域河流分类结果，分别构建 3 个不同河流类型的概念模型，对不同类型河流类型的自然特征与生物特征进行总结，识别各类型河流的主要人为干扰活动类型，重要健康评估参数类型和管理优先顺序。对比可见，3 种河流类型的海拔和降雨存在较大差异，相对于的鱼类和大型底栖动物主要优势类群差异较大，上游和中游区域均已适合溪流的物种为主（表 7-5-1）。

表 7-5-1 太子河流域 3 个河流类型区概念模型

河流类型	流域面积/km²	平均海拔/m	年降水量/mm	样点数量/个	优势物种	人为干扰活动	管理的优先顺序
山地溪流型	4557	511	786~954	22	洛氏鱥（Phoxinus lagowskii），花江鱥（Phoxinus czekanowskii），热水四节蜉（Baetis thermicus），宽叶高翔蜉（Epeorus latifolium），红锯形蜉（Serratella rufa）	原生植被减少；放牧；城市化；河道内挖沙活动	维持自然生境；保护水生生物多样性和生物完整性；减少悬浮物输入
丘陵河流型	3896	282	717~868	20	洛氏鱥（Phoxinus lagowskii Dybowski），棒花鱼（Abbottina rivularis），热水四节蜉（Baetis thermicus），红锯形蜉（Serratella rufa），钩虾（Gammarus sp.）	水文节律；矿业（多为铁矿）；城市化；工业点源污染	降低氮磷输入；保护有重要生态学意义的水生生物
平原河流型	4749	65	653~775	28	鱼类优势种不明显，热水四节蜉（Baetis thermicus），苏氏尾鳃蚓（Branchiura sowerbyi）	工业点源污染；农业和城市化面源污染；城市化	降低有机污染输入；保护主要水生生物类群；改善水质以达到国家地表水标准

山地溪流类型：位于太子河源头观音阁水库的上游区域，包括细河、兰河的上游区域，藻类、鱼类和大型底栖动物的生物多样性较高。森林砍伐、沿河道的农业活动频繁，河道内挖沙活动普遍，由此造成的农业面源污染和悬浮物增加，对流域内水质和水生生物类群具有极强的干扰性。管理优先顺序以维持上游区较好的自然生境，维持较高的水生生物多样性和减少悬浮物输入为主。

丘陵河流类型：位于太子河观音阁水库和葠窝水库间的大部分河流，包括汤河、兰河和细河的下游区域，与上游区域相比该区域鱼类和大型底栖动物的生物多样性较少。由于流域内分布有本溪和辽阳等工业城市，城市化和工业污染是本区域内影响河流健康的主要因素，同时由于受观音阁水库和汤河水库的调蓄影响，水文节律改变对水生生物群落的影响也较为显著。管理优先顺序为控制城市化的速度和面积，降低氮磷输入，维持区域内主要水生生物类群不退化。

太子河下游平原河流型：为葠窝水库下游至三岔口区域，包括海城河、北沙河、杨柳河等河流。区域内主要的城市为鞍山、海城和沈阳部分县区，水生生物多样性较差，鱼类无明显的区域典型种，底栖动物以霍夫水丝蚓（Branchiura sowerbyi）等耐污物种为主。城市和农业面源污染，工业点源污染严重。管理优先顺序为降低有机物输入，维持基本的水生生物群落存在，维持水质满足地区达标要求。

2. 河流健康综合评估核心参数筛选

(1) 候选参数相关性分析

采用 Pearson 相关分析和 Spearman 秩相关分析对太子河各类型河流区内的水质参

数和水生生物参数分别进行相关性分析,检验各参数的独立性,剔除相关性较高($|r|>0.75$)的参数。水质参数相关性表明:山地溪流区,碱度、重碳酸盐、电导率及钙、镁阳离子间呈显著正相关($|r|>0.8$),总氮和硝氮、总磷和磷酸盐分别为显著正相关关系($|r|>0.75$),最终保留电导率,总氮和总磷进入下一步分析。丘陵河流区,钙离子和镁离子、碱度和碳酸氢盐、总磷和磷酸盐为显著正相关关系($|r|>0.75$),保留钙离子,碱度和总磷进入下一步分析。平原河流区,碱度和碳酸氢盐、钠离子、电导和钾离子均显著相关($|r|>0.75$),保留碱度,电导进入下一步分析。

对不同河流类型区的水生生物参数相关性分析表明,山地溪流区和平原河流区,藻类密度和藻类生物完整性参数呈显著正相关($|r|>0.75$),保留藻类生物完整性参数。山地溪流区和平原河流区,大型底栖动物 H' 多样性参数与 BP 参数间呈显著负相关($|r|>0.75$),保留 BP 参数。太子河流域所有河流类型区,鱼类 H' 多样性参数与鱼类的总物种数呈显著正相关($|r|>0.75$),保留鱼类总物种数。相关性较高水质和水生生物参数,将作为后期确定核心参数的重要依据。

(2) 候选参数对干扰梯度响应的敏感性研究

水质参数与土地利用的总体线性回归分析表明,在山地溪流区,电导率受建筑用地(集水区尺度)的影响最强($p<0.01$),悬浮物与森林用地(集水区尺度)面积具有显著的线性关系($p<0.01$);在丘陵河流区,磷酸盐参数与森林用地(集水区尺度)的相关性极强($p<0.01$),解释率高达79%,在所有水质参数中受土地利用影响最大。同时氨氮与建筑用地(集水区尺度)具有显著的线性关系。在河流廊道尺度,挥发酚与建筑用地呈显著线性关系。在下游平原农业区,氨氮、总磷、溶解氧、生化五日需氧量和高锰酸盐指数受到土地利用显著影响($p<0.05$),且多数参数具有较高的解释率($R^2>20\%$),见表7-5-2。

表7-5-2 候选水质参数与主要土地利用的总体线性回归分析结果

区域	尺度	参数	土地利用	R^2
山地溪流区	集水区	$-EC^*$,Alk^{**},Ca^{2+*},Na^{+*}	城市	0.15~0.32
		TDS^*	森林	0.17
		Mg^{2+*}	农田	0.22
	廊道	SS^{**}	森林	0.41
丘陵河流区	集水区	NH_4^{+*}	城市	0.17
		Cl^-,Na^{+*},$-SS^*$,$-Phenols^*$,PO_4^{3-**}	森林	0.13~0.79
		$E.\ coli^*$	农田	0.17
	廊道	SS^*,Na^{+*},$-E.\ coli$	农田	0.13
平原河流区	集水区	SO_4^{2-*},Cl^{-*},NH_4^{+*},TP^*,EC	城市	0.25~0.38
		$-DO^*$	人工沼地	0.23
	廊道	TN^*,$-PO_4^{3-*}$	城市	0.28,0.38
		COD_{Mn}	池塘	0.29
		BOD_5^*,$-EC^*$	人工沼地	0.29

注:各参数前"-"表明,水质参数与土地利用为负相关,其余为正相关。
    $*p<0.05$;$**p<0.01$。

在确定河流水质参数时，我们依据其他学者的经验，首先选择代表性强的参数，如选择总磷而非磷酸盐，总磷可以更好地反映河流中富营养化的状态。碱度和阴阳离子通常反映河流自然地质的特征，尽管与压力参数的相关性较大，但在河流健康指示中并不具有实际意义。某些学者认为可能是一种假象，未被选入核心参数。悬浮物尽管在中上游与土地利用有较好的相关性，但悬浮物是极易受自然要素，如降雨的影响，因此不是一个稳定的参数，也未选入核心参数。土地利用对电导率和溶解氧的解释率并未在3种河流类型中全部出现，但考虑到这两个指标在其他地区的研究中应用普遍，保留作为全流域核心参数。挥发酚是较好的工业污染程度指示参数，总大肠菌群数是较好的指示水体健康与人体健康的参数，因此除丘陵河流区外，也将其应用于平原河流区。五日需氧量和高锰酸盐参数在平原区与土地利用密切相关，可有效指示有机物污染，作为平原河流区的核心参数。

藻类候选参数在山地和丘陵区，主要与水质参数具有较高的拟合度。在丘陵河流区，DO与藻类完整性指数具有最显著的线性关系，R^2为0.38。在平原河流区，藻类参数和农田面积具有较高的拟合度，藻类生物完整性参数和藻类优势度参数与农田面积呈显著的线性关系，但其解释率较低（R^2均为0.18）。藻类生物完整性参数与氨氮具有较好的拟合关系（R^2均为0.15）。藻类生物完整性参数可全面反映生态系统的干扰状况，但藻类生物完整性参数必须是依据本地区的藻类监测，通过严格的参照点和受损点的筛选进行构建，因此藻类完整性指数的推广应用需要在不同地区进行修订。本研究中使用的藻类生物完整性参数是依据殷旭旺等人的研究，地区针对性较强，但在其他地区应用时，必须重新构建藻类生物完整性参数。除藻类生物完整性参数外，还应用藻类BP参数作为核心参数，指示群落结构中优势类群变化对环境的指示意义。

大型底栖动物候选参数在山地和丘陵区，主要与水质参数具有较高的拟合度。在平原河流区，大型底栖动物的候选参数与廊道尺度的森林面积比具有较好的拟合，R^2最高达到0.59。大型底栖动物科级分类单元参数、EPT科级分类单元参数、BMWP参数和BP参数分别反映群落结构、敏感类群、耐污特征和生物多样性等方面的特征，也是目前全球大型底栖动物健康评估中广泛使用的参数。BMWP参数在韩国河流健康评价也得到广泛应用，并建立了相对稳定的参照值和临界值。

鱼类个体数参数在山地区与溶解氧具有极好的拟合度（表7-5-3）。在丘陵区和平原区，土地利用可以解释17%~64%的鱼类指标参数。鱼类H'参数与物种数参数、优势度参数BP都具有极强相关性，因此鱼类H'参数予以剔除。鱼类的生物完整性参数与藻类参数一样，具有地域限制性，因此本研究中应用本地区构建的鱼类生物完整性参数。

目前，鱼类的定量化监测是河流鱼类生态学研究的难点。鱼类的物种数与个体数与野外监测的时间和监测强度具有极高的相关性。因此，本研究在参数选择时剔除了鱼类个体数参数。

综合考虑不同参数间的相关性，健康评估参数对压力参数的定量化响应关系，筛选出5个水质核心参数、3个水体营养盐核心参数、2个藻类参数、3个大型底栖动物参数和3个鱼类参数。

另外，某些使用的参数，国外的研究已经提出了更为合理的替代指标，如在澳大利亚昆士兰州的河流健康评价中，以24h溶解氧变化范围作为溶解氧指标，可以更合理的反映溶解氧对河流生态系统的影响。本研究中使用的藻类参数最少，欧洲的硅藻指数研究，提出了大量的可应用于河流健康评价的硅藻指数，如TDI（trophic diatom indices）、IPS等，叶绿素a含量也可作为健康评价参数，指示河流的富营养化程度。

表7-5-3 候选水生生物参数与土地利用和水质参数的总体线性回归分析结果

区域	参数类型	尺度	参数	土地利用类型	R^2	参数	水质类型	R^2
山地溪流区	大型底栖动物					BMWP**	EC, TP	0.21, 0.27
						S**	EC, TP	0.15, 0.32
						EPT_S**	EC, TP	0.16, 0.38
	鱼类					N**	DO	0.17
丘陵河流区	藻类					A_BI2*	DO	0.38
	大型底栖动物					−M_BP	DO	0.13
平原河流区	藻类	集水区	−BI*, BP*	农田	0.18	−BI*	NH_4^+*	0.15
						BP	EC	0.05
	大型底栖动物	廊道	−S**, BWMP**, EPT_S**	森林	0.33~0.59	−S**	NH_4^+	0.38
						EPT_S		
	鱼类	集水区	−S**, −H**, −BP*	农田	0.25~0.46	−N**	EC, TP	0.17
		廊道	−N**	建筑用地	0.32	−S**	TP	0.28
			BI**	森林	0.42	−BI*	EC	0.38

* $p<0.05$，显著相关；** $p<0.01$，极显著相关。

(3) 评价指标参考值的确立

水质参数除电导率外，其余参数参考中国《地表水环境质量标准》（GB3838—2002）中Ⅰ类水作为参照值，Ⅴ类水作为临界值。藻类生物完整性指数和鱼类生物完整性指数参考本地区研究中生物完整性的研究，BMWP参数同时参考了Park等人在韩国的应用。电导率和其余生物参数则依据本研究中总体线性回归模型的模拟值，当人为干扰活动达到最小（如农田用地面积为0%）和人为干扰活动的影响最大（如农田面积达到100%）时，确定各参数对应的总体分布范围，然后选用预测值的5%和95%百分位值作为参照值和临界值（当参数值越大代表河流健康状况越好时，以95%和5%百分位值作为参照值和临界值）。同样的方法可用于构建尚未确定本地区参照值和临界值，并已经在全球其他地区得到应用的观测值（表7-5-4）。

表 7-5-4　太子河河流健康评估核心参数及其参照值和临界值

生态区	水质状况	营养状况	藻类完整性	底栖生物完整性	鱼类完整性
上游林地区	DO、EC、SS	TN NH$_3$-N TP	A_BI2 A_BP	M_S M_BMWP M_EPT_F	Fi_S Fi_BI Fi_BP
中游丘陵区	DO、EC、SS、Phenols	TN NH$_3$-N TP	A_BI2 A_BP	M_S M_BMWP M_EPT_F	Fi_S Fi_BI Fi_BP
下游平原区	DO、EC、Phenols、BOD$_5$、COD$_{Mn}$	TN NH$_3$-N TP	A_BI2 A_BP	M_S M_BMWP M_EPT_F	Fi_S Fi_BI Fi_BP

依据太子河流域压力-响应模型预测，并结合目前国内外的研究成果，以及专家意见，确定水环境因子的参照值与临界值，见表 7-5-5 和表 7-5-6；对水生生物各参数的参照值与临界值的确定，见表 7-5-7 和表 7-5-8。其中，水化学指标主要依据《中华人民共和国地表水水质标准》确定评价标准，而水生生物指标中使用的藻类完整性指数与鱼类完整性指数，则分别依据其总体分布范围的参照值和临界值进行评分。

表 7-5-5　河流生态系统健康程度理化指示因子的目标值

指标群	指标	地区	目标	来源	评论
理化	EC/(μS/cm)	所有	≤400	专家意见、当地知识、EHMP（2010）低地河流健康指导方针	电导率在不同的河流类型之间高度变化，指导值需要在时间和空间上明确
	Phenols/(mg/L)	丘陵和低地	≤0.002	专家意见、中国Ⅰ类和Ⅱ类河指导值	将来的计划可能考虑把这个指标用在高地，特别是假如这个指标的浓度在这个地区浓度增加
	DO/(mg/L)	所有	≥7.5	专家意见、当地知识；中国Ⅰ类指导值；澳大利亚水生态系统 ANZECC 指导方针，在 7.0~8.0 mg/L 变动；7.5 mg/L 等于 100% 饱和（依据水温）时水生生物需要的氧	将来的计划可能需要用不同方式来计算 DO 指标，这样昼夜波动不影响健康评价（如评分）。例如，24h DO 变化范围和最低 DO 都被包括进一个指标（类似 EHMP）
	BOD$_5$/(mg/L)	低地	≤3	专家意见、中国Ⅰ类河指导值、2009 年 5 月观察的 5% 分位数	
	COD$_{Mn}$/(mg/L)	低地	≤2	专家意见、中国Ⅰ类河指导值	
营养盐	NH$_3$-N/(mg/L)	所有	≤0.15	专家意见、中国Ⅰ类河指导值；每个河流 2009 年 5 月观察值的 5% 分位数的平均值，这个浓度最少保护 99% 的水生生物物种（Anon, 2001b）	
	TN/(mg/L)	所有	≤0.2	专家意见、中国Ⅰ类湖泊和水库的指导值，澳大利亚和新西兰不同地区水生态系统健康 ANZECC 指导值在 0.25~1.20 mg N/L 变动	中国的 TN 标准只是用在湖泊和水库（没有用在溪流和河流）。因此，这个目标可能在太子河并不合适，使用的时候应该小心
	TP/(mg/L)	所有	≤0.02	专家意见、中国Ⅰ类河指导值，澳大利亚和新西兰不同地区水生态系统健康 ANZECC 指导值在 0.01~0.065 mg/L 变动	

表 7-5-6　河流生态系统健康程度为"不能接受"时理化指示因子的阈值

指标群	指标	地区	目标	来源	评论
理化	EC/(μS/cm)	所有	≥1500	专家意见、当地知识，比ANZECC 和 EHMP（最差的时候）指导的阈值变化范围低，盐碱水	电导率在不同的河流类型之间高度变化，指导值需要在时间和空间上明确
	Phenols/(mg/L)	丘陵和低地	≥0.1	专家意见、中国Ⅵ类河流的指导值（也就是不适合任何使用）	将来的计划可能考虑把这个指标用在高地，特别是假如这个指标的浓度在这个地区浓度增加
	DO/(mg/L)	所有	≤2	专家意见、中国Ⅵ类河流的指导值（也就是不适合任何使用）；2 mg/L 可能有毒性，这时候可能不支持需 DO 生物生存	将来的计划可能需要用不同方式来计算 DO 指标，这样昼夜波动不影响健康评价（如评分）。例如，24h DO 变化范围和最低 DO 都被包括进一个指标（类似，EHMP）。4 mg/L DO 可能不能足够地支持 DO 需要的生物，它指示坏的生态系统健康（Wetzel 2001），因此，被认为是 DO "灾难"另外的阈值
	BOD$_5$/(mg/L)	低地	≥10	专家意见、中国Ⅵ类河流的指导值（也就是不适合任何使用）	
	COD$_{Mn}$/(mg/L)	低地	≥15	专家意见、中国Ⅵ类河流的指导值（也就是不适合任何使用）	
营养盐	NH$_3$-N/(mg/L)	所有	≥2	专家意见、中国Ⅵ类河流的指导值（也就是不适合任何使用）	
	TN/(mg/L)	所有	≥2	专家意见、中国Ⅵ类河流的指导值（也就是不适合任何使用）	中国的 TN 标准只是用在湖泊和水库（没有用在溪流和河流）。因此，这个目标可能在太子河并不合适，使用的时候应该小心
	TP/(mg/L)	所有	≥0.4	专家意见、中国Ⅵ类河流的指导值（也就是不适合任何使用）	

表 7-5-7　河流生态系统健康程度为"好"时，生物指示因子的目标值

指标群	指标	地区	目标	来源
藻类	P-IBI	所有	7	专家意见、获得的最大值（极好）
	BP 多样性指数	所有	≤0.15	专家意见
大型底栖动物	物种数（科）	山地和丘陵	≥30	专家意见、高地 2009 年 5 月观察值的 95% 分位数；在韩国相对未受干扰的溪流和河流研究的未发表的数据
		低地	≥22	专家意见、低地河流 EHMP 目标值、在相对未受干扰的韩国溪流和河流（Ⅴ类）研究的未发表数据

续表

指标群	指标	地区	目标	来源
大型底栖动物	BMWP 得分数	山地和丘陵	≥131	专家意见、高地 2009 年 5 月观察值的 95% 分位数、在相对未受干扰的韩国溪流和河流（1~3 级）研究的未发表的数据（Park et al., 2007）
		低地	≥81	专家意见、依据未发表的数据，中国 I 类河流指导；在相对未受干扰的韩国和中国东北河流未发表的数据
	EPT 物种数（科）	高地	≥15	专家意见、高地 2009 年 5 月观察值的 95% 分位数，在相对未受干扰的韩国溪流和河流（1~3 级）研究的未发表的数据（Park et al., 2007）、从中国东北"参考"溪流获得的未发表的数据
		丘陵	≥10	专家意见、丘陵 2009 年 5 月观察值的 95% 分位数、从美国田纳西州"参考"溪流获得的数据（Kerrans and Karr, 1994）
		低地	≥7	专家意见、低地 2009 年 5 月观察值的 95% 分位数、从美国怀俄明州 25 个"参考"点获得的平均值（Stribling et al., 1999）
鱼	物种数	所有	65	考虑专家意见的历史数据（Xie, 2007）
	F-IBI	所有	25	专家意见、获得的最大值（极好）、高地和丘陵 2009 年 5 月观察值的 95% 分位数
	BP 多样性指数	所有	≤0.15	专家意见

表 7-5-8　河流生态系统健康程度为"不能接受"时生物指示因子的阈值

指标群	指标	地区	灾难	来源
藻类	BI2	所有	0	专家意见、获得的最小值
	BP	所有	≥0.90	专家意见、代表藻类群落严重地被一个耐污类群占优势
大型底栖动物	S（科）	所有	0	专家意见、获得的最小值，代表不能支持任何大型底栖动物的状况，EHMP 最糟糕状态
	BMWP 分数	所有	0	专家意见、获得的最小值；比中国 VI 类河指导值低（也就是没有任何用途），依据未发表的数据
	EPT_S（科）	所有	0	专家意见、获得的最小值，代表不支持任何 EPT 类群的状况，EHMP 最糟糕状态
鱼类	S	所有	0	专家意见、获得的最小值，代表不支持任何鱼类的状况
	BI	所有	5	专家意见、获得的最小值
	BP	所有	≥0.90	专家意见、代表鱼类群落严重地被一个耐污类群占优势

3. 河流健康综合评估

通过专家打分的方式，确定各个评价目标的权重关系，认为大型底栖动物和鱼类的权重最大，其次是藻类完整性的权重，最后是理化群和营养盐群的权重（表7-5-9）。原因在于理化和营养盐指标受到短期的波动影响，但是生物指标更倾向于长期整合生态系统健康。

表7-5-9　不同评价目标的权重

评价指标	水质状况	营养状况	藻类完整性	大型底栖动物完整性	鱼类完整性
权重值	2/15	2/15	3/15	4/15	4/15

根据生态系统健康综合得分，将生态系统健康状况划分为5个等级，分别为极好、好、一般、差和极差，其评估标准如表7-5-10所示。

表7-5-10　生态系统健康评估标准

生态系统健康等级	极好	好	一般	差	极差
评估标准	$0.2 \leq RHI$	$0.2 < RHI \leq 0.4$	$0.4 < RHI \leq 0.6$	$0.6 < RHI \leq 0.8$	$0.8 < RHI$

4. 太子河综合评价结果

依据此原理对太子河70个样点进行评价得分，其中各样点健康评估结果见表7-5-11。

表7-5-11　太子河流域每个样点生态系统健康分数

样点	地区	理化	营养盐	藻类	大型底栖动物	鱼类	整个生态系统健康分数	生态系统健康水平
T1	高地	0.56	0.89	0.61	0.42	0.34	0.52	一般
T2	高地	0.60	0.48	0.60	0.73	0.60	0.62	好
T3	高地	0.76	0.93	0.63	0.88	0.66	0.76	好
T4	高地	0.82	1.00	0.38	1.00	0.64	0.76	好
T5	高地	0.58	1.00	0.50	1.00	0.45	0.70	好
T6	高地	1.00	1.00	0.64	0.80	0.31	0.69	好
T7	高地	0.73	0.92	0.54	0.74	0.20	0.58	一般
T8	高地	0.56	1.00	0.32	0.69	0.54	0.60	一般
T9	高地	0.56	0.92	0.29	0.37	0.34	0.44	一般
T10	高地	0.60	0.99	0.39	0.84	0.47	0.64	好
T11	高地	0.73	1.00	0.71	0.75	0.24	0.64	好
T12	高地	0.60	0.92	0.29	0.49	0.29	0.47	一般
T24	高地	0.73	0.92	0.58	0.49	0.58	0.62	好
T25	高地	0.73	0.85	0.56	0.72	0.49	0.65	好
T26	高地	0.42	0.00	0.47	0.37	0.38	0.35	差
T27	高地	0.85	0.39	0.57	0.42	0.28	0.46	一般
T29	高地	0.78	0.90	0.44	0.17	0.45	0.48	一般

续表

样点	地区	理化	营养盐	藻类	大型底栖动物	鱼类	整个生态系统健康分数	生态系统健康水平
T36	高地	1.00	0.42	0.52	0.50	0.49	0.56	一般
T37	高地	1.00	0.87	0.51	0.48	0.62	0.64	好
T65	高地	0.91	0.80		0.35		0.60	好
T66	高地	0.73	0.97		0.25		0.55	一般
T67	高地	0.91	0.99		0.83		0.89	极好
T68	高地	1.00	0.96		0.43		0.70	好
T69	高地	1.00	0.94		0.61		0.79	好
T70	高地	0.69	0.99		0.88		0.86	极好
T13	丘陵	0.98	0.88	0.68	0.42	0.41	0.61	好
T14	丘陵	0.71	1.00	0.46	0.42	0.42	0.54	一般
T15	丘陵	0.76	1.00	0.31	0.20	0.31	0.43	一般
T16	丘陵	0.88	0.99	0.60	0.55	0.40	0.62	好
T17	丘陵	0.76	0.89	0.58	0.46	0.60	0.62	好
T18	丘陵	0.50	0.88	0.54	0.89	0.50	0.66	好
T19	丘陵	0.96	0.97	0.71	0.41	0.41	0.62	好
T20	丘陵	0.35	1.00	0.49	0.21	0.39	0.44	一般
T21	丘陵	0.55	0.74	0.40	0.21	0.64	0.48	一般
T22	丘陵	0.78	0.86	0.56	0.55	0.29	0.55	一般
T23	丘陵	0.30	0.72	0.59	0.27	0.14	0.36	差
T28	丘陵	0.58	0.61	0.52	0.21	0.40	0.43	一般
T30	丘陵	0.67	0.97	0.55	0.10	0.48	0.48	一般
T31	丘陵	0.78	0.81	0.56	0.12	0.30	0.43	一般
T34	丘陵	0.27	0.96	0.50	0.14	0.43	0.42	一般
T35	丘陵	0.60	0.82	0.61	0.16	0.44	0.47	一般
T38	丘陵	0.55	0.76	0.54	0.16	0.55	0.47	一般
T44	丘陵	0.53	0.50	0.52	0.36	0.27	0.41	一般
T51	丘陵	0.73	0.61	0.52	0.36	0.25	0.45	一般
T61	丘陵	0.51	0.78	0.69	0.56	0.56	0.61	好
T62	丘陵	0.78	0.82	0.65	0.31	0.32	0.51	一般
T63	丘陵	0.92	0.97	0.74	0.78	0.40	0.72	好
T32	低地	0.11	0.94	0.53	0.26	0.59	0.47	一般
T33	低地	0.31	0.99	0.50	0.77	0.54	0.62	好
T39	低地	0.58	0.58	0.61	0.20	0.40	0.44	一般
T40	低地	0.33	0.68	0.66	0.80	0.60	0.64	好
T41	低地	0.62	0.26	0.48	0.07	0.07	0.25	差

续表

样点	地区	理化	营养盐	藻类	大型底栖动物	鱼类	整个生态系统健康分数	生态系统健康水平
T42	低地	0.16	0.00	0.08	0.09	0.14	0.10	极差
T43	低地	0.42	0.38	0.27	0.43	0.41	0.38	差
T45	低地	0.00	0.41	0.54	0.31	0.32	0.33	差
T46	低地	0.53	0.62	0.47	0.09	0.45	0.39	差
T47	低地	0.14	0.75	0.51	0.14	0.38	0.36	差
T48	低地	0.79	0.27	0.54	0.07	0.22	0.33	差
T49	低地	0.00	0.00	0.48	0.09	0.17	0.17	极差
T50	低地	0.00	0.00	0.37	0.02	0.00	0.08	极差
T52	低地	0.64	0.17	0.23	0.10	0.31	0.26	差
T53	低地	0.74	0.11	0.45	0.00	0.00	0.22	差
T54	低地	0.00	0.00	0.26	0.06	0.00	0.07	极差
T55	低地	0.78	0.20	0.51	0.09	0.17	0.30	差
T56	低地	0.00	0.00	0.06	0.05	0.00	0.03	极差
T57	低地	0.67	0.15	0.41	0.06	0.21	0.26	差
T58	低地	0.75	0.17	0.57	0.04	0.38	0.35	差
T59	低地	0.00	0.35	0.41	0.41	0.19	0.29	差
T60	低地	0.51	0.59	0.55	0.17	0.41	0.41	一般
T64	低地	0.28	0.54	0.51	0.09	0.40	0.34	差

太子河河流健康评价表明，总体而言，太子河河流生态系统受损较为严重。绝大多数样点均处于"一般"状态，占全流域样点的37%；处于"差"状态的样点为21%；全流域达到"极好"的样点仅为2个；有5个样点的生态系统健康状况位于"极差"。河流生态系统已经成为极不健康的状态。

整个流域河流生态系统从上游到下游呈现整体退化的趋势，而全流域处于"好"状态的样点（22个）绝大多数分布于太子河源头的高地区域。平原农业区仅有2个样点达到"好"。除个别点（T23）外，健康状况为"差"和"极差"的样点全部位于下游平原农业区。

7.6 小　　结

本章针对当前流域水环境质量评价中存在的问题，结合水环境管理的实际需求，通过广泛调研和系统研究，构建了流域水环境质量评价技术体系，包括基于生境要素的地表水环境质量评价和沉积物质量评价，基于生物相应的水生生物质量评价和基于河流物理完整性、化学完整性和水生生物完整性的河流健康综合评价。以辽河、浑河和太子河为研究区域对上述方法的可行性进行验证和应用。研究结论如下：

1）研究提出了水污染指数法（WPI）用于河流或者湖库监测断面的水质评价。与单因子水质评价和多因子水质参数综合评价方法对比表明，水污染指数法能够同时满足水质类别评价、水质量评价、水质定性评价和主要污染物指标识别的需要，同时计算方法简单，可操作性强，具有较强的应用和推广价值。

2) 建立完善了基于风险分级的流域水环境沉积物质量评价技术体系。该体系主要包括基于相平衡分配模型理论的沉积物重金属质量基准建立方法、流域水环境沉积物重金属质量标准分级方案以及流域水环境沉积物质量评价方法。选择北方季节性河流浑河和太子河为典型流域进行本技术体系的实力应用。首先，对浑河和太子河沉积物物理化学性质、沉积物重金属含量和赋存形态特征进行调研；其次，利用调研数据并通过沉积物重金属质量基准建立方法得到典型流域的沉积物重金属质量基准值；再次，根据不同等级沉积物重金属基准值对应的生物毒性风险大小进行沉积物质量标准分级得到基于重金属生物毒性分级的沉积物质量标准；最后，采用两种沉积物的质量评价方法（单因子评价法和 SPI 法）和沉积物质量标准值进行流域沉积物质量评价。

3) 参考北美和欧盟的河流生物监测与技术评价方法，构建了以"生物完整性指数"（IBI）为基础的流域水生生物质量技术评价体系。该体系主要包括候选指标构建、参照点位识别、IBI 评价指标筛选、IBI 计算以及评价标准制定等步骤。在参照点位和受损点位识别的基础上，对候选指标进行分布范围、判别能力和相关性分析的筛选，在此基础上筛选出适宜的评价指标。评价结果显示，不管是河流单因子还是多变量都可以将参考点和受损点的环境状态差异区分开来，并且与物理生境和化学水质都存在一定相关关系，能够反映一定的环境压力。尤其值得注意的是，相对于单因子，多变量的 IBI 可以极大地排除干扰，整合了代表不同类群的核心参数，更能综合体现河流生态系统的生物状态特征。本研究表明，IBI 是对生物体内生物群落多样性、生境质量等的综合反映，能够准确评价河流生态系统的健康状态，为水资源的管理决策提供数据基础。

4) 河流健康综合评价方法是目前的发展趋势，主要是从物理完整性、化学完整性、生物完整性 3 个方面进行评估，虽然评价方法最为复杂，但评估的准确性在 3 种方法中最为精确。本研究构建的河流健康综合评估指数，依据河流连续系统理论和河流分类技术方法，考虑河流从源头区到河口区自然的生物群落和水生态系统的结构和特征，构建河流健康评估的基础。这是目前国际流行的河流管理与保护的理念。基于主动性指标选择与参照条件制定的河流健康综合评价法，是指综合河流物理、化学和水生生物等多类型评价指标，基于压力-响应关系筛选能够有效指示环境压力的评价指标，在压力-响应预测模型的基础上，确定各指标的阈值范围，最终构建能够全面反映河流健康状况的综合评价指数技术方法。在健康评估的过程中，本研究突破传统多参数评价法对于参考点位和受损点位的限制，运用实际监测数据构建预测模型，评估不同河流健康参数对人为干扰活动的敏感性和稳定性，并综合参考国家地表水环境质量标准、国内外相关文献、国外其他地区使用的水环境标准值和专家经验方法，确定各参数的参考临界值，对河流健康综合评价方法的发展具有重要意义。河流健康综合评价法在综合水质、营养盐和水生生物参数的基础上形成各样点健康评价得分，可以更全面地反映河流健康的综合特征，对于河流管理具有实际意义。基于主动性指标选择与参照条件制定的河流健康综合评价法，为我国淡水生态系统保护和恢复提供了重要的评价技术方法，促进了我国水环境保护从水质保护向水生态系统保护的转变，推动了我国生态文明的建设。

第三篇

污染物总量控制关键技术

第 8 章

排放清单编制和排污负荷核定

8.1 水环境污染源类型及排放途径

水环境污染源是指造成水体污染的水环境污染物发生源,通常是指向水环境排放有毒有害物质或对环境水体产生有害影响的场所、设备、装置等(陈英旭,2001)。水环境污染源的种类繁多、数量庞大,因此需要对水环境污染源进行分类。水环境污染源可按污染物排放空间分布方式划分为点源和非点源。由于环境污染主要是由人类社会活动导致的,故也可按人类社会活动功能把水环境污染源划分为工业污染源、生活污染源、农业污染源等。其中,生活污染源可分为城镇生活污染源和农村生活污染源;农业污染源可分为畜禽养殖污染源、种植业污染源、水产养殖污染源等。水环境污染源类型及排放途径见图8-1。

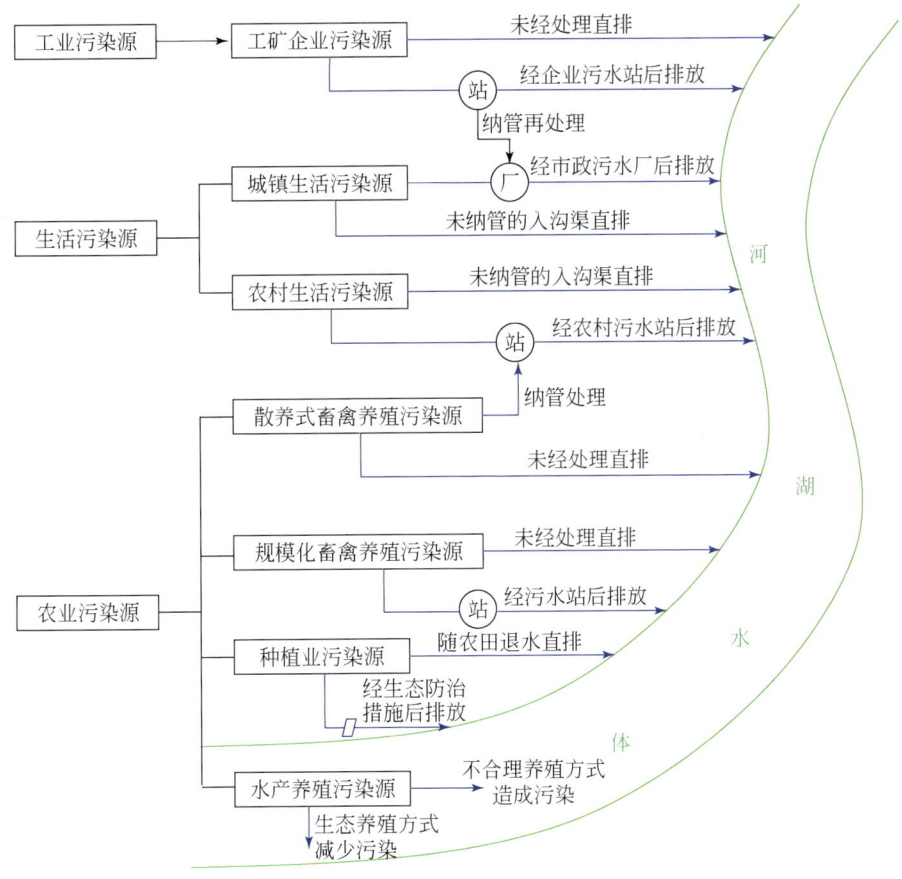

图 8-1 水环境污染源类型及排放途径

（1）工业污染源

工业污染源是指向水环境排放有毒有害污染物或对环境水体产生有害影响的工业生产设备或生产场所。工业污染源中水环境污染物排放量较大的行业有石化行业、钢铁行业、印染行业、制药行业、造纸行业、化肥行业、农药行业、啤酒行业、合成树脂行业等。工业污染源的排放去向可分为三类：

1）工业生产过程中产生的废水未经过处理直接排入水体；
2）工业废水经过企业自身的废水处理设施处理后排放进入水体；
3）工业废水经过企业自身的废水处理设施处理后再纳入工业园区污水处理厂或城市污水处理厂进行二次处理后间接排入水体。

（2）城镇生活污染源

城镇生活污染源是指城镇地区，由居民生活、服务行业以及公共事业等日常活动向水环境排放污染物的发生源。城市生活污染源的排放去向可分为两类：

1）城镇生活污水经过城镇污水收集管网收集进入城镇污水处理厂处理后排放进入水体；
2）未在城镇污水管网收集范围的城镇生活污水经过区域排水沟渠直接排放进入水体。

（3）农村生活污染源

农村生活污染源是指农村地区，向水环境排放居民生活污水的发生源。农村生活污染源的排放去向可分为两类：

1）农村生活污水等经过污水处理设施处理后排放进入水体；
2）未经过废水处理设施的废水直接沿沟渠散排进入水体。

（4）畜禽养殖污染源

畜禽养殖污染源是指在畜禽养殖过程中向水环境排放废渣、废水等污染物的饲养场地、器具等。畜禽养殖污染源可按养殖规模分为规模化畜禽养殖污染源（一般指猪当量在100头以上的畜禽养殖场）和散养式畜禽养殖污染源。畜禽养殖污染源的排放去向可分为两类：

1）畜禽养殖废水等经过废水处理设施处理后排放进入水体。
2）未经过废水处理设施的废水直接进入水体。

（5）种植业污染源

种植业污染源主要指农作物生产活动中，由于农田退水导致农药、化肥等流失而造成水体污染。农田污染源的排放去向可分为两类：

1）流失的农药、化肥等随农田退水直排进入水体；
2）经生态防治措施如生态拦截沟等后排放。

（6）水产养殖污染源

水产养殖污染源主要指水产养殖过程中，由于饲料、渔药、肥料等不合理投入以及水产生物的排泄等而造成水体污染。不合理的水产养殖方式造成局部水域的严重污染，而合理的生态养殖方式则能减少水体污染。

8.2 流域水环境污染源调查与监测

流域水环境污染源调查与监测是指根据控制流域水环境污染、改善流域水环境质量的要求,对某一流域造成水环境污染的原因进行调查和监测,建立各类水环境污染源档案,在综合分析的基础上选定该流域适宜的评价标准,估量并比较各类水环境污染源对流域水环境的危害程度及其潜在危险,确定该流域的重点控制对象(主要水环境污染源和主要水环境污染物)和主要控制方法的过程。流域水环境污染源调查与监测是确定流域水环境污染物排放路径和排放特征、获取污染责任主体的基本手段,是编制流域水环境污染排放清单、核定流域排污负荷总量的有效依据。流域水环境污染源调查与监测技术路线如图 8-2 所示。

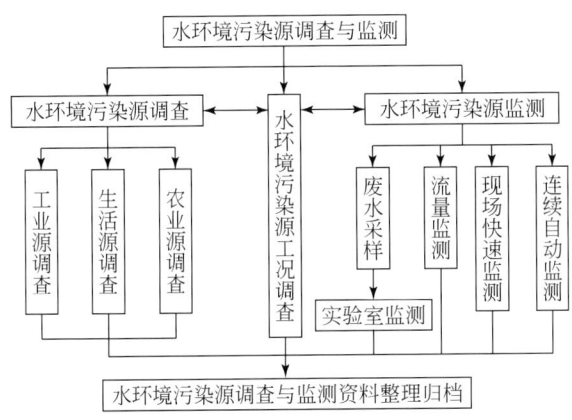

图 8-2 流域水环境污染源调查与监测技术路线

8.2.1 流域水环境污染源调查

流域水环境污染源调查是查清流域内的水环境污染源和水环境污染物的一般情况,并将调查材料进行分类整理。调查的主要内容是水环境污染源的名称、位置,水环境污染物名称、排放量、排放强度、排放方式(集中排放、分散排放)、排污去向(排向何种水体、何种水环境功能区)和排放规律(定时集中排放、连续均匀排放等)。污染源调查应该逐步深入进行,进一步调查的内容因污染源类型(工业污染源、生活污染源、农业污染源)而异。流域水环境污染源调查需要整理出流域水环境污染源调查资料,写出流域水环境污染调查报告和建立流域水环境污染源档案,污染源档案主要是以统计表格和图式记录下来的各个污染源的基本情况。

8.2.1.1 工业污染源调查

调查范围包括该流域工业的总布局及各企业的生产情况和废水排放情况,需重点调查水环境污染物排放量较大的行业(石化行业、钢铁行业、印染行业、制药行业、造纸行业、化肥行业、农药行业、啤酒行业、合成树脂行业等)(孟伟,2008b)。具体调查内容包括:

1)企业的种类、性质、规模及分布情况;
2)企业各车间所用原材料,生产的半成品、成品、副产品以及原料的利用率,生产规模和产生废水的工艺流程等;

3）工业用水和生活用水的总量、水源、水质、各车间废水排出量，含有害物质的种类及其浓度；

4）废水排放方法（经常排放或间歇性排放、事故排放）及排放点的位置和流向；

5）企业对废水回收处理和综合利用情况，净化设施的类型及效果；

6）工厂污水对周围环境造成的污染危害及居民的反映和对健康的影响。

8.2.1.2 生活污染源调查

（1）城镇生活污染源调查

调查范围包括住宿业与餐饮业、居民服务和其他服务业、医院以及城镇居民生活污染源等。具体调查内容包括：

1）住宿业、餐饮业污染源：包括基本情况、能耗、水耗、固体废物收集情况、床位数、餐位数等；

2）居民服务和其他服务业污染源：包括基本情况、能耗、水耗、固体废物收集情况、洗染服务业设备总容量等；

3）医院污染源：包括基本情况、能耗、水耗、医疗废物产生及处理情况等；

4）城镇居民生活污染源：包括常住人口数量、生活能源结构及其消费量、生活用水量、生活垃圾产生处置情况等。

城镇生活污染源调查应该包括区域排水体制、纳管范围、污水处理情况及中水回用状况等。

（2）农村生活污染源调查

具体调查内容包括：农村人口数量，生活用水情况，人粪尿去向、有无下水，污水处理情况，农村垃圾处理情况等。畜禽散养污染情况的调查，可视实际情况确定是否纳入农村生活污染源内。

8.2.1.3 农业污染源调查

（1）种植业污染源调查

主要调查该流域粮食作物、经济作物和蔬菜作物主产区在种植业生产过程中污染物的产生、流失情况。调查内容包括：

1）地块基本情况：包括地块面积、类型、坡度、种植方向、耕作方式、排水去向等。

2）肥料：主要针对肥料（包括化肥和有机肥）的施用和流失情况开展调查。其中，化肥包括氮肥、磷肥、钾肥、复合肥；有机肥包括商品有机肥、畜禽粪便等。调查内容包括肥料名称、有效成分及其含量、施用量、施用方法等。

3）农药：主要针对污染重、难降解、用量大、未禁用的农药（如毒死蜱、阿特拉津、氟虫腈、吡虫啉、克百威、2,4-D丁酯、涕灭威、丁草胺、乙草胺等，以下所指农药均相同）施用和流失情况开展调查。调查内容包括施药目的、农药名称、有效成分及其含量、施用量、施用方法等。

4）农膜：主要针对地膜残留污染开展调查。调查内容包括地膜使用量、回收状况等。

5）秸秆：主要针对粮食作物（谷类和豆类）和经济作物（棉花和油菜）生产过程中的秸秆及其去向开展调查。调查内容包括秸秆产生量、丢弃量、田间焚烧量、还田量、饲料利用量、燃料利用量、堆肥利用量、原料利用量等。

依据地块经营权属的不同，可将种植业污染源调查对象分为分散农户和规模化农场（耕地和园地总面积在 10000 亩以上）两类，分别设计调查表格。

（2）畜禽养殖污染源调查

主要调查该流域猪、奶牛、肉牛、蛋鸡、肉鸡在规模养殖条件下污染物的产生、排放情况。调查内容包括：

1) 畜禽养殖基本情况：包括饲养目的、畜禽种类、存栏量、出栏量、饲养阶段、各阶段存栏量、饲养周期等。

2) 污染物产生和排放情况：包括污水产生量、清粪方式、粪便和污水处理利用方式、粪便和污水处理利用量、排放去向等。

依据养殖组织模式的不同，可将畜禽养殖分为规模化畜禽养殖和散养式畜禽养殖。可视实际情况确定，是否将散养式畜禽养殖污染源调查纳入农村生活污染源调查。

（3）水产养殖污染源调查

主要调查该流域鱼、虾、贝、蟹等在规模养殖条件下污染物的产生情况。调查内容包括：

1) 养殖基本情况：包括养殖品种、养殖模式、养殖水体、养殖类型、养殖面积/体积、投放量、产量、废水排放量及去向、水体交换情况、换水频率、换水比例等。

2) 投入品使用情况：包括饲料名称、主要成分及含量、使用量、肥料名称、主要成分及含量、施用量、施用方法、渔药名称、主要成分及含量、施用量、施用方法等。

依据水产养殖规模的不同，也可将其分为规模化养殖和分散型养殖两类。

8.2.2 水环境污染源工况核查

污染源工况核查是水污染源现场监测的一项重要质量保证措施，主要针对工业污染源，是工业污染源普查的进一步深入。受市场需求等影响，排污企业的生产工况往往较难处在恒定水平，而不同的生产工况会直接影响废水排放浓度及废水流量，导致采样当天的监测结果往往不能准确反映一定时间内的平均排放水平。特别是在排放总量计算时，如果监测当天的工况负荷与计算时段内平均工况负荷相差较大，就需要根据监测时记录的工况进行一定的修正。因此，在污染源监测的同时，结合污染源调查的结果，进行进一步的工况核查，对真实反映监测结果的代表性是非常重要的。

工况核查的方法应遵循科学实用、简便易行的原则，在污染源普查资料的基础上，进一步采用资料检查、现场察看、询问等方式进行。下面分别说明企业污染源各项核查内容的核查方法。

8.2.2.1 企业生产概况核查

核查企业生产的产品种类信息和生产状态的信息，可采用以下方式：一是通过核查各产品关键设备的温度压力等参数，判断是否生产某类产品；二是通过查看生产记录、生产报表，了解企业开工、停工、检修的具体时间，当生产设备处于这些时间附近时，生产往往不正常，因此，采样要尽量避开这些时间节点；三是对于非连续加料的生产工艺，通过加料时间记录等，判断生产所处的阶段，以把握企业污染的产生状况。

企业生产概况可以定性描述为企业生产正常或者不正常，生产多种产品时，说明核查时生产的具体产品名称。

8.2.2.2 企业生产负荷核查

企业生产负荷核查方法包括生产设备运行参数核查法、产品/原材料核查法、能耗核查法，各核查方法的技术要点如下。

生产设备运行参数法核查：是指通过现场查看关键生产设备的特征运行参数并与设计值比较，判断生产运行是否正常，必要时可结合生产运行记录进行核查。

产品/原材料核查方法：利用企业计量器具现场获取产品产量及原材料消耗量等信息，通过计算得到生产负荷的具体数值。

能耗核查法：利用企业计量器具与企业同步计量相关能耗量，计算生产负荷。

在实际调查中还发现，对于一些管理水平较高的企业，还可通过询问生产计划了解产品、原材料的种类和数量，然后再与生产报表进行比对，提前了解企业的生产水平。

企业填报生产负荷数据时，用生产设备运行参数核查法和能耗核查法核查佐证企业数据的可靠性。产品/原材料核查法可以通过相关参数数值的收集，直接计算得到生产负荷的具体结果。例如，监测当日的企业生产负荷，其计算公式如下：

$$F = \frac{R_d}{R_0} \tag{8-1}$$

式中，F 为日生产负荷；R_d 为监测期间该排放口对应的产品产量；R_0 为监测期间该排放口对应的产品设计产量。

同一产排污工艺或者多个产排污工艺（相互串联）可由最终工艺一种或多种体现原辅材料消耗的主要产品量表征工况。

若同一排污口废水来自多个相互独立的产排污工艺废水汇集，可将多个产排污工艺的产品产量换算为当量产品产量相加获得总当量产品产量，除以设计当量产品产量。

$$\frac{\sum_{i=1}^{n}(R_{d,i} \times \lambda_i)}{\sum_{i=1}^{n}(R_{0,i} \times \lambda_i)} \tag{8-2}$$

式中，$R_{d,i}$ 为监测当天第 i 个产排污工艺产品产量；$R_{0,i}$ 为监测当天第 i 个产排污工艺产品设计产量；λ_i 为第 i 个产排污工艺单位产品排水量系数。

8.2.2.3 治污设施运行情况核查

治理工况的核查较为复杂，这里存在着较多的人为干扰因素。衡量一个污水处理站运行情况，应重点考虑以下 5 个内容。这些内容不是每个设施均需全部核查，可根据企业的具体情况确定核查其中的几种或者全部。

1) 表观状况：可通过观察曝气池内水质颜色、散发的气味、泡沫，二沉池的出水水质以及各存水或反应池周围藻类生长情况等表观现象判断治理设施日常运行是否正常。

2) 运行参数的控制情况：污水治理设施运行控制指标有很多，包括泥龄 SRT、污泥浓度 MLSS、挥发性污泥浓度 MLVSS、溶解氧 DO、流速 V、水力停留时间 HRT、污泥负荷

N_s(有机负荷 F/M)、回流比 R_n、二沉池水力表面负荷、污泥沉降比 SV_{30}、污泥指数 SVI 等。一般而言,可以通过了解污泥沉降比和污泥负荷核查企业污染设施运行情况。污泥沉降比是曝气池混合液在量筒中静止 30 分钟后,污泥所占体积与原混合液体积的比值,是活性污泥法运行控制的重要指标,能及时反映污泥膨胀等异常情况。污泥负荷也是活性污泥法设计和运行的主要参数之一,只有维持在一定范围[一般来讲,常规活性污泥法在 0.3~0.5kg/(kg·d),可根据设计方案查阅得到设计值],BOD_5 去除率可达 90% 以上,SVI 为 80~150,污泥的吸附性能和沉淀性能都较好。

3) 主要污染物的监测情况:正常运行的污染设施,一般都会监控污染来水的浓度情况,通过来水水质调整设施运行。因此,调阅企业设施的污染物监测记录,并与历史数据、工艺的相关设计参数比较,也可核查设施运行情况。

4) 投药量:查看投药量记录表,并与历史情况比较;运行稳定的污水处理设施投药量基本会维持均衡,如果监测时段投入的药剂量与平时用量相比有较大变化,说明进水浓度有异常或日常管理存在问题。

5) 水量平衡核查:水量平衡核查主要是利用企业的用排水平衡关系,核查企业生产和污染设施运行情况。一般而言,企业的用水量、排水量数据的获取都不存在问题。对于比较常见的一个企业拥有几条生产线,且共用一个污水处理设施的情况,各生产线用水量往往无法和具体的排水量相对应。因此,核查重点应放在企业总用水量与总排水量的平衡关系上。

根据《工业用水分类及定义》(CJ 40—1999)的规定,水量有下列关系:

$$Y = H + P + C$$

式中,Y 为用水量;C 为回用水量;H 为耗水量;P 为排水量。

通过对总用水量、回用水量、排水量的统计,得到实际耗水量,再根据实际产品产量得到实际单位产品耗水量,与理论单位耗水量比较,从而判断污水是否全部得到有效的处理。

当企业废水有回用时,一定要了解回用水的用途,如果并未完全回用于生产,则应关注监测时段内回用水与平时的变化情况,否则干扰排水量的准确测定。

通过表观、查看企业污水设施监测数据等方式核查的运行情况,可用文字定性描述。污染设施的运行负荷用 SV_{30} 来表征时,描述为正常或者不正常。

污泥沉降比 SV_{30} 可用下式计算得到:

$$SV_{30} = \frac{沉降 30min 后污泥体积}{取样体积} \times 100\% \tag{8-3}$$

正常情况下 SV_{30} 为 20%~30%。用污泥负荷来表征时,可定量描述污泥负荷的具体数值。污泥负荷用下式计算得到:

$$N_s = \frac{F}{M} = \frac{Q \times S}{V \times X} \tag{8-4}$$

式中:N_s 为污泥负荷,kg COD(BOD)/(kg 污泥·d);F 为有机物量;M 为微生物量;Q 为每天进水量,m^3/d;S 为 COD(BOD)浓度,mg/L;V 为曝气池有效容积,m^3;X 为污泥浓度,mg/L。

污泥负荷是设计和运行的重要参数。一般来讲,在设计值范围内,污泥负荷越低,表明设施运行越良好。

案例

企业工况核查：造纸行业现场工况核查

1. 企业生产概况核查

通过电话或查看生产记录的方式了解企业开工、停工、检修的具体时间，判断企业生产状态是否正常。造纸行业蒸煮工艺分连续蒸煮和不连续蒸煮，对于不连续蒸煮，其废水产生是不连续的，故应查看其生产所处的工序。

通过查看关键工序的温度、表观现象等参数，可以直观判断企业是否生产某种产品。一般而言，造纸行业关键设备及表观参数可通过表8-2-1提供的方法进行判断。

表8-2-1　纸浆造纸工业企业设备/设施及其参数清单

生产过程	工艺名称	设备/设施	表观参数
制浆过程	碱法蒸煮工艺	蒸煮锅/连续蒸煮器	蒸煮温度：从70~80℃慢慢升温到165~180℃
	酸法蒸煮工艺		
	中性亚硫酸盐法蒸煮工艺		
	废纸脱墨工艺	浮选法脱墨 洗涤法脱墨	脱墨温度：浮选法，40~45℃；洗涤法，60℃左右
造纸过程	抄造工艺	造纸机	1. 车速：最大车速，设计车速/1.2；工作车速，设计车速/1.35到设计车速/1.4 2. 出纸：能正常出纸，不发生断裂现象

2. 造纸企业生产负荷核查

造纸行业生产过程有较多工序，各工序往往不是串联连续生产。为了筛选出最简便易行并可靠的核查方法，选择实际样品测试、现场收集信息进行计算等方式，对典型造纸企业的生产工况进行核查，以比较各种方法的可靠性。

某企业拥有两条生产线：一条为年产45万t牛卡纸生产线，另一条为年产50万t瓦楞纸生产线。所产生的生产废水均排入同一污水处理系统进行统一处理。

在两条生产线生产废水汇合后进入调节池之前的排污沟渠上设置监测点位，采用自动污水等比例采样器（带超声波流量计）采集样品，在其主要污染物COD、BOD、SS等当中，由于BOD分析周期长、进口废水SS分析误差大等因素，选择以COD作为研究项目，分析方法采用重铬酸盐法。

采用企业用电子秤称重记录的数据调查产品产量，采用企业用过地磅称重方式调查原材料用量，采用抄录企业电表数据方式调查生产用电量，采用抄录企业气表计量数据的方式调查生产用汽量。

某企业COD产生量与产品产量、原材料用量、能耗量统计结果见表8-2-2。

表 8-2-2 某纸业企业 COD 产生量与生产因素测试结果表

日期	COD 产生量/kg	产品产量/t	原料用量/t	生产用电量/(kW·h)	生产用汽量/t
6月6日	76 780	1 850	1 973	1 081 879	2 934
6月7日	86 365	1 927	1 991	1 065 561	2 716
6月8日	69 960	1 638	1 782	1 035 061	2 503
6月9日	76 780	1 398	1 560	961 511	2 105
6月10日	76 780	1 802	1 893	1 016 230	2 535
6月11日	76 780	1 819	1 964	1 067 100	2 735
6月12日	79 132	2 022	2 268	1 085 725	2 933
6月13日	90 320	2 243	2 341	1 077 176	2 606
6月14日	76 780	1 986	2 269	1 105 879	2 898
6月15日	76 780	1 637	1 768	886 201	2 280
6月16日	84 358	1 997	2 180	1 070 511	2 976
6月17日	82 364	1 978	2 153	1 112 535	2 928
6月18日	93 305	2 354	2 521	1 125 853	3 282
6月19日	96 015	2 321	2 582	1 151 783	3 303
6月20日	82 925	1 872	2 055	1 044 955	2 717
与 COD 产生量的相关系数		0.862	0.856	0.646	0.633

如表 8-2-2 所示,COD 产生量与产品产量的相关系数为 0.862,与原料用量的相关系数为 0.856,与生产用水量的相关系数为 0.633,与生产用电量的相关系数为 0.646,与生产用汽量的相关系数为 0.633。不难发现,污染物产生量与产品产量、原料用量相关性最为显著。

综上所述,对于造纸行业来讲,对企业生产工况的核查应优先选择产品产量和原材料用量进行核查,这样既减少核查的工作量,又避免了由于相关性不明显对核查结果的误判。产品/原材料核查法需收集的具体参数如前研究过程所述。也可以直接查看企业生产报表。

3. 造纸行业治理设施运行情况核查

(1) 表观核查

调查发现,和合成氨行业一样,造纸行业污水治理工艺中都有活性污泥法工艺。生产设施表观核查方法也能普遍采用,治理设施运行情况表观指标见表 8-2-3。

表 8-2-3 治理设施运行情况表观指标

表观指标	正常状态	非正常状态
颜色	曝气混合液的颜色通常呈黄褐色	如出现深黑色,则表明曝气量不足,污泥处于厌氧状态
气味	曝气混合液通常具有轻微的土腥味	如出现令人讨厌的腐败性气味或类似臭鸡蛋的气味,则表明曝气量不足,污泥处于厌氧状态
泡沫	曝气池中出现白色泡沫。在活性污泥培养初期,这是正常现象,有时白色泡沫可达几米高。随着活性污泥的成熟,大量的表面活性物质被微生物吸收、分解,泡沫也就消失了	正常运行过程中,出现白色泡沫
藻类	沉淀池的池壁及堰壁上无藻类生长	沉淀池的池壁及堰壁上藻类生长茂盛,水中氮磷、含量较高
二沉池出水清澈度	清澈	①水中含有较多絮针状颗粒物,表明污泥泥龄较长。②水中含有较多悬浮物,可能是污泥沉降效果较差或二沉池的水力停留时间、负荷等参数不适。③块状的厌氧或反硝化污泥上浮、散碎
仪器示数	曝气池 DO 显示数值为 1.5~3.0mg/L	不为 1.5~3.0mg/L

(2) 设施运行参数控制

在表征设施运行负荷的可选参数中,企业在生产过程中采用的是污泥负荷作为治理设施的控制指标,研究选择污泥负荷与污泥沉降比作了对比测试。以下是核查某造纸企业废水处理曝气池中污泥负荷、污泥沉降比的情况,监测结果见表 8-2-4、表 8-2-5。

表 8-2-4 某造纸企业废水处理曝气池中污泥负荷

时间	池容/m³	每日进水量/m³	COD 浓度/(mg/L)	污泥浓度/(mg/L)	污泥负荷/[kgCOD/(kg 污泥·d)]
9:00	24 400	1100×24	496	2146	0.25
11:00	24 400	1100×24	501	2192	0.25
14:00	24 400	1100×24	507	2203	0.25

该厂治理设施污泥负荷设计参数为 0.15~0.3,从测试结果看,污泥负荷控制较好,运行稳定,但这项指标中 COD、污泥浓度等参数都需要时间分析;企业用悬浮物浓度计测试污泥浓度相对节省时间,但是 COD 浓度的测试较为费时。因此,企业对污泥负荷的测定都是 1 天 1 次,在研究人员核查时也更多依赖企业分析测试的数据。

该厂治理设施污泥沉降比设计参数为 15%~20%。从监测结果看,污泥沉降比控制较好,运行较稳定。这项指标很容易现场得到,因此推荐使用污泥沉降比作为核查造纸行业治理设施的核查指标。

表 8-2-5　某造纸企业废水处理曝气池中 SV_{30}

时间	取样体积/mL	SV_{30}/%
9:00	1000	15
11:00	1000	15
14:00	1000	16
18:00	1000	15
20:00	1000	15

4. 核查结果表征

造纸行业可使用观察设备运行参数、产品产量法等方式以准确核查企业生产状况，推荐观察设施运行情况的表观和污泥沉降比（或者污泥负荷）表征设施运行情况。

8.2.3　水环境污染源的监测

水环境污染源监测分为手工监测和连续自动监测两种方式（Harmancioglu and Alpaslan，1992）。按照样品保存、前处理及分析测试手段，水环境污染源手工监测分为实验室监测和现场快速监测。水环境污染源现场快速监测主要是对某些无法保存样品、需要现场测定的项目，如水温等；另外，在需要对污染源排放废水进行快速判断时，采用便携式仪器对某些项目或污染指标现场快速测试。现场监测的最主要需求及应用则是发生污染事故时的应急监测。水环境污染源实验室监测包括样品保存，针对目标污染物的实验室定性定量分析，以及与分析测定方法配套的提供监测结果准确性、可靠性、精密性的样品前处理。废水自动监测利用计算机信息及自动控制技术、自动分析测试技术，实现对废水的自动取样、流量及主要污染物的自动测定，自动采集、传输分析测试数据，可对污染源废水排放情况实现实时监测与监控。水环境污染源监测是强化对废水污染源监督管理、总量控制的有效手段。

8.2.3.1　水环境污染源手工监测

（1）废水现场采样

废水现场采样是水环境污染源监测的第一步，目的是获取具有代表性的废水样品。依据现有技术规范的技术要求对排污口废水进行瞬时样、比例样等废水采样，并对样品进行保存和前处理；需选取合适的采样点进行废水采样，以使得采样点位的废水污染物浓度能够代表废水的平均浓度。由于不同污染物在水中分布的均匀程度是不一样的；在湍流下采集得到的样品更具均匀性，湍流断面在各点所采样品均能得到较为接近的结果。因此，采样时要选择合适的湍流断面进行布点。

采样点位包括工艺废水的采样口，各水处理设施进、出口，水污染源总排放口等。采样周期主要根据企业的生产工艺、生产周期、水处理装置水力停留时间等来确定。样品采集和保存参见国家相关技术规定。

（2）废水流量监测

废水流量监测是水环境污染源现场监测的另一项重要任务。企业废水流量监测以明渠流量计使用较为普遍，明渠流量测定方法有稀释法、流速面积法、斜坡面积法、堰法、槽法和容积法等。国内常用的明渠废水流量监测方法为堰法和槽法。

规范的排污口以及配套的测流方法，对于较好开展废水流量监测是必要的（丁程程，2011；赵晓颖，2002）。规范的排污口应满足两个条件：一是安装废水流量计量设施，并按照流量计量的要求设置排水渠段或管段；二是便于设置采样点位进行废水采样。按照这两个要求，理想的废水排污口应安装堰、槽式明渠流量计，按照流量测量的要求设置明渠，并在堰、槽跌水处设置废水采样点位。如果现场实在不具备明渠条件，也可设置管道排污，但也需安装测流设备，并设置采样点。

依据企业排污形式和具体的测流水质，以及经济、环境等因素，选择最佳测流方法，流量测定方法筛选流程如图8-3所示。

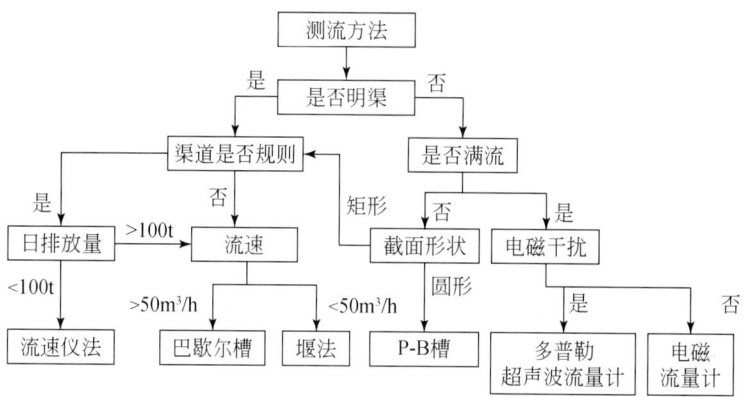

图8-3 流量测定方法筛选流程

在废水排放口一般修建满足采样测流的阴井或10 m左右的平直明渠，修建标准的矩形、梯形等测流槽或者修建矩形薄壁堰、三角薄壁堰等标准测流堰。各主要测流方法对排污口规范化的要求如下：

1）流速仪法。排污截面底部需硬质平滑，截面形状为规则的几何形，排污口处有不小于3 m的平直过流水段，且水位高度不小于0.1 m（安装水质自动在线监测系统的设计水深应不小于0.3 m）。流速不小于0.05 m/s（李桦，2004）。

2）堰槽法。排放口处应修建一段满足《城市排水流量堰槽测量标准》（CJ/T 3008.1~5—1993）的明渠式测流段。

3）多普勒超声波流量计。传感器应安装在距弯管或变径后大于10倍管径、距弯管或变径前大于5倍管径之处，同时保证安装管道表面平滑、干净。

4）电磁式流量计。保证安装传感器前后的直管段应不小于8倍管径（其中，前5倍管径，后3倍管径），一般为10倍管径。

（3）实验室监测

水污染源实验室监测技术方法体系在形式上分为：①分析方法国家标准和环境保护行业标准。分析方法主要是规定样品前处理和定性定量分析的技术内容。②有关的环境保护监测技术规范。如《水质——样品的保存和管理技术规定》（HJ 493-2009）包括水样从容器的准备到添加保护剂等各环节的保存措施以及样品的标签设计、运输、接收和保证样品保存质量等。部分分析测试方法也包括样品保存的相关规定。

废水污染物监测分析方法目前有3类：①有关的分析测定方法标准，主要包括国家标准和环境保护行业标准两大类，这部分是我国水污染源分析方法体系的主体，其监测结果对评判污染源排放行为是否达到国家、地方环境保护法律法规的要求，对污染源的监管具有法定效力。②参考方法，在国内经较深入研究、多家实验室验证为较成熟的方法，但还没经过方法标准化程序，尚未列入标准方法，在监测实践中得到比较广泛的认可，在相关监测、分析方法手册中多有收录。废水中有机物的监测方法多属此类。③对于一些目前暂无标准或参考分析方法的污染物，污染源排放标准以附录的形式附有相应的分析方法，这类方法仅国内少数单位研究或应用过，或直接引用发达国家方法，但尚未经过国内多家实验室验证，作为试用方法供参考。

由于不同规范、方法之间对不同水样的保存条件不统一，因此需要选定最佳的保存技术（Davies-Colley et al., 2011）。如对废水悬浮物样品的保存，采用常温保存方式，保存期可达14天。废水的AOX样品应酸化、冷藏保存，采样后应尽快测定，最长保存时间不能超过3天。

使用0.45 μm滤膜将水样分为溶解态和颗粒态两相，然后对两相中的污染物分别监测。由于污染源废水成分复杂、干扰组分多，需要对样品进行干扰消除、掩蔽等前处理，以提高目标物的提取效率。

监测指标包括常规污染物、金属污染物和有机污染物等。监测项目及监测方法见表8-1，所列项目为基本项目，可根据行业特点增加辅助指标。

表8-1 水污染源排放成分谱监测项目及监测方法

类别	监测项目	监测方法
常规污染物	pH、COD_{Cr}、NH_3-N、CN^-、石油类、六价铬、硫化物、挥发酚、总氮、总磷	国家标准方法
金属污染物	Sr、Ba、Mn、Zn、Li、Cr、Ni、V、As、Cu、Mo、Pb、Se、Co、Sb、Ag、Cd、Hg、Be、Tl	电感耦合等离子体质谱仪（ICP-MS）
有机污染物	烷烃、烯烃、芳烃、醛、酮、酯、酚、酸、多环芳烃、卤代烃、杂环化合物等	液液萃取–气质联用仪（GC/MS）

（4）现场快速监测

对水污染源现场快速，主要是采用便携式仪器或快速监测技术方法，对废水某些项目或污染指标现场快速测试，对废水的危害性及危害程度做出快速的判别和判定。水污染源应急监测的对象是水污染源，与一般的水环境相比，水样呈现高浓度高盐度、基质成分复杂、含量范围变化大、未知污染物多的特点，相应监测方法需要满足检测范围比较宽的要求。此外，还需要能够有效屏蔽或去除复杂水体或废水中多种物质的干扰；水污染源应急监测主要是为应急服务，需要尽量缩短预处理的时间，监测方法应操作简便、响应快速。

目前现场快速检测较为常见的技术主要有以下种类：

1）检测管技术，包括气体检测管、水质检测管等；

2）试剂盒（试纸）技术，包括化学显色试剂盒（试纸）、免疫试剂盒及微生物试剂盒等；

3）便携式光谱仪技术，包括便携式紫外-可见吸收技术、便携式红外光谱仪技术、便携式荧光光谱仪技术及便携式拉曼光谱仪技术等；

4）便携式色谱仪技术，包括便携式气相色谱仪技术、便携式气质联用技术及便携式离子色谱技术等；

5）便携式电化学仪技术，包括便携式溶出伏安仪技术、离子选择性电极技术、电化学生物传感器技术及可抛型电化学传感器技术等。

8.2.3.2 水环境污染源自动监测

水环境污染源自动监测包括样品采集环节、分析测试环节（流量校核）、数据采集传输环节（远程自动质控）和数据处理环节。样品采集环节与水环境污染源手工监测的排污口设置和采样点设置方法相同，数据处理环节依赖于当今发达的计算机处理技术，因此重点对水环境污染源连续自动监测中的分析测试环节远程自动质控予以说明。

（1）流量校核

目前水污染源排污流量自动监测的质控多采用与手工方法进行比对，或者定期进行流量计的监督检查等人工质控技术，因此在实时性、即时性上达不到要求。推荐采用泵流量校核技术，以实现对流量监测数据质量的自动实时监控。

1）泵流量校核技术设计。

排污流量的比对是将自动监测数据与手工测流数据进行比较，然后根据两者之间的偏离程度确定自动监测数据的可靠性。若获取其他与自动监测流量有一定关系的流量数据，然后利用它们之间的关系，将此流量数据与自动监测流量数据进行比较，达到保障排污流量准确性的目的。为了实现污水达标排放，大部分排污企业都设有污水处理设施。当污水处理设施运行稳定时，污水处理工艺环节的流量与排污流量之间就存在着某种关系。因此，选择工艺处理流量对排污流量进行校核是十分合适的，而污水提升泵上水流量对排污流量进行校核最为合理。

选定利用提升泵流量对排污流量进行校核之后，必须建立两者之间的关系。两种方法可以实现提升泵流量与排污流量关系的建立：一种方法是建立提升泵流量与排污流量之间的数学模型，这种方法结果直接、参数意义明确，但需要对整个污水处理流程的物理模型非常清楚，建立过程比较复杂；另一种方法是直接计算提升泵流量与排污流量之间的相关系数。

2）基于水平衡的流量校核方法。

整个污水处理流程流量的变化遵循水平衡原理，即一个流域、一个水体或任何一个空间，在一定时间内，收入的水量等于支出水量与该段时间内蓄水变量的代数和。关系式可写成：收入水量=支出水量+/−蓄水变量。把每个污水处理环节看成一个大的水槽，整个处理流程就是多个水槽的串联，然后依据单容水槽和多容水槽流量数学模型，同时考虑流量的损失，建立提升泵流量与排污流量之间的数学模型。其数学模型又可分为单容水槽流量模型和多容水槽流量模型，分别如下：

$$\Delta Q_i - \Delta Q_o = T \frac{\mathrm{d}\Delta Q_o}{\mathrm{d}t} \tag{8-5}$$

式中，Q_i 表示上游输入水流量的稳定值；Q_o 表示输出水流量的稳定值；ΔQ_o 表示输出水流量的增量；$T=RC$，表示单容水槽的时间常数，C 表示水槽的容积系数，R 表示流出端负载的液阻。

$$\Delta Q_i - \Delta Q_o = \left(\prod_{j=1}^{n} T_j\right) \frac{d^n \Delta Q_o}{dt} + \left(\sum_{i=1}^{n} \prod_{\substack{j=1 \\ j \neq i}}^{n} T_j\right) \frac{d^{(n-1)} \Delta Q_o}{dt} + \cdots + \left(\sum_{j=1}^{n} T_j\right) \frac{d\Delta Q_o}{dt} \quad (8-6)$$

式中，$T_j = R_j C_j$，表示第 j 个单容水槽的时间常数。

3) 基于相关分析的流量校核方法。

整个污水处理流程由各环节串联而成，污水进口的某一时刻的流量波动特征将顺序的体现到各环节进出口流量数据中。尽管各环节均会对流量波动有影响，使得数据不完全相等。但总体而言，各环节的流量数据仍存在明显相关性。利用这一特点，可以用相关分析的方法来对流量进行校核。其相关系数表达式如下。

$$r = \frac{\sum_{n=0}^{N-1} [Q_p(n) - \overline{Q}_p][Q_o(n+m) - \overline{Q}_o]}{\sqrt{\sum_{n=0}^{N-1} [Q_p(n) - \overline{Q}_p]^2 \cdot \sum_{n=0}^{N-1} [Q_o(n+m) - \overline{Q}_o]}} \quad (8-7)$$

式中，n 为样本数；$Q_p(n)$ 为泵流量；$Q_o(n+m)$ 为出口流量。

在流量监测中，由于某些外界干扰因素的影响，会出现一些明显的无效数据。如果将这种数据放入统计样本中，将极大影响相关分析的准确性。所以，在对流量进行相关分析之前须对数据进行有效性判别，要利用 Grubbs 检验法和 Dixon 检验法剔除异常的流量监测值。

(2) 远程自动质控

远程质控技术的理念是将水污染源在线监测系统看做实验室系统，利用远程质控设备代替实验室人工操作实现自动质控，然后通过远程操作自动质控设备，实现质控样的制作，包括平行样、空白样、加标样和标样的制作，将制作完成的质控样送入自动监测设备进行分析。同时，根据实验室质控图原理，判定现场监测系统是否处于正常工作状态，及时发现运行期间的故障隐患并报警，保障监测系统正常运行，保障监测数据的质量合格。自动监测数据的质控可采用周期质控和即时质控两种质控方式。

1) 进行周期质控时，事先设定定期的质控任务，当远程质控设备同步采集水样至采样桶中时，即可根据事先设定的质控任务制作相应的质控样，然后将制作完毕的质控样送入自动监测仪器进行分析。

2) 进行即时质控时，当自动监测人员发现可疑数据时，可立即以手动命令方式发送质控任务，远程质控设备便根据该质控任务，将已采集至采样桶的水样制作成相应的质控样，然后将制作完毕的质控样送入自动监测仪器进行分析。

3) 当没有任何质控任务下达时，远程质控设备将保留采集的水样，直至下次采样前（预留采样桶中水样排放和清洗需要的时间）。

8.3 排污图谱解析与排放清单编制

全面的水污染源污染物图谱对水处理工艺的选择、优先控制污染物的筛选、生产工艺中不正常排放的查明、流域排污清单的建立、实现有针对性的环境管理等具有重要作用。

本节介绍如何在水污染源污染物排放图谱建立的基础上，开展基于正常工况和非正常工况的优先控制污染物的筛选，进而建立流域水污染源排放清单。排污图谱解析与排放清单编制流程见图8-4。

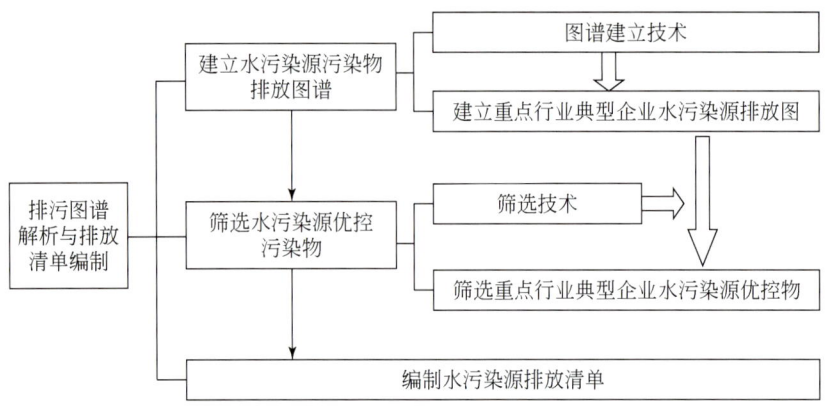

图8-4　排污图谱解析与排放清单编制流程

8.3.1　水污染源多相污染物排放图谱的建立

水污染源多相污染物排放图谱的建立技术包括：首先，确定图谱构成，在行业分析的基础上选择典型企业，制定企业综合调查表并形成图谱监测方案；其次，对调查数据和监测数据进行审核，审核通过的数据纳入图谱，审核未通过的数据重新调查、监测再审核；再次，对完整的排放图谱进行解析以得到特征排放图谱；最后，开发水污染源排放图谱数据库，建立流域水污染源的查询平台。技术路线见图8-5。

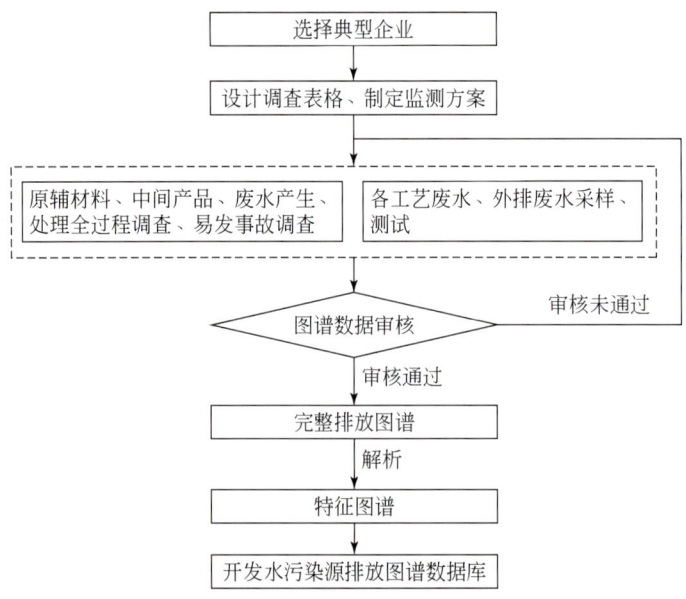

图8-5　水污染源多相污染物排放图谱建立技术路线

8.3.1.1 水污染源多相污染物排放图谱的构成

为建立完整的水污染源污染物排放图谱，需要对水污染源废水排放节点全过程进行监测，包括原料、辅料、产品、工艺废水、水处理设施进口、水处理设施出口等。该图谱既包含正常工况下排放的污染物，也包含非正常工况下排放的污染物，具体见表8-2。正常工况指水污染源按照固定的排放方式和排放途径排放污染物。所以，正常工况下的图谱为包括水处理设施排放口或污染源总排放口污染物，以及国家排放标准涉及但污染源却未检出的物质。非正常工况排放指在生产运行异常（如物质泄漏、设备运转异常、设备检修、开工等）、水处理设施及安全设施出现故障、突发事故（如爆炸、火灾、有毒气体泄露等）、自然灾害（如地震、暴雨、暴雪等）等情况发生时可能产生的污染物排放。非正常工况下的图谱为原辅料、中间物质、产品、水处理设施进口污染物、易发事故下产生的污染物、他人筛选出的行业优控物等。图谱的建立主要依靠调查和监测。

表8-2 水污染源污染物排放图谱构成类别

工况类别		水污染源污染物排放图谱构成	建立方式
正常工况		水处理设施排放口或污染源总排放口污染物	监测
		国家排放标准涉及但污染源却未检出的物质	调查
非正常工况	生产运行异常、泄漏	原料、中间物质、产品、水处理设施用料	调查
	水处理设施运转异常	工艺废水污染物、水处理设施进口污染物	监测
	火灾、爆炸、地震、暴雨等突发事故	易发事故下产生的污染物、他人筛选出的行业优控污染物	调查

8.3.1.2 水环境污染源图谱数据审核

对调查和监测的数据进行审核，审核通过的数据纳入图谱中，审核不通过的数据根据情况予以删除或者重新进行调查或监测。对图谱数据的审核主要包括以下内容：
1）监测数据的代表性和时效性审核；
2）监测数据完整性审核；
3）监测数据准确性和精密性审核；
4）数据合理性以及数据之间合理性关系审核。

8.3.1.3 水污染源排放物图谱的表达与解析

将审核后的调查数据和监测数据进行汇总整理，得到水污染源完整的多相污染物排放图谱，包括常规污染物、金属污染物和有机污染物。图谱结果表达包括污染物所属图谱类别、污染物名称和污染物平均浓度等。图谱类别包括原料、产品、中间物质、工艺废水污染物、水处理设施进口污染物、水处理设施出口污染物等。

水污染源污染物排放种类众多，为能准确快速地实现对污染源的识别，需要对排放图谱进行特征污染物解析。特征污染物指的是能够反映某种行业所排放污染物中有代表性的组分，能够显示该行业的污染特征。解析思路见图8-6。

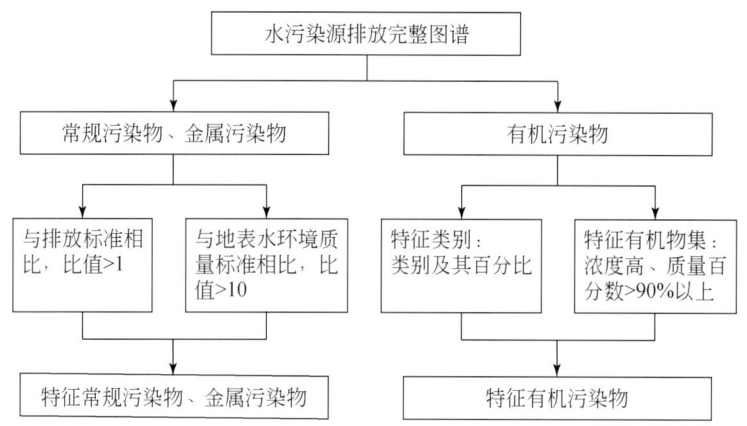

图 8-6 水污染源排放特征图谱解析思路

对于特征常规污染物和特征金属污染物，一般指比其他源的浓度高出很多，且跟其他源有很大差异的元素。特征有机污染物可以从量上理解成排放较多的污染物（孙剑辉，2003）。接纳工业污染源排放废水的水体一般执行地表水 V 类标准，因此将污染源各工艺废水及排放废水的污染物分别和地表水 V 类标准比较。排放标准和地表水 V 类标准比较后发现，两者的浓度比在 1~25 倍，平均比值为 10 左右。因此，选取与地表水环境质量标准浓度比值大于 10 的污染物定为特征污染物。

综上，针对常规污染物和金属污染物，将污染物平均值与相关标准中的浓度值进行比较，与排放标准浓度比值大于 1、与地表水环境质量标准浓度比值大于 10 的指标定为特征污染物。

具体比值计算公式如下：

$$P_1 = \frac{污染物平均值}{污水综合排放标准一级标准值} \tag{8-8}$$

$$P_2 = \frac{污染物平均值}{行业排放标准限定值} \tag{8-9}$$

$$P_3 = \frac{污染物平均值}{地表水环境质量标准\ V\ 类标准} \tag{8-10}$$

水污染源中检出的有机物类别较多，有些污染源中有机物类别多达上百种。由于现有的污染物排放标准对有机物类别规定的较少，且排放标准与地表水环境质量标准中有机物类别的一致性也较少，因此特征有机物的解析不再使用和现有标准进行比较的方法。为了解污染源排放特征，首先将有机物按类别进行分类，并统计各有机物类别的质量分数。水污染源的特征表现为有机物浓度较高、在各工艺单元检出频次较多的有机物质。对于生产工艺中和水处理设施进口，特征有机物主要包括质量百分组成之和能达到 90% 以上的有机物质集；对于水处理设施出口，由于检出有机物质数量不多，所以特征有机物几乎包括所有检出的有机物类别。

8.3.1.4 水污染源污染物图谱数据库的开发

为了便于查询和管理，可使用水污染源图谱数据库和动态的流域水污染源清单数据库，数据库的主要功能有信息查询、信息录入、信息审核、信息发布、检索指标维护、知识参考、系统维护等。其中信息查询是最主要的功能，主要包括资料查询和解析查询。资料查询包括物质性质查询、行业查询、生产工艺和水处理工艺查询、企业基本信息查询、企业产排污查询等。解析查询包括物质重复性查询、行业解析查询、企业解析查询、物质解析查询、流域清单查询、排污系数查询、排放量估算查询、审核进度查询等，即解析查询就是查询物质–工艺–行业–企业–流域之间的相互关系。水污染源图谱数据库为流域水污染管理提供快捷高效的查询平台。水污染源多相污染物图谱数据库界面见图8-7。

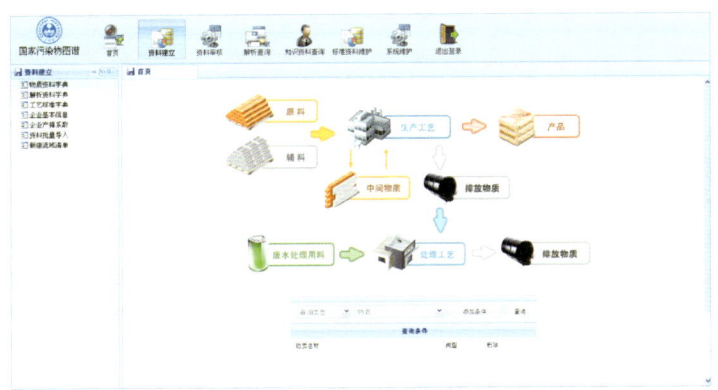

图8-7　水污染源多相污染物图谱数据库界面

案例

发酵类头孢菌素制药行业水污染物排放图谱

1. 发酵类头孢菌素制药行业原料、中间物质、产品类图谱

发酵类头孢菌素制药行业原料有二氯甲烷、丙酮、三乙胺、7-ACA、二甲基乙酰胺、乙腈、三甲基氯硅烷、三氰氧磷、甲醇、他啶侧链、三甲基碘硅烷、头孢菌素类等。产品有头孢唑啉、头孢哌酮、头孢吡啶、头孢丙烯、7-ACA等。

2. 发酵类头孢菌素制药行业废水水处理设施进、出口污染物图谱

发酵类头孢菌素制药行业水处理设施进、出口污染物图谱包括常规污染物、金属污染物和有机污染物，分别见表8-3-1～表8-3-3。

表8-3-1　发酵类头孢菌素制药水污染排放常规污染物图谱

点位	水处理设施进口			水处理设施出口		
	最低值	最高值	平均值	最低值	最高值	平均值
pH（量纲一）	5.34	6.82	6.34	7.26	7.68	7.54
六价铬/（mg/L）	<0.004	<0.004	<0.004	<0.004	<0.004	<0.004
CN^-/（mg/L）	<0.004	0.043	0.02	<0.004	<0.004	<0.004
COD_{Cr}/（mg/L）	5400	8220	6816	17.0	55.0	38.04
NH_3-N/（mg/L）	4.41	8.14	6.41	0.559	1.45	0.93
总磷/（mg/L）	0.52	3.61	1.87	0.09	8.03	4.12

续表

点位	水处理设施进口			水处理设施出口		
	最低值	最高值	平均值	最低值	最高值	平均值
总氮/(mg/L)	32.6	52.6	43.58	6.92	7.72	7.43
石油类/(mg/L)	22.0	63.6	41.73	<0.04	24.4	0.34
硫化物/(mg/L)	<0.01	0.165	0.12	<0.01	0.07	0.05
挥发酚/(mg/L)	0.038	93.2	39.05	<0.001	0.002	0.002

表 8-3-2　发酵类头孢菌素制药水污染排放金属污染物图谱（单位：μg/L）

污染物指标	水处理设施进口			水处理设施出口		
	最低值	最高值	平均值	最低值	最高值	平均值
Sr	620.00	741.00	648.15	502.00	530.00	512.90
Zn	3295.00	5614.00	4685.81	68.70	107.00	75.97
Mn	454.00	1425.00	849.97	1.09	5.98	3.05
Ba	64.00	190.00	108.34	25.00	28.00	26.50
Li	14.40	19.80	17.17	49.70	11.60	10.14
Mo	1.07	1.33	1.23	1.55	1.83	1.65
Ni	12.12	25.04	15.31	4.15	5.17	4.78
Cu	17.66	53.32	34.67	1.55	2.56	2.01
Cr	112.00	197.00	163.14	12.80	23.10	14.73
Pb	1.12	2.87	1.95	0.11	0.19	0.16
V	8.06	21.30	12.55	4.64	9.54	6.33
Se	101.00	164.00	128.82	7.56	15.63	10.29
As	7.36	15.76	10.45	2.34	4.68	2.94
Sb	0.70	1.17	0.91	0.16	0.23	0.18
Co	0.67	1.21	0.79	0.29	0.34	0.31
Tl	0.02	0.03	0.03	<0.001	<0.001	<0.001
Ag	<0.004	0.13	0.07	<0.004	0.07	0.05
Cd	<0.004	0.17	0.10	<0.004	<0.004	<0.004
Hg	<0.080	0.12	0.11	0.08	0.11	0.09
Be	<0.014	0.05	0.03	<0.014	<0.014	<0.014

表 8-3-3　发酵类头孢菌素制药水污染排放有机污染物图谱（单位：μg/L）

(a) 水处理设施进口

中文名称	平均浓度	中文名称	平均浓度	中文名称	平均浓度
甲基异丁基酮	86 638.20	1,2-二苯乙基异硫氰酸	175.91	二苯基酮联氮	29.53
乙酸乙酯	46 883.53	N-二苯甲基咪唑	161.75	2,2′-二甲基二苯二硫醚	28.02
四氢呋喃	31 533.70	3,3′-二甲氧基联苯	129.98	1,1-二苯基三溴甲烷	27.13
甲苯	23 213.41	二苯甲氧基乙酸	128.77	3-碘苯甲醚	25.09
二氯甲烷	22 738.32	十六酸甲酯	121.60	花生四烯酸乙酯	24.74

续表

(a) 水处理设施进口

中文名称	平均浓度	中文名称	平均浓度	中文名称	平均浓度
丙酮	7 875.02	十六酸	112.50	甲基二苯甲基醚	24.32
三氯甲烷	5 500.54	2,6-二溴-4-甲基苯酚	93.32	1,2-苯并异噻唑	22.48
二苯基甲醇	4 737.84	1,3-二环己基脲	92.56	2-(2-甲基亚丁基)-1H-茚-1,3(2H)-二酮	21.84
4-甲基苯酚	4 639.26	二(双苯基甲基)醚	89.74	3β-胆甾-4,6-烯-3-醇	21.68
3-甲基苯酚	3 081.20	辛酸	89.12	5-甲基-2-硝基苯酚	21.42
乙醇	2 244.99	十五酸甲酯	87.72	4-氯-3-甲基苯酚	21.21
苯酚	1 360.26	1,1′-二苯基乙氧基甲烷	73.94	1,1-二苯基丙酮	19.00
α-苯基苯甲醇乙酸酯	1 266.20	1,1,2-三苯基乙烷	67.52	1,1-二苯基丙烷	17.79
乙酸甲酯	968.29	3-溴苯酚	63.69	2,5-二溴-4-甲基苯酚	16.94
苯甲酮	917.04	2(3H)-苯并噻唑酮	62.53	3-甲基-4-硝基苯酚	16.23
2-溴-5-甲基苯酚	633.74	二苯甲烷	61.42	花生四烯酸	12.50
4-甲基-3-戊烯-2-酮	450.89	2-甲基-1,4-苯二酚	59.67	7-羟基卡达烯	11.19
4-溴-3-甲基苯酚	368.49	2-乙基苯酚	58.22	3,5-二溴-4-甲基苯酚	10.69
2-溴-4-甲基苯酚	342.03	4,4′-二甲氧基联苯	53.80	1,1,2,2-四苯乙烯	8.94
苯并噻唑	335.75	N-(4-甲氧基)-1,4-对苯二胺	43.93	4-溴苯酚	8.35
2-甲基-2-戊醇	282.61	顺式-11-十八烯酸甲酯	42.31	1,3-二甲基-2-咪唑烷酮	1.51
3,5-胆甾二烯	245.52	2-甲基-1,1′-联苯	40.07	1,3-二氧戊环	0.48
胆固醇乙酸酯	221.24	2-甲基苯酚	38.69	苯	0.44
2,2,2-三夫乙基酯-α-苯基苯乙酸	220.73	苯甲醛	34.07	乙醛	0.31
十八酸甲酯	195.61	4-溴-2,6-二甲基苯酚	31.64	环丁醇	0.12
3-乙基苯酚	191.85	2-碘-4-甲基苯酚	29.58	乙基甲酰胺	0.04
9-十八烯酸甲酯	182.44				

(b) 水处理设施出口

中文名称	平均浓度	中文名称	平均浓度	中文名称	平均浓度
甲基异丁基酮	30 968.00	二苯甲酮	393.18	二苯甲氧基乙酸	19.65
乙酸乙酯	15 518.00	α-苯基苯甲醇乙酸酯	262.92	花生四烯酸	17.29
甲苯	13 070.00	苯酚	230.80	顺式-11-十八烯酸甲酯	2.20
四氢呋喃	7 522.00	5β-雄甾烷-17-酮	98.98	1,3-二甲基-2-咪唑烷酮	1.86
丙酮	6 864.00	7-十八烯酸甲酯	74.03	2,4-二叔丁基苯酚	1.57
乙酸甲酯	4 954.41	2-溴-5-甲基苯酚	53.20	甲基磺酰胺	1.35
4-甲基苯酚	2 586.11	2-甲基苯酚	50.50	四甲基尿素	1.26
乙醇	2 172.00	十六酸甲酯	41.12	甲基甲基硫代甲砜	1.11

第 8 章 排放清单编制和排污负荷核定

续表

(b) 水处理设施出口

中文名称	平均浓度	中文名称	平均浓度	中文名称	平均浓度
3-甲基苯酚	1 089.10	苯并噻唑	31.30	壬醛	1.04
二苯基甲醇	641.98	十八酸甲酯	28.62	2-甲硫基苯并噻唑	0.84
4-甲基-3-戊烯-2-酮	440.73	1,1-二苯基丙酮	28.02	2-苯氧基乙醚	0.67
2-(5-甲基-1,3,4-噻二唑)-硫乙酸	427.30	4-甲氧基-3-戊烯-2-酮	24.90	1,3-二氧戊环	0.24

将水处理设施进出口污染物分别与相应的标准进行比较,将与排放标准比值大于1、与地表水比值大于10的污染物列于表8-3-4。表8-3-4中,P_2指污染物与《发酵类制药工业水污染物排放标准》浓度的比值,P_3指污染物与《地表水环境质量标准》的比值。从表8-3-4可知,水处理设施进口特征污染物有COD_{Cr}、挥发酚、总氮、石油类、总磷,出口废水中仅含总磷这一特征污染物,可见水处理工艺对除总磷外的特征污染物去除的针对性强。经过水处理之后总磷的浓度升高,这是因为制药废水属于难生物降解废水,通常在废水中加入营养物质以提高废水的可生化性,因而导致出水中总磷超标严重,且磷是水处理工艺过程中引入的。因此,对于制药行业的控源减排中应加大对总磷的减排。该行业废水中未发现特征的金属元素。

表 8-3-4 发酵类头孢菌素制药行业特征常规/金属污染物

排放节点	与标准的比值	发酵类头孢菌素制药行业特征常规/金属污染物					
		COD_{Cr}	挥发酚	总氮	石油类	总磷	Zn
水处理设施进口	P_2	68.2		<1		1.9	1.6
	P_3	170.4	390.4	21.8	41.7	4.7	2.3
水处理设施出口				总磷			
	P_2	4.1					
	P_3	10.3					

发酵类制药水处理设施进口废水有机物种类主要有烷基酮类、含氧含硫杂环化合物、酯类、芳烃类、酚类、醇类,其百分比分别是37.87%、25.36%、19.72%、9.25%、4.40%、2.87%,其中,烷基酮类所占比例最高,另外还含有少量的酸、醚、醛、含氮化合物等。特征有机物为甲基异丁基酮、乙酸乙酯、四氢呋喃、甲苯、二氯甲烷、丙酮、三氯甲烷、二苯基甲醇、4-甲基苯酚、3-甲基苯酚、乙醇、苯酚、α-苯基苯甲醇乙酸酯、乙酸甲酯、苯甲酮等。

发酵类制药废水处理后有机物种类主要有烷基酮类、酯类、芳烃类、含氧含硫杂环化合物、酚类、醇类,其百分比分别是44.30%、23.83%、14.92%、8.62%、4.58%、3.21%。其中,烷基酮类所占比例最高,另外还含有少量的酸、含氮化合物、醛、醚等。特征有机物为甲基异丁基酮、乙酸乙酯、四氢呋喃、甲苯、丙酮、乙酸甲酯、4-甲基苯酚、乙醇、3-甲基苯酚、二苯基甲醇等。

发酵类头孢菌素制药行业特征水污染物排放图谱解析汇总见表8-3-5。

表8-3-5 发酵类头孢菌素制药行业特征水污染物排放图谱解析汇总

图谱类别	成分类别	发酵类头孢菌素制药行业特征污染物图谱					
原料、辅料、产品		原料有二氯甲烷、丙酮、三乙胺、7-ACA、二甲基乙酰胺、乙腈、三甲基氯硅烷、三氰氧磷、甲醇、他啶侧链、三甲基碘硅烷、头孢菌素类等。产品有头孢唑啉、头孢哌酮、头孢吡啶、头孢丙烯、7-ACA 等					
水处理设施进口	常规、金属污染物		COD_{Cr}	挥发酚	总氮	石油类	总磷	Zn
		与标准的比值 P_2	68.2		<1		1.9	1.6
		与标准的比值 P_3	170.4	390.4	21.8	41.7	4.7	2.3
	有机污染物		烷基酮类	含氧含硫杂环化合物	酯类	芳烃类	酚类	醇类
		质量百分比/%	37.87	25.36	19.72	9.25	4.40	2.87
		甲基异丁基酮、乙酸乙酯、四氢呋喃、甲苯、二氯甲烷、丙酮、三氯甲烷、二苯基甲醇、4-甲基苯酚、3-甲基苯酚、乙醇、苯酚、α-苯基苯甲醇乙酸酯、乙酸乙酯、苯乙酮等					
水处理设施出口	常规、金属污染物		总磷				
		与标准的比值 P_2	4.1				
		与标准的比值 P_3	10.3				
	有机污染物		烷基酮类	酯类	芳烃类	含氧含硫杂环化合物	酚类	醇类
		质量百分比/%	44.30	23.83	14.92	8.62	4.58	3.21
		甲基异丁基酮、乙酸乙酯、四氢呋喃、甲苯、丙酮、乙酸甲酯、4-甲基苯酚、乙醇、3-甲基苯酚、二苯基甲醇等					

8.3.2 水污染源优先控制污染物的筛选

在基于水污染源排放节点全过程的图谱建立技术的基础上，得到典型行业水污染物排放图谱，但是这些污染物成分复杂，种类繁多，全部进行监测存在困难，所以需要从水污染源污染物排放图谱中筛选出有毒有害的优先控制污染物，从而缩小监测范围（裴淑纬，2013）。筛选技术路线见图8-8。

8.3.2.1 筛选因子体系的建立

本筛选技术综合考虑物质的暴露势、持久势和毒性势，共设置13项筛选因子，分别是污染物对化学需氧量（COD_{Cr}）贡献值、环境检出率、检出浓度、环境释放程度、使用量、溶解度、挥发度、生物累积性、生物降解性、一般毒性、致突变性、致畸性、致

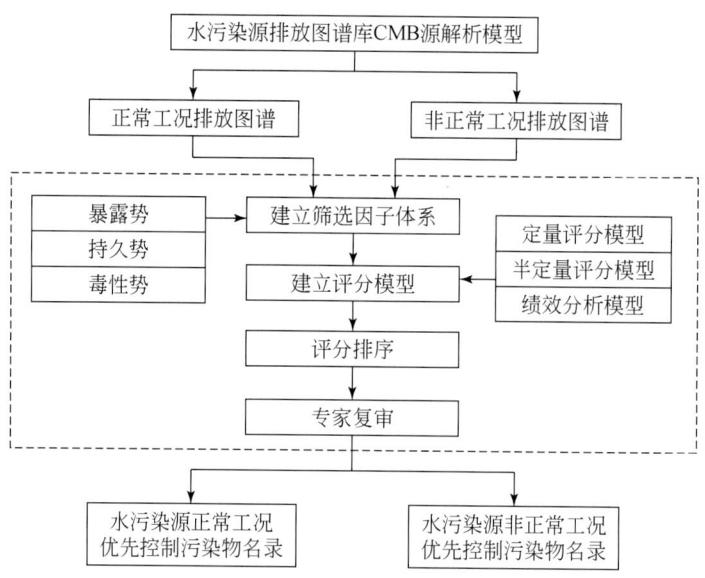

图 8-8 水污染源优先控制污染物筛选技术路线

癌性。

由于原辅材料与水中污染物存在形式不同，有机污染物和金属污染物等也有区别，所以各类物质的筛选因子略有不同，见表 8-3。

表 8-3 各类物质的筛选因子

筛选依据	序号	原辅料筛选因子	排放物筛选因子	
			有机污染物	金属/氰化物/六价铬
暴露势	1	COD_{Cr}贡献值	COD_{Cr}贡献值	
	2	使用方式	环境检出率	环境检出率
	3	生产或使用量	检出浓度	浓度占标率
	4	水中溶解度	水中溶解度	水中溶解度
	5	挥发度	挥发度	挥发度
持久势	6	生物累积性	生物累积性	生物累积性
	7	生物降解性	生物降解性	生物降解性
毒性势	8	一般毒性	一般毒性	一般毒性
	9	致突变性	致突变性	致突变性
	10	致畸性	致畸性	致畸性
	11	致癌性	致癌性	致癌性

筛选因子信息的完整性对筛选结果具有重要的影响，因此需尽可能详细地查到每种物质的性质和基本信息。筛选因子信息的查询范围主要有 Chemblink 化学品数据库、物竞化学品数据库、化工引擎数据库、突发性污染事故中危险品档案库、US EPA 优控污染物名单（129 种）、中国优控污染物黑名单（68 种）、US EPA 生活饮用水标准污染物清单、中国地表水环境质量标准污染物清单（GB-3838）、中国生活饮用水卫生标准污染物清单

（GB-5749）、美国职业安全与卫生研究所（NISOH）的化学物质毒性效应记录、有毒化学物质登录（RTECS）数据、美国环境物质致癌性资料数据库、世界卫生组织（WHO）致癌性数据库、《化学物质毒性全书》等。

8.3.2.2 筛选因子赋分标准

对13个筛选因子的具体赋分标准如下：

（1）COD_{Cr}贡献值

通过计算理论需氧量ThOD、参考已有物质的COD_{Cr}氧化率和有机污染物的稳定性等方式计算得到COD_{Cr}贡献值，氧化率最大以100%计量。

对于一般有机物而言，以经验式$C_aH_bO_cN_dP_eS_f$表示，其氧化反应由式（8-11）表示：

$$C_aH_bO_cN_dP_eS_f + \frac{1}{2}(2a + \frac{1}{2}b + d + \frac{5}{2}e + 2f - c)O_2$$
$$\longrightarrow aCO_2 + \frac{1}{2}H_2O + dNO + \frac{e}{2}P_2O_5 + fSO_2 \tag{8-11}$$

即1mol的有机化合物$C_aH_bO_cN_dP_eS_f$在氧化反应中要消耗$\frac{1}{2}(2a+\frac{1}{2}b+d+\frac{5}{2}e+2f-c)$ mol O_2，用此法计算出的COD值称为理论需氧量（ThOD）。COD_{Cr}的贡献值计算如式（8-12）所示：

$$COD_{Cr}贡献值(g/g) = ThOD(g/g) \times 氧化率(\%) \tag{8-12}$$

重铬酸钾化学需氧量氧化率分级表如表8-4所示，COD_{Cr}的贡献值赋分标准如表8-5所示。该筛选因子适用于有机物的筛选，金属污染物不设该项指标。

表8-4 重铬酸钾化学需氧量氧化率分级 （单位：%）

物质类别	氧化率	物质类别	氧化率	物质类别	氧化率
羧酸类	95	氨基酸	100	氰化有机物	10
醇类	95	多糖类	95	吲哚类	20
酯类（不含苯环）	80	酚类	100	烷烃、烯烃	10
醛酮类	50~80	苯类	20	噻唑	10
酞酸酯类	50	吡啶类	20	喹啉类	20
多环芳烃类	10	醚类	35	呋喃类	90
多氯联苯类	10	酰胺类	20		
硝基苯、苯胺类	100	卤代类	10		

表8-5 COD_{Cr}的贡献值赋分表

分值	0	1	2	3	4	5
COD_{Cr}贡献值/(g/g)	0	0~50	50~100	100~200	200~300	>300

（2）环境检出率

正常工况下环境检出率按照污水处理设施出口检出频次赋分；非正常工况下环境检出率按照污水处理设施进口和工艺废水总的检出频次赋分。将二者的检出次数相加，除以总的采样次数，得到检出率。环境检出率赋分表见表 8-6。

表 8-6　环境检出率赋分

分值	0	1	2	3	4	5
检出率/%	0	0~20	20~40	40~60	60~80	80~100

（3）检出浓度/浓度占标率

对于有机污染物，根据检出污染物的浓度范围进行赋分，赋分表见表 8-7。

表 8-7　有机污染物检出浓度赋分

分值	1	1.5	2	2.5	3	3.5	4	4.5	5
浓度/（g/L）	0~5	5~10	10~50	50~100	100~250	250~500	500~750	750~1000	>1000

由于金属污染物有常量、微量和痕量之分，检出浓度相差很大，而且天然水中也存在许多金属元素，且浓度存在巨大差异，所以在选择金属优控先控制污染物的时候不能以金属本身的浓度进行比较，而是将金属元素的浓度与标准限值的比值进行比较，该比值称为浓度占标率，为了严格控制重金属污染物对水环境的影响，本筛选技术中选择地表水 III 类标准作为参比，对于占标率低于 50% 的金属元素，不参与优先控制污染物的筛选。赋分表见表 8-8。

表 8-8　金属浓度占标率赋分

分值	0	1	2	3	4	5
浓度占标率/%	<50	50~100	1~5	5~10	10~20	>20

（4）环境释放程度

释放到环境中的百分率以使用方式和贮存的差异为评分依据，用以估算进入环境的多少，分四级赋分，见表 8-9。

表 8-9　环境释放程度赋分

分值	0	1	2	3
标准	封闭系统中使用	一般工业系统开放式使用	特殊用户大量扩散使用	大量扩散使用，用户广泛使用
比例/%	<0.3	0.3~4	4~30	>30

（5）使用量

原辅材料贮存和使用、反应中间产物、产品使用和贮存量分五级赋分，如表 8-10 所示。

表 8-10　使用量赋分

分值	0	1	2	3	4	5
标准/（t/a）	<1	1~10	10~100	100~1000	1000~10 000	>10 000

(6) 生物降解性

通常生物降解性用生物转化和生物降解系数（K_b）来表示。生物降解性参数资料不全，按照分解、无数据、不分解或很难分解三级赋分，通过污染物类比方式对无数据污染物适当赋分。生物降解性赋分表如表 8-11 所示。

表 8-11 生物降解性赋分

分值	1	2	3
标准	分解	无数据	不分解或很难分解

(7) 生物累积性

生物累积性一般采用生物富集系数（BCF）评价，对于没有数据的污染物采用化合物在正辛醇和水中分配值类比（K_{ow}）确定分值，分三级赋分如表 8-12 所示。

表 8-12 生物累积性赋分

分值	1	2	3
标准	$\lg K_{ow}<1$	$1<\lg K_{ow}<2$	$\lg K_{ow}>2$
	$\lg BCF<1.5$	$1.5<\lg BCF<3$	$\lg BCF>3$

(8) 溶解度和挥发度

溶解度和挥发度具体赋分标准分别见表 8-13。

表 8-13 溶解度和挥发度赋分

分值	1	2	3
溶解度标准	难溶或不溶于水	微溶于水	易溶于水
挥发度标准	难挥发性沸点>380℃	半挥发性沸点 240~380℃	挥发性沸点<240℃

(9) 一般毒性

一般毒性分为慢性毒性和急性毒性，引入半致死量 LD_{50}（mg/kg）、半致死浓度 LC_{50}（mg/m³）、最小毒性作用剂量参数 TDL_0（mg/kg）、TLC_0（mg/m³）对慢性毒性和急性毒性进行评价，分五级赋分，根据联合国世界卫生组织推荐的毒性分级标准进行一般毒性赋分如表 8-14 所示。

表 8-14 一般毒性赋分

一般毒性赋分	毒性分级	大鼠一次经口 LD_{50}/(mg/kg)	6 只大鼠吸入 4h 死亡 2~4 只的浓度/ppm	兔涂皮时 LD_{50}/(mg/kg)	对人可能致死量/(g/kg)	对人可能致死总量/(g/60kg 体重)
5	剧毒	<1	<10	<5	<0.05	0.1
4	高毒	1~50	10~100	5~44	0.05~0.5	3
3	中等毒	50~500	100~1000	44~350	0.5~5	30
2	低毒	500~5000	1000~10 000	350~2180	5~15	250
1	微毒	>5000	>10 000	>2180	>15	>1000

注：1ppm=1×10^{-6}。

(10) 特殊毒性

特殊毒性即致癌性、致畸性和致突变性，赋分标准见表8-15。

表8-15 致癌性、致畸性、致突变性赋分

分值	0	1	2
致癌性标准	无致癌性	按RTECS标准致肿瘤	按RTECS标准致癌或人类致癌
致畸性标准	无致畸性	具有生殖毒性	受试动物致畸或人类致畸
致突变性标准	无致突变性	微生物实验致突变阳性	人类或动物细胞致突变阳性

按照上述赋分标准对水污染源污染物排放图谱筛选库中所涉及的每一种化学物质分别进行赋分，将每种化学物质筛选指标的分值进行归一化处理，得到归一化分值，然后归一化分值相加得到最后的筛选分数，根据分数的分布以及行业特征初选出优控污染物初始名单。

8.3.2.3 优控物专家复审

复审是由各级领域技术权威组成的专家组对进入筛选的每个污染物进行全面综合审查，目的在于发现筛选过程中不适当的地方，以使筛选结果更准确、更合理。专家可以根据资料和技术经验纠正其在筛选过程中的不合理性和资料的缺乏、定量化处理的误差等造成的误选。根据复审意见得出最终的优控物名单（周文敏，1991）。

案例

某区域重点行业典型企业优先控制污染物筛选

结合环境保护部规定的重污染行业分类以及山东省小清河流域济南段的污染源行业种类，选择钢铁、石化、印染、杂环类除草剂农药、发酵类头孢菌素制药、啤酒酿造、化肥、造纸、化工等9种行业典型企业，对其进行优控污染物的筛选。这些清单为污染源的风险控制和日常监管提供了数据支撑，提高了现有流域水环境监管的有效性和针对性，同时为其他行业优控物清单的筛选和建立提供了方法学上的借鉴。

由于篇幅所限，此处仅以发酵类头孢菌素制药行业为例，其他行业仅给出简单结论。发酵类头孢菌素制药行业的典型代表企业为齐鲁安替比奥有限公司简称安替比奥。按照优控污染物筛选方法，对发酵类头孢菌素制药的水污染物排放图谱进行筛选，得到正常工况和非正常工况下的优先控制污染物名录。

1. 发酵类头孢菌素制药优控物名录及评分

作为制药行业，安替比奥原料、辅料中有机溶剂使用较多，原辅材料、中间产品、循环用溶剂的种类及次生污染物种类较多，明显高于钢铁和化肥行业，检出的有机污染物主要包括：苯酚类、醛酮类、酯类、挥发性卤代烃、醇酸类等；金属元素未检出的较多，除汞元素浓度占标率较高外其他金属元素均处于较低浓度水平。安替比奥优先控制的污染物见表8-3-6。

表 8-3-6　安替比奥发酵类头孢菌素制药优控物名录

(a) 安替比奥正常工况重点控制污染物评分表

中文名称	英文名称	分子式	归一化得分
二氯甲烷	Methylene Chloride	CH_2Cl_2	8.20
乙醇	Ethanol	C_2H_6O	7.93
苯酚	Phenol	C_6H_6O	7.40
三氯甲烷	Trichloromethane	$CHCl_3$	6.87
四氢呋喃	Tetrahydrofuran	C_4H_8O	6.73
3-甲基苯酚	3-methyl-Phenol	C_7H_8O	6.30
甲苯	Toluene	C_7H_8	6.07
乙酸乙酯	Ethyl Acetate	$C_4H_8O_2$	5.87
4-甲基苯酚	4-methyl-Phenol、p-Cresol	C_7H_8O	5.70
2-甲基苯酚	2-methyl-Phenol	C_7H_8O	5.40
丙酮	Acetone	C_3H_6O	5.33
甲基异丁基酮	Methyl Isobutyl Ketone	$C_6H_{12}O$	5.27
汞	Mercury	Hg	4.67
硒	Selenium	Se	3.40
银	Silver	Ag	3.40

(b) 安替比奥非正常工况重点控制污染物评分表

中文名称	英文名称	分子式	归一化得分
二氯甲烷	Methylene Chloride	CH_2Cl_2	8.60
苯酚	Phenol	C_6H_6O	8.20
三氯甲烷	Trichloromethane	$CHCl_3$	7.27
乙醇	Ethanol	C_2H_6O	7.23
苯	Benzene	C_6H_6	7.07
四氢呋喃	Tetrahydrofuran	C_4H_8O	6.33
乙酸乙酯	Ethyl Acetate	$C_4H_8O_2$	6.07
甲苯	Toluene	C_7H_8	6.07
丙酮	Acetone	C_3H_6O	5.93
3-甲基苯酚	3-methyl-Phenol	C_7H_8O	5.90
4-甲基苯酚	4-methyl-Phenol、p-cresol	C_7H_8O	5.90
乙酸甲酯	Acetic acid, methyl ester	$C_3H_6O_2$	5.57
甲基异丁基酮	Methyl Isobutyl Ketone	$C_6H_{12}O$	5.47
苯并噻唑	Benzothiazole	C_7H_5NS	5.37
2-甲基苯酚	2-methyl-Phenol	$C_8H_{10}O$	5.20
二苯基甲醇	alpha-phenyl-Benzenemethanol	$C_{13}H_{12}O$	5.07
镍	Nickel	Ni	5.40
汞	Mercury	Hg	4.87
锰	Manganese	Mn	4.50
氰化物	Cyanide	CN^-	4.00
硒	Selenium	Se	4.00

正常工况下的优控有机物为二氯甲烷、乙醇、苯酚、三氯甲烷、四氢呋喃、3-甲基苯酚、甲苯、乙酸乙酯、4-甲基苯酚、2-甲基苯酚、丙酮、甲基异丁基酮。其中，二氯甲烷、苯酚、三氯甲烷、甲苯属于 US EPA 和中国水环境中优先控制名单中的有机污染物，3-甲基苯酚仅属于中国水环境中 68 种优先控制名单中的有机污染物。

2. 发酵类头孢菌素制药不同工况下优控物对比

安替比奥在非正常工况下优先控制污染物与正常工况排放对比如表 8-3-7 所示。

表 8-3-7 发酵类头孢菌素制药不同工况下优控物对比

工况	不同的优控物	相同的优控物
正常工况	无	二氯甲烷、乙醇、苯酚、三氯甲烷、四氢呋喃、3-甲基苯酚、甲苯、乙酸乙酯、4-甲基苯酚、2-甲基苯酚、丙酮、甲基异丁基酮
非正常工况	乙酸甲酯、苯并噻唑	

两种工况下的优控物基本一致。非正常工况下除二氯甲烷、乙醇、苯酚、三氯甲烷、四氢呋喃、3-甲基苯酚、甲苯、乙酸乙酯、4-甲基苯酚、2-甲基苯酚、丙酮、甲基异丁基酮外，还含有乙酸甲酯、苯并噻唑两种优先控制污染物，这两种物质是原料和辅料中要优先监控的物质。在对重金属污染物的综合评分中可以发现，浓度占标率较高的硒、锰、锌、总铬等由于其毒性赋分较小没有入选优控物，金属汞、锰、总铬、银在整个污水处理工艺中均有一定降解，污水处理工艺能够有效去除重金属的污染。

综上，发酵类头孢菌素制药行业的优控污染物包括二氯甲烷、乙醇、苯酚、三氯甲烷、四氢呋喃、3-甲基苯酚、甲苯、乙酸乙酯、4-甲基苯酚、2-甲基苯酚、丙酮和甲基异丁基酮，应急优先控制污染物增加了乙酸甲酯和苯并噻唑。

3. 某区域重点行业典型企业优控污染物种类

应用本研究建立的优先控制污染物筛选方法，得到 9 个行业典型企业的优先控制污染物名录，基本符合企业的情况，证明筛选方法有效实用。将所研究的典型行业的优控物进行汇总，见表 8-3-8。

表 8-3-8 重点行业典型企业优控污染物种类

(a) 正常工况

行业类别		优先控制污染物
合成氨化肥		2,4-二叔丁基苯酚
钢铁行业	焦化	苯酚、镍
	联合钢铁	2,3,4-三甲基-3-戊醇、镍
炼油行业		苯酚、3-甲基苯酚、(2-噻吩硫基) 丙酮
印染行业		3-氯苯胺
发酵类头孢菌素制药行业		二氯甲烷、三氯甲烷、甲苯、四氢呋喃、苯酚、3-甲基苯酚、4-甲基苯酚、2-甲基苯酚、乙酸乙酯、丙酮、甲基异丁基酮

续表

(a) 正常工况	
行业类别	优先控制污染物
杂环类除草剂农药行业	3-甲基苯酚、汞
造纸行业	三氯甲烷、2,6-二甲氧基苯醌、三氯乙醇
精细化工行业	3-甲基苯胺、邻苯二甲酸二丁酯
城市综合污水处理厂	邻苯二甲酸二异丁酯、2,1″-亚甲基-联苯酚、4,3″-亚甲基-联苯酚
(b) 非正常工况	
行业类别	应急优先控制污染物
合成氨化肥	苯酚、2-甲基苯酚、3-甲基苯酚、4-甲基苯酚、甲苯、二甲苯
钢铁行业 焦化	苯酚、2-甲基苯酚、4-甲基苯酚、2,4-二甲基苯酚、1-萘酚、2-萘酚、苯胺、萘胺、四氯乙烷、苯胺、丙烯腈、喹啉、1,1,2,2-四氯乙烷、镍
钢铁行业 联合钢铁	苯酚、2,6-二叔丁基苯酚、镍
炼油行业	苯系物：苯、甲苯、对二甲苯、邻二甲苯； 萘系物：萘、一甲基萘、二甲基萘、十氢萘、四氢化萘； 苯酚类：苯酚、2-甲基苯酚、3-甲基苯酚、4-甲基苯酚； 苯胺类包括：苯胺、2-甲基苯胺、3-甲基苯胺、4-甲基苯胺； 酮类：丙酮、2-甲基丁酮、2-丁酮； 醇酸类：2-甲基丙醇、乙酸、2,5-二氯苯甲酸； 有机氰化物：乙腈、2,4,6-三甲基苯异氰酸酯； 其他类别：2,4-二甲基吡啶、环己烷； 重金属：镍、汞。
印染行业	苯酚、4-甲基苯酚
发酵类头孢菌素制药行业	二氯甲烷、苯酚、三氯甲烷、四氢呋喃、3-甲基苯酚、甲苯、乙酸乙酯、4-甲基苯酚、2-甲基苯酚、丙酮、甲基异丁基酮、乙酸丁酯、苯并噻唑、镍
杂环类除草剂农药行业	苯酚、苯、三氯甲烷、2-溴-苯乙酮、N-乙酰基-2,5-二甲氧基-4-甲基苯丙胺、四氢呋喃、3-甲基苯酚、2,3-二氯苯甲腈、乙酸、2-溴-5-甲基苯酚、3,5-二甲基吡啶、3,4,5-三氯苯胺、N,N-二甲基胺、3,4,5-三氯苯酚、3-乙基苯酚、4-甲基苯酚、α-苯基苯甲醇、3,4-二甲基苯酚、2-氨基-1-丙醇、4,4′-联吡啶、镍、汞
啤酒酿造行业	苯酚、乙醇、乙酸
造纸行业	苯酚、三氯甲烷、1,3-二氯-2-丙醇、2-硝基丙烷、1-甲基-2-亚甲基环己烷、4-羟基-3-甲氧基苯乙酮、4-羟基-3′,5,-二甲氧基-乙酰苯、十六烷酸
精细化工行业	苯酚、二氯甲烷、乙醇、苯、三氯甲烷、2-甲基苯酚、乙醛、2-羟基对甲基苄醇、氯乙酸、2-呋喃甲醇（糠醇）、2-羟基苯甲醛、丙酮、2,2-二甲基-3-己醇、1,3-二氯-2-丙醇、N-甲基烟酰胺、1,3-二氢异苯并呋喃、2-氯苯酚
城市综合污水处理厂	己酸、苯基丙二酸、十八烷酸、十六烷酸、3-乙硫基-3β,5α-胆甾烷、戊酸、2-甲基苯酚

8.3.3 污染排放动态清单的编制

源清单（emission inventory，EI）是指在特定地理区域、特定时间间隔内，各类污染源排放的各种污染物的种类和数量的综合清单。一个完整的源清单应当包括：清单需要的背景信息、地理区域的相关描述、各类污染源污染物排放量估算表格、各类污染源的详细描述及数据收集和估算的方法等（图8-9）。

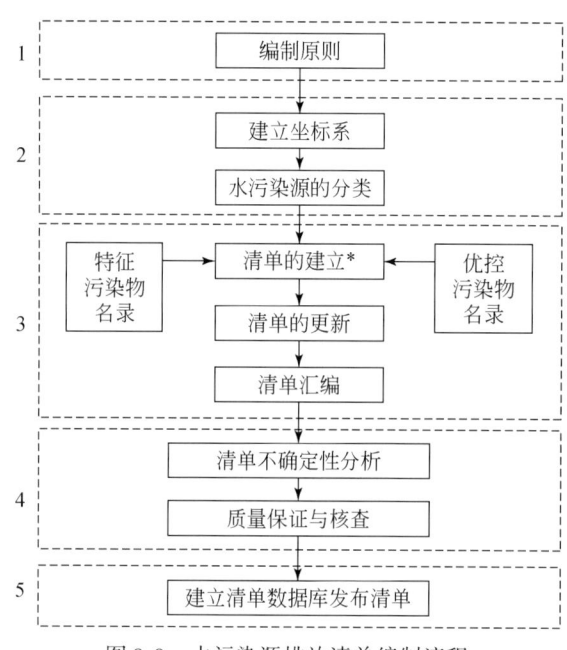

图 8-9　水污染源排放清单编制流程

8.3.3.1 排放清单编制原则

编制工作遵循的原则主要有：

1）中立性。清单只负责显示实事求是的数据与报告，不代表任何一方的利益关系，这样就能保证清单报告的科学性。

2）规范性。清单编制要按照既定的模式和制度进行，在人员分工、组织结构、编制方法等方面都有明确的成文规定（宋翔宇，2006）。

3）有效性。清单编制的目的是为水污染物减排提供有力的依据，因此，清单编制力求客观、直观地展现水污染物排放的结果，保证数据的有效性与实用性。

4）完整性。清单编制要保证数据来源、存档和人员结构的完整性。

5）一致性。要求不同年份和类别估算不同结果反映排放量的真实差别。对所有年份，清单的年度趋势应尽可能运用同一方法和同样的数据来源计算，应以反映排放量或去除量的真实年度波动为目的，这种真实的年度波动应不受不同方法学带来的变化影响。

8.3.3.2 坐标系的建立

根据水文资料和现场调查，确定流域上下游控制断面之间的汇水区域范围，将控制断面的汇水区域划分为 1 km × 1 km 网格。排放清单要求每一个污染源都要注明准确的网格坐标，以便建立 GIS 数据库和进行环境质量的模拟。

坐标系的建立有两种方式：有行政区和市区电子地图的，由图形工作室建立统一的网格坐标系，分别绘制城市控制区和城区控制区分图；如没有电子地图，要在足够大的行政区（含县域部分）地图、市区行政图（或街区图）建立同一坐标原点的网格坐标系。要特别注意：该类地图的图距与实距之比必须是正确的；否则，在转换为经纬度坐标时，会产生错误。

8.3.3.3 源清单中源的分类

为对排放清单中源进行科学的分类，既要考虑各类排放源的行业特征和工艺特征，又要考虑环境管理部门的环境管理要求，编制流域水污染排放清单时，源的分类要满足以下要求：

①流域功能区生态功能要求；②本区域环境管理要求；③排放源的识别性要求；④尽量符合现有国民经济门类分类方法；⑤实用性、可比性。

基于以上要求，我们对排放清单中源进行以下分类：第 1 级，分为工业源、生活源、农业源；第 2 级，工业源按《国民经济行业分类》（GB/T 4754—2011）中的大类进行分类，包括采矿业、制造业、电力、燃气及水的生产和供应业 3 个门类中 41 个行业的全部工业企业（不含军队企业）；第 3 级，按《国民经济行业分类》（GB/T 4754—2011）中的小类进行分类，主要以生产某一种产品或某一类产品为主；第 4 级，为第 3 级下不同的生产工艺分类。水污染源分类如表 8-16 所示。

表 8-16 水污染源排放清单中源的分类示意

第 1 级	第 2 级	第 3 级	第 4 级
工业源	饮料制造业	啤酒制造	发酵
			过滤
			糖化
			杀菌
		白酒制造	
		⋮	
	石油加工、炼焦及核燃料加工业	原油加工及石油制品制造	常减压
			催化裂化
			加氢裂化
			⋮
		炼焦	焦化
		⋮	
	化学原料及化学制品制造业	肥料制造	合成氨
			磷肥
			钾肥
			⋮

第1级	第2级	第3级	第4级
工业源	化学原料及化学制品制造业	农药制造	杂环类农药
			有机氯农药
			有机硫农药
			有机磷农药
			生物类农药
			菊酯类农药
			磺酰脲类农药
			苯氧羧酸类农药
			⋮
	⋮		
生活源	污水处理厂		
	生活垃圾填埋场		
农业源	种植业	化肥污染	
		农药污染	
		农膜和秸秆污染	
	畜禽养殖业		
	水产养殖业		
	农村居民生活污染源		

8.3.3.4 清单的建立与更新

水污染源排放清单应既能反映源的行业特征又能反映源的风险特征，不再按照统一的污染物指标建立排放清单，而是将污染源特征污染物和优控物污染物作为其流域排放清单，建立思路见图8-10。

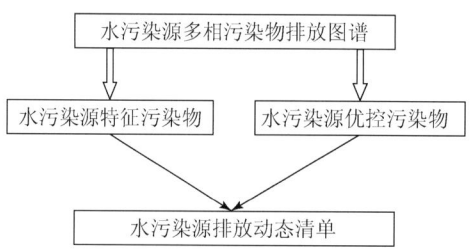

图8-10 水污染源排放清单的建立思路

清单既要涵盖污染源的要素，又要包括排放的污染物数据信息，并建立起数据之间的数学关系，这是准确、快速编制污染源排放清单的基础；数据以产污装置为基本单元，每年只需对基本单元的变动予以更改，便会形成新时段的清单数据。清单的污染物指标应包括常规污染物、有机污染物和金属污染物等。

清单数据获得的途径有：国家和地方环保部门、国家污染源普查项目数据库、统计调查、在线监测、离线实测，还可从企业的排污许可、日常监督、其他企业推导数据中获得。实测法可参照水污染源排放图谱建立技术、水污染源优先控制污染物筛选技术执行。

根据水污染源类型的不同采用不同的估算模型进行排放量的评估，或采用实测方法获得排放量。对工业污染源的调查采用重点调查与科学估算相结合的办法，重点调查单位逐一填报调查表，非重点调查单位打捆估算。

污染源排放清单的更新包括污染物名单和排放量的更新。将新增或消失的污染源进行统计，保持污染源名单与实际情况的一致性。某水污染源改变生产原料、生产工艺、生产条件、水处理工艺等任一条件都会导致排放的污染物种类发生改变，此时要进行污染物种类的更新。关于排放量的更新，要充分利用各项排污申报监测、监督监测、三同时验收监测、在线监测等各种来源监测数据，及时跟踪国家/地方排放因子的修订及相关研究，修正产排污系数。

8.3.3.5　排放清单编制与分析

在污染源数据获得的基础上编制排放清单，将污染源、排放因子等数据建立污染排放相关数据库，通过地理信息系统（GIS）处理，综合污染源空间分布和时间排放规律信息，形成有时、空分布特征的网格化流域水污染物排放清单。排放清单从污染物排放的技术角度，以一种简捷的方式给出每个污染源的名称、序号、坐标，以及排放源的物理特征参数、排放量及其特征参数，体现污染物排放的时空特性。

编制的排放清单需要进行不确定性分析。不确定分析涉及对输入数据（排放因子和活动水平）和总清单的不确定性识别。不确定分析方法包括概率分析、自展抽样（bootstrap simulation）、专家判断以及蒙特卡罗方法等。

为保证排放清单的质量，对采用实测方法获得的数据要进行数据有效性的分析，并剔除异常数据。由地方环保部门对上报数据进行审核，完成所有必要的纠错。清单编制机构对上报数据进行再审核与处理。

8.3.3.6　数据库建立与清单发布

清单数据库的建立和清单数据的发布也是源清单编制的重要组成部分。源清单数据收集的最终目的是为了评估环境质量、监督企业排污行为、检验环境政策的有效性等。因此所获得的数据需要共享，一般由政府通过建立清单数据库的方式来保存和发布清单数据。

8.4　水环境污染物排放负荷核定

水环境污染物排放负荷核定是以水环境污染源调查与监测为基础，来核定某一排放源乃至某一流域水环境污染物排放数量的过程。其意义是通过对污染物排放数量的核定，为总量控制的实施提供科学和公正的依据。水环境污染物排放负荷核定方法通常有实测法、单位负荷法、数学模型法、输出系数法等。不同污染源排放负荷的核定应采用与之相适应的排放负荷核定方法（图8-11）。

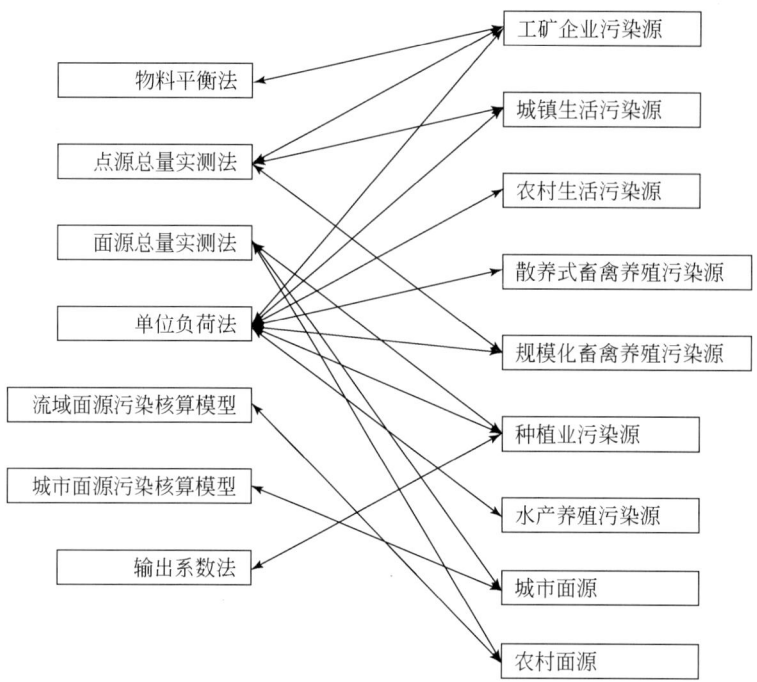

图 8-11 排放负荷核定方法与污染源类型的搭配关系

8.4.1 实测法

污染物排放量实测法的原理比较简单，实质上就是污染物排放浓度与流量的乘积。某一时间点上，污染物的排放量是该时间点污染物排放浓度与流量的乘积；在一个时间段里，污染物的排放量是各个时间点污染物排放量的累加；当监测时间间隔足够短时，则可以看做一个时间段里污染物排放总量为排放量曲线对时间的积分（李怀恩，2000）。由于监测时生产工况对核算一定时期污染物排放总量影响较大，所以需对污染源排放量实测法进行优化，可以从以下两个方面考虑：一是优化排放量测算公式，加入能够反映污染物排放水平的参数以修正排放量测算结果，从而使有限时间段内的监测结果能够代表较长时间段的情况；二是提高监测频次，缩短监测时间间隔，通过累加每次监测所得的排放量，得到排放总量。按污染源排放空间分布方式的不同，实测法可分为点源总量监测方法和面源总量监测方法两种。

8.4.1.1 点源总量实测法

（1）传统的点源手工监测数据总量测算方法

1）污染物日排放量。

对于某一天的废水污染物排放量，可根据被监测企业排污口的排放浓度和排放流量计算，公式如下：

$$P_d = C \times Q \times 10^{-3} \tag{8-13}$$

式中，P_d 为排放口某污染物日排放量，kg；C 为该排放口某污染物日平均浓度（一天监测多次时取均值），mg/L；Q 为该排放口日废水排放量（取每小时流量均值乘以生产小时数），m^3。

2）污染物一段时间的排放量。

对于某一段时间的废水污染物排放量，可用污染物日排放量乘以计算所用时间段，公式如下：

$$P_s = C \times Q \times T \times 10^{-3} \tag{8-14}$$

式中，P_s 为排放口某污染物一段时间的排放量，kg；T 为计算时段内该排放口对应的企业排放天数，d。

用式（8-14）计算一段时间内污染物的排放量，是建立在一定的前提条件下的：当监测当天的污染物排放情况代表计算时段内污染物排放平均水平时，或排污口排放水平恒定时，可用监测当天的排放量乘以生产天数计算污染物排放量。

（2）考虑工况校核的点源手工监测数据测算总量方法

传统方法中的前提条件，在现实中往往很难满足。因此，若能将影响污染物排放总量的主要因子纳入计算公式，建立排放总量与生产工况的关系，则可以不考虑监测数据是否能代表排污单位平均排放水平的问题。污染物排放总量的影响因子主要有生产负荷、污水回用率、处理设施处理效果等因素。

1）生产负荷校核。

用监测当天的排污量除以当天的生产负荷，得到该排污口 100%生产负荷时的排污量，再乘以计算时段内的平均生产负荷，获得日平均污染物排放量，再乘以生产天数，即可获得计算时段污染物的排放总量。公式如下：

$$P_s = \left(P_d \times \frac{1}{F} \times G\right) \times T \tag{8-15}$$

式中，P_s 为计算时段内该排放口某污染物排放量，kg；F 为该排放口对应的监测当日生产负荷，%；G 为计算时段内该排放口对应的企业平均生产负荷，%；T 为计算时段内该排放口对应的企业生产天数，d。

生产负荷可通过产品产量计算，日生产负荷计算如下：

$$F = \frac{R_d}{R_0} \tag{8-16}$$

式中，R_d 为监测期间该排放口对应的产品产量；R_0 为该排放口对应的监测期间产品设计产量。

计算时段的企业平均生产负荷可用下式计算：

$$G = \frac{R_s}{(R_0 \times T)} \tag{8-17}$$

式中，R_s 为计算时段内该排放口对应的产品产量。

同一产排污工艺或者多个产排污工艺（相互串联）可由最终工艺一种或多种体现原辅材料消耗的主要产品量表征工况。

2）污水回用率修正。

污水回用给污染物总量核算过程中生产负荷和总排口污水排放量建立线性关系带来困难，此时总排口污水排放量不能代表生产负荷的高低，要精确计算此类企业的污染物排放量，必须考虑直接或间接取得污水回用量，进一步计算出回用污水占污水总量的百分比，

即污水回用率，污水回用率用 H 表示，此时，污染物排放量计算公式可表示为

$$P_h = P_s \times (1 - H) \tag{8-18}$$

式中，H 为污水回用率；P_h 为计算时段该排放口某污染物经污水回用校正后排放量，kg；P_s 为计算时段该排放口某污染物经污水回用校正前排放量，kg。

3）处理设施处理效果修正。

在处理设施运行正常的情况下，用监测数据核算计算污染物排放总量，监测数据本身已经体现污水处理设施的处理情况，监测数据是一定生产负荷下生产工艺产污、处理设施处理等情况的综合体现，因此可以把处理设施看做生产工艺的一部分，不予考虑。但是在污水处理设施运行不正常的情况下，如果直接用此时的监测数据核算污染物排放量，就会造成较大误差；如果发现监测数据和历史数据有明显异常，此次监测数据就单独进行总量计算。污水处理设施非正常运行期间排放量按照排放口浓度乘以流量的方法单独计算，计入总排放量。

研究过程中对监测数据分析发现，有部分企业的污水处理设施运行正常，但污水处理站出口的水质波动较大，如元首针织和蓝星石油，此类企业进行总量监测时，应采用延长监测时间并提高监测频次的方法来减少污水处理设施正常出水波动对总量测算造成的影响。

（3）基于连续自动监测数据的总量测算方法

根据对缺失数据的处理方式不同，可以用两种方法计算污染物排放总量：补全数据序列法累加法（对缺失数据进行补全，基于补全的数据进行累加求和）；平均值法（不对缺失数据进行补充，基于有效监测数据的平均值计算排放总量）。

1）补全数据序列法累加法。按照自动连续监测的频次要求，对所有缺失数据按照一定的方法进行补充，形成一套完整序列的连续数据，对每个时间段按照浓度乘以流量的方法得出各个时间段的排放量，从而累加得出污染物排放总量。该方法的前提是获得完整序列的连续数据，从而需要对缺失数据进行补充。其中缺失数据既包括由于各种原因没有记录的数据，也包括由于数据无效而剔除的数据。按照《水污染源在线监测系统数据有效性判别技术规范》（试行）（HJ/T 356—2007）中的方法进行数据补缺。

2）平均值法。根据获得的有效监测数据计算污染物浓度的流量加权均值，以污染物平均浓度和平均废水流量以及生产运行时间的乘积作为这一时段的污染物排放量。由于平均法考虑的是测算时段污染物浓度以及流量的平均水平，因此运用此方法计算总量，仅需连续自动监测数据中的有效数据即可，不需要对缺失的数据进行补缺。同时，利用此方法计算总量需要获得企业的排放时间。

8.4.1.2 面源总量实测法

与数学模型计算方法相比，基于监测数据的总量测算方法无须长时间收集大量的数据资料，可制定有针对性的监测方案，避免模型使用中产生的"失真"问题（马飞，2006）。

由于区域面源污染主要是在降雨径流与地表污染物的相互作用下形成的，所以其污染过程就是地表累积污染物受降雨及其形成的径流的溶解、冲刷作用，最终排入受纳水体的过程。根据区域面源地表累积—降水—径流冲刷—输送—受纳水体的污染过程，可以将区域面源排放和体现划分为三个不同的尺度。区域径流首先在不同下垫面上形成，并通过冲刷的方式形成区域面源。下垫面范围的区域面源是最小尺度的面源体现，也是区域面源的

直接体现（侯培强，2009）。一定汇流区域内，不同下垫面的径流最终汇流，在这个尺度范围内，区域面源为该汇流区域内不同下垫面区域面源的综合体现，是区域面源中观尺度的体现。整个区域范围内，所有汇流区域面源是区域面源较大尺度的体现。径流冲刷是区域面源污染产生的源区，而雨污/雨水管网的输送是区域面源污染一定程度的汇流，地表水体则是区域面源的最终受纳水体。针对区域面源三个不同尺度的体现，理论上可以采取三种方法开展面源监测：基于下垫面源区径流的监测、基于雨污合流排放口或雨水排放口的监测及基于区域受纳地表水体水质变化的监测。这三种方法分别对应区域面源污染过程中的径流冲刷、输送、排放至受纳水体三个环节，见图8-12。

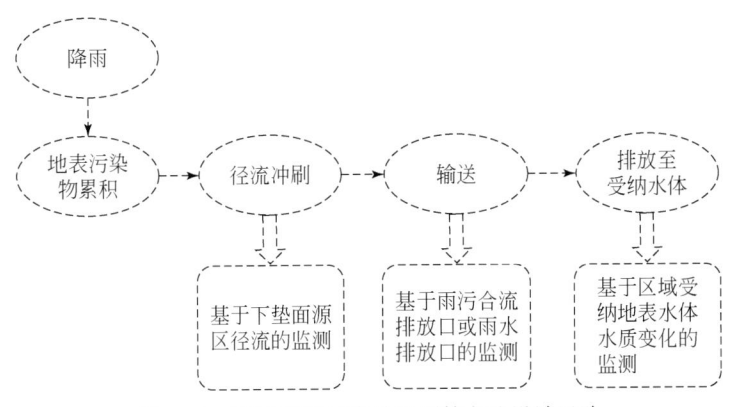

图8-12 区域面源污染总量测算方法设计思路

（1）基于下垫面源区径流的监测

首先，将区域范围按照水文效应和面源污染特性的不同划分为若干类的下垫面；其次，每类下垫面中选取一定比例的点进行排放量监测；最后，根据选取的典型点位的监测结果，推算整个区域范围的面源污染物排放量。

（2）基于雨污合流排放口或雨水排放口的监测

通过监测一定汇流区域内雨水或雨污水中污染物排放量，从而得出该汇流区域内的面源污染物排放量，进而推算整个区域面源的污染排放总量。根据由汇水区域向整个区域推广的方法不同，可以将该方法分为两种：

1）比例推算法：通过监测获得典型汇流小区雨水/雨污合流排放的污染物浓度和流量，同时调查典型汇流小区总面积占整个区域建成区总面积的比例，根据典型汇流小区占整个区域建成区面积的比例，由监测结果推算整个区域面源污染排放总量。

2）单位综合下垫面排放强度法：由典型汇流小区的污染物排放量推算整个区域的面源污染物排放量，则需要获得单位综合下垫面面源污染物的排放量。单位综合下垫面面源污染物的排放量是指将典型汇流小区总的污染物排放量除以该小区综合下垫面面积。综合下垫面面积是指不同下垫面的加权求和结果。权重为：每种下垫面次降雨径流平均浓度与单位面积雨水径流量的乘积：各类下垫面次降雨径流平均浓度与单位面积雨水径流量的乘积。

（3）基于区域受纳地表水体水质变化的监测

通过监测区域径流流入的目标河流上下游的水污染物排放通量获得区域面源的排放量情况。由于降雨形成径流时间短，受纳水体的流程也短，所以基本可以不考虑这一河段的自净能力。因此，在降雨期间对区域上游、下游地表水体的水质、流量进行实时监测，从而测算区域面源污染物总量（孙静云，1987）。

8.4.2 单位负荷法

单位负荷法是排污负荷核定中使用较为广泛的一类方法，即分别计算各类污染源单位计量参数（如人口数、产品量、面积、体积）单位时间产生的污染负荷，再求和，得到负荷总量的方法。由于不同类型污染源的特征参数不同，所以下面分别介绍各类污染源排放负荷核定的单位负荷法。

(1) 工业源单位负荷法

工业源排放负荷核定可采用如下公式：

$$G = K \cdot \omega / 1000 \tag{8-19}$$

式中，G 为某行业某企业生产某类产品所排放的废水中某污染物年排放量，t/a；K 为某行业生产某类产品的某污染物排放系数，kg/t；ω 为某行业某企业某类产品的年产量，t/a。

(2) 生活源单位负荷法

生活源排放负荷核定可采用如下公式：

$$H = K \cdot n / 1000 \tag{8-20}$$

式中，H 为某区域居民生活所排放的废水中某污染物年排放量，t/a；K 为某区域每人每日排污量，kg/(人·d)；n 为某区域居民人口总数，人。

(3) 面源单位负荷法

面源排放负荷核定可采用如下公式：

$$L = \sum_{i=1}^{n} L_i = \sum_{i=1}^{n} X_i A_i \tag{8-21}$$

式中，L 为各土地类型总污染负荷量，kg/a；L_i 为第 i 种土地类型污染负荷量，kg/a；X_i 为第 i 种土地类型单位负荷，kg/(km²·a)；A_i 为第 i 种土地类型的总面积，km²。

$$X_i = \alpha_i F_i \gamma_i P \tag{8-22}$$

式中，α_i 为污染物浓度参数，kg/(cm·km²)；γ_i 为地面清扫频率参数；P 为年降水量，cm/a；F_i 为人口密度参数。

8.4.3 数学模型法

数学模型法主要应用于面源污染排放负荷的核定，目前面源污染模拟的数学模型较多（于涛，2008；郑一，2002），常用于流域面源污染源模拟的有 SWAT 模型、AnnAGNPS 模型等（李怀恩，1997），常用于城市面源污染源模拟的模型有 SWMM、Wallingford、STORM、DR3M-QUAL、MOUSE、SLAMM 等。

8.4.3.1 流域面源污染核算模型

(1) SWAT 模型法

SWAT 模型是一个空间分布式、连续模拟的流域尺度模型，用来预测具有各种土壤、土地利用和管理条件的复杂大流域内土地管理措施对水、泥沙和农业化学产出的长期影响。到目前为止，SWAT模型的有效性已经得到国内外许多研究项目和研究者的证明，模型已经广泛应用于许多区域性项目和不同尺度的研究项目中，涉及流域的水量平衡、河流流量预测、非点源污染及关键源区识别、非点源污染控制和评价等诸多方面（Lee，1979）。

构建SWAT模型需要以下6个步骤：① 构建属性数据库空间数据库；② 依据DEM数据划分汇水关系；③ 加载土地利用和土壤分类数据；④ 划分子流域；⑤ 划分水文响应单元（HRU）；⑥ 率定和验证模型的水文、泥沙和水质模拟等重要参数。

（2）AnnAGNPS模型法

AnnAGNPS是从AGNPS单场次降雨模型发展而来的，其兼有连续模拟与分布式模型的优点。模型不再沿袭AGNPS均等划分网格的方法，而是按流域水文特征进行一定的集水单元划分，更适合水文边界的不规则形状。采用RUSLE来模拟各网格的土壤侵蚀过程。AnnAGNPS模型以日为步长连续模拟一个时段内每天累计的径流、泥沙、养分、农药等输出结果，也可以用于评价流域内非点源污染的长期作用。模型可以对整个流域或流域内任何单元的状况进行描述、模拟和评价，计算点源、畜牧养殖场产生的污染物、沟谷、水坝集水坑对径流、泥沙、营养盐农药产生的影响。

8.4.3.2 城市面源污染核算模型

（1）SWMM

SWMM（Storm Water Management Model）是最早提出广泛应用于城市暴雨及排水系统中模拟水量、水质变化的模型之一。对雨水排水系统、合流制排水系统、城市自然排水系统都可以进行水量和水质的模拟，可以模拟完整的城市降雨径流过程，包括不透水区域地表径流、透水区域土壤侵蚀和下渗过程、排水管网中的溢流过程等。SWMM可以模拟生化需氧量（BOD）、化学需氧量（COD）、大肠菌群、总氮（TN）、总磷（TP）、总固体悬浮物（TSS）、可沉淀固体物质、油类等污染物及用户自定义污染物。SWMM考虑大气沉降的污染输入，但在排水系统中不考虑各类污染物之间的相互作用。模型在不透水区域提供幂函数、指数函数和饱和函数三种污染物累积模型，也可以直接输入已知的污染物累积量时间系列；对污染物冲刷过程提供指数函数、比例曲线关系和次降雨平均浓度三种冲刷模型。对透水区域，采用通用土壤流失方程（RUSLE）计算土壤侵蚀，并通过Horton公式、Green-Ampt入渗模型和SCS-CN值计算下渗和地表径流量。

构建SWMM需要定义详细的排水系统内部关系，如排水管道埋深、管道断面形状、管道粗糙系数、管道长度、汇水区域与排水管道以及排水管道之间的连接关系、管道坡度、提升泵站位置及水位变化关系、截流井位置及截留倍数等，同时需要输入模型降雨或降雪时间系列、最大污染物累计量、冲刷效率、清扫频率和清扫效率等参数。需要实测的数据来率定模型参数和验证模型，模型应用的准确度很大程度上取决于对模拟区域排水系统的了解以及是否有较好的实测数据来验证模型（赵剑强，2002）。

（2）Wallingford Model

沃林福特模型（Wallingford Model）于1978年由英国沃林福特水力学研究机构开发，包括降雨径流模型（WASSP）、简单管道演算模型（WALLRUS）和完整管道演算模型（SPIDA）以及水质模拟模块（MOSQITO），模型可以模拟暴雨和污水系统或者雨污合流污水系统，早年就广泛应用于暴雨设施的运行、设计和规划中（尹澄清，2009）。Wallingford模型径流模块采用修正合理化公式，可以将雨量图定义为输入，或用深度-历时-频率关系和修正的芝加哥模型建立人工设计暴雨。程序提供5个前期土壤湿度模型，径流靠不透水区、屋面和透水区域之间的分布降雨来估计，径流量取决于地面类型、流域坡度、洼蓄的初始损失和渗透的连续损失，地表径流的衰减模拟采用非线性水库汇流方法。管网中的径流演算采用马斯京根法和San Vernant方程，并运用小时步长法和隐式数学求解方法优化运行时间，确保数学稳定性，压力管道用忽略局部加速度的San Vernant方程，由隐式有限差分法求解。

Wallingford模型在污染物传输过程主要考虑推流项而忽略弥散项，可以模拟侵蚀和沉淀过程（包括管道中的沉淀）。管网系统中的检修井、溢流、泵井及贮水设备都可以进行模拟。模拟的污染物包括沉淀物及BOD、COD、氨氮、TN、TP等污染物，不透水表面污染物的积累量用基于时间的经验方程估算，冲刷量采用一级冲刷动力学模型模拟。

（3）STORM

STORM（Storage Treatment Overflow Runoff Model）由美国陆军工程兵团水文工程中心1977年开发，主要用于模拟城市区域雨水和合流制排水系统的暴雨径流和污染负荷，可以按小时步长进行多场降雨连续模拟，也可以用于模拟单场暴雨过程，模拟得到水量过程和水质过程。STORM把研究区域划分为多个子汇水区域，到达某个子汇水区域的径流仅仅是上游子汇水区域径流的简单累积，没有考虑汇流演算过程。STORM能模拟SS、可沉淀物质、BOD、TN、正磷酸盐和大肠杆菌6种污染物，但不考虑污染物之间的相互作用和转化。在城市不透水区域，STORM提供线性污染物累计函数和污染物占干期累积泥沙一定比例两种累积模型，冲刷模型采用一级衰减动力学模型。在透水区域，采用通用土壤流失方程（USLE）计算土壤侵蚀。模型输入信息包括水文气象、土地利用、累积和冲刷系数等参数，输出信息包括地表径流过程线和场次或长期的污染负荷。

（4）DR3M-QUAL

DR3M-QUAL（Distributed Rainfall Runoff Routing Model-Quality）由美国地质勘查局（USGS）开发，可用于模拟和预测城市区域的降雨、径流、水质变化过程。该模型把城市区域看做一个由坡面流、河道、排水管道和蓄水水库组成的系统，采用运动波方法进行地表径流汇流演算，最小时间步长可短至1min，较适合于小城市区域的应用，模型不仅可以模拟单场降雨过程，也可以模拟一组暴雨过程。模型可用于模拟TN、TP、TSS和金属4种污染物，但不考虑污染物之间的相互作用。在不透水区域，模型采用指数函数模拟污染物累积和冲刷过程，考虑街道清扫对污染物的清除作用。在透水区域，采用通用土壤流失方程计算土壤侵蚀过程。模型输入信息包括水文气象、土地利用、累积和冲刷系数、街道清扫等参数，可以模拟输出暴雨径流过程线和场次降雨污染物负荷。

（5）MOUSE

MOUSE（Model Sewers for Urban Sewers）是丹麦水力学研究所（DHI）推出的用于模拟城市地表径流、排水管道中径流运动的城市暴雨径流模型，后来又发布增加污染物模拟模块的MOUSETRAP。该模块能够模拟泥沙和溶解态、颗粒态污染物的运动以及管道中水质变化过程和微生物的降解过程。模型能模拟DO、BOD、COD、溶解态氨、溶解态磷、悬浮泥沙和推移质、用户自定义的溶解态和吸附态金属、水温和三种细菌等水质参数。

地表径流污染模块用于模拟汇水区域表面上的污染物传输过程，模拟不透水区域颗粒态污染物的累积和冲刷过程，以及在低洼冲沟处的溶解态污染物。泥沙模块（ST）、对流扩散模块（AD）和水质模块（WQ）用于模拟污染物在排水管道中的传输过程。模型可获得研究区域内任何地点的污染物过程线，并能开展统计分析和汇总输出。

（6）SLAMM

SLAMM（Source Loading And Management Model）是20世纪70年代中期美国学者Pitt等开发的用于城市非点源污染物识别和控制模拟的非点源污染模型。SLAMM可以模拟TP、TN、DO、TSS、泥沙和金属等污染物。在透水区域和不透水区域，模型采用降水量减去截留量和入渗量，计算地表径流量，污染物的累积和冲刷均采用指数型模型。模型输入信息包括降水量、土壤类型、土地利用类型、排水系统特征以及控制设施和措施等，输出内容包括径流量、污染物浓度、污染物负荷等。SLAMM可以模拟多种控制管理设施和措施（包括污染源、排水系统和出口）的污染物截留和去除效果，还可以进行输入参数的不确定性分析。

案例

基于SWMM的城市非点源污染负荷核算

1. SWMM 构建

通过对新河浦社区的地形高程和管网流向分析，初步确定一个较为闭合的排水区域（图8-4-1）。研究区域总面积为12.27 hm²。在划分子流域的时候主要考虑发生在子流域上的降水从何处汇入排水管网，即一个汇入点所控制的范围就是子流域。图8-4-2和图8-4-3为研究区域概化后的结果。

图8-4-1　研究区域范围

图 8-4-2　新河浦社区管网概化结果

图 8-4-3　子流域划分结果

黑线为子流域的分水线；方形黑点为子流域的中心，在模型中代表子流域

2. SWMM 参数率定

SWMM 参数见表 8-4-1～表 8-4-3。考虑到汇流区漫流宽度是冲刷函数的一个乘数因子，故各子流域的汇流区漫流宽度通过采用子流域的面积与汇流区流长作商得到，其中汇流区流长为 87.48m。

表 8-4-1 相关水动力参数

不透水区曼宁系数	0.013	不透水区无洼不透水面积比例/%	25
透水区曼宁系数	0.24	最大下渗率/(mm/h)	72.39
不透水区洼蓄深/mm	1.5	最小下渗率/(mm/h)	3.61
透水区洼蓄深/mm	2.5	渗透衰减系数/d	8.46

表 8-4-2 Buildup 函数参数率定

土地类型	参数	TSS	COD	TN	TP	BOD	氨氮
居住区	最大累积量/(kg/hm²)	180	60	7.5	0.3	10	2
	半饱和累积时间/d	7	7	7	7	7	7
马路	最大累积量/(kg/hm²)	230	110	5	0.2	16	2
	半饱和累积时间/d	4	4	4	4	4	4
绿地	最大累积量/(kg/hm²)	100	40	10	1	20	1.8
	半饱和累积时间/d	20	20	20	20	20	20

表 8-4-3 Washoff 函数参数率定

土地类型	参数	TSS	COD	TN	TP	BOD	氨氮
居住区	冲刷系数	0.008	0.005	0.004	0.015	0.002	0.004
	冲刷指数	1.8	1.7	1.5	1.8	1.7	1.5
	清扫去除率/%	70	70	70	70	70	70
马路	冲刷系数	0.008	0.007	0.002	0.008	0.003	0.002
	冲刷指数	1.8	1.8	1.4	1.6	1.7	1.5
	清扫去除率/%	70	70	70	70	70	70
绿地	冲刷系数	0.03	0.03	0.007	0.042	0.008	0.008
	冲刷指数	1.2	1.2	1.2	1.2	1.2	1.2
	清扫去除率/%						

3. 城市非点源污染负荷验证

用经过场次降雨率定后的模型模拟 2010 年 9 月的新河浦区降雨径流污染负荷。在新河浦社区雨污分流排水管网出口，监测降雨产流后的流量和水质浓度，开展了 5 场具有代表性的次降雨径流和水质同步监测。每场降雨在产流开始的第 1 小时内每 5~10min 测流量并取水样，之后每 20~60min 测流取水样。通过监测的次降雨径流比和污染负荷推求并估算未监测的次降雨污染负荷，得出新河浦社区 2010 年 9 月的监测污染负荷。结果见表 8-4-4。

由表 8-4-4 可以看出，6 项污染负荷指标的相对误差大多在±40% 以内，具有较好的模拟精度，能够用于模拟城市非点源污染负荷。

表 8-4-4　模型月负荷量模拟结果相对误差

水质指标	TSS	COD	BOD	TN	TP	氨氮
实测月污染负荷/kg	1411.40	189.78	21.59	36.48	3.74	8.97
模拟月污染负荷/kg	954.11	236.09	27.96	22.69	2.19	5.87
相对误差/%	−32.4	24.4	29.5	−37.8	−41.4	−34.6

8.4.4　其他核定方法

8.4.4.1　物料平衡法

所谓物料平衡，是指企业生产中物质的守恒与平衡。投入品中某种物质多少，出来的产成品中某种物质多少，这之间应当平衡，如图 8-13 所示。其中，某种物质的流失量即污染物的产生量。

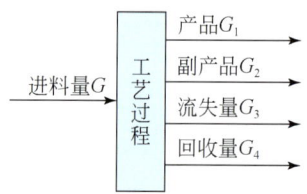

图 8-13　物料平衡法原理示意

因此，污染源排放负荷可采用如下公式计算：

$$G_3 = G - G_1 - G_2 - G_4 \tag{8-23}$$

式中，G_3 为某物质流失量，即污染物产生量，kg；G 为某物质进料量，kg；G_1 为某物质产品量，kg；G_2 为某物质副产品量，kg；G_4 为某物质回收量，kg。

8.4.4.2　输出系数法

输出系数法的其基本方程如下：

$$L = \sum_{i=1}^{n} E_i(A_i(I_i)) + p \tag{8-24}$$

式中，L 为营养物的流失量；E_i 为第 i 种营养源的输出系数；A_i 为第 i 类土地利用的面积或第 i 种牲畜的数量或人口的数量；I_i 为第 i 种营养源营养物输入量；p 为降雨输入的营养物量。

输出系数 E_i 可根据不同土地利用类型来分别处理。对于城市土地利用来说，应考虑居民地及当地人口密度因素对污染物贡献率的差异，可用下式来计算：

$$E_h = D_{ca} \times H \times 365 \times M \times B \times R_s \times C \tag{8-25}$$

式中，E_h 为人口的氮、磷年输出，kg/a；D_{ca} 为每人的营养物日输出，kg/(人·d)；H 为流域的人口数量；M 为污水处理过程中营养物的机械去除系数；B 为污水处理过程中营养物的生物去除系数；R_s 为过滤层的营养物滞留系数；C 为解吸发生时磷的去除系数。

降雨携带的营养物进入受纳水体的量由下式计算：

$$p = c \times R \times a \tag{8-26}$$

式中，c 为雨水本身的营养物浓度，g/m³；R 为流域年降水量，m³；a 为径流系数。

输出系数模型虽然对土地利用类型和营养物来源的分类比较全面，但未考虑产生非点源污染的水文因素年际变化对模型输出系数的影响，以及流域中污染物在输移过程中的损失。为克服这一缺点，国内研究者引入降雨影响系数和流域损失系数两个参数，并将改进的输出系数模型应用于渭河流域。改进的输出系数模型如下：

$$L = \lambda \left\{ \alpha \sum_{i=1}^{n} E_i [A_i(I_i)] + p \right\} \tag{8-27}$$

$$\lambda = \frac{1}{1 + aq^b} \tag{8-28}$$

$$\alpha = \frac{M_i}{\overline{M}} \tag{8-29}$$

式中，α 为降雨影响系数；λ 为流域损失系数；q 为流域年径流模数；a、b 为参数；M_i 为流域第 i 年营养物负荷量；$\overline{M}$ 为多年平均营养物负荷量。

在传统的输出系数模型中引入污染负荷系数 β 这一参数，用以表征降水、产流等将流域产生的非点源污染物转换成流域出口污染负荷的强弱程度。研究发现，污染负荷系数与流域年地表径流模数存在着十分显著的指数正相关关系，因此改进后的模型如下式所示：

$$L = \beta \left\{ \alpha \sum_{i=1}^{n} E_i [A_i(I_i)] + p \right\} \tag{8-30}$$

式中，β 为污染负荷系数，其计算方式为

$$\beta = a e^{bq_i}$$

式中，q_i 为流域年地表径流模数，L/(km²·s)；a、b 为参数。

8.5 小　　结

1）系统总结了水环境污染源类型，水环境污染源可划分工业污染源、城镇生活污染源、农村生活污染源、畜禽养殖污染源、种植业污染源、水产养殖源污染；全面分析了各类污染源的排放去向，为下一步的污染源调查理清了思路。

2）详细提出了各类水环境污染源的调查范围与调查内容，包括水环境污染源的名称、位置，水环境污染物名称、排放量、排放强度、排放方式、排污去向和排放规律等。

3）研究了采样期间生产工况核查与废水流量计监督检查等水污染源现场监测技术，提出了定性和定量相结合的废水样品代表性表征指标，完善了废水流量监测质量保证技术要求；提出了以企业生产负荷、污染设施运行情况为主要核查内容，以原料用量/产品产量、用水量/排水量/回用水量、污泥沉降（污泥浓度）等为核查指标，以生产负荷、污泥沉降比（或污泥负荷）等为表征方式的现场工况核查技术。

4）研究了明渠废水流量计计量检定期间监督检查技术，设计了现场计量检定项目、流量计运行维护情况、生产工况的变化 3 个方面检查内容、8 个具体检查指标，并对每个检查指标提出了检查方法及检查结果的判定与处理，解决了明渠废水流量监测数据有效性

认定的问题,完善了废水流量监测的质控技术。

5)研究了水污染源自动监测系统远程自动质控技术,完善了水污染源在线监测各环节质量保证方法;研究提出了泵流量校核技术,建立了泵流量与总排污流量之间的水平衡数学模型,实现了对企业污水偷排及流量监测数据质量的自动实时监控。

6)研究了基于生产与排放全过程的水污染源排放图谱建立技术,编制了典型行业的排放图谱库;研究制定了详细可行的调查与监测计划,编制了企业综合调查表和水污染物多相监测方案,提出了依据调查和监测结果确定水污染源排放全图谱的方法,建立了反映行业排放特征的污染物的特征图谱解析技术。

7)开展了基于正常工况和非正常工况的行业优先控制污染物的筛选技术研究。建立了涵盖污染物的暴露势、持久势和毒性势,包括13项指标的定量评分-专家复审的行业优先控制污染物筛选方法,为水污染源的优先监测、及时监控提供了技术支撑。

8)提出了点源、非点源污染负荷核定共性技术方法,主要包括实测法、单位负荷法、系数法、数学模型法等;总结了点源污染的调查和评价方法和污染物入河排污口的调查方法;研究了基于工况负荷校核点源排放总量测算方法,以及基于下垫面源区径流监测和基于雨污合流排放口或雨水排放口监测的城市面源总量监测技术,完善了基于监测数据的总量测算技术。

第 9 章

流域容量总量控制与排污许可证管理

9.1 基本概念

9.1.1 水环境容量

水环境容量是指在保证水生态系统健康和水体正常使用功能的前提下,水体所能容纳的污染物排放量。狭义上的水环境容量是指在给定的水质目标、水文条件以及排污口位置的条件下,水域能够能容纳的污染物排放总量(孟伟,2007)。

9.1.2 水环境承载力

水环境承载力是指在保证水生态系统健康和水体正常使用功能的前提下,水体所能承载的社会经济活动的能力、所能容纳污水及污染物的最大能力。流域水生态承载力反映的是社会-经济-水体复合生态系统的一项系统属性,该系统同时支撑人类及水生生物。社会-经济-水体复合生态系统中起关键支撑作用的水生生态系统不仅承载着人类的社会经济子系统,同时也承载着自身的水生生物群落及其栖息地,二者存在着竞争性用水和空间占用关系(周广亮,2009)。

9.1.3 容量总量控制

容量总量控制是指为维护水环境生态系统的健康,对区域内进入水体的污染物总量进行控制的过程。容量总量是指为水环境质量达标以及区域内生态保护健康为目标,制定的允许进入水体的污染物最大排放总量。由于容量总量控制着眼于实现区域内环境质量保护目标,因此是污染物总量控制的最终目标(孟伟,2007;赵显波,2007)。

9.1.4 排污许可证管理

排污许可证管理是指环境保护部门为了减轻或者消除排放污染物对公众健康、财产和环境质量的损害,对企业污染物排放的种类、数量、排污方式采用颁发许可证的方式进行管理的方法(罗吉,2008)。

排污许可证有基于技术和基于水质两种管理方式。基于技术的排污许可证管理是指以企业的最佳实用技术为基础制定污许可限值,基于水质的排污许可证管理是指以水生态系统健康和水环境质量达标为目标制定排排污许可限值。

9.2 美国 TMDL 和排污许可证管理的状况

9.2.1 美国 TMDL 状况

TMDL 是指在满足水质标准的条件下，水体能够接受的某种污染物的最大日负荷量。TMDL 计划的目标之一就是将可分配的污染负荷分配到各个污染源，包括点源和非点源。同时，要考虑安全临界值和季节性的变化，从而采取适当的污染控制措施来保证目标水体达到相应的水质标准。

TMDL 计划研究的基本流程见图 9-1（Cardwell et al., 1993；Donald et al., 1985；Chapra et al., 2008）。

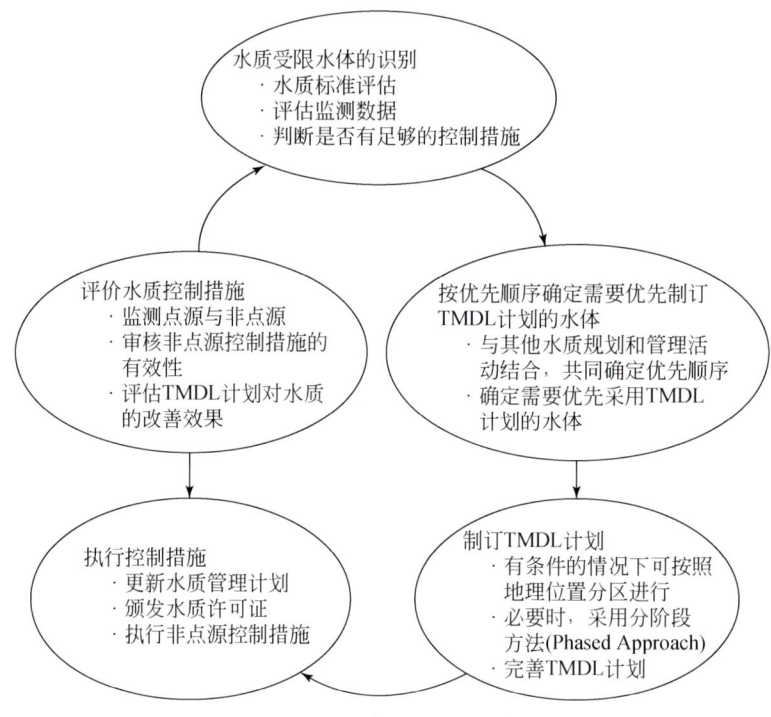

图 9-1　TMDL 计划研究的基本流程

TMDL 计划的主要步骤如下。

（1）水质受限水体的识别

必须对受污染物损害和威胁的水体列出清单。这个清单由需要实施 TMDL 计划的水体组成，清单原来每 2 年更新 1 次，通常情况下，在每偶数年 4 月 1 日提交水体的清单，但 TMDL 计划最后规则中修改为每 4 年提交 1 次清单。清单内容包括新增加的目标水体和去除的目标水体。在提交清单时，实施清单的方法必须同时上交。列出清单后，要对清单上所列水体进行问题识别。主要目的是识别水体污染的主要原因，以及污染的性质和程度，为 TMDL 计划的制订提供足够多的信息。

识别可测量的或可定量化的指标，并确定指标值，用于评价清单所列水体水质标准的可达性。一般来说，TMDL 计划的指标值都是可定量化的，但在某些情况下，TMDL 也应对不存在定量化水质指标的污染开发一些参数，当定量指标不存在时，就可用叙述性指标或通过水体功能的描述（如渔业养殖）来反映水体的受损程度。估算水质指标值的方法有：

1) 对比参考点。通过对比参考点确定水质指标值，一般有两种对比方式：①收集受污染的水体资料，然后从相似的没有受污染或受污染程度最小点收集资料作对比；②从当前受污染点收集资料和收集这一点在没有受染以前的资料作对比，利用这些参考点的条件可能推出 TMDL 计划中指标的标准。这种方法的缺点是有可能不能反映真实情况。

2) 对照现存的分类系统。Vollenweider 和 Kerekes（1980）通过对美国北部湖泊观察、实验，利用模型估算出样品的分类系统，这个系统通过利用不同指标把湖泊富养化程度加以区分。例如，P 的质量浓度 $<10\mu g/L$，即贫营养化湖泊；P 的质量浓度 $=10\sim20\mu g/L$，即中营养湖泊；P 的质量浓度 $>20\mu g/L$，即富营养化湖泊。虽然实际水的条件与参照系统的条件不尽相同，但是选择指标值，可供参考邢乃春（2005）。

3) 利用参考值和最好职业人员的判断。Welchetal（1988）对美国和瑞典的 22 个溪流进行研究，总结出叶绿素 a 生物量的变化范围是 $100\sim150 mg/m^2$，这对水体景观方面的妨碍是个关键的指标值。在判断水指标值时，判断者的职业对于指标值的准确程度具有重要意义。然而以上这些方法并非孤立，可以联合使用。目前，美国许多州已对受污染的水体开发 TMDL 计划，不同水体选择的指标和对应的指标值可参考相关资料（邢乃春，2005）。

(2) 按优先顺序确定需要优先制订 TMDL 计划的水体

通过水质受限水体的识别，可列出美国所有需要进行 TMDL 的水体清单。但由于这些水体数量比较大，因此实现还需要对 TMDL 计算的水体进行排序，以确定实施 TMDL 计划的优先顺序。确定优先顺序主要考虑的因素有：

1) 确定需要优先采用 TMDL 计划的水体。水体污染程度比较重的水体更有可能被列入优先水体。

2) 与其他水质规划和管理活动的结合程度。如果确定要采取一些水质控制和管理活动，但相关水体更有可能被列为优先级较高的 TMDL 计划。

(3) 制订 TMDL 计划

1) 评价污染源。调查并确认危害水体的污染源类型（点源、非点源、自然背景）、数量、地理位置、对水体的影响程度。

2) 估算实际污染负荷量和最大污染负荷量。首先要确定污染物与纳污水体水质之间的响应关系，然后对水体允许的纳污量进行估算。估算负荷量通常所选用的方法是稳定状态下的方程与模型相结合，模型要简单实用且技术上可行，成本合理。例如，美国纽约市环境保护局利用 Vollenweider 方程计算中的最大日负荷量和当前实际负荷量。Vollenweider 方程是简单的稳定状态的化学通量方程。研究发现，流域 TP 的负荷与平均水力停滞的时间的二次方根成反比。

3) 污染负荷分配。污染负荷分配是指在点源和非点源及污染个体之间进行的污染负荷分配。依据的方法为

$$TMDL = \sum WLA + \sum LA + MOS$$

式中，WLA 为允许的现存和未来点源的污染负荷；LA 为允许的现存和未来非点源的污染负荷；MOS 为安全临界值，指关于污染物质负荷与受纳水体水质之间关系的不确定数量。安全临界值可以通过假设分析提供一个不确定的数量比例关系或者直接从水体污染负荷中除去一定明确数量的污染负荷，所以安全临界数值有确定和不确定关系两种说法，一般是通过假设分析提供这种不确定关系。点源和非点源要达到 TMDL 计划的水质标准值时，MOS 值一般是通过假设分析提供的不确定关系来决定的。

在污染物负荷分配的基础上，TMDL 计划要求制订污染物削减的任务和措施。有条件时，可按照地理位置分区进行，逐步进行。必要时，应对 TMDL 计划定期跟踪，评估 TMDL 计划执行的落实情况，还可以根据实际需要调整和完善 TMDL 计划。

（4）执行控制措施

执行控制措施是整个 TMDL 的关键，TMDL 计划的执行控制措施包括更新水质管理计划、颁发水质许可证和执行非点源控制措施。其中水质许可证主要是针对点源，美国 TMDL 控制指标已经扩展到溶解氧、悬浮物、营养物（氮和磷）、粪大肠菌群、酸碱度、重金属以及 PCBs 等多种物质。

非点源的控制主要采用最佳管理实施措施（BMP），在美国 BMP 仍然采用政府补贴等鼓励和引导的方式进行。

（5）评价水质控制措施

为了分析评价 TMDL 计划执行的效果，完整的 TMDL 计划还应包括一个详细的监测计划。尤其是对于含有不确定性因素的计划，就需要更加严格地监测计划，以便提供充分的数据来及时修改和完善 TMDL 计划。

9.2.2 美国排污许可证管理状况

自 20 世纪 70 年代以来，很多国家陆续开始以总量控制为基础的水污染物排放许可证制度的研究。美国在 1972 年通过的著名《联邦水污染控制法修正案》（PL92-500）中，建立了国家污染物排放消除系统（national pollutant discharge elimination system，NPDES），排污许可证制度作为主要措施正式出台，它通过控制污染源直接向自然水体排放，达到恢复和保持全国水体的化学、物理和生物完整性目标（孙俊峰，2011；肖爱，2004；张鸣，2005）。

美国 NPDES 许可证实施的核心是排放标准向许可证排污限制转化。许可证制度是以技术为基础的排放标准限制和以水质为基础的排放总量限制，基于技术的排放限制主要针对工业污染源和市政污染源。基于水质的排放限制主要采用每日最大污染负荷体系以其达到对污染源排放的限制。美国 NPDES 许可证的规范对象包括污染物、污染源和美国水体，其中污染物包括所有点源排放的常规污染物、有毒污染物和非常规污染物，并且对每种类别的污染物都确定相应的技术标准和排放限度。美国排污许可证管理技术体系见图 9-2。

整体上，美国对水污染控制结合技术角度和水质角度两个方面，两者互为补充，强调以污染控制技术为基础同时针对实际情况采用水质标准制度排放许可，也就是说在基于技术的标准不能确保实现欲排放水体的水质要求时，应使用更为严格的基于水质的排放标准，它主要包括三个方面：化学标准、有毒物质排放总量以及生物标准。在对排污许可证

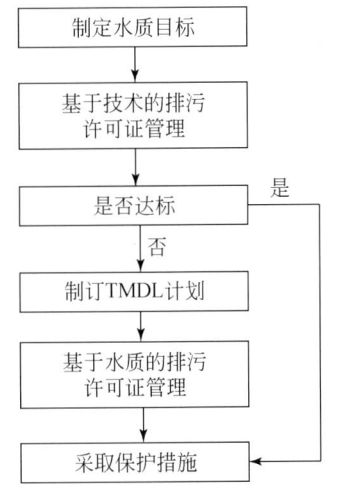

图 9-2 美国排污许可证管理技术体系

的监督执行方面，美国采取强制执行与激励自觉执行的双管政策，同时重视公众参与。

9.3 我国水环境容量与排污许可证管理的法律要求

我国自 20 世纪 80 年代中期开始实施排污许可证制度。1988 年 3 月，国家环境保护局发布了《水污染物排放许可证管理暂行办法》。1989 年 7 月，经国务院批准，国家环境保护局发布的《水污染防治法实施细则》第 9 条规定，对企业事业单位向水体排放污染物的，实行排污许可证管理（吕武，2007；高利红，2003；张鸣，2005；郭蓓蓓，2010）。

1996 年的《水污染防治法》虽然没有规定排放许可证制度，但在第十四条中规定："直接或间接向水体排放污染物的企业事业单位，应当按照国务院环境保护部门的规定，向所在地的环境保护部门申报登记拥有的污染物排放设施、处理设施和在正常作业条件下排放污染物的种类、数量和浓度，并提供防治水污染方面的有关技术资料。"

2000 年 3 月，国务院修订发布的《水污染防治法实施细则》第十条规定，地方环保部门根据总量控制实施方案，发放水污染物排放许可证。"县级以上地方人民政府环境保护部门根据总量控制实施方案，审核本行政区域内向该水体排放的单位的重点污染物排放量，审核本行政区域内向该水体排污的单位的重点污染物排放量，对不超过排放总量控制指标的，发给排放许可证；对超过排放总量控制指标的，限期治理，限期治理期间，发给临时排放许可证。具体办法由国务院环境保护部门制定。"

2008 年，我国修订的《水污染防治法》第二十条规定："国家实行排污许可制度。直接或者间接向水体排放工业废水和医疗污水以及其他按照规定应当取得排污许可证方可排放的废水、污水的企业事业单位，应当取得排污许可证；城镇污水集中处理设施的运营单位，也应当取得排污许可证。排污许可的具体办法和实施步骤由国务院规定。禁止企业事业单位无排污许可证或者违反排污许可证的规定向水体排放前款规定的废水、污水。"这一规定正式明确了排污许可证在我国水环境管理中的法律地位。

2011年，国务院审核通过《国家环境保护"十二五"规划》，多次提到排污许可证制度。在"推进污染物减排"中指出，"全面推行排污许可证制度"；在"完善政策措施"中指出，"研究拟订污染物总量控制、饮用水水源保护、土壤环境保护、排污许可证管理、畜禽养殖污染防治、机动车污染防治、有毒有害化学品管理、核安全与放射性污染防治、环境污染损害赔偿等法律法规"。这表明，完善排污许可证是加强法规体系建设的重要组成部分。

9.4 我国当前总量控制和排污许可证管理的实施现状、存在问题

我国在1986年提出了污染物总量控制制度，到20世纪90年代开始逐步进入实施阶段（表9-1）。历经约30年的工作，污染物总量控制制度的实施对遏制我国水环境质量恶化趋势、缓解水环境压力起到了积极的作用，取得了显著的成效。但是，目前我国实施的污染物目标总量控制是通过自上而下、指标分解、工程落实的方式实现负荷削减，没有建立水污染物排放量和水体水质之间的对应关系，也没有解决水污染物排放量的合理分配问题，污染物总量削减与水环境质量目标相脱节，总量控制指标除部分湖库实施氮磷总量控制外，总体上仅限于COD、氨氮两项，其他污染物的总量控制尚未提上日程。这已难以适应我国当前和未来水环境精细化管理、由总量管理向质量管理转型发展的需求。

表9-1 排污许可证制度法律依据一览表

法律位阶	文件名称	施行时间	相关规定
第一层次：法律	《中华人民共和国环境保护法》（主席令第22号）	1989年12月26日	第二十七条：排放污染物的企业事业单位，必须依照国务院环境保护行政主管部门的规定申报登记 第二十八条：排放污染物超过国家或者地方规定的污染物排放标准的企业事业单位，依照国家规定缴纳超标准排污费，并负责治理
	《中华人民共和国水污染防治法》（主席令第87号）	2008年6月1日	第二十条：国家实行排污许可制度。直接或者间接向水体排放工业废水和医疗污水以及其他按照规定应当取得排污许可证方可排放的废水、污水的企业事业单位，应当取得排污许可证；城镇污水集中处理设施的运营单位，也应当取得排污许可证。排污许可的具体办法和实施步骤由国务院规定
	《中华人民共和国大气污染防治法》（主席令第32号）	2000年9月1日	第十五条：大气污染物总量控制区内有关地方人民政府依照国务院规定的条件和程序，按照公开、公平、公正的原则，核定企业事业单位的主要大气污染物排放总量，核发主要大气污染物排放许可证。有大气污染物总量控制任务的企业事业单位，必须按照核定的主要大气污染物排放总量和许可证规定的排放条件排放污染物

续表

法律位阶	文件名称	施行时间	相关规定
第一层次：法律	《中华人民共和国固体废物污染环境防治法》（主席令第58号）	2005年4月1日	第五十四条：县级以上地方人民政府应当依据危险废物集中处置设施、场所的建设规划组织建设危险废物集中处置设施、场所 第五十六条：以填埋方式处置危险废物不符合国务院环境保护行政主管部门规定的，应当缴纳危险废物排污费。危险废物排污费征收的具体办法由国务院规定 第五十七条：从事收集、贮存、处置危险废物经营活动的单位，必须向县级以上人民政府环境保护行政主管部门申请领取经营许可证；从事利用危险废物经营活动的单位，必须向国务院环境保护行政主管部门或者省、自治区、直辖市人民政府环境保护行政主管部门申请领取经营许可证。具体管理办法由国务院规定
	《中华人民共和国环境噪声污染防治法》（主席令第77号）	1997年3月1日	第四十二条：在城市市区噪声敏感建筑物集中区域内，因商业经营活动中使用固定设备造成环境噪声污染的商业企业，必须按照国务院环境保护行政主管部门的规定，向所在地的县级以上地方人民政府环境保护行政主管部门申报拥有的造成环境噪声污染的设备的状况和防治环境噪声污染的设施的情况 第四十三条：新建营业性文化娱乐场所的边界噪声必须符合国家规定的环境噪声排放标准；不符合国家规定的环境噪声排放标准的，文化行政主管部门不得核发文化经营许可证，工商行政管理部门不得核发营业执照
第二层次：行政法规	《水污染物排放许可证管理暂行办法》（国务院[88]环水字第111号）	1988年3月20日执行，2007年10月8日失效	共六章二十九条，详细规定水污染物排放的申报登记，确定本地区污染物排放总量控制指标，许可证的审核、发放、监督与管理制度
	《水污染防治法实施细则》（国务院令第284号）	2000年3月20日	第十条：县级以上地方人民政府环境保护部门根据总量控制实施方案，审核本行政区域内向该水体排污的单位的重点污染物排放量，对不超过排放总量控制指标的，发给排污许可证；对超过排放总量控制指标的，限期治理。限期治理期间，发给临时排污许可证。具体办法由国务院环境保护部门制定
	《淮河流域水污染防治暂行条例》（国务院令第183号）	1995年8月8日	第十四条：在淮河流域排污总量控制计划确定的重点排污控制区域内的排污单位和重点排污控制区域外的重点排污单位，必须按照国家有关规定申请领取排污许可证，并在排污口安装污水排放计量器具 第十九条：持有排污许可证的单位应当保证其排污总量不超过排污许可证规定的排污总量控制指标

续表

法律位阶	文件名称	施行时间	相关规定
第二层次：行政法规	《太湖流域管理条例》（国务院令604号）	2011年11月1日	第二十五条：太湖流域实行重点水污染物排放总量控制制度。太湖流域管理机构应当组织两省一市人民政府水行政主管部门，根据水功能区对水质的要求和水体的自然净化能力，核定太湖流域湖泊、河道纳污能力，向两省一市人民政府环境保护主管部门提出限制排污总量意见。两省一市人民政府环境保护主管部门应当按照太湖流域水环境综合治理总体方案、太湖流域水污染防治规划等确定的水质目标和有关要求，充分考虑限制排污总量意见，制订重点水污染物排放总量削减和控制计划，经国务院环境保护主管部门审核同意，报两省一市人民政府批准并公告。两省一市人民政府应当将重点水污染物排放总量削减和控制计划确定的控制指标分解下达到太湖流域各市、县。市、县人民政府应当将控制指标分解落实到排污单位 第二十六条：两省一市人民政府环境保护主管部门应当根据水污染防治工作需要，制订本行政区域其他水污染物排放总量控制指标，经国务院环境保护主管部门审核，报本级人民政府批准，并由两省一市人民政府抄送国务院环境保护、水行政主管部门
第三层次：部门规章	《淮河和太湖流域排放重点水污染物许可证管理办法》（国家环境保护部令第11号）	2001年10月1日	适用于河南省、安徽省、江苏省、山东省、浙江省和上海市所辖淮河和太湖流域实施重点水污染物排放总量控制区域内 第三条：国家在淮河和太湖流域实施重点水污染物排放总量控制区域实行排放重点水污染物许可证制度 第五条：排污单位必须按照本办法的规定申请领取排放重点水污染物许可证（以下简称排污许可证），并按照排污许可证的规定排放重点水污染物
第四层次：地方法规	《上海环境保护条例》（上海市人大常委会）	2006年5月1日	第十六条：本市对主要污染物实行排污许可证制度。排污许可证实施的具体范围和核发程序，按照国家和本市的有关规定执行
第四层次：地方法规	《江苏环境保护条例》（江苏省人大常委会）	1997年7月31日	第三十二条：实行排放污染物总量控制的排污单位必须执行排污许可证制度，其排污总量不得超过规定的限额

虽然我国自20世纪80年代中期开始实施排污许可证制度，但排污许可证制度实施的效果并不理想。根据某些市县的调查结果，我国目前许可证制度事实上处于"名存实亡"的境地。

缺乏科学的排污限值确定技术是导致我国排污许可证制度进展缓慢的重要原因之一。一直以来，我国的排污许可证发放并没有严格遵循容量总量管理的思路。目前我国的排污许可证制度实际上是地方环保主管部门按照国务院环保主管部门、省级环保部门编制的国家重要流域和省行政区域内的总量控制计划,通过分配排污总量指标以及排污削减指标,实现我国重点污染物水体的总量控制任务。可见,我国的总量控制是以排污目标总量控制为基础的,与水环境容量不直接挂钩,而是根据各个企业的排污申报登记的排污量、污染物浓度、种类、数量,地方经济发展水平,环保技术控制水平以及地方总量控制指标等因素而确定的。所以,尽管实施了排污许可证制度,由于未和水环境容量直接挂钩,仍然使水体达不到水质标准。

由于未能科学合理地确定排污许可限值,因此很难发挥排污许可证制度在水环境质量改善方面的积极作用。从我国目前排污许可证的实施来看,科学确定排污许可限值也是各地碰到的共同问题。作为排污许可证制度实施的一项关键技术,"十二五"期间,必须研究和制定更加科学合理、注重公平的排污许可限值核定技术,以适应我国污染物总量控制发展的现实需求。

9.5 流域水环境容量总量控制技术

9.5.1 流域容量总量控制流程

流域水环境污染物容量总量控制的技术流程(刘淑青,2009;杨潇,2013;陈家军,2004;谢刚,2006)见图9-3。

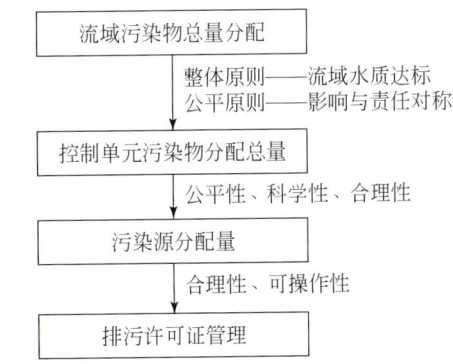

图9-3 流域水环境污染物容量总量控制的技术流程

总量分配在技术上可以分解为流域—控制单元分配和控制单元—污染源分配,前者称为流域总量分配,后者称为控制单元总量分配。流域总量分配是总量分配的中间产物,其分配结果必须依托控制单元的二次分配才能进行实际管理,但是基于容量总量的流域总量分配直接与水质达标建立关系,是控制单元分配的基础。流域—控制单元分配重点解决总量分配方案的整体协调性(水质目标协调、区域协调等),控制单元—污染源分配重点解决分配结果的可操作性。

在污染源总量分配量的基础上,综合考虑社会经济发展状况、削减成本、技术可获得性以及区域未来社会经济发展的需求,确定污染源的排污许可限值,给符合条件的污染源发放排污许可证并进行相应的监督管理。

9.5.2 流域容量总量分配

流域容量总量控制以水质目标为起点和最终归宿点。按照水域水体功能要求设定水质标准，并以在考虑季节性影响的条件下水体水质状况不劣于规定水质标准所能受纳污染物总量为依据，提出包括点源和非点源的流域负荷总量控制方案；设计多类负荷分配情景，在流域水质达标要求满足程度为首要判据，提出负荷优化分配方案。

流域容量总量控制体现水质水量的联合。流域容量总量控制同时关注导致水体功能不达标的各类压力，其中主要包括污染及水文水资源方面的压力。流域水污染控制同时兼顾点源和非点源，流域水文水资源压力重点关注水域水环境容量的决定性条件——水量或流量，以环境流量及主要水工程调控过程来反映（Novotny et al.，2005；Revelle et al.，1968；陈宜瑜，2008）。

流域容量总量控制具有静态和动态结合的特点，既可以根据水域不达标及水量变化的时间差异性，选择典型水文过程及耦合主要水工程调度方案进行动态分析，形成适合本流域季节性特点的容量总量方案，也可以按照最小流量，计算水域最小水环境容量。

流域容量总量控制体现水域和陆域互动关系耦合。流域容量总量控制以控制单元为途径，在建立水域–入河（湖）排污口（或支流口）–陆域污染源关联关系基础上，形成在容量总量计算及分配的水域与陆域耦合。

9.5.3 控制单元总量分配

流域水质目标管理技术是在总量控制技术体系上发展而来的，强调以追求人体健康和水生态系统健康为目标，在"分区、分级、分类、分期"水环境管理模式指导下，以先进的、规范的技术方法体系为支撑，所建立的一种以水质目标为基础的水环境管理技术体系。该体系是综合考虑流域水生态特征、流域社会经济发展状况，实现社会-经济-环境的宏观调控，体现出较强的综合性、战略性和前瞻性（孟伟等，2007；雷坤等，2013）。

在流域水质目标管理框架下，水质目标管理是一个"流域-控制单元-污染源"的多层次体系。其中，控制单元水质目标管理，是在"分区、分类、分级、分期"的水环境管理理念的指导下，在"流域—控制单元—污染源"水环境管理层次体系中，以流域总量控制为基础、立足于控制单元、面向污染源的水质管理体系，将为相关部门做出建设项目规划许可提供依据，是我国流域水质目标管理的重要组成部分，是水质目标管理的实施单元。

控制单元，是指在"分区、分类、分级、分期"的水环境管理理念的指导下，在"流域—区域—控制单元—污染源"水环境管理层次体系中，以流域总量控制为基础、立足于控制单元、面向污染源的水质管理单元。控制单元是一个人为划分，便于水污染控制及管理，一般是流域水系及大区域的一个相对独立的小的子区域。一般由水域和陆域两部分组成，其中水域是根据水体的水生态功能、水环境功能等，结合行政区划、水系特征等而划定的。控制单元的陆域为排入受纳水体污染源所处的空间范围。因此，控制单元使得复杂的流域系统性问题分解为相对独立的单元问题，通过解决各单元内水污染问题和处理好单元间的关系，实现各单元的实质目标和流域水质目标，达到保护水体生态功能的目的。

控制单元水质目标管理技术以流域水生态功能分区、水环境基准与标准为基础，针对控制单元水环境问题，建立污染物控制指标与水质目标确定技术、污染负荷核定技术、水环境模型技术、污染物总量分配技术、污染负荷削减方案制定技术及水质目标管理效果监控评估技术，形成我国控制单元水质管理技术体系。

9.5.4 基于水质的排污许可证管理

加强我国水环境污染物排污许可证制度管理，除了应建立起相应的法律程序以外，科学合理地确定排污许可限值是提高排污许可证制度实施的科学性的重要保证。排污许可限值必须以区域环境最大允许排放量为准绳，充分尊重水环境污染控制的历史和现实，采用循序渐近的方法，确保排污许可限值实施的可操作性。制定过于激进的排污许可限值，不仅给地方环境污染治理造成很大的困难，打消地方环境治理的积极性，而且在实际上也是不可能实现的。

结合区域水环境污染控制的长期目标和短期目标，充分考虑区域的环境容量、社会经济技术进步、削减潜力等因素，制定分阶段的排污许可限值，"分类、分区、分级、分期"，逐步实现区域最大环境允许排放量，实现区域环境质量的逐步改善，是符合我国国情的做法。

9.6 流域水环境容量总量分配技术

9.6.1 分配原则

有关流域水环境容量总量分配的原则一直是研究的重点，提出的分配原则涉及公平性、效益性、技术可行性和方案可操作性等，其中公平和效率是最主要的内涵。流域容量总量管理以流域水质整体达标为目标，以控制单元管理为途径，因此，在公平和效率统筹的基础上，需要综合考虑流域整体和区别原则。

1）整体和区别原则：服从总目标的原则，确立流域尺度的概念，在流域水质总体达标的总目标下确定控制单元的污染物允许负荷总量目标。

2）公平和效率原则：容量总量是一种公共资源，具有自然资源公共物品的属性，每个人都具有同等利用自然资源的权利。

9.6.2 分配方法

流域容量总量分配过程涉及社会、技术、管理、资源等多类技术和非技术因素的影响，公平与效率往往难以兼顾，片面追求公平或效率的分配方法往往难以实施。因此，建立一种在基于公平与效率的基础上综合考虑社会、环境、经济协调发展的、符合我国国情的分配方法是需要的。针对流域水质目标管理要求，基于整体和区别原则、公平和效率原则，结合我国流域总量管理特点，提出所谓流域容量总量双层次多目标优化分配框架：

1) 双层次分配：流域—控制单元分配、控制单元—污染源分配。前者可以称为流域总量分配，后者可以称为控制单元总量分配。流域总量分配是总量分配的中间产物，其分配结果必须依托控制单元的二次分配才能进行实际管理，但是基于容量总量的流域总量分配直接与水质达标建立关系，是控制单元分配的基础。流域-控制单元分配重点解决总量分配方案的整体协调性（水质目标协调、区域协调等），控制单元-污染源分配重点解决分配结果的可操作性。

2) 多目标优化：流域—控制单元分配。由于控制单元社会经济技术指标特征不明显，最合理的方法是基于容量总量的分配方法。基于容量总量的方法所依据的水质达标约束，采用控制断面与入河污染源的水质响应矩阵，建立水质达标约束条件，计算各控制单元最大允许负荷；或尊重现状排放格局，以流域现状或规划入河负荷削减最小为目标，获得各控制单元允许负荷总量。流域—控制单元分配重点体现公平原则，按照污染责任与影响相称，进行流域容量计算与分配。

9.7 控制单元容量污染物总量分配技术

9.7.1 控制单元划分技术

控制单元划分技术路线如图 9-4 所示。过程可归结为以下步骤：

1) 相关资料收集：收集研究区域基础地理信息数据，包括 DEM 数据、遥感影像、水系分布、行政区划、流域各种功能区划（如水功能区划、水环境功能区划、水生态功能区划）、水质控制断面及水文站分布信息等，基于对这些基本资料的分析，了解流域的范围、水文水系、水文情势、河流水体功能设置等基本信息。

2) 流域边界识别与子流域划分：依据数字高程模型（DEM）进行流域地表水文分析，获取包含空间拓扑信息的河网与子流域分割信息。

3) 流域水质目标分析：针对各子流域，沿着干流，根据干流的功能区划（水生态功能区/水功能区/水环境功能区），分析干流各河段的水体功能与相应水质目标、敏感生态保护目标，确定流域水质目标。

4) 流域污染源特征分析：对流域内污染源（工业、生活、集约化畜禽养殖污染源等）的类型、分布、排放去向进行简单分析，对流域内农村人口、土地利用情况进行分析，结合流域水系特征，大致建立起流域点源、非点源分布及其与入河排污口、纳污河流之间的拓扑关系，了解流域内污染物产生、汇集、入河概况。

5) 初始划分：基于流域水体功能及相应的水质目标分析，首先从干流入手，沿着干流进行河段划分。一般情况下，首先根据汇水区边界原则，对一些大江大河，根据流域地形、地势、水文情势，将流域上、中、下游的边界，作为干流划分界限，相应的汇水区域作为一级控制区域；对尺度较小的流域，则可略过这一步骤。同时，如果流域跨省界，可根据行政区边界隔离原则，将省界断面作为干流划分断面，相应的汇水区域作为一级控制区域。

6) 逐级细化划分：将子流域边界与行政区边界相叠加，确定控制区内的区县行政区的分布和数量,将子控制区内的行政区作为控制单元。这样,各区县内接受来自不同控制区域的污染物削减指标和任务(如总量减排),将其加和,就是各区县的污染物削减总任务。

7)控制单元划分结果合理性分析:对划分结果进行回顾性分析,结合有利于简化污染源管理,便于明确环境质量责任人的原则,进行控制单元划分结果合理性分析。必要的情况下,对控制单元边界进行调整。

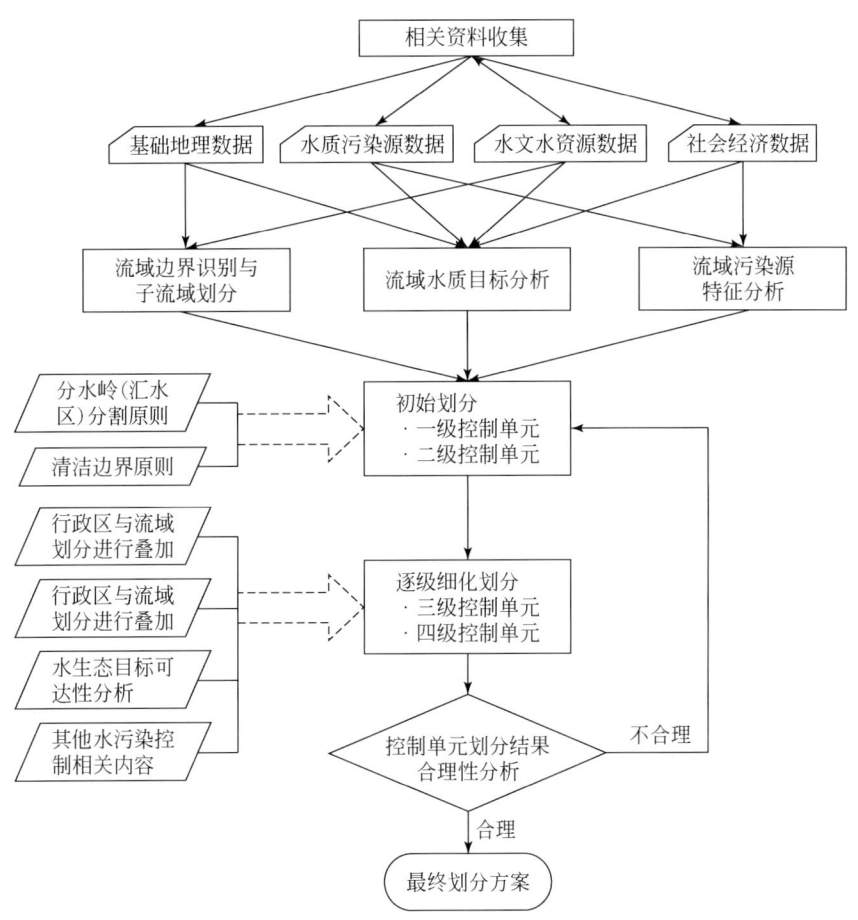

图9-4 控制单元划分技术路线

9.7.2 水文条件的设计

9.7.2.1 设计水文条件的特征因子

设计水文条件是常规排污条件下环境风险的表达,主要因子与环境化学毒理相关,包括允许平均期、重现期 T(或频率)、控制时段等。

水质评价一般不采用一次的瞬时监测值,而需要采用多日的平均值。环境规划的允许平均期根据功能区保护目标及水质指标的要求确定,一般以天计。水生生物急性毒理为1天,水生生物慢性毒理为4天,人类健康(致癌)为70年,人类健康(非致癌)为30天或其他。

设计水文条件的保证频率与重现期的换算关系为

$$枯水计算(P > 50\%): y = 1/(1 - P) \tag{9-1}$$

$$洪水计算(P < 50\%): y = 1/P \tag{9-2}$$

或统一为

$$y = \frac{1}{0.5 - |P-0.5|} \tag{9-3}$$

式中，P 为保证频率；y 为重现期。设计指标的允许重现期，根据污染物性质及保护目标的敏感性的风险分析确定，一般以年计。

9.7.2.2 设计水文条件的类型及应用

(1) 稳态设计水文条件

稳态设计水文条件，一般年内取一个设计值。如果有分期设计要求，可进行稳态设计水文条件保证率组合。稳态设计水文条件对于环境容量规划及总量控制规划具有简便易行的优点，从精度上低于采用连续过程水文条件。

(2) 准动态设计水文条件

准动态设计水文条件由于可以选择与主要水文因子同步的辅助水文因子（水文站可提供的其他指标），所以表达水质重现期的精度更高；相对于稳态设计水文条件，在有些情况下可以提高环境容量的利用率。对于环境容量计算及总量控制规划而言，准动态优化求解过程略微复杂。

(3) 动态设计水文条件

动态设计水文条件表达水质重现期的精度更高，对急性毒性重现期的识别更合理。动态设计水文条件可以不采用实测水文系列，而根据实测水文系列的参数分析，建立各边界随机水文过程，其设计水文条件的选择更灵活，可以更精确地表达重现期（设计风险）。

9.7.3 污染物总量分配技术

在给定的水域范围、水质目标、水文条件和排污口位置及排放方式前提下，该水域所能容纳的某种污染物的总量，即允许纳污量或水环境容量，这里特指可以控制和分配的污染物总量。所有排污口所能排放的某种污染物的总量，即允许排放量，其主体不是受纳水体而是单个污染源或污染源的总和，数值上小于允许纳污量。控制单元最大允许排放负荷分配技术路线见图9-5。

9.7.3.1 最大允许排放负荷分配原则

控制单元最大允许排放负荷分配原则是基于允许纳污量分配原则的合理性分析，从负荷分配的科学性（满足标准，强调可持续发展）、公平性（强调合理，机会的平等）、效率性（强调可行易管理）和经济性（强调治理经费利用率及来源）出发，给出多种分配原则，分析各分配原则的内涵。针对各类典型湖库控制单元，在总量分配的公平性、效率性、科学性、经济性之间进行平衡和协调，得出不同的分配方案。

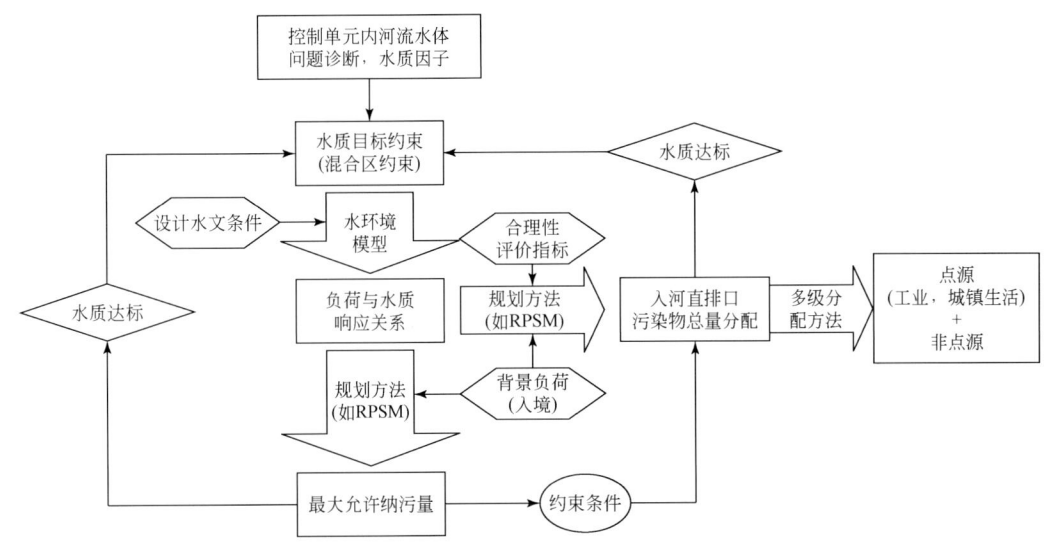

图 9-5 控制单元最大允许排放负荷分配技术路线

(1) 科学性原则

科学性原则是指,为了使分配结果满足可持续发展的要求以及符合绝大多数人群的利益,污染负荷分配过程必须具有充分的科学依据。水体纳污负荷分配作为污染物总量控制的一个重要环节,也是保护水环境质量、实现流域可持续发展的重要途径。因此,科学地分配污染负荷对于流域控制单元管理来说是十分重要的。分配方法的科学性是在科学计算允许纳污量的基础上,量化污染源与负荷间的响应关系,量化计算可用于分配的负荷量。并结合污染源的实际情况,综合考虑技术可行性、经济因素、环境效益、利益相关者意见等因素,制定有理有据的分配方案。

(2) 公平性原则

公平性原则是指在某方面均等对待所有参与者。污染负荷分配的公平性原则,是指各个污染源针对不同的考虑因素而具有的相对平等的分配权利,分配的结果有助于激发各排污点防治污染的积极性和整个区域发展的平衡。环境容量是一种公共资源,在分配过程中,当剩余环境容量较大、供给充足时,分配是否公平并不引人注意;当环境容量成为紧缺资源时,公平分配就显得至关重要。通常,公平性是针对某一量化指标而言。对于污染负荷分配,这一指标可以是负荷贡献率、产污面积等。换言之,公平是一个相对的概念,从不同的角度有不同的衡量标准与解决方法。公平性原则需要考虑区域人口、经济、环境承载力、现状环境状况等条件,尽可能地减少因分配问题而导致的纠纷。

(3) 效率性原则

效率性原则是指在可行的前提下,以最小的投入或损耗换取最大的效益。环境容量属于稀缺性资源,对于环境资源的利用效率成为社会关心的问题。在传统的生产资源分配中,人们总是倾向于将资源更多地分配给经济效益较高的生产者,以获取全社会的最大效益。在水污染防治规划中也存在类似的问题,那些生产效率低下、对社会财富增值贡献很低的企业占据大量的水环境容量,是对资源的浪费。本研究从保护和改善水体水环境质量的角度出发,将水环境改善程度视为效率性原则所追求的效益,将负荷削减程度视为投入或损耗，优先控制负荷大、对水环境质量影响显著的污染源。

（4）经济性原则

经济性原则是在确保污染负荷分配方案科学可行、公平、有效之后，追求在控制单元范围内以最少的经济投资获取最大的环境效益。经济最优原则在污染负荷分配方法中主要体现成本的最小化上。所以处理费用最小化方法和边际净效益最大化方法在实现经济优先原则上有着重要的作用。总量分配一般应该考虑分配原则的选择问题。如果水环境容量不足或紧缺时，公平性原则尤为重要；当剩余环境容量较大时，可以重点强调效率问题。一般来说，公平为主，效率为辅，是一种合理的分配选择。

9.7.3.2　最大允许纳污量计算方法

（1）情景分析方法

根据采用模型的不同和计算思路的差异，可将湖库允许纳污量计算方法分为稳态算法、动态算法和复合算法三类。通过情景方案的设计，直接利用模型工具进行允许纳污量的计算。

1）稳态算法。稳态算法是指我国水环境质量管理中，基于简单水环境容量模型的允许纳污量传统计算方法。该方法通常将湖库视为零维水体，采用零维模型，河流常采用解析解模型或一维稳态模型，不考虑水质的时间差异。

2）动态算法。动态算法通过对河流或湖库水体的水文水质过程进行动态模拟，计算不同输入情景下的水文水质状况，建立负荷-水质相应关系，进而根据控制目标计算允许纳污量。

3）复合算法。复合算法是综合稳态算法和动态算法的优点，首先采用稳态算法估算目标水体的环境容量，并据此得出初步负荷分配方案，再用动态算法对相应的水动力和水质过程进行模拟分析，根据控制目标，确定准确的允许纳污量。

（2）规划分析方法

目前，常规污染物允许纳污量计算一般最常用的规划方法主要是简单的约束线性规划，其他包括多源混合区容量规划、多源功能区容量规划等。

9.7.3.3　安全余量计算方法

为保证水体满足水质目标，应对容量模拟中的不确定风险，允许纳污总量的分配方案中，一般需要考虑安全余量，安全余量的设计方法可采用如下方法体现（不限制其他方法）（Worrall et al.，1999）：

对毒性较大及危害较大的可降解污染物质，采用保守物质假设，其安全余量的范围，取决于该污染物的降解速率，越高越安全；

对径污比大的河流，不考虑污染物的降解能力，忽略自净容量；

对一般的可降解污染物质，采用偏安全的降解速率设计，如降低10%~20%，在已有经验数据中采用偏严的降解速率；

在多目标约束中采用最严的约束（如河流采用一维计算分配容量），采用混合区限制进行排放量校核，校核减排的部分构成安全余量。

在计算中对所有水质目标标准值都降低 1 个百分比（如 10%），对所有或重点排放源的分配都降低 1 个百分比（如 10%）。

9.7.4 污染物总量监控评估方法

污染物总量监控评估是指对具有一定空间范围的流域、区域或具体的污染源排放总量进行监督性监测和评估的过程。从流域的自然水文过程和污染物进入自然环境的途径出发，污染物总量监控主要包括流域控制断面污染物通量监控、污染源排污口排放量监控和污染源排放总量监控三个层次。其中，流域控制断面污染物通量监控、污染源排污口排放量监控均属通量监控的内容（Chapra et al.，2008；蔡明，2004）。

结合水环境总量考核的需求，重点包括断面通量统计方法的确定、监控频率和污染源抽样监控方法研究，基于污染物通量的控制单元水质目标管理实施效果评估技术具体实施路线见图 9-6。

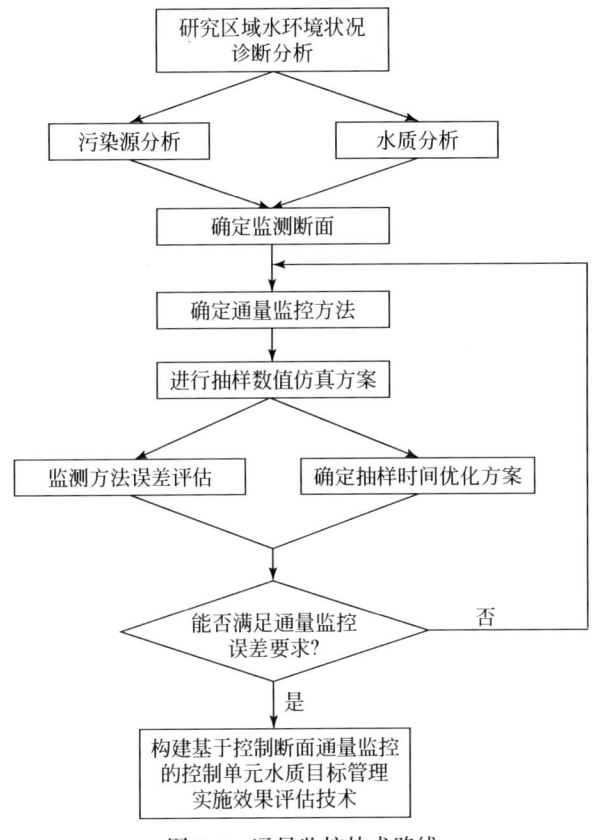

图 9-6 通量监控技术路线

通量估算误差通常考虑系统误差（偏差）和随机误差（准确度），分析方法主要有均值估计法、百分比估计法、线性回归法等。研究选取 COD_{Mn}、$NH_3\text{-}N$ 两种污染物，利用 2005~2007 年的每日水质和流量数据计算基准年通量，作为该断面年通量的"真实值"；然后采用 Monte Carlo 方法模拟不同时间间隔下的采样方案，计算各方案的污染物年通量，并与基准年通量进行比较,对不同时间间隔采样方案的系统误差和随机误差进行分析,从而建立不同水质指标的最优通量估算方法。

9.8 基于水质的排污许可证管理流程

9.8.1 基于水质的排污许可限值核定

根据控制单元污染物水环境容量总量分配结果,综合考虑区域的社会经济发展规划,以 5 年为期制定出基于水质的排污许可限值的分期目标。排污许可限值核定的技术程序见图 9-7。

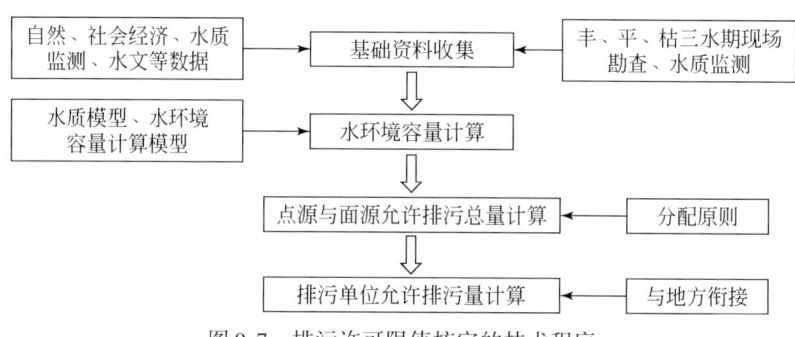

图 9-7 排污许可限值核定的技术程序

排污许可限值核定首先要根据水体污染负荷贡献率大小,完成控制单元点源、面源容量总量、安全余量的分配。根据控制单元水体污染特征,污染源排放特征,确立安全余量。采用水体允许纳污量的 5%～10% 留作安全余量,剩余水体允许排污量在点源与面源间分配。

根据不同类型点源污染负荷贡献率大小,结合污水处理设施,结合控制单元点源容量总量,实现直排工业点源、直排城镇生活源、集约化畜禽养殖(养殖小区)、城镇污水处理厂的允许排污量分配。

9.8.2 确定发放对象

排污许可证的发放对象是指向水体排放污染物并具有明确责任主体的对象。《水污染防治法》规定我国的水污染物排放许可证适用于直接或间接向水体排放工业废水、医疗污水的事业单位以及城镇污水集中处理设施的运营单位,其他对象以及范围都是笼统概括,实际操作中有些对象及范围有待判定。因此,这一规定明显不能满足实践的需要,需精确界定适用对象和范围,细化污染物以及污染物排放去向的范围。

我国的水污染物排放许可证制度应将申请许可证的对象细化,例如将个体工商户、农村承包经营户等也纳入其中。但是生活污水的排放无须领取水污染物排放许可证,城镇生活污水统一排往城镇污水集中处理中心,由运营单位领取即可。农村生活污水排放若以许可证的形式予以规定是不现实的。

另外，应当将污染物的范围精确，不能广泛地归纳为工业废水、医疗污水以及城镇污水，而应当精确到其他只要有可能造成水体污染的污染物，精确到笔者之前谈论的水污染物的所有种类，包括但不限于有机物质、无机盐类和酸碱、悬浮固体、重金属、有毒化学品、致病微生物、放射性物质、漂浮固体和液体、工业废热水等。

在排放去向的范围上也应当精确界定，向中国领域内的水体排放污染物的行为都应当取得排放许可证。这里，"中国领域内的水体"应当包括所有全部或部分流域范围位于中国境内的水体，包含支流。可供利用的水体包括江河、湖泊、运河、渠道、湿地等，被确定为水体的其他储水构造包括水库等。

9.8.3 排污许可证的发放程序

排污许可证的发放程序主要包括：

1）排污许可证的申请。符合条件的对象，应向环境保护行业主管部门申请排污许可证。排污许可证申请时应如实向环境保护行政主管部门报告企业的生产经营情况、主要污染物的产生情况、污染物排放的种类和排放方式等。

2）申请受理。环境保护行政主管部门对排污者提出的污染物排放许可申请，材料齐全、符合法定形式且属于职责范围的，应予以受理，并出具书面受理凭证；对材料不齐、不符合法定形式的，应当场一次性告知申请人需补正的全部内容。对不属于职责范围的，应即时作出不予受理的决定，出具书面凭证并告知申请人向有审批权的环境保护行政主管部门申请。环境保护行政主管部门应采取电子化、窗口化等快捷、便利的方式受理污染物排放许可申请，公开信息，优质服务，减少成本，提高效率。

3）申请审批。负责审批的环境保护行政主管部门对新建项目的排污者，符合规定条件的，颁发排污许可证，否则不予发证；对现有排污者符合规定条件的，颁发排污许可证。

4）排污许可证的变更。排污许可证持有人改变排污许可证载明事项的，应向发证的环境保护行政主管部门申请，依法办理变更手续。因污染物排放执行的国家或地方标准、总量控制指标、环境功能区划等发生变化，需要对许可事项进行调整的，环境保护行政主管部门可以依法对排污许可证载明事项进行变更。

5）排污许可证的延续。《排污许可证》有效期限届满后需要继续排放污染物的，《排污许可证》持有人应当在有效期限届满前规定的时间向发证机关申请延续。

9.8.4 排污许可证的监督管理

监督管理是确保排污许可证制度实施的重要保障。排污许可证的监管主要包括：

1）行政督察制度。上级环境保护行政主管部门应当加强对下级环境保护行政主管部门排污许可管理工作情况的监督检查，及时纠正下级环保主管部门在实施排污许可过程中的违法违规行为。

2）档案管理制度。环境保护行政主管部门应当建立、健全排污许可证的档案管理制度，每年将上一年度许可证的审批颁发、定期检验、撤销、吊销、注销等情况报上一级环境保护主管部门备案。

3）定期检查。环境保护行政主管部门应当定期对排污许可证载明的主要事项进行检查，及时纠正违反许可证规定的行为。排污者应当按要求定期提交生产排污、污染防治设施运行管理、主要污染物达标和总量控制等情况的排污证明资料。

4）在线监控。环境保护行政主管部门对纳入重点污染源的排污者实施在线监控。排污者应按规定安装污染物排放自动监控仪器，保证其正常使用，并与环保部门联网。发现自动监控仪器运行不正常的应当立即向当地环境保护行政主管部门报告，并及时修复。自动监控仪器应定期校准。

5）现场检查。环境保护主管部门应对排污者的排污行为进行监督检查，发现不按照排污许可证规定排放污染物，应责令排污者及时改正；对拒不改正且可能严重危害人身安全的，可以暂时查封、扣押其产生或者排放污染物的设备和相关物品。

6）限期治理。排污者违反排污许可证规定，超过规定标准或者超过允许排放总量排放污染物的，环境保护行政主管部门可以责令其限期治理。排污者必须按照要求进行治理，按期向环境保护行政主管部门报告治理进度；完成治理任务后，必须经环境保护行政主管部门验收。排污者在限期治理期间应当限制生产、污染物达标排放，并不得增加污染物排放总量。

案例

排污许可证的实施：铁岭市辽河流域

"十一五"水专项以来，在共性技术支持下，辽河流域初步完成三级水生态功能分区及控制单元划分，以及基于水生态功能分区的水环境容量计算与总量分配，为探讨基于容量总量控制的排污许可证制度实施奠定了基础。在"十一五"研究成果的基础上，开展了清河流域（铁岭市）基于容量总量控制的水污染物排污许可证的实践，总结清河流域排污许可证制度实施过程中存在的问题与经验，并不断完善排污许可证制度，为辽宁省全面推广基于容量总量控制的排污许可证制度实施奠定基础。

清河水系主要流经辽宁省开原市、清河区，流域面积为 5674.28 km^2，河流长 217km，寇河、马仲河、碧苕河、碾盘河、阿拉河、二道沟河等河流是清河的一级支流，清河水库位于清河干流上，是当地的重要水源地之一。

为了保证基于容量总量的排污许可证实施，结合国家及辽宁省排污许可证实施过程中存在的问题，在清河流域主要进行以下几方面工作：

1. 制定铁岭市水污染物排放许可证管理办法

为了做到有法可依、提高排污许可证制度执行力度，在辽宁省以"浓度控制"水环境管理基础上，制定《铁岭市水污染排放许可证管理办法》（2013 [69] 号），主要涵盖以下内容：

1）明确排污许可证发放范围。规定生产经营活动中直接或者间接向水体排放水污染物的排污单位应当发放排污许可证。该项规定要求所有排污单位均须获得排污许可证，方可排放。

2) 建立排污许可证分级管理体制。该办法明确规定环保部门分级管理职责：市级环境保护行政主管部门负责重点水污染监控单位的水排污许可证的审批、发放及监督管理，县（区）级环境保护行政主管部门负责本辖区内非重点监控单位排污许可证的审批、发放及监督管理。

3) 设计排污申报、发放、审批程序规范。协调排污许可证制度与排放标准、总量控制、排污收费制度、环境影响评价制度、"三同时"制度、限期治理制度、排污申报等制度的排污总量关系，设计排污申报、发放和审批程序等。

此外，规定申请领取水排污许可证的排污单位应当具备条件、审查受理期限、许可证载明的内容、许可事项变更、年度审核、检查和监测管理等30多项法律条文。

2. 确定排污许可证排污总量

第一，规范污染物总量核定技术，以附件的形式纳入《铁岭市水污染排放许可证管理办法》中；第二，以流域水生态功能区划水质目标为基础，确定分阶段管理目标；第三，确定排污许可证排污总量。流域排污许可分配方法是在水环境容量计算基础上，结合点源与面源污染负荷贡献率、实现污染负荷在点源、面源、安全余量间的分配；依据污染负荷分配原则，综合考虑现状污染负荷贡献率、污水处理能力、国家或辽宁省综合污水排放标准，将点源污染负荷分配到直排工业点源及污水处理厂，确立其年最大允许排放量。依据地方管理经验及企业实际排污状况，对分配结果合理性进行分析，最终确立排污许可方案。

3. 开发排污许可证综合管理系统

开发和实施水污染物排放许可证全过程管理技术系统，实现许可证申请、受理、审核、审批、查阅、发放、年审、变更、延续、撤销、遗失补发等数字化管理，为许可证在辽河流域的业务化运行提供保障。

4. 排污许可证发放

目前，铁岭市已在清河流域试行发放十多家排污企业的排污许可证。其中，在线企业4家，以后还将陆续发放。

9.9 小　　结

本章对流域容量总量控制与排污许可证管理进行了阐述。借鉴美国 TMDL 技术和排污许可证管理，建立起我国基于容量总量控制的排污许可证管理技术体系，是我国水环境管理发展的根本方向。

实施以容量为基础的总量控制，必须以流域水生态分区为基础，建立起基于流域—控制单元—污染源的污染物总量控制体系，着眼于流域水环境承载力，将污染物排放量控制要求从流域逐步落实到控制单元并最终落实到污染源。污染物总量分配是排污许可证实施的重要基础，为建立公平、合理的污染物总量分配方案，必须建立污染物总量分配体系。其中在流域层面上要解决控制单元之间的分配原则和分配方法的问题；在控制单元的层次上，要解决设计水文条件、污染源之间的分配原则，同时应留有足够的安全余量，确保水环境质量达标。控制单元划分是建立容量总量控制体系、并将流域污染物总量控制需求落实到污染源的重要步骤，控制单元的划分需遵循水体的流域特征和行政管理的便利性，建立多层次的控制单元分区方案。

在污染物总量分配的基础上，建立着眼于水质的排污许可限值。基于可管理和可监控的原则，科学确定排污许可证的发放对象，规范排污许可证的发放流程，并对排污许可证的实施情况进行监督管理。只有建立在水质达标的基础上，并加强对非法排污行为的处罚力度，排污许可证才能真正发挥环境质量改善的根本作用。

第 10 章

水污染防治技术评估与排放限值管理

10.1 国内外水污染防治技术管理与评估发展现状

10.1.1 我国水污染防治技术管理与现状评估

(1) 现状

我国水环境技术管理体系主要由技术指导体系、环境技术评估制度和环境技术示范推广机制 3 部分构成。其中，技术指导体系主要包括污染防治技术政策、污染防治最佳可行技术指南、环境工程技术规范等；环境技术评估制度主要包括最佳可行技术评估（BAT）和新技术验证；环境技术示范推广机制主要包括示范机制、推广机制和信息系统（周生贤，2012；赵英民，2007）。

在技术指导体系方面，截至目前，总计发布污染防治技术政策 31 项，污染防治最佳可行技术指南 11 项，环境工程技术规范 68 项。涉及火电、钢铁、水泥、造纸、石化、化工、印染、化纤、制药、有色冶炼、电镀、二氧化硫、氮氧化物、农村生活、城镇生活、医疗废物、交通噪声等多个方面和领域。

在环境技术评估制度方面，针对污染防治最佳可行技术评估与环境新技术验证均进行了探索和试点，逐步推动我国 BAT 评估和 ETV 工作；同时，环保部发布《国家环境保护技术评价与示范管理办法》，为进一步开展环境技术评估工作提供了制度依据。

在技术示范和推广方面，自 2006 年，环保部门每年都出台《国家先进污染防治技术示范名录》和《国家鼓励发展的环境保护技术目录》，成为中央环境保护专项资金审查的主要依据；环境保护部批准建立 35 个国家环境保护工程技术中心，编制国家环境保护技术发展报告（高志永等，2013；孙宁，2010）。

(2) 存在问题

1) 环境技术管理体系结构缺失。水环境污染防治技术管理体系缺乏系统性，环境技术管理的各环节间缺乏内在联系，在对政府技术推广、企业污染治理缺乏技术指导。

2) 技术支持体系指导文件制定缺乏系统性和配套性。重点污染行业污染防治技术指导文件的缺失，导致各级环保部门在环境管理和监督执法中缺乏技术依据，不能为环境管理和有效削减污染物排放提供有利的技术支撑。

3) 环境技术评估缺乏科学合理、客观公正的指标体系和评估方法。由于我国幅员辽阔，流域经济发展水平、工业结构不同，面临的污染特征差异较大，污染治理技术的评估指标、指标量化以及评估方法则会出现差异。

4) 技术评估以偏概全、过于主观。目前的技术评估工作，采用的专家评价有集思广益的优点，但受限于专家的学识、经验、判断和监督制约机制的缺失，从而使评估结果缺乏科学性和客观公正性。

5）引进技术和新技术缺乏科学的评估与评估程序。由于技术引进和新技术验证工作中缺乏评估、示范和跟踪，没有经过科学的示范验证就进入市场，技术应用效果不理想。

10.1.2 国外水污染防治技术管理与现状评估

（1）美国技术评估体系

美国行业排放法规（标准）体系较为完善，具体见表 10-1 所示。美国进行水污染防治技术评估工作中，在考察生产工艺、废水特性、技术先进性、可靠性、可得性和经济可行性（污染物削减成本、经济效益、环境效益和人体健康效益）的基础上，采用成本-效益分析法对各种技术进行分析评估，以确定 BPT、BCT、BAT 和 BADT 等各类先进技术。

表 10-1 美国行业排放法规（标准）体系

	直接排放点源（DS）	间接排放点源（IS）
现有源（ES）	BPT（常规污染物、非常规污染物、有毒污染物） BAT（有毒污染物、非常规污染物） BCT（常规污染物）	现有源预处理标准（PSES） （有毒污染物、非常规污染物）
新源（NS）	新源执行标准（BADT） （常规污染物、非常规污染物、有毒污染物）	新源预处理标准（PSNS） （有毒污染物、非常规污染物）

一旦水体的用途和水质标准确定后，许可证制定者必须确保水体达到水质标准，如果实施基于技术的排放标准后仍未达到水质标准的话，就必须制定基于水质标准的排放限值。许可证的制定者预计或者推断在执行基于技术的排放标准后，受纳水体中排放的污染物的数量和浓度可能会超过水质标准，就要制定基于水质的排放限值。

此外，为了促进技术创新，US EPA 于 1994 年创建了针对污染物削减新技术的认证系统（ETV 系统），该系统由第三方对具有商业化潜力的污染物削减创新技术进行测试和验证，并采用定量（数理统计模式）与定性相结合的方式给出技术性能认证结果。ETV 系统大大加快了污染物削减新技术进入技术市场的速度，其所提供的认证信息满足了环境技术市场的信息需求，促进了创新技术的发展。截至目前，美国 ETV 系统已认证 147 项技术或产品，加拿大、日本等其他许多国家也参照美国建立了自己的 ETV 系统。

总体来说，美国是通过环境制约和激励机制结合促进环境技术发展的。首先，制定专项的法律，配有严格的法律要求；其次，制定的污染物排放标准与经济、技术发展水平结合紧密；最后，只要求达标排放，不限制技术选择，可执行性好。同时用优惠政策吸引民间和企业资金的投资人，以促进新技术的示范和产业化。

（2）欧共体或欧盟技术评估体系

20 世纪 70 年代初，欧共体内各成员国建立共同的环境标准和污染预防与控制政策。于 1996 年应用一系列的法律法规防治工业污染也就是综合污染防治（integrated pollution prevention and control，IPPC），即法令 96/61/EC。该项法令随后整理成为法令 2008/1/EC。IPPC 的主要目的是：预防或最大限度减少排放；把环境作为一个整体，综合提供高水平的环境保护；最大限度减少原料和能源消耗。IPPC 的中心思想是，要求欧共体内部提供一个授予许可的综合性平台,以综合控制欧盟内部国家的废水、气、渣、噪声的产生和排放,同时规定全过程安装设施的运行管理方式。同时 IPPC 法令指出,应用最佳可行技术是实现最佳环境保护效果的最为经济可行的方法,具体在 IPPC 法令的附录 1 中有关于工业设施设备污染排放环境标准,涉及覆盖约 52 000 种设备。IPPC 为工业生产的批准制定了程序,并制定了最低许可排放要求,最终,它将预防和减少大气、水和土壤污染,以及减少工业生产所产生的废物量,以确保最高程度的环境保护。

《工业污染排放法令》(*The Industrial Emissions Directive*,IED)即法令 2010/75/EU,本质上是 IPPC 法令的进一步深化和延续,依旧是关于最大限度减少整个欧盟各种工业污染源的污染;在内容上比 IPPC 法令更为综合,环境标准更为严格,覆盖工业设备也更加广泛。IED 于 2010 年 12 月 17 日正式颁布官方文件,2011 年 6 月 6 日起逐步实行,2013年 1 月 7 日前逐步进入欧盟各国立法体系。2014 年 1 月 7 日起,IED 替代 IPPC 法令和各个行业法令。

欧盟污染综合防治管理体系如图 10-1 所示。其中 BAT 参考文件由欧盟委员会工作小组,各成员国的权威部门和专家共同起草,文件详细描述了迄今为止被视为最佳的污染防治技术,并且给出了通过应用 BAT 可能达到的污染物排放量和资源消耗量水平(王凯军,2007)。

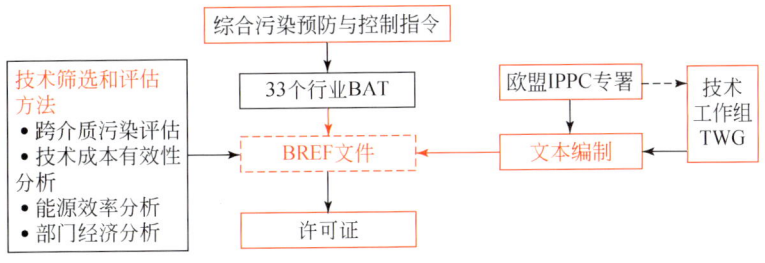

图 10-1　欧盟污染综合防治管理体系

10.2　我国水环境技术管理体系框架与路线

10.2.1　体系框架构建

我国水环境技术管理体系(图 10-2)主要由技术指导体系、环境技术评估制度和环境技术示范推广机制等三大支撑体系组成。

10.2.2　我国水环境技术管理体系建设路线

我国水环境技术管理体系建设按照三阶段实施的技术路线见图 10-3。

在"十一五"阶段,紧跟国家环境保护工作需要,制定污染防治技术政策、最佳可行技术指南等技术指导体系的顶层设计,并根据经济社会发展情况和国家环境保护工作特征变化,统筹规划,大力推动重点行业技术指导文件的编制工作。

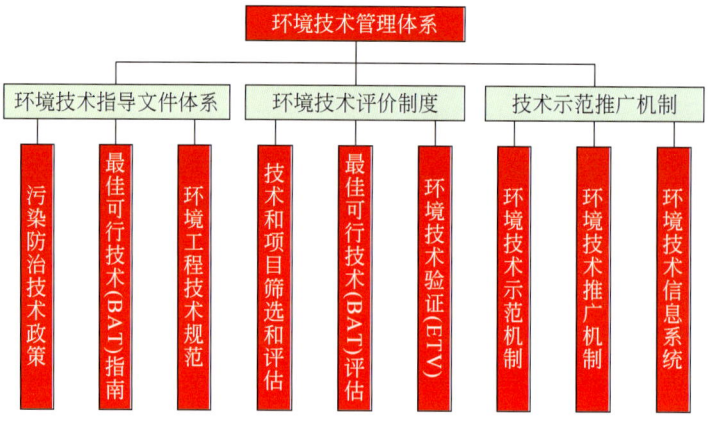

图 10-2　我国水环境技术管理体系框架

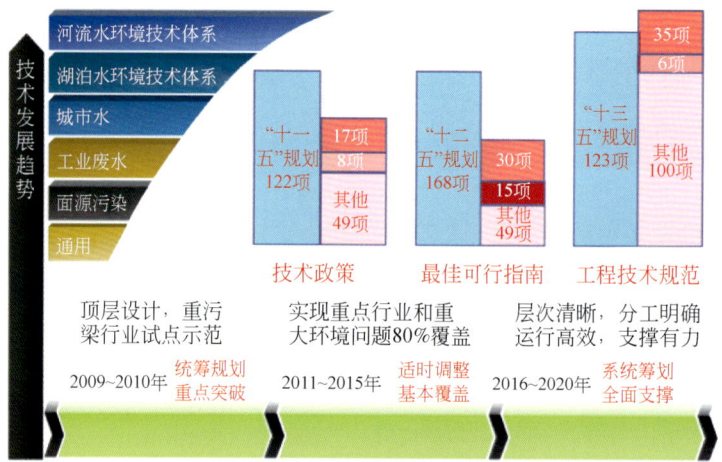

图 10-3　我国水环境技术管理体系路线

在"十二五"阶段，继续推动化工、冶金、纺织、制药等重点行业技术指导文件的编制工作，基本建成以重污染行业和重大环境问题为重点的，以污染防治技术政策、最佳可行技术指南、技术评估和技术示范与推广为核心内容的国家水环境技术管理体系。

在"十三五"阶段，重点针对尚欠缺的技术指导文件进行系统完善工作，并完成技术评估制度和技术示范推广机制的构建和完善工作，建立层次清晰的国家水环境技术管理体系，全面支撑我国水环境技术管理工作，实现环保工作"三大工程"和"五大体系"中关于环境技术管理体系的建设要求。

10.2.3　不同行业组团的水环境技术指导体系

我国对 98 个国民经济大行业进行系统梳理，分成重化工、冶金、能源、建材、农牧业、轻工、城市、静脉产业以及跨行业等 9 大产业集群。按对水体污染贡献率进行重新划分，分成工业、面源、跨行业等板块。这里，重点研究与水环境密切相关的工业和面源板块。

(1) 工业行业板块水污染防治技术指导体系

工业板块主要包括化工、轻工、冶金及建材等行业。

1) 化工组团。根据产业链条，在石油天然气工业、煤炭采选业、石油炼制行业、基础有机化工原料及合成材料（合成树脂、合成橡胶）行业、化纤行业、颜染料行业、制药行业、化肥制造业、煤化工工业、焦炭工业、基础无机化工原料制造业、特殊化学品制造业等行业技术指导文件中，重点关注化学需氧量和氨氮等水污染物和持久性有机污染物防控，关注二氧化硫、氮氧化物、恶臭、VOC等大气污染物防控以及危险废物处理（杨丽阎等，2012；蒋晓辉，2010）。

通过对化工相关产业链分析，最终形成技术政策和技术指南指导文件体系，如图10-4所示。最终形成化工相关行业18项污染防治技术政策和16项最佳可行技术指南。

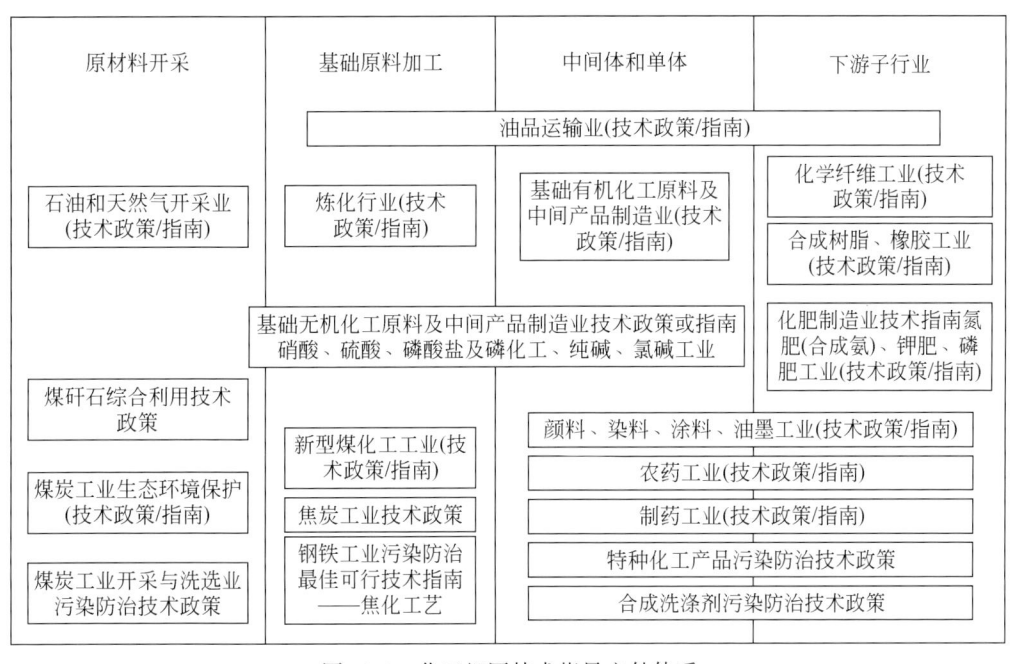

图 10-4　化工组团技术指导文件体系

2) 轻工组团。在农副食品加工、食品制造、饮料制造、纺织业、皮革毛皮羽毛（绒）及其制品业、造纸及纸制品业等轻工行业技术指导文件中，重点关注化学需氧量和氨氮等污染物防控；在农副食品加工、烟草制品、纺织业、木材加工及家具制造业、造纸及纸制品业等行业技术指导文件中，重点关注恶臭、VOC等污染物防控（张国臣，2009）。

轻工组团技术指导文件体系如图10-5所示，最终形成轻工相关行业9项污染防治技术政策和10项最佳可行技术指南。

3) 冶金组团。在黑色金属矿采选业、黑色金属冶炼及压延加工业、有色金属矿采选业、有色金属冶炼及压延加工业、电镀工业等行业技术指导文件中，重点关注氨氮等水污染物防控，二氧化硫、氮氧化物、苯并芘、VOCs等大气污染物防控，以及多种重金属污染物的防控（贾晨夜，2012）。

通过对冶金相关产业的产业链分析，最终形成技术政策和技术指南指导文件体系，如图10-6所示。最终形成冶金相关行业10项污染防治技术政策和9项最佳可行技术指南。

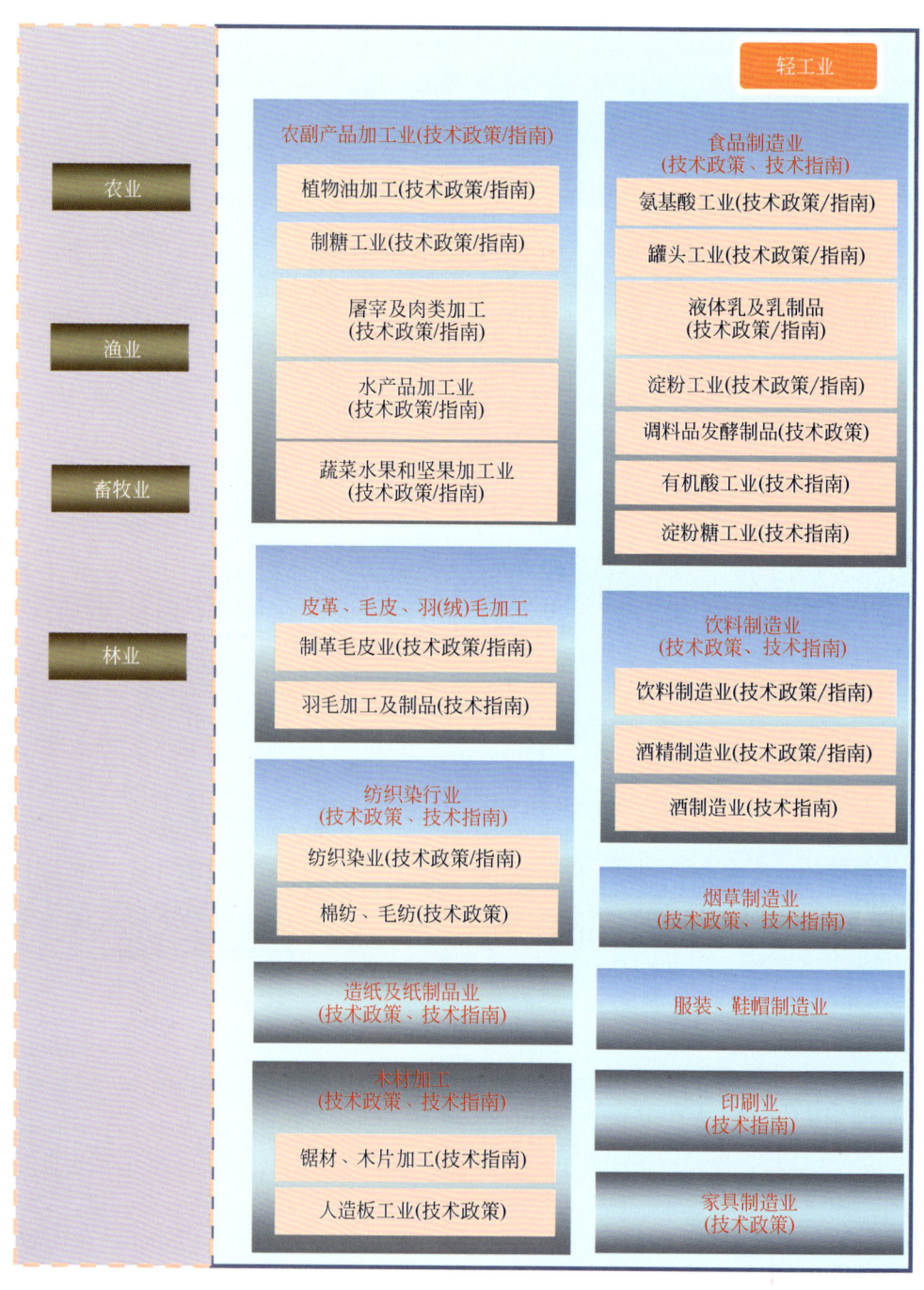

图 10-5　轻工组团技术指导文件体系

4）建材组团。重点关注非金属矿采选业、水泥行业、玻璃及玻璃制品业、其他非金属矿物制品业等多个行业的水污染物排放问题。

通过对建材相关产业的产业链分析，最终形成的技术政策和技术指南指导文件体系如图 10-7 所示，最终形成建材相关行业 9 项污染防治技术政策和 8 项最佳可行技术指南。

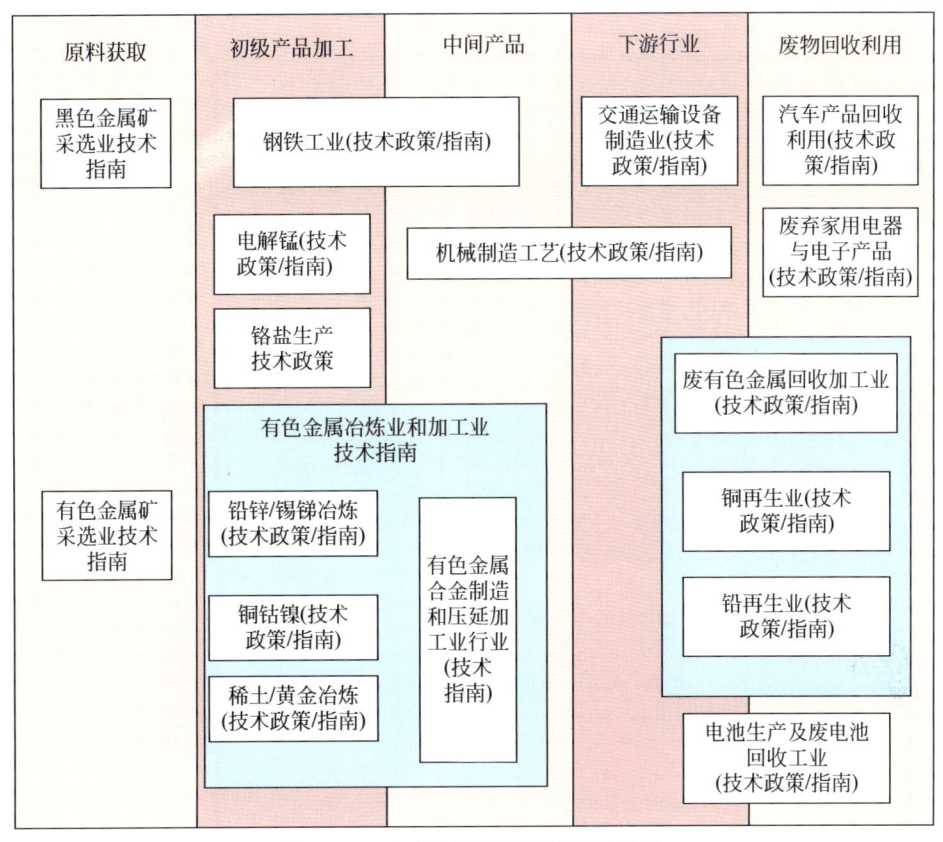

图 10-6 冶金组团技术指导文件体系

(2) 面源板块水污染防治技术指导体系

面源污染防治技术管理体系分为农村生活、畜禽养殖、农业种植、城市径流等几个方面，如图 10-8 所示，最终形成面源相关行业 13 项污染防治技术政策和 10 项最佳可行技术指南（王凯军，2012；杨博琼，2012；高志永，2010；高志永等，2011）。

10.2.4 技术评估总体框架及评估技术分类

经对我国各类环境技术评估类型进行梳理和分析，本研究重点针对成熟技术评估和新技术验证工作。成熟技术归类为污染防治最佳可行技术评估，新技术归类为新技术验证，见图 10-9。评价结果通过最佳可行技术指南、"两个目录"、ETV 评价报告等平台发布，服务于环境技术管理，促进环境技术进步和环保产业发展。

最佳可行技术是针对各种生产活动工艺生产全过程产生的各种环境问题，采用在公共基础设施和工业部门得到应用的最有效、先进、经济和可行的污染防治工艺和技术，特别是通过生产过程的清洁生产管理提高能源利用效果、预防和减少污染物的排放，从整体上减少对环境的影响。

环境技术验证（ETV）是我国环境技术管理体系建设的一项重要工作。环境技术验证是一种新型的环境技术评价制度，主要用于环境创新技术的评价，是按照国家统一制定的

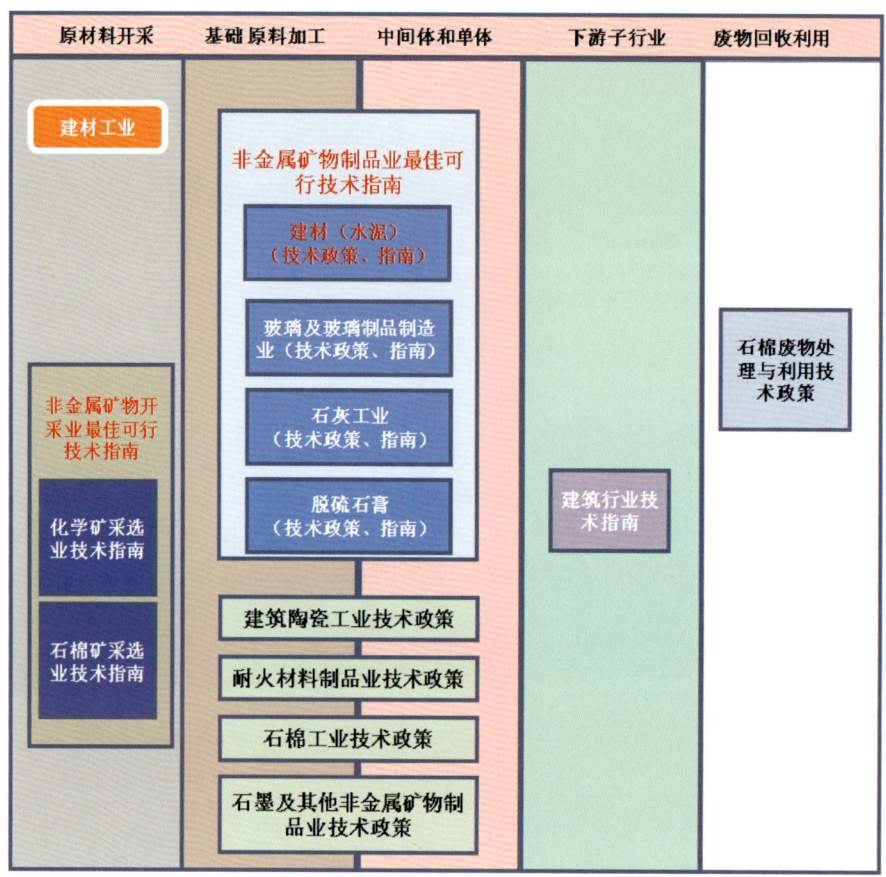

图 10-7　建材组团技术指导文件体系

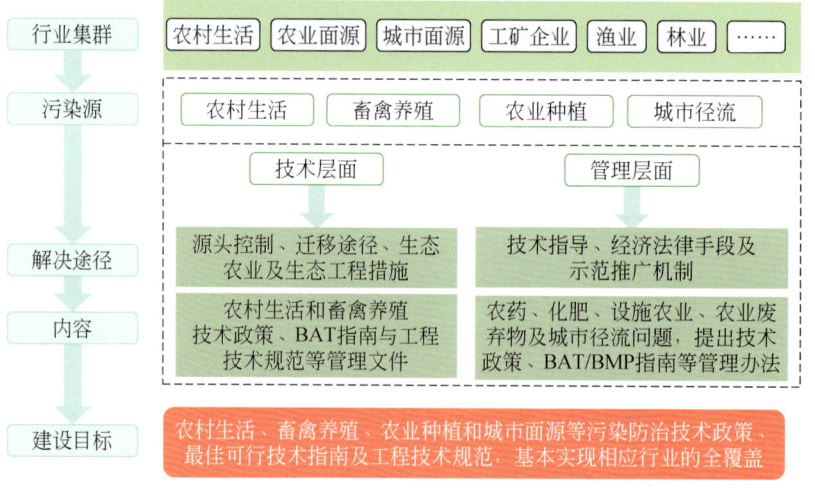

图 10-8　面源板块水污染防治技术指导体系

验证标准、验证规范和验证测试规范，以科学、可靠的技术测试数据与信息为基础，定量加定性评价为方法，以具有一定创新性环境技术为对象，以政府指导下的第三方机构评价

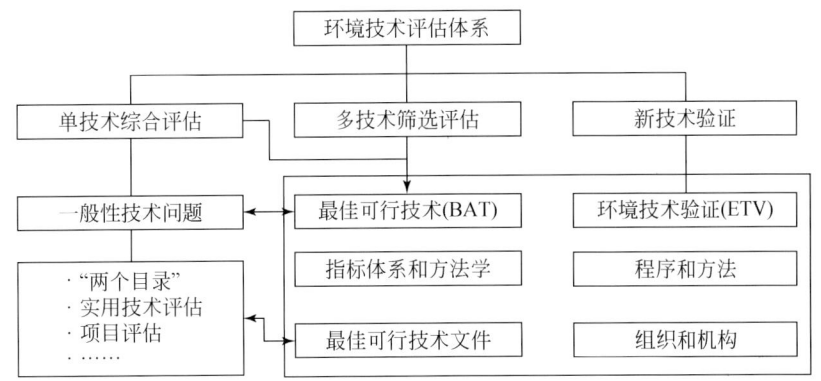

图 10-9 我国环境技术评估类型框架

为主要评价模式（汪翠萍，2012；高志永等，2012）。

10.2.5 技术示范推广机制

(1) 建立环境技术示范机制

1) 新技术、新工艺示范。主要围绕我国环境管理的重点和难点，针对长期制约我国环境技术发展的瓶颈问题，在技术评价的基础上，组织已完成中试、扩大试验或生产性试验，具有潜在应用价值的创新技术进行工程化示范。

2) 消化吸收引进技术的示范。对我国尚无能力进行工程化开发、先进成熟的引进技术的国产化应用示范，重点解决工艺技术、成套设备、材料的引进消化和国产化。

(2) 完善环境技术推广机制

在定期发布《国家先进环境保护技术示范名录》和《国家先进环境保护技术示范名录》的基础上，环境保护部会同国家发展和改革委员会制定新版的《国家鼓励、限制和淘汰的环保产业设备（产品和技术）目录》，不但提出环境保护领域国家鼓励开发的技术、产品和设备，而且提出环保领域应当限制和淘汰的落后技术、产品和设备。会同有关部门制定环保技术、产品和设备标准化质量体系，完善环保技术、产品和设备质量认证评价标准。

(3) 建立信息系统

建立环境技术专家系统、环境技术信息系统及环境技术管理信息系统，及时登录、发布和更新各种环境技术管理信息，环境技术管理政策、文件和动态，加强公众参与，为环境管理服务。

(4) 定期编制发布《国家环境技术发展报告书》

发布国家《"十二五"环境技术发展报告》，密切围绕国家环境保护"十二五"规划，开展环境相关技术政策、技术发展水平和现状分析，评价环境技术对环保重点工作的支持能力，预测各类环境技术应用现状和发展前景，引导"十二五"我国环境技术科技创新和环保产业的发展，指导国家环境科技研究投入重点领域、国家产业化支持方向及企业环保产业投资方向。

10.3 水污染防治最佳可行技术评估程序与方法

10.3.1 最佳可行技术评估程序

设计将污染防治最佳可行技术评估程序分为"技术初筛阶段、技术调查阶段、技术评价阶段"三个主要阶段（图10-10），并根据各阶段特点，设置六个重点步骤，考虑各步骤间的关系以及各评估环节的需求，提出每一阶段重点产出成果。通过环境技术评估方法的研究，提出"技术初筛阶段"主要采用定性的评估方法，筛选出备选技术清单。"技术调查阶段"将实证方法引入最佳可行技术评估，解决评估过程中存在的数据缺失、调研数据不可靠等问题。"技术评价阶段"主要采用定性与定量相结合的评估方法，评估筛选出污染防治最佳可行技术；并研究形成以费用效益分析为主要手段的污染防治最佳可行技术经济评估，设计最佳可行技术经济评估的技术经济分析评估程序；通过污染防治最佳可行技术与水污染物排放标准之间的关系分析，从控制污染源、控制污染物、控制方式、控制限值研究指出水污染物排放限值体系与技术管理体系的对应关系，促进二者工作的有效衔接（高志永等，2010）。

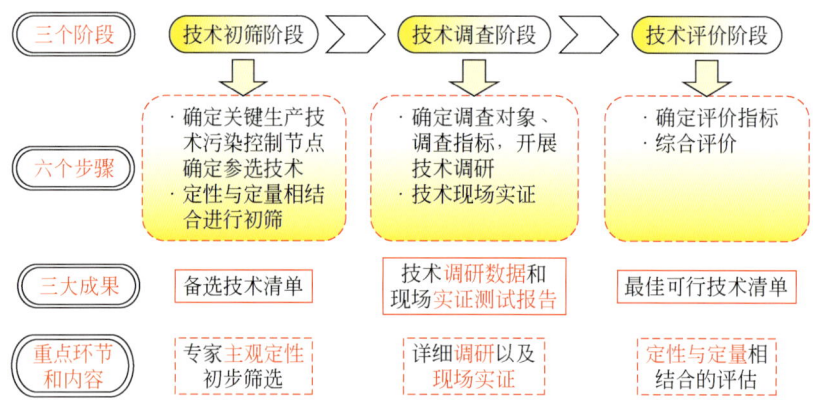

图10-10 污染防治最佳可行技术评估程序

10.3.2 最佳可行技术评估指标体系

（1）污染物排放清洁生产技术指标体系构建

污染物排放清洁生产技术指标体系选择资源与能源消耗、污染物排放、经济成本、技术成熟度作为一级指标。通过资源与能源消耗、污染物排放、技术成熟度三项指标体现技术选择的合理性，通过经济成本指标（资源与能源消耗中的经济因素不在此项范围内）体现技术应用的经济性。通过资源与能源消耗、污染物排放、经济成本三项指标对技术进行定量评估，通过技术成熟度对技术进行定性评估，如图10-11所示。因此，通过构建资源与能源消耗、污染物排放、经济成本、技术成熟度四项一级指标可以满足污染物减排清洁生产技术指标体系的要求：既要体现技术选择的合理性，又要体现技术应用的经济性；既要有定性评估的指标,又要有定量评估的指标。

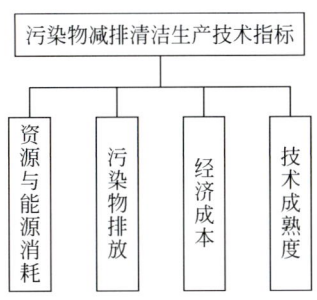

图 10-11　污染物减排清洁生产技术一级指标

(2) 污染物末端治理技术评估体系构建

污染物末端治理技术指标体系选择污染物排放、经济成本、技术成熟度作为一级指标。通过污染物排放、技术成熟度两项指标体现技术选择的合理性,通过经济成本指标体现技术应用的经济性;通过污染物排放、经济成本两项指标对技术进行定量评估,通过技术成熟度对技术进行定性评估。因此通过构建污染物排放、经济成本、技术成熟度三项一级指标可以满足污染物末端治理技术指标体系的要求:既要体现技术选择的合理性,又要体现技术应用的经济性;既要有定性评估的指标,又要有定量评估的指标。污染物末端治理技术一级评价指标见图 10-12。

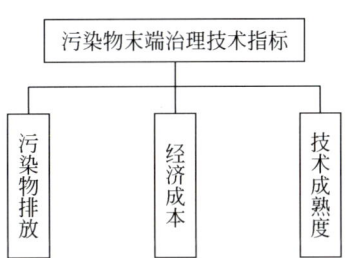

图 10-12　污染物末端治理技术一级指标

10.3.3　最佳可行技术评估方法

最佳可行技术筛选是技术评价关键环节,不同的评价方法有不同的特点,最优的评价方法是不存在的,选取符合评价本身目的和被评价技术的特点就是正确的评价方法。6 个行业采取不同的筛选方法(表 10-2),具体采用模糊综合评价法、线性加权平均法、灰色关联分析法。

表 10-2　最佳可行技术筛选方法

行业	筛选方法	评价程序
制革	模糊综合评价法	建立评语等级,由专家对处理技术定性评价得到各项指标下的优先度,定量指标采用半阶梯分布函数作为隶属度,评价指标分为效益型、成本型、固定型,根据隶属度最大原则进行模糊综合评价,85 分以上为最佳可行技术

行业	筛选方法	评价程序
纺织染整	灰色关联分析法	将指标按极大型、极小型和固定型分类进行量纲一化，建立参考样本，通过计算关联度得到最佳可行技术
氮肥	线性加权平均法	污染防治技术综合指数值给技术排序
炼化污水	线性加权平均法	定量指标标准化处理，定性指标专家评价，之和得到综合评价指数，75以上为最佳可行技术
化学纤维	模糊综合评价法	模糊综合评价法确定三项技术，得到最好一项
制药	模糊综合评价法	建立功能模块和专家库，每一项技术单指标和综合评估分值

（1）模糊综合评价法案例评价

模糊综合评价法解决缺少定量数据资料的量化问题，对模糊因素系统进行综合评价。缺点是大量运用专家的主观判断，造成结论存在一定的主观性。

制革行业在指标体系中有生产工艺评价指标和末端处理技术指标两项，但是进行最佳可行技术筛选评价时，只对末端处理技术中部分指标进行模糊综合评价，根据权重和模糊评判矩阵计算得到综合评价向量，得到评价结果；化纤行业也采用模糊综合评价，但参与评价的只有三种生产废水末端处理技术，技术数量较少，建议采用同行评议法，直接给出排序；制药行业模糊综合评价过程采用计算机筛选，简化人工技术的繁琐同时精确了计算结果。制药行业评价给出了明确的评价前准则和后准则，前准则要求技术有示范、符合国家政策和标准。后准则不仅要求的综合排名要在前20位，同时要求：①经济指标、技术性能指标和社会效益指标3个单项指标的评价结果均在C级以上；②环境效应指标的评价结果必须在B级以上，明确的准则使评价原则清晰，值得借鉴。

（2）线性加权平均法案例评价

线性加权平均法通过对调研数据量纲一化处理，与指标权重相乘，得到综合评价指标值，最终根据指标值多少确定最佳可行技术。线性加权平均法充分利用现场调研的定量数据，与单纯定性评价相比更具有客观真实性，规避主观性可能，但存在结论不具有代表性的可能。

炼化行业评价消除量纲时，技术指标都应该有对应的数值，因此，计算后不能为0。另外，基准值的不同，导致指标曲线变化的斜率差别很大，指标可比性受到影响。建议用线性功效系统法，将评价值转化为0~1的数值。氮肥行业评价对象为生产工艺，而没有对每个工艺单元进行评价。由于工艺较少，建议由同行评议法直接给出最佳技术。

（3）灰色关联分析法案例评价

灰色关联分析法可以很好地将定性分析与定量分析相结合，使评价指标准确量化，可以排除人为因素造成的影响，增加评价结果的客观性和准确性，确定选择的参考标准没有统一的要求，选择标准不恰当将直接造成评价结果的错误。

纺织行业通过灰色关联分析法进行技术筛选，考虑消除量纲时，指标类型的区别以及异常数据的处理。技术指标值通过技术调研数据量纲一化获得，与专家确定的指标权重数据相结合，即考虑企业运行实际情况，又充分利用专家的丰富经验和判断能力，使结果更具有科学性和客观性。

10.3.4　五大行业污染防治最佳可行技术评估

(1) 轻工行业

研究内容涉及轻工行业中的电子及半导体元器、油漆油墨、皮革等子行业。电子元器件生产过程中的污染主要包括印制板电镀、连接器电镀等。中国 PCB 制造企业总数约有 1000 家，90% 左右的 PCB 生产企业（或 PCB 产量与产值）集中在"珠三角"和"长三角"地区。印制线路板行业污染源复杂、废水量大、PCB 废液难处理，其环保治理是一个复杂的系统工程。油漆涂料、油墨及墨水工业是国际民众所关注的行业之一，同时已经成为我国重要的产业之一，我国油漆涂料、油墨及墨水生产企业有 5000~8000 家，行业特点是企业生产规模小、品种多、但没有拳头产品，行业整体效益差，生产产地相对比较集中，主要是珠江三角洲和长江三角洲地区。中国皮革、毛皮加工及其制品行业以猪皮为主，产量约占 62%，居世界首位。90% 的制革厂都属中小企业。企业的分布遍及全国各地，近几年开始从大中城市向小城市、乡镇转移。从大区分布上看，70% 的企业集中在华东及中南经济繁荣地区。

课题通过实地调研、文献查找、发函调研、报告搜集、资料搜集等方式对 379 家电子及半导体企业（包括东江流域、电子及半导体行业产量前 10 名企业），162 家油漆涂料、油墨及墨水企业（包括东江流域、油漆涂料、油墨及墨水产量前十名企业）以及 100 多家制革企业（包括东江流域、轻革产量前 10 名企业，2 个工业园）进行调研。本次调研包含大、中、小型代表性企业以及行业产值前 10 名企业，调研工作对整个轻工行业具有充分的代表性。通过本次调研，充分了解和掌握轻工行业主要污染物特点和分布规律。

1）最佳可行技术。通过研究国内外的法律、法规、标准和相关工艺技术，同时对全国多家子行业企业进行调研，在全面掌握子行业污染防治技术的基础上，本指标体系将采用多指标的模糊综合评判法+层次分析法综合性评价来得到最佳可行技术。

最终的评估结果为：①电子元件、印制电路过程控制技术中"生产工艺节水技术"及"蚀刻废液再生回用技术"两项为最佳可行技术。②酸碱废水处理技术中，"以废治废中和法"最佳。③重金属废水的处理以"化学沉淀"、"混凝沉淀"+"膜处理技术"最佳。④有机废水多采用"生物处理方法"；含氰废水多用"碱性氯化法"；废气处理技术以"焚烧/催化焚烧"及"湿式洗涤塔"为最佳可行。⑤废弃物多采用"破碎分选技术"；污泥及蚀刻液多采用电化学循环再生、重金属回收技术。⑥油漆涂料、油墨及墨水行业污染防治备选的最佳可行技术中，混凝—气浮—微电解—SBR 技术是最佳可行技术。该技术综合评价均达到各指标较好的标准；而大气污染防治技术则相比稍差，建议将 VOC 和气溶胶去除工艺组合使用。⑦皮革、毛皮加工及其制品行业经过实地调研和专家咨询，确定 16 项候选技术，通过模糊数学进行评估和筛选得出的排最佳可行技术 0.8 分以上排名前六的技术如表 10-3 所示。

2）技术文件。编制完成的技术文件包括：①《电子元件、印制电路污染防治最佳可行技术指南》及编制说明；②《半导体器件污染防治最佳可行技术指南》及编制说明；③《涂料油墨行业最佳可行技术导则》及编制说明；④《皮革及毛皮加工工业污染防治最佳可行技术指南》及编制说明；⑤《电子及半导体元器件行业污染防治最佳可行技术清单》；⑥《涂料油墨行业最佳可行技术清单》；⑦《皮革、毛皮加工及皮革制品行业污染防治最佳可行技术清单》；⑧《东江下游环境敏感区有毒有害污染物排放限值》及编制说明；⑨《电子及半导体元器件废水治理工程技术规范》；⑩《涂料油墨废水治理工程技术规范》；⑪《制革废水治理工程技术规范》。

表10-3 排名前六的最佳可行技术

排名	技术代码	技术流程
1	4	预处理——混凝沉淀——间歇活性污泥——二沉池——Fenton氧化——终沉池
2	5	预处理——SBR——臭氧氧化——曝气生物滤池——终沉池
3	1	预处理——调节——UASB——中沉池——曝气池——沉淀池——氧化沟——曝气生物滤池——二沉池
4	2	预处理——混凝沉淀——氧化沟——二沉池——双膜技术——回用
5	11	预处理——氧化沟——二沉池——人工湿地
6	3	预处理——二级A/O——二沉池

（2）纺织行业

纺织工业的最显著特征是全球化，纺织工业是世界经济的重要组成部分之一，纺织工业是制造业中最长和最复杂产业链之一。我国纺织产量占世界总量的57%，居世界第一，直接与间接从业人员1.22亿人。据国家统计局和环保部门统计，2006年工业废水排放量240.2亿t，比2005年减少1.2%；2007年工业废水排放量246.6亿t，比2006年增加2.7%；2008年、2009年，工业总废水量呈下降趋势，分别较2007年、2008年减少2.0%和3.0%；2010年工业总废水量237.5亿t，比2009年增加1.3%；"十一五"期间，全国工业废水中COD排放量呈现逐年下降趋势。2007~2010年，工业废水COD、氨氮均分别比上一年有所下降，纺织行业COD、氨氮排放量虽然也有所减少，但其下降速度远不及工业总COD、氨氮排放量下降速度，因此其所占比重呈上升趋势。

课题启动以来，通过文献调研、发函调研和实地调研等多种方式对我国纺织染整行业（棉纺、毛纺、化纤和工业园区）生产工艺及废水末端治理技术现状进行调研与分析。总计调研267家企业，其中入库调研纺织染整企业共136家，废水处理总量达28618万m^3/a，以2010年纺织行业废水排放量245470m^3/a计，染整废水废水调研136家染整企业废水处理量占行业总水量的11.7%。工业园区集中污水处理厂25个，调研污水集中处理厂总计处理污水水量约196.6万m^3/d，占行业总水量的29.2%。本次调研入库企业/园区以水量计，总覆盖度达40.9%。调研入库园区服务的纺织染整企业约为660家，入库数据覆盖的纺织染整企业总计约780家，涉及针织布、化纤布、混纺布、涤纶、人造棉布、尼龙、氨纶、纱线、牛仔布的染色加工等9大产品类别。

我国主要应用效益分析法和专家评价法来评估污染防治技术，随着决策科学的发展，逐步将其应用于环境污染防治技术评估，如AHP、模糊综合评价法等。在构建的纺织染整废水集中处理BAT指标体系中，指标类型有定量指标和定性指标。定量指标通过实地调研获得指标值；定性指标通过专家判断将定性描述转化为定量值。经过实地调研，本研究确定10项候选技术，如表10-4所示。

表10-4 候选技术表

技术代码	技术流程
1	调节池——脉冲水解池——延时曝气活性污泥池——二沉池——混凝沉淀
2	调节池——平流沉淀池——水解池——A/O池——二沉——混凝沉淀池
3	调节池——生物吸附沉淀池——水解池——活性污泥池——接触氧化池——二沉池——曝气生物滤池
4	调节池——初沉池——水解池——活性污泥池——平流沉淀池——高效澄清池
5	调节池——气浮池——水解池——初沉池——活性污泥池——接触氧化池——二沉池——混凝沉淀池
6	调节池——ABR池——A/O池——二沉池——絮凝沉淀池——砂滤池
7	调节池——高效脱色UASB池——A/O池——二沉池——混凝沉淀池——曝气生物滤池
8	调节池——初沉池——活性污泥池——二沉池——混凝沉淀池
9	调节池——水解池——初沉池——PACT池——二沉池——混凝沉淀池
10	调节池——水解池——A/O池——二沉池——混凝沉淀池

依照与各分辨系数相对应的灰色关联度，选取前6名的技术进行最终比选，见表10-5。

表10-5 与各分辨系数相对应的前6名技术

分辨系数	与各分辨系数相对应的前6名技术					
0.05	技术2	技术6	技术1	技术5	技术9	技术4
0.10	技术2	技术6	技术1	技术5	技术9	技术4
0.30	技术2	技术6	技术1	技术7	技术9	技术4
0.50	技术2	技术6	技术7	技术1	技术9	技术4

从表10-5中可以看出，技术2、技术6、技术1、技术9和技术4为共有技术，即确定其为最终BAT。最终形成达标排放和深度处理两条技术路线，即预处理技术+水解+好氧（+深度处理技术）。

编制完成的技术文件包括：①《纺织染整行业污染防治技术政策》及编制说明；②《纺织染整行业污染防治最佳可行性技术指南》及编制说明。

(3) 化工行业

"十一五"期间，我国石化和化学工业经受了国际金融危机的严峻考验，结构调整步伐加快，产业规模进一步扩大，自主创新能力不断增强，技术装备水平明显提高，质量效益稳步提升，行业总体保持平稳较快发展。化工行业研究主要涉及炼化、化纤、氮肥等3个子行业，中国已成为仅次于美国的全球第二大炼油国，规模扩大，炼化一体化程度提高，国际竞争力增强。我国化纤产量超过全世界的1/2，是名副其实的化纤生产和消费大国。我国1000家重点耗能大户中，氮肥企业就占160多家，行业具有技术密集度高、能源消耗大、环境影响较大、投资费用高等特点。3个子行业工业废水排放量占全国废水排放问题的20%左右，COD排放量占18%左右，氨氮排放量占35%左右。

课题对行业现状、清洁生产技术和污染防治技术应用状况的调研采用函调和现场走访2种方式。根据企业生产规模和技术水平，共发放2类调研表，分别为调研简表和调研详表。调研覆盖31家炼化企业。其中，炼油企业29家，占全国58家炼油企业总数的50%，炼油规模合计2.22亿t/a，占全国炼油总规模的46%；乙烯生产企业10家，占全国23家乙烯生产企业总数的 44%；乙烯生产规模合计 652 万 t/a，占全国乙烯生产总规模 54%，调研 40 余家聚酯、涤纶和腈纶生产企业、35 家氮肥生产企业，较为全面地掌握了目前国内化工行业的生产及污染治理状况，能够充分代表我国目前在化工行业的生产水平和污染治理水平，为制定化工行业污染防治技术政策、最佳可行技术指南和废水治理工程技术规范提供了数据基础。

根据目前国内炼化行业污水综合利用技术现状，建立的评价指标体系主要从资源与能源消耗指标、污染物处理指标、经济运行指标、运行管理指标 4 个方面来考虑，共选择 18 项指标作为炼化污水综合利用技术评估指标。指标权重的确定采用层次分析法。评价指标分为定量评价指标和定性评价指标，其中定量指标又分为正向指标和逆向指标。当指标为趋高数值（越高越好）时，该指标就是正向指标；当指标为趋低数值（越低越好）时，该指标就是逆向指标。本评估指标体系将炼化污水回用及综合利用技术分为两级，对达到一定综合评价指数的技术，评定为最佳可行技术，如表 10-6 所示。

表 10-6　炼化行业污染防治最佳可行技术

工艺生产	废水处理	深度处理与资源化
催化裂化加氢脱硫技术	纯氧曝气活性污泥	生物活性炭技术
加氢精制替代电化学精制技术	缺氧/好氧（A/O）法	曝气生物滤池技术
含硫污水汽提	接触氧化法	膜生物反应器技术
焦化冷焦水循环利用技术	生物流动床技术	反渗透技术
乙烯裂解炉结焦抑制技术	粉末活性炭技术	电吸附技术

编制完成的技术文件包括：①《石油炼制工业污染防治技术政策》；②《石油炼制与乙烯工业污染防治最佳可行技术指南》；③《石油炼制与乙烯工业废水处理工程技术规范》；④《化学纤维工业污染防治技术政策》；⑤《化学纤维工业污染防治最佳可行技术指南》；⑥《化学纤维工业废水处理工程技术规范》；⑦《天然气合成氨氮肥行业污染防治技术政策》；⑧《氮肥行业污染防治最佳可行技术指南》；⑨《氮肥工业废水处理工程技术规范》。

（4）冶金行业

冶金行业研究主要包括稀土冶炼、电解锰和黄金冶炼 3 个子行业，2011 年我国稀土、电解锰、黄金产量均位居世界第一，分别占世界总产量 90%、98%、13.9%。稀土、电解锰和黄金冶炼行业是我国的战略优势资源行业，产品广泛应用于航空航天、国防军工和高新材料、能源环保、冶金机械、电子信息等领域。黄金还用于国际储备，维护着国家货币金融体系的稳定。我国稀土冶炼企业有 100 多家，分布在 10 多个省市，普遍存在规模小、环保投入少、治理技术和设备较落后、三废处理成本高等问题。电解锰行业是一个资源、能源消耗高，污染物产生量大的工业行业，尽管近几年来技术水平有所提高，环境保护工作有所加强，但电解锰生产企业在生产过程中对环境造成的污染依然严重。我国金矿资源分布广泛，矿床类型多，大型、特大型金矿少，中小型金矿床多，在黄金冶炼过程中会产生废水等污染物，其中最为重要的是重金属的污染问题。

采用现场考察、函调、资料查询的方式，对稀土、电解锰、黄金冶炼企业的生产现状、污染防治技术开展调研。对分布在内蒙古、四川、甘肃、江苏、江西、广东、广西等省份的20多家大中型稀土冶炼企业进行了调研。调研的稀土生产企业年产量为79 892t，占当年全国稀土总产量的62.7%，具有较强的代表性；共调研65家电解锰厂家，约占当年电解锰企业总数的33%，调研产量约占全国电解锰产量45%以上（按照调研当年产量）；黄金冶炼行业调研企业20家左右，约占全国企业数的10%，调研产能占全国产能的40%~50%。

针对稀土冶炼行业的技术、环境及经济特点，采用数学模型和专家评分相结合的方法对稀土冶炼行业污染防治技术指标体系进行综合评分，然后根据综合评分结果进行对各项技术进行筛选。设置三级指标体系表，主要从资源消耗、能源消耗、污染物排放、经济成本4大方面，依据数学模型公式和专家打分相结合的方法确定权重，然后对各项技术进行综合评分、筛选，最终确定为最佳可行技术，如表10-7所示；电解锰行业最佳可行技术如表10-8所示；黄金冶炼行业最佳可行技术如表10-9所示。

表10-7　稀土冶炼行业污染防治最佳可行技术

生产工艺技术	废水处理技术
（非皂化）萃取转型	化学中和法
钠皂化萃取分离技术、非皂化/镁钙皂化萃取技术、模糊萃取/联动萃取分离技术	蒸发结晶法
	折点氯化法
	药剂强化热解–分子精馏法
草酸沉淀稀土技术、碳钠沉淀稀土技术	反渗透膜法

表10-8　电解锰行业污染防治最佳可行技术

生产工艺技术	废水处理技术
负压立磨技术、球磨技术	还原–中和沉淀法（含铬含锰废水）
隔膜压滤技术、锰粉二段酸浸一体化技术	
电解后序连续刷沥逆洗及自动化技术	碱中和法（含锰废水）
锰渣制砖资源化利用技术、铬离子回收技术	

表10-9　黄金冶炼行业污染防治最佳可行技术

生产工艺技术	废水处理技术
I段焙烧氧化预处理、II段焙烧氧化预处理、富氧焙烧氧化预处理、生物氧化预处理、热压氧化预处理、	Na_2S–石灰–铁盐法和
边磨边浸–富氧氰化浸出、加助浸剂/调整剂氰化浸出、堆浸氧化浸出	
锌粉置换沉淀回收金法、炭浆法/炭浸法、树脂提金法	半酸化法
化学湿法精炼、溶剂萃取法精炼、电解法精炼	

形成的技术文件有：稀土、电解锰和黄金冶炼行业污染防治技术政策（报批稿）各1套，稀土、电解锰和黄金冶炼行业污染防治最佳可行技术指南各1套，稀土、电解锰和黄金冶炼行业水污染防治技术测试评估规范各1套。

编制完成的技术文件包括：①《稀土行业污染防治技术政策》；②《电解锰行业污染防治技术政策》；③《黄金冶炼行业污染防治技术政策》；④《稀土行业污染防治最佳可行技术指南》；⑤《电解锰行业污染防治最佳可行技术指南》；⑥《黄金冶炼行业污染防治最佳可行技术指南》。

(5) 制药行业

当前我国制药行业具有鲜明的特点，可概括为"一小、二多、三低"，即规模小、数量多、产品重复多，产品技术含量低、新药研发能力低、经济效益低。我国制药行业污染呈多元化、多尺度、复杂化和"废水污染聚集"的发展趋势。制药废水大部分为高浓度有机废水，难处理，难于稳定达标；发酵类制药企业恶臭扰民；抗生素菌渣处理无经济合理、切实可行技术途径；等等。这些环境问题制约制药行业的可持续发展。根据《中国统计年鉴2011》，我国医药制造业2010年废水排放量52 606万t，占工业废水排放总量的2.48%；根据国家统计局2010年公布的《第一次全国污染源普查公报》，医药制造业的化学需氧量排放量为21.93万t，占工业废水COD排放总量的3.07%。研究涉及3类制药行业，COD排放量约占整个制药行业COD排放量的68%左右。其中，发酵类约占39.8%，化学合成类约占28.0%，制剂类约占1.0%。制药废水中含有药物残留、药物中间体、制药过程中使用的活菌体等特征污染物通过废水排放等途径进入环境，其生物安全性问题（生物毒性、致细菌耐药性）被长期忽视，对人体健康存在潜在危害，国内在这方面的研究尚处于空白。

根据确定的制药企业现场调研名单、BAT调研表格，课题组2009年7月于石家庄市启动了制药企业现状调查研究工作，行程近万公里，历时2年，截至目前已在国内104家典型制药企业开展化学合成类、发酵类及制剂类制药行业水污染防治技术现状调研，共涉及全国21个省份。其中，化学合成类28家、发酵类37家、混合类9家、制剂类30家，实地调研75家，文献调研29家。

本研究建立了基于水环境质量目标、经济与技术目标、人体健康及生态保护目标的化学合成类、发酵类及制剂类制药行业水污染防治技术评估指标体系，采用层次分析法和模糊数学相结合的模糊综合评价法建立制药行业水污染防治技术评估模型，结合污染防治最佳可行技术（BAT）筛选准则，构建了一个可视化、操作性强的制药行业水污染防治技术评估系统，为全面开展制药行业水污染防治技术评估提供技术支撑。其中，发酵类制药行业、化学合成类制药行业、制剂类制药行业污染防治最佳可行技术分别如表10-10、表10-11、表10-12所示。

表10-10 发酵类制药行业污染防治最佳可行技术

1	UASB+活性污泥法+生物接触氧化
2	水解酸化+UNITANK
3	水解酸化+活性污泥法+A/O-MBR
4	水解酸化+两级接触氧化
5	生物滤池+氧化沟

编制完成的技术文件包括：①《制药工业污染防治技术政策》；②《制药行业污染防治最佳可行技术指南》。

表 10-11　化学合成类制药行业污染防治最佳可行技术

1	水解酸化+活性污泥+砂滤
2	水解酸化+接触氧化+活性炭吸附
3	水解酸化+AB 法+接触氧化
4	推流式曝气池+A/O
5	UASB+SBR+生物接触氧化+气浮

表 10-12　制剂类制药行业污染防治最佳可行技术

1	水解酸化+气浮+活性污泥
2	SBR
3	延时曝气+砂滤塔+活性炭+紫外消毒

10.4　环境新技术验证体系

10.4.1　环境新技术验证评估程序

我国 ETV 程序包括验证申请阶段、验证准备阶段、验证测试阶段、验证评估阶段、验证结果发布阶段等 5 个阶段。

1）验证申请阶段。技术持有者向验证办公室申请技术验证，由办公室根据申请技术特点选择委托合适的验证机构进行验证，并让该验证机构处理技术申请。

2）验证准备阶段。首先，验证机构需要对技术资料进行审核；然后，验证机构牵头制订《验证评估计划》，如需要测试则与技术申请者共同商量选定测试机构，测试机构的选择需满足 ETV 体系中对测试机构的基本要求；最后，验证机构、测试机构、技术持有者三者共同商定验证场所。

3）验证测试阶段。《验证评估计划》制定好后，技术申请者、验证场所、测试机构尽快完成测试工作的各项准备，开始测试。在测试期间，测试机构需按照《验证评估计划》的规定和要求来进行测试。如果对测试过程有重大调整，就需经过验证机构和技术申请者及 ETV 办公室同意。验证机构负有监督义务。测试机构根据《验证评估计划》和测试数据，编写《测试报告》，并提交给验证机构。

4）验证评估阶段。验证机构在收到《测试报告》后，审核《测试报告》，并根据《验证评估计划》及《测试报告》等资料，通过数理统计方法，对验证结果进行评价，编制《验证评估报告》。《验证评估计划》及《测试报告》是《验证评估报告》的两个附件。

验证机构需依据《验证评估报告》拟写一个验证申明（相当于《验证评估报告》的概要版），同《验证评估报告》一起报给 ETV 秘书处审查。

5）验证结果发布阶段。ETV 办公室在验证技术委员会的协助下，审查验证申明、《验证评估报告》、《测试报告》，经审查通过的验证申明及《验证评估报告》是验证的主要结果，正式授予技术申请者，并在 ETV 网站上公布。原则上《验证评估计划》及《测试报告》也在 ETV 网站上公布，技术申请者认为涉及该技术秘密的除外。验证后，技术持有者拥有 ETV 标识（LOGO）的使用权，但需要按照相关规定合理使用（许春莲，2011；田艳丽，2012）。

10.4.2 验证机构与测试机构的选择

在 ETV 体系中，验证工作主要由验证机构和测试机构来承担，验证机构负责整个技术验证工作，验证过程中的测试由测试机构负责。借鉴国内外经验，我国对验证机构和测试机构的基本要求见表 10-13。

表 10-13 验证机构与测试机构的基本要求

要求	验证机构	测试机构
独立法人	须为独立法人	不一定是独立法人，比如某个实验室，但能独立承担测试任务
组织和管理	通过 ISO 19001 质量管理体系认证或根据 ISO 19001 质量管理体系建立自身的质量管理体系，并文件化，有效运行	通过 ISO17025 实验室质量管理体系认证，并建立自身的质量管理体系并有效运行
测试设备与能力	不一定要具备	一定要具备，具备相应的测试条件（水质参数及过程参数测试）能力，并须通过国家实验室认可，具有省级以上计量认证
人员要求	具备与验证工作相关的技术人员	需要有与测试工作相关的分析测试人员

案例

水污染防治生物验证平台

示范建设的生物处理工艺及装置的验证评估平台包括三部分内容：
1）用于现场运行的水污染防治工程技术、大型装备验证评估的移动工作站；
2）用于水污染防治单元设备、材料、药剂及小规模的新工艺技术验证评估的实验室；
3）用于支持验证评估的技术管理规范性文件。

本项目研究建设的验证评估平台可用于水污染生物防治技术、单元设备、新型材料、新型药剂以及工程技术的评估，可实现对污水处理过程中的水质参数、过程参数、控制参数实验室测试和现场连续在线测试。在水污染防治新技术验证体系模式下，确保验证评估结果的科学性、公正性、可靠性。

1）验证评估移动工作站（图 10-4-1）可在水污染防治生物处理工程技术真实使用状况下进行现场测试验证；被验证评估装置的大小不受限制。在水污染防治技术验证评估领域可用于以下方面的水处理装置及各种生物处理工程技术的现场验证评估：工业废水处理、生活污水处理、地表水体修复、面源污染治理。

图 10-4-1　验证评估移动工作站

2) 验证评估实验室（图 10-4-2）是在中国环境科学研究院污水处理装置性能评价实验室的基础上，通过一系列设备购置、能力建设、基础设施改造等，建成的国内第一个以水污染防治生物处理技术验证评估为主的综合实验室。

图 10-4-2　验证评估实验室

实验室主要验证评估对象包括：①小规模污水处理工艺技术；②单元设备、单元技术；③一体化小型污水处理装置技术；④水处理过程中使用的材料（如生物填料等）的性能；⑤生物助剂等水处理药剂的效能。

实验室验证的主要优势有：环境条件、温度条件可以控制，不受天气、季节等外部条件的影响；可以在短时间内获得高质量、可重复的实验验证数据。

3) 验证评估平台中的移动工作站和评估实验室是通过一整套技术支持文件中规定的操作规程、分析测试规程、数据处理规程和评估规程等管理运行。这些技术支持文件主要包括《水污染防治生物处理技术验证评估指标手册》、《水污染防治生物处理技术验证评估测试规程》、《水污染防治生物处理技术验证评估移动工作站建设技术指南》和《水污染防治生物处理技术验证评估移动工作站运行维护指南》。

10.5　水污染防治技术信息平台构建

(1) 水污染防治技术信息资源共享中心系统设计

程序的网络应用环境以 Internet 技术为核心。项目组在充分分析需求的基础上，选择采用 B/S 结构。软件系统的数据库应依照《数据库设计方案》进行设计和建设。

为使开发的软件能够在中国环境科学研究院规定的软硬件平台上正常运行，拟定软件平台为：①数据库管理系统：Oracle10g 以上版本；②操作系统：Windows Server 2008；③网络架构：完全支持 TCP/IP 协议；④开发工具或技术体系：为保证软件的上下兼容性，开发者应选择比较通用的开发工具的较新版本进行开发，建议用 JSP、J2EE（Java 2 Platform Enterprise Edition）等。

流域水污染防治技术信息共享平台是采用目前成熟的网站建设技术，在流域水污染防治技术资源数据库建设的基础上，设计和开发的流域水污染防治技术及信息资源门户网站。该门户网站从功能模块上看主要包括用户信息管理模块、污染防治技术信息数据编辑模块和污染防治技术信息查询模块 3 大主要部分。

通过上述 3 大模块，系统基本实现流域水污染防治信息发布、最新水污染防治技术信息查询、环境影响评价单位查询、数据上报等功能。依托流域水污染防治技术信息资源门户网站，建立起国家水污染控制与治理技术应用推广的良好机制，为最大程度地推进各类水污染控制与治理技术成果的应用推广提供了信息及技术支持。图 10-13 为共享平台主要模块构架。

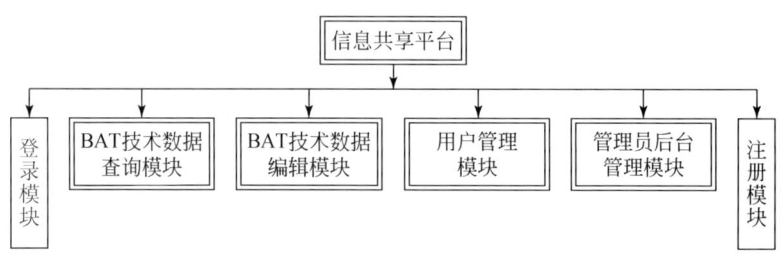

图 10-13　水污染防治技术信息资源共享平台模块构架

（2）水污染防治技术信息资源共享中心系统研发

流域水污染防治技术信息资源共享平台的程序网络应用环境以 Internet 技术为核心，在充分分析需求的基础上，选择采用 B/S 结构。软件系统的数据库应依照《数据库设计方案》进行设计和建设。

开发工具或技术体系：为保证软件的上下兼容性，开发者应选择比较通用的开发工具的较新版本进行开发，建议用 JSP、J2EE 等。

（3）水污染防治技术信息资源共享中心运行机制

1）用户分级。为了遵守相关政策法律规定以及保证共享信息资源的安全性，按共享信息资源的公开级别进行相应的访问权限控制。因此，要对用户进行分级，划分不同的用户角色并给予相应的授权，从而有效地保护数据安全。

共享中心对外提供信息服务的主要目标人群有：公众、企业、环保科研机构和政府相关部门；对内提供系统维护功能的主要目标人群有：技术信息在线录入人员、系统管理员和系统维护人员。

按用户角色划分，设置拥有最高权限的管理员、维护系统稳定安全的专业维护人员、技术信息的录入人员、可以进行元数据注册的开放注册用户以及可进行常规数据查询预览的普通用户。

2）水污染防治技术信息共享中心主要功能。系统前台功能主要包括行业动态、政策法规、行业标准、最新技术、设备商情、示范工程、最新公告、最新资讯、行业论坛以及各行业的最新技术的录入及检索等（王明虎，2011）。

10.6 基于 BAT 的排放限值及管理方法

技术评估是制定国家、地方污染物排放标准和实施排污许可证的重要依据之一。基于技术评估制定最佳可行技术指南将为企业执行国家环境法律法规和排放标准提供有力指导，这也是欧美等发达国家的成功经验和我国的发展趋势。从不同层面的排放限值来看，最佳可行技术主要与国家、地方层面的水污染物排放限值直接相关，同时也为流域控制单元的水污染物排放限值制定提供参考。

(1) 各级水污染物排放限值的确定流程与方法

1）国内外水污染物排放限值确定方法。水污染物排放标准从制定的方法区分，有些是以受纳水体的水质为出发点，有些是以污水处理技术为出发点，更多的是对环境、技术、经济综合考虑、协调来制定排放标准。总体来说，有以下几种方法。

A. 稀释倍数法。稀释倍数法是指根据环境水质标准与稀释倍数得到排放限值的方法，因为污染物排放到水体后会经过稀释，所以允许废水中被控污染物的排放浓度高于其在水环境质量标准中的浓度，排放限值与水质标准之间的比值称为稀释倍数，即排放限值=质量标准×稀释系数。

B. 总量控制法。总量控制法是指在指定区域内对制定的污染物项目实施控制，通常先确定污染物现状总量和目标总量，再根据削减量制订区域内污染源排放总量控制计划的方法。

C. 最佳可行技术法。最佳可行技术法是指根据目前可得的先进污染控制技术，结合环境经济效益确定水污染物限值的方法。这种方法所涉及的技术包括污染防治的全过程，涵盖清洁生产和末端治理技术。对每一受控的污染工艺和污染因子，从污染源排放特征，结合现实可得技术能达到的控制水平，寻找一个技术上可行、经济上合理的标准限值。

D. 达标率分析法。达标率分析法是指根据污染源调查结果，分析污染物排放的不同控制水平，从中确定一定的达标率"基线"，从而确定污染物排放限值的方法。但"基线"的确定往往随意性很大，且对监测数据的覆盖面、准确性要求很高，在我国目前环境监测数据普遍欠缺的情况下，应用受到较大限制。

E. 其他方法。其他方法主要包括国内外标准比较法、专家判断法和综合决策法。一般的标准制定过程均需用到以上方法。国内外标准比较法，是对国内和国外一些国家如美国、英国、日本等的同类标准进行比较分析，来确定标准限值。专家判断法是利用专家经验，对污染物排放限值高低以及实施后的效果进行判断分析。综合决策法是根据国家环境管理需求，综合技术、经济、环境、管理等因素共同确定排放限值。

2）建立水污染物排放限值确定的基本流程与方法。通过研究，初步建立水污染物排放限值确定的基本流程与方法，见图 10-14。

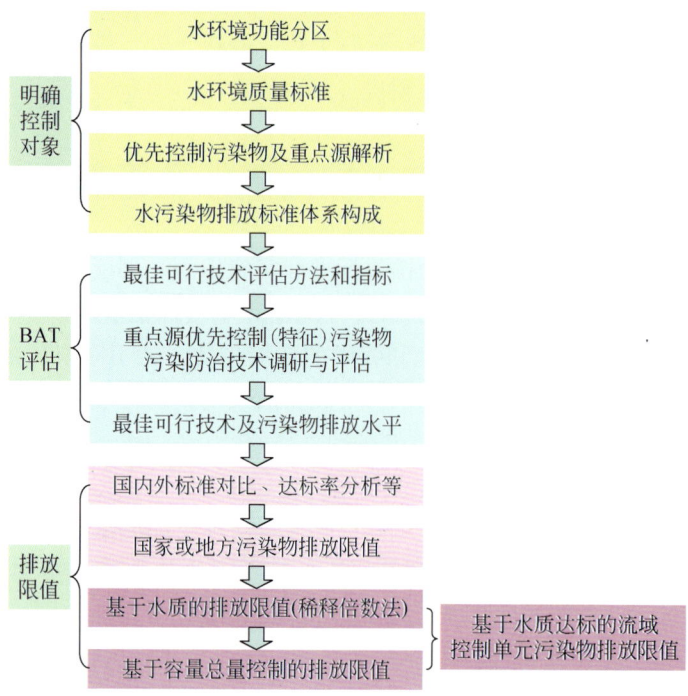

图 10-14 水污染物排放限值确定基本流程

A. 国家层面水污染物排放限值确定方法。国家层面水污染物排放限值确定方法。确定排放限值首先要识别水环境问题和重点污染源，明确排放标准体系的行业组成。对于某个行业的水污染物排放限值，其制定方法为综合分析法。目前，我国水污染物排放标准一般的制定程序如下：①了解该行业生产概况和污染情况，掌握本行业各污染源的排污种类和数量；②根据排放污染物的排污水平、危害程度，确定主要控制项目；③研究行业清洁生产工艺和污染物处理技术，初步确定既能保证技术可行，又体现先进性的标准限值；④收集国外同类行业的排放标准资料，并进行对比分析；⑤调查技术经济现状，进行技术经济可行性分析；⑥考虑社会环境效益，结合环境质量要求，制定切实可行的排放标准限值。

国家层面的水污染物排放限值对新、老污染源的要求有所区别，新污染源要达到国内领先水平的要求，老污染源要达到国内先进水平的要求，但经过一段过渡期后，最终要求均达到国内领先水平的要求。

B. 特殊敏感区水污染物特别排放限值确定方法。特殊敏感区特别排放限值仍置于国家污染物排放标准中，与现源、新源标准共同形成国家层面的污染物排放限值体系，属于其中最严格的标准。其确定方法需综合考虑特殊敏感区的水环境污染现状与特征污染因子，中国该行业针对特征污染因子的最佳可行技术及相应排放水平，欧盟、美国相关行业针对特征污染因子的最佳可行技术及相应排放水平，城镇污水处理厂水污染物排放的一级A、B标准以及地表水环境质量标准中的Ⅲ～Ⅴ类水体的水质标准等。以水环境保护为先，通过预测评估污染物排放限值实施后的污染减排情况、技术可行性、经济成本与效益等合理确定限值水平。

C. 地方层面水污染物排放限值确定方法。地方层面的水污染物排放限值制定程序与国家层面相同，但应着重分析具体地方的水质和水环境功能，体现地方环境质量要求和经济社会发展特征。其排放限值应严于国家层面的排放限值，与此相对应的技术应体现国际先进水平。

D. 流域控制单元层面水污染物排放限值确定方法。流域控制单元层面水污染物排放限值体现的是环境质量的要求，是根据环境质量反算的污染源污染物排放要求。反算方法包括每日最大污染物负荷法、稀释倍数法等。目前，我国正在开展 TMDL 计算方法的研究。由于本课题着重研究技术评估体系与排放限值体系的关系，因此对于流域控制单元层面的水污染物排放限值确定不做过多阐述。

(2) 各级水污染物排放限值对应的技术水平

污染物排放限值体系与最佳可行技术体系呈现交互促进发展的关系。一般来说，污染防治技术水平呈现一定的规律性，大致可分为 8 个层次：达标技术（即中国水污染物排放标准对应的技术水平），中国最佳可行技术，中国新兴示范技术，欧盟及成员国水污染物排放标准，欧盟最佳可行技术，欧盟新兴示范技术，城镇污水处理厂污染物排放一级 A、B 标准，地表水环境质量标准等，如图 10-15 所示。

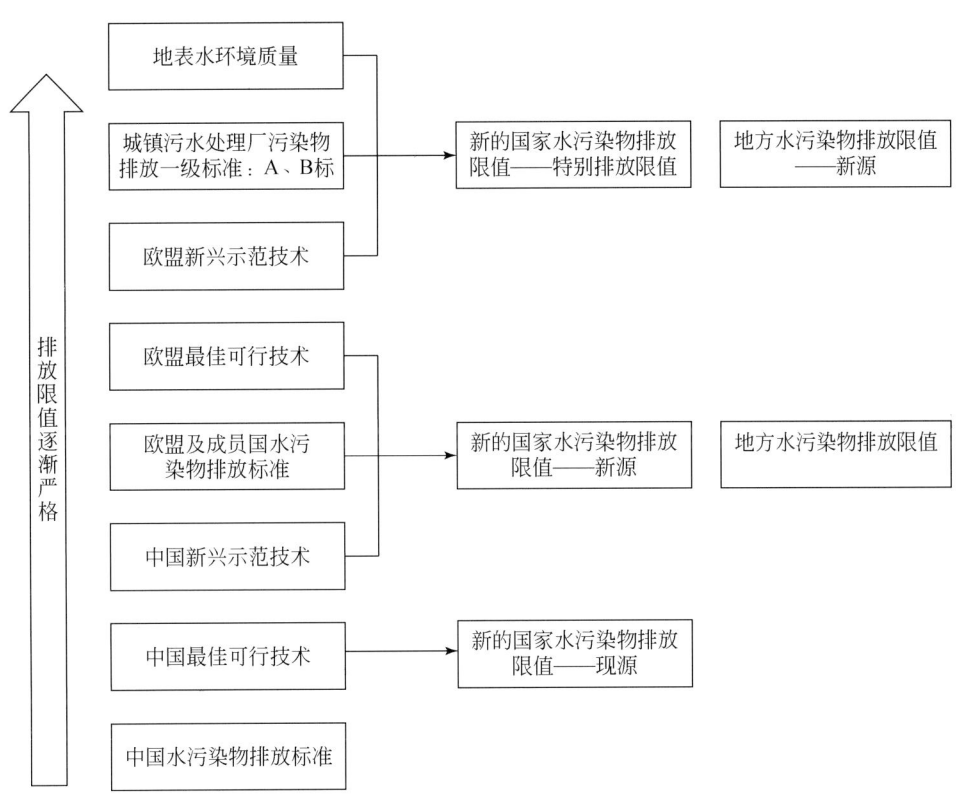

图 10-15 基于最佳可行技术制定水污染物排放限值

例如，对于造纸行业 COD 限值的确定，2008 年版标准依据国内外不同水平的污染防治技术，给出新源、现源和特别排放限值，见图 10-16。

综合来看，国家、地方以及现源、新源的污染物排放限值的管理目标、适用范围以及制定依据如表 10-14 所示。

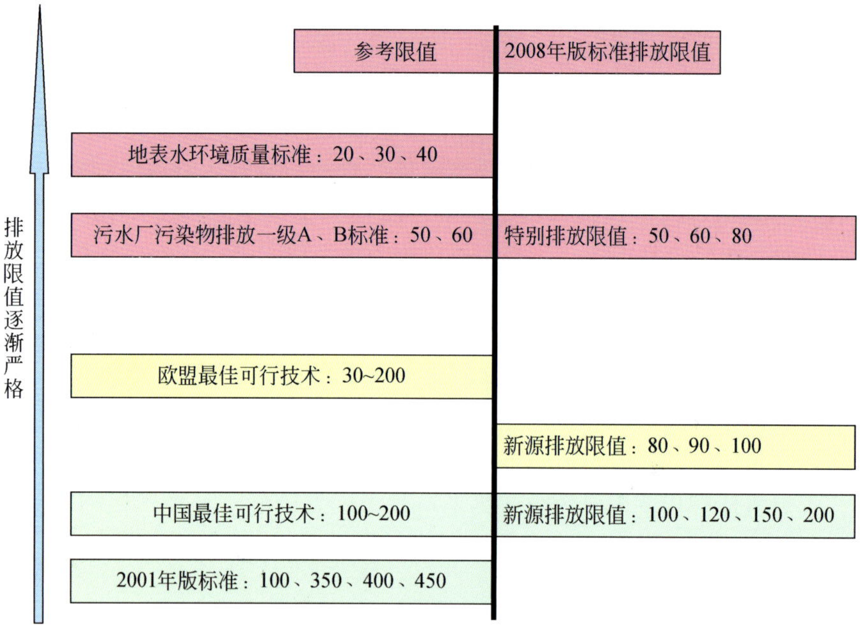

```
排放限值逐渐严格 →

                            参考限值          | 2008年版标准排放限值

地表水环境质量标准：20、30、40              |

污水厂污染物排放一级A、B标准：50、60        | 特别排放限值：50、60、80

欧盟最佳可行技术：30~200                    |
                                            | 新源排放限值：80、90、100

中国最佳可行技术：100~200                   | 新源排放限值：100、120、150、200

2001年版标准：100、350、400、450            |
```

图 10-16　基于最佳可行技术制定造纸行业水污染物排放限值（mg/L）

表 10-14　水污染物排放限值制定中考虑的技术水平

管理层面	管理目标	适用范围	污染源		标准制定中考虑的技术水平
国家水污染物排放限值	行业准入削减排放总量控制提升技术优化经济	全国	点源	现有源	我国最佳可行技术
				新建源	我国新兴示范技术、欧盟 BAT、美国 BAT 和 BCT
		特殊敏感区		特别排放限值	欧盟新兴示范技术，城镇一级 A、一级 B，地表水三类、四类、五类
地方水污染物排放限值	特征控制提高准入加大削减总量控制改善结构	地方	点源	现有源	我国新兴示范技术、欧盟 BAT、美国 BAT 和 BCT
				新建源	欧盟新兴示范技术，城镇一级 A、一级 B，地表水三类、四类、五类
控制单元水污染物排放限值	水质达标特征控制提高准入加大削减改善结构	控制单元	点源&面源	现有源	排污负荷分配
				新建源	我国 BAT 新兴示范技术、欧盟新兴示范技术、美国 BADT

> **案例**
>
> **太湖流域纺织行业的排放限值制定**
>
> 我国棉纺、毛纺、化纤（涤纶）三类纤维加工量占全行业93%。太湖流域是我国纺织行业发达地区之一，形成较多纺织染整产业相对集中的行业园区或地区，如浙江省湖州、江苏省常州市、吴江市等。太湖流域染整废水总量约占全国染整废水总量

30%。太湖流域纺织染整企业分布密集，流域河网交错，流速缓慢，水环境结构性污染问题严峻。

根据国际纺织工业发展趋势以及我国纺织工业发展特点，结合太湖流域和国内的环境质量的管理要求，提出太湖等流域的染整行业的排放限值的建议。

1. 污染物选择

纺织染整企业水污染物所含成分较多，主要为退浆时的浆料、煮炼时溶出织物中胶质和半纤维素等、几乎全部助剂和残留水中的染料。这些浆料、染料和助剂绝大部分是有机化合物，用COD可以集中反映这些污染物的情况，作为主要的特征污染物来控制。研究发现，目前纺织印染企业已不再使用含有铜化合物，建议删除铜污染物控制指标，调查中了解到印花中不锈钢滚筒已经基本上被其他材料所取代，六价铬已基本没有。但是考虑到个别地区可能使用，毛染中可能用重铬酸盐，所以暂时予以保留。为了防止我国水体的富营养化，应控制总磷和总氮两项污染物控制指标。因此，控制污染物项目选择COD、BOD_5、SS、色度、氨氮、总氮、总磷、硫化物、六价铬、苯胺类、二氧化氯、可吸附有机卤素（AOX），共12项。

2. 排放限值的确定

课题研究从国家整体层面，基于我国目前的技术经济水平，制定基于污染防治技术的纺织染整行业排放限值，并从现有企业和新建企业两个方面提出限值，以给予现有企业一定过渡期，过渡期结束后，所有企业必须执行新建标准限值。另外，在国土开发密度已经较高、环境承载能力开始减弱，或环境容量较小、生态环境脆弱，容易发生严重环境污染问题而需要采取特别保护措施的地区，应严格控制企业的污染物排放行为，在上述地区的企业提出水污染物特别排放限值（表10-6-1）。

表10-6-1　纺织染整工业水污染物排放限值建议值　　（单位：mg/L）

污染物	COD_{Cr}	BOD_5	SS	TN	TP	NH_3-N	二氧化氯	色度	硫化物	苯胺类	六价铬	AOX
现有企业	100	25	70	20	1.0	15	0.5	80	1.0	1.0	0.5	15
新建企业	80	20	60	15	0.5	12	0.5	60	—	—	—	12
先进控制技术限值	60	15	20	12	0.3	10	0.5	40	—	—	—	8

注："—"表示无数据。

10.7　小　　结

1) 完成了系统的国家环境技术管理顶层设计，指导了我国环境技术管理体系建设工作。

系统构建环境技术管理体系框架。搭建以系统的科学的技术评估制度为基础，以技术政策、BAT指南和工程规范等技术指导文件为核心，通过建立环境技术示范推广平台等内容的水环境技术管理体系框架。环境技术评估工作为技术指导文件编制提供支持，并引导我国新技术创新；技术指导文件体系为行业提供可供选择的技术路线和工艺，规范环保工程建设；环境技术示范推广作为政府与市场的桥梁，实现评估筛选出的最佳可行技术实现转化和推广，进而形成一个完整的技术管理体系。

提出产业集群等理念，完成环境技术指导体系的重新梳理和划分。针对现有环境技术指导体系存在的零乱性、不够系统等问题，以98个国民经济大行业的划分为基础，提出了"全面梳理体系，划分产业集群"、"先期分散编制，最终合并发布"、"兼顾产业链条，生命周期防控"等理念，在此基础上，重新梳理划分了环境技术指导体系，形成了系统的"工业（化工、冶金、建材、轻工）、面源、湖泊、跨行业"等四大板块七大组团为基本框架的成龙配套的水环境技术指导体系。

提出环境技术管理体系建设三阶段步骤。提出环境技术管理体系建设"十一五、十二五、十三五"三步走的战略。提出"十一五"阶段初步建立和完成环境技术管理体系框架以及环境技术评估制度，"十二五"阶段基本完成化工、轻工、纺织、制药、面源、重金属等重点行业和重大环境问题污染防治技术指导体系，"十三五"阶段将水污染防治最佳可行技术推广至国家、省及各行业领域。

2）系统建立了最佳可行技术体系，为环境影响评价等环境管理制度以及环境优化经济提供技术支持。

继欧盟之后，第二个系统建立了最佳可行技术体系。经过项目"十一五"研究，从最佳可行技术评估方面，建立了"技术初筛、技术调查、技术评价"三阶段评估程序，建立了一级和二级评估指标体系，在此基础上，根据各行业特点，在化工、轻工、纺织、制药、冶金等五大行业建立了有针对性的三级、四级指标体系，形成了最佳可行技术综合评估方法；为指导开展最佳可行技术指南文件编制工作，项目研究形成的《污染防治最佳可行技术导则编制指南》（环科函［2009］41号）、《污染防治最佳可行技术导则制修订管理办法》（环科函［2009］41号）等文件，已得到环境保护部应用。

突破形成了最佳可行技术现场实证方法。开展最佳可行技术评估与调研工作，存在调研企业对评估技术可提供的数据数量有限、缺乏系统性，企业对评估技术可提供数据的可靠性差，企业对评估技术提供数据缺乏过程数据等问题。项目通过研究提出了最佳可行技术现场实证方法，在技术最具有代表性的运行条件下，通过全面测试，既解决了评估过程中数据真实性、全面性的问题，又对技术的处理效果、环境影响以及经济性等进行评估。在此基础上综合运用数理统计以及专家辅助评价等方法，以证实其先进性、可靠性及经济性。

为环境影响评价等环境管理制度以及环境优化经济提供技术支持。开展环境影响评价工作，可以根据行业污染防治最佳可行技术判断企业是否采用清洁生产工艺和末端治理技术；根据行业污染防治最佳可行技术可以计算出企业污水及污染物排放量，进而为地方政府制定企业污染排放总量和排污许可提供技术支持；可以从环境保护的角度限制行业污染排放和提高行业准入门槛，遏制高能耗高污染行业的产能盲目扩张，淘汰落后产能，促进产业结构转型升级，解决发展经济但资源环境代价过高的困扰，实现环境优化经济。

3）构建了我国环境新技术验证（ETV）制度体系框架和技术体系框架，建成水污染防治验证评估平台，完成我国首批技术验证试点，为在全国范围内开展规范化的验证评估奠定了基础，将有效推动环保产业的发展。

构建了我国环境新技术验证体系框架。项目研究建立我国环境新技术验证制度体系框架，设计了由管理部门、测试机构、验证机构等构成的相互制约，相互监督的三位一体的组织管理体系，服务对象由"各级环境保护行政主管部门"扩展到"全社会的技术研发主体"；提出评估验证费用初期采取"政府支持与技术方负担"相结合的方式，逐步过渡到"技术方负担为主，政府补助为辅"，最终走向市场付费；形成的《环境技术验证评估制度实施办法》、《环境技术验证评估导则》、《环境技术验证评估测试规范》、《环境技术验证评估质量控制规范》等技术文件，分别规范了验证环节、测试环节、质量管理环节，形成完整的支撑体系。

研发了国内第一个水污染防治生物处理技术验证评估平台，包括现场验证测试的移动工作站和实验室验证的评估实验室。移动工作站主要包括现场多点自动连续采样及分析测试系统等8个系统，可以在工程现场和实验室外实现多点连续在线测试和工艺运行参数的测试，不受处理规模及装置大小的限制；除此之外还可用于突然性污染事件的现场测试等工作。移动工作站目前已通过第三方技术鉴定，总体技术水平达到国际先进。验证评估实验室主要包括水质调配和环境温控系统等8大系统，在短时间内模拟冬、夏季温度获得高质量、可重复的实验验证数据，确保验证评估结果公正、科学。

系统地完成了我国"水蚯蚓原位消解污泥减量化新技术"等首批共计5项环境新技术验证试点。验证周期为4~6个月，测试期间系统地对技术的水污染减排效果、技术经济性、环境友好性、二次污染效果、运行可靠性等进行了系统、全面的验证。通过验证运行试点，对研究成果中的验证程序、技术方法等进行了检验与完善，同时根据验证过程中的发现对创新技术提出来完善建议。将ETV验证机制与国家重大科研项目、环境技术管理以及流域治理结合，能够促进我国科技成果快速有效转化和推广，为流域污染治理提供技术支持，为拓宽我国环境保护技术市场提供支持。

4) 构建了五大行业环境技术管理体系，为五大行业资源节约和污染减排提供有力技术支持。

完成五大行业污染防治技术评估，形成和发布一系列技术指导文件。围绕水专项"十一五""控源减排"目标，项目选择化工、轻工、纺织、制药、冶金等五大重污染行业开展研究工作，五大行业工业产值占全国工业总产值的2/3，废水排放量超过工业废水排放总量的3/4，氨氮和COD贡献率超过工业排放量的4/5。五大行业分别针对难降解污染物、有毒有害、资源回用、生物安全性以及清洁生产等方面开展研究工作。项目完成了五大行业425项污染防治技术评估和53项技术验证，并最终评估形成了84项污染防治最佳可行技术，并编制完成了五大重污染行业污染防治技术政策、最佳可行技术指南等一系列技术指导文件。其中，电解锰和制药行业污染防治技术政策已由环境保护部完成发布，其他文件也进入发布程序。

五大行业技术管理体系为资源节约和污染物减排提供有效技术支持。以化工行业和纺织行业为例，实施和推广化工行业污染防治技术政策和污染防治最佳可行技术指南，预计到2015年石油炼制吨油取水将从1t降至0.35t左右，吨油排水将从0.5t降至0.15 t左右，吨乙烯取水量从12t降至8 t左右；石油炼制实现年总节水1.5亿t，年减排废水0.9亿t，乙烯工业年总节水1.08亿t。

我国纺织染整企业根据形成的最佳可行技术，通过强化管理理念，实现生产工艺数字化、自动化精确控制，可实现节能3%~10%，污染物减排10%~15%；产业产品结构调整可实现节能2%~6%，污染物减排3%~5%；综合考虑高效节能新工艺、新设备的节能减排效果、设备使用更换周期、国家节能工作力度等因素，测算通过工艺技术、设备改造升级可实现节能8%~20%，污染物减排10%~20%。综合测算我国纺织染整行业"十二五"期间总体可实现节能13%~36%，污染物减排23%~40%。

5) 研发了水污染防治技术信息共享中心及辅助决策支持系统，初步构建了我国了水污染防治技术信息服务平台。

建成了国内第一个水污染防治技术信息资源共享中心（门户网站），开发了水污染防治技术数据库。完成了水污染防治技术数据库的逻辑设计、物理设计和安全性设计，完成了5大行业约1000个企业，10 000多张调研表，200多万条记录，11个行业BAT筛选成果表和5项ETV评估技术数据录入；实现了BAT数据的多级用户管理及技术查询、发布、咨询等功能，向企业、向管理部门、向科研院所、向社会及时公布先进、适用、成熟的评估（BAT和ETV）技术。

探索设计了水污染防治技术辅助决策支持系统。实现了基于BAT的流域节能减排潜力分析、流域水质改善情景分析、流域产业发展优化等辅助决策支持功能，在沈阳市减排方案制定、深圳市水环境综合整治"十二五"规划、常州市生态文明建设规划编制过程中提供了辅助决策支持，且成果具有可复制性，可推广到其他示范流域。

第四篇

流域水环境风险管理

第 11 章

流域水环境监测技术

11.1 流域水环境质量监测技术体系

流域水环境质量监测技术体系（图 11-1）是由网点布设、监测指标筛选、采样制样、样品保存和运输、样品前处理、监测分析、综合分析评价、质量管理、仪器装备、标准物质、技术人员、运行管理等综合集成，以说清流域水环境质量状况、水污染物排放状况和变化趋势、及时有效地响应水环境突发事件为目标，具有多目标、多手段、立体型、复合型等特点，实现流域水环境监测结果的代表性、准确性、完整性、可靠性、公正性、有效性。

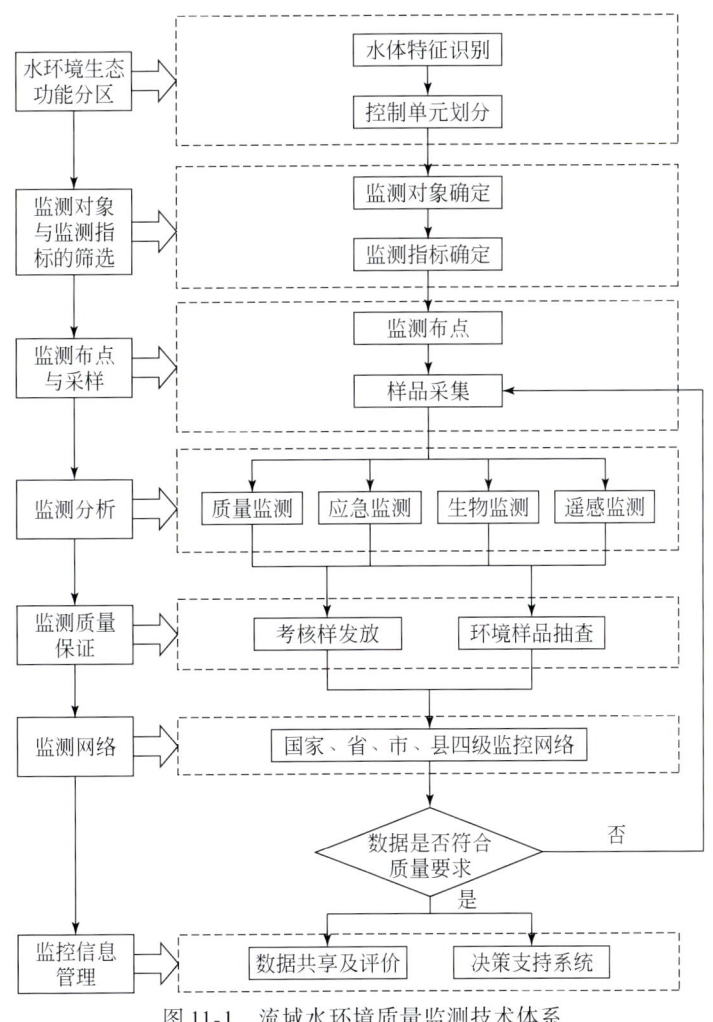

图 11-1 流域水环境质量监测技术体系

11.2 流域水环境质量监测网点优化调整技术

11.2.1 监测断面（点位）调整优化原则

地表水环境监测断面（点位）的优化设计原则主要包括：

1) 信息量原则：监测网络应能够反映足够的、完整的环境质量信息。信息量应包括所描述流域和区域内自然水文特征、社会经济特征、各种污染因子的污染现状、污染特性和分布规律。

2) 可控性原则：监测点是环境管理的控制点，不能为环境管理提供控制污染依据的测点是没有必要存在的。水环境监测网络在能够提供客观、全面的环境质量信息的同时，要充分考虑在实施环境管理的具体措施中对环境监测的要求。

3) 连续性原则：国控监测点位尽量在现有点位基础上进行优化和调整，保证环境监测数据的历史延续性。

4) 代表性原则：监测网络所确定的监测断面相对于整个流域的总体环境质量有足够的代表性，各个监测断面所采集的样品力求在采样位置和时间上符合水体的真实情况。

5) 可比性原则：水环境质量监测网启用后，各时段、频次间的监测数据应具有时空可比性，要求在不同测点上应使各种条件尽可能达到统一化、规范化和标准化。其中包括采样方式、采样周期与频率、测定项目和方法、样品保存和运输等。

6) 可行性原则：确定监测点位时要充分考虑设点、采样和样品运输等具体操作的可实施性，要对监测点位是否存在局地干扰、水流是否稳定、是否容易获取水文参数等问题做周密考虑。

11.2.2 监测断面（点位）分类原则

地表水环境现状监测断面一般分为背景断面、对照断面、控制断面、消减断面和管理断面（表11-1）。

表11-1 地表水监测断面的一般分类原则

断面名称	设置意义
背景断面	为评价一完整水系的污染程度，不受人类生活和生产活动影响，提供水环境背景值的断面
对照断面	具体判断某一区域水环境污染程度时，位于该区域所有污染源上游处，提供这一水系区域本底值的断面
控制断面	为了解水环境受污染程度及其变化情况的断面，即受纳某城市或区域的全部工业和生活污水后的断面
消减断面	工业污水或生活污水在水体内流经一定距离而达到最大程度混合，污染物被稀释、降解，其主要污染物浓度有明显降低的断面
管理断面	为特定的环境管理需要而设置的断面。如较常见的有定量化考核、了解各污染源排污、监视饮用水源、流域污染源限期达标排放和河道整治等

1）背景断面：为评价一完整水系的污染程度，不受人类生活和生产活动影响，提供水环境背景值的断面。

2）对照断面：具体判断某一区域水环境污染程度时，位于该区域所有污染源上游处，提供这一水系区域本底值的断面。一般设置在城市上游、支流汇入口等上游断面。反映进入本地区河流水质的初始情况，设置在城市、工业集中区废水排放口的上游，基本不受本地区污染影响处。

3）控制断面：为了掌握水环境受污染程度及其变化情况的断面。一般设在城市下游、工业集中区下游、支流汇入口前断面、入海口断面、湖库河流出入口，起到预警作用。主要反映本地区排放的废水对河段水质的影响，其位置应设置在排污区（口）的下游，污染物与河水能较充分混合处。根据河段的污染源分布和废水排放情况，可设置一至数个控制断面。控制断面与废水排放口的距离，应根据污染物的迁移、转化规律，河流流量和河道水力特征确定。

4）国界断面：在出、入我国国境河流及界河上设置的水质监测断面。

5）省级行政区界断面：在省级行政区交界的河段上设置的水质监测断面以及汇入国界、省级行政区界和海洋的出省级行政区断面。

6）湖库（体）点位：设置在湖泊、水库上的点位。

7）重要饮用水源地断面：在符合条件的河流、湖库上如有饮用水源地（日供水量≥10万t，或服务人口≥20万人），则可酌情设置国控断面。

11.2.3 断面（点位）布设的空间分布要求

现有的监测断面优化布设方法有示踪法、历史数据估算法、最小离差平方和法、模糊聚类法、统计分析、专家判定与经验优化相结合的方法等（吴文强，2010）。本次研究结合地表水环境现状及发达国家地表水点位设计方法，以专家判定与经验优化相结合的方法，确定地表水点位优化调整的空间分布要求如下：

1）河流受人类活动影响区域内，应每100km左右设置1个监测断面，人口密度较大的区域，要依据当地实际情况增设监测断面。同时，可对一些原有的断面利用历年监测数据，进行相关性分析，对相关性很强的断面，在其周围环境相对稳定的情况下，可适当合并，以降低监测成本。

2）湖库按湖体自然状况划区设置点位，无明显功能分区的，可采用网格法按湖库面积设置监测点位。库体每50~100km^{2}应设置1个监测点位，空间分布要有代表性。

11.2.4 断面（点位）的具体位置要求

根据《水和废水监测分析方法》（第四版、增补版）和《环境水质监测质量保证手册》（第二版）中关于监测断面（点位）的设置原则和方法，确定本次地表水国控断面优化调整的具体地理位置要求。

1）对照断面，河流上游2km内不应有辖区内影响水质的直排污染源或排污沟。对照断面应位于该区域所有污染源上游处，能够提供这一水系区域本底值。

2）河流监测断面的设置要具有可达性，取样方便性。要考虑交通方便，宜在交通线附近不远处布设。

3）控制断面设置应选在水体水质均匀的位置。要保证水样具有代表性。

> **案例**
>
> **太湖流域国控监测点位优化调整**
>
> 根据调整原则，在贡湖、梅梁湖、五里湖、竺山湖4个湖湾及外太湖湖体等各个湖体均设置点位，并运用网格均匀布点法对现有点位进行调整，点位布设中避开水深较浅、水产养殖和围网区域。
>
> 调整后，原有国控监测点位21个，保留7个，监测位置移动4个，降为省控管理10个，新增9个，调整后为20个监测点位（表11-2-1）。
>
> 表 11-2-1　太湖湖体国控断面布设
>
> | 序号 | 断面 | 所在河流 | 省份 | 所在区 | 级别 | 类别 | 属性 | 所属湖区 | 承担单位 |
> |---|---|---|---|---|---|---|---|---|---|
> | 1 | 五里湖心 | 太湖 | 江苏 | 无锡市 | 国控 | 控制 | 湖体 | 北部沿岸区 | 无锡市 |
> | 2 | 梅梁湖心 | 太湖 | 江苏 | 无锡市 | | 控制 | 湖体 | 北部沿岸区 | 无锡市 |
> | 3 | 拖山 | 太湖 | 江苏 | 无锡市 | 国控 | 控制 | 湖体 | 北部沿岸区 | 无锡市 |
> | 4 | 锡东水厂 | 太湖 | 江苏 | 无锡市 | 市控 | 控制 | 湖体 | 北部沿岸区 | 无锡市 |
> | 5 | 沙渚南 | 太湖 | 江苏 | 无锡市 | 市控 | 控制 | 湖体 | 北部沿岸区 | 无锡市 |
> | 6 | 竺心湖心 | 太湖 | 江苏 | 无锡市 | | 控制 | 湖体 | 西部沿岸区 | 无锡市 |
> | 7 | 大浦口 | 太湖 | 江苏 | 无锡市 | 国控 | 控制 | 湖体 | 西部沿岸区 | 无锡市 |
> | 8 | 兰山嘴 | 太湖 | 江苏 | 无锡市 | | 控制 | 湖体 | 西部沿岸区 | 无锡市 |
> | 9 | 漫山 | 太湖 | 江苏 | 无锡市 | 国控 | 控制 | 湖体 | 东部沿岸区 | 无锡市 |
> | 10 | 胥湖心 | 太湖 | 江苏 | 无锡市 | | 控制 | 湖体 | 东部沿岸区 | 无锡市 |
> | 11 | 泽山 | 太湖 | 江苏 | 无锡市 | 国控 | 控制 | 湖体 | 东部沿岸区 | 无锡市 |
> | 12 | 新塘港 | 太湖 | 江苏 | 无锡市 | 国控 | 控制 | 湖体 | 南部沿岸区 | 无锡市 |
> | 13 | 小梅口 | 太湖 | 江苏 | 无锡市 | 国控 | 控制 | 湖体 | 南部沿岸区 | 无锡市 |
> | 14 | 漾西岗 | 太湖 | 江苏 | 无锡市 | | 控制 | 湖体 | 南部沿岸区 | 无锡市 |
> | 15 | 椒山 | 太湖 | 江苏 | 无锡市 | 国控 | 控制 | 湖体 | 湖心区 | 无锡市 |
> | 16 | 乌龟山南 | 太湖 | 江苏 | 无锡市 | | 控制 | 湖体 | 湖心区 | 无锡市 |
> | 17 | 平台山 | 太湖 | 江苏 | 无锡市 | 国控 | 控制 | 湖体 | 湖心区 | 无锡市 |
> | 18 | 大雷山 | 太湖 | 江苏 | 无锡市 | 国控 | 控制 | 湖体 | 湖心区 | 无锡市 |
> | 19 | 西山西 | 太湖 | 江苏 | 无锡市 | | 控制 | 湖体 | 湖心区 | 无锡市 |
> | 20 | 十四号灯标 | 太湖 | 江苏 | 无锡市 | 国控 | 控制 | 湖体 | 湖心区 | 无锡市 |

11.3　流域水环境优控污染物筛选方法技术

随着我国环境污染控制从传统污染物总量控制向优控污染物微量控制方向发展，我国1989年提出了中国"水中优先控制污染物"名单。但随着环境污染物种类的不断增加，现有名单中的污染物已经不能全面反映环境污染现状,加上目前新型污染物的监测方法还不完善,这些都严重阻碍我国优先控制污染物污染控制与治理的进展,因此建立适合国情的优控污染物筛选、监测技术体系已成为我国环保工作的迫切要求。

11.3.1 流域水环境污染物特点分析

流域水环境污染物可分为无机污染物和有机污染物两大类。无机污染物中的金属等元素类占据重要比例,其中的重金属因具有较强毒性而被广泛关注。有机污染物按照极性可分为挥发性有机物、半挥发性有机物等。有机物数目众多,可达几百万种,而无机物目前却只发现数十万种。图 11-2 为各种污染物的分类和相应的分析方法示意图。

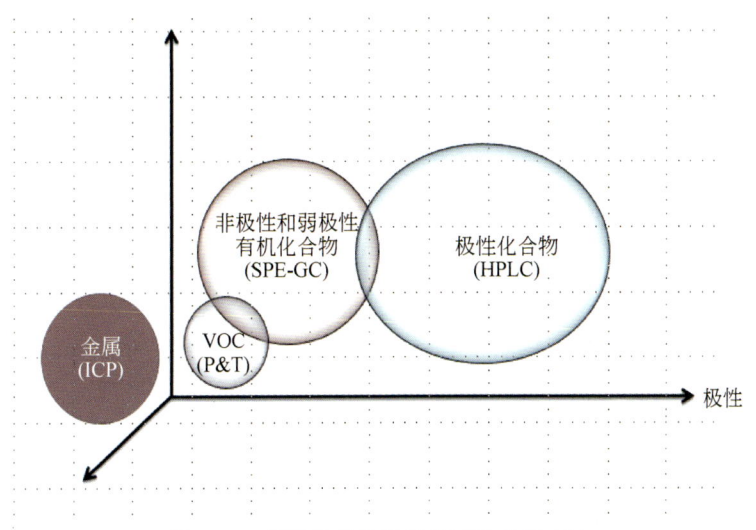

图 11-2 污染物的分类和相应的分析方法

相对于有机污染物来说,金属等元素类无机污染物的环境监管目标集中、明确,且分析方法较为成熟简单,如采用电感耦合等离子体质谱法(ICP-MS),可测定环境样品中的金属元素和部分非金属元素,一次进样可同时测定几十种元素。因此金属等无机元素未纳入本研究中的优控污染物筛选范围。

此外,挥发性有机物的沸点是 50~250℃,常温下以蒸气形式存在于空气中,难以稳定存在于水相中,在相关流域检出率极低,且浓度水平低于各项标准值,因此挥发性有机物也未纳入本研究中的优控污染物筛选范围。

半挥发性有机物沸点相对较低,易于吸附在颗粒物上,毒性较强,在环境中分布较广,本次筛选范围主要为水环境中的半挥发性有机物。为了能够更全面地筛查出水环境中的有机污染物,采用保留时间锁定(RTL)和谱图解卷积(deconvolution)技术,对流域水体环境中的半挥发性有毒有机污染物进行气相色谱–质谱法(GC-MS)分析。

11.3.2 半挥发性有毒有机污染物筛选方法

针对流域地表水体建立一套基于半定量/定量风险分析的半挥发性有毒有机污染物筛选方法,思路如图 11-3 所示。具体步骤如下:

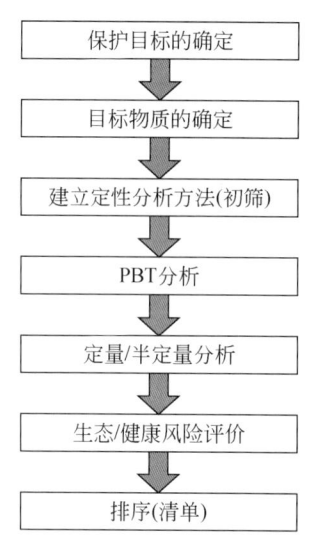

图 11-3 优先控制的半挥发性有毒有机污染物筛选思路

1）保护目标的确定：参考相关法律确定的保护目标。

2）目标物质的确定：参考美国有毒化学物质库和中国《地表水环境质量标准》（GB 3838—2002）、《生活饮用水卫生标准》（GB 5749—2006）。

3）建立定性分析方法：采用 C18/HLB 串联的固相萃取法进行水样富集，对水样进行全扫描分析，通过解卷积技术（DRS）结合有毒污染物数据库，识别水样中痕量有机污染物，实现水体中特征污染物的初步筛选与确定。

4）PBT 分析：并不是所有环境中存在的有机污染物都会造成危害，因此要对污染物清单中的物质进行定性危害评估，找出其中检出率高或者毒性强的物质，对其进行进一步分析。

5）定量/半定量分析：对检出率高、毒性强的物质进行定量/半定量分析，将定量/半定量结果作为暴露表征的数据。

6）生态/健康风险评价：收集初筛出的有机污染物的相关毒性数据，通过整个暴露数据和毒性数据进行预测无效应浓度（PNEC）的计算，来确定暴露于潜在胁迫因子中受体的风险。

7）排序：将潜在风险较高的物质作为需要优先控制的有机污染物，并根据风险大小进行排序，最终得到该流域的风险有机污染物清单（图 11-4）。

11.3.3 定性分析及危害评估

采用保留时间锁定和谱图解卷积技术，依据有毒化学品库（HCD），对样品进行全扫描分析，利用 DRS 软件对得到的质谱数据进行分析匹配，自动识别复杂基质中的痕量化合物。涉及的有毒化学品库包括 796 种化合物。然后对定性检出的所有污染物进行危害评估，包括持久性、生物累积性等方面的评估。此外，结合其在整个采样水体中的检出率，找出危害较大、检出率较高的污染物进行进一步分析。

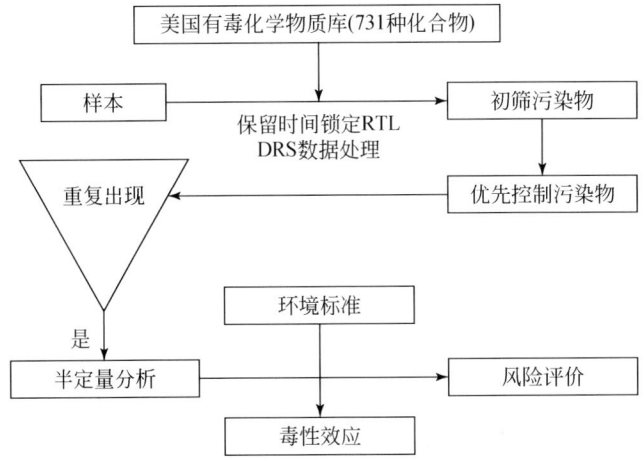

图 11-4 流域水环境优控污染物筛选流程图

11.3.4 半定量分析与暴露表征

对定性筛查出的有机污染物进行半定量分析。半定量方法建立的基本思路是采用"一种"污染物定量"一类"污染物。结合保留时间和化合物的种类选择半定量化合物，选取位于保留时间中段的不同种类的污染物作为该时间段内、该类化合物的半定量化合物。半定量化合物选定后建立不同浓度下响应曲线，将解卷积得到的谱图进行积分，并与选定的半定量化合物的峰面积对比，从而计算出样品介质中的污染物的浓度，即可实现污染物的半定量浓度测定。

11.3.5 效应表征

效应表征主要涉及预测无效应浓度（PNEC）的确定。在筛选阶段，使用急性毒性数据获取污染物的 PNEC 值。采用外推因子法，并且外推因子选为 1000。对于采用 PBT 数据库中毒性数据的污染物，外推因子选为 100。对于某一特定污染物，如果有多个毒性数据存在，则采用几何平均值。对毒性数据的选择，尽量选用实验数据，如没有实验数据，则可以考虑模型预测数据。当模型数据不可获取时，则标记为数据缺失；当数据选定以后，则可以计算出不同污染物的 PNEC 值。

11.3.6 半挥发性有机污染物的风险表征

采用上述获取的环境中污染物的预测浓度（PEC）与 PNEC 计算污染物的风险商（RQ）：

$$RQ = PEC/PNEC \tag{11-1}$$

尽管只有商值大于 1 的化合物才被认为具有潜在风险，但是为了在筛选阶段提供 1 个较为严格和保守的界定值，当某种污染物在整个水体多数采样点的商值高于 0.1 时即被认为是潜在的风险污染物，需要进行更为详细的暴露表征和风险评价。

案例

流域地表水体中半挥发性有机污染筛选

应用上述方法对辽河流域和太湖流域的表层水进行分析,辽河流域定性检出的污染物主要为多环芳烃、取代苯和苯胺类,检出率高于 50% 的污染物共计 20 种,约占检出污染物总数的 23%(表 11-3-1);太湖流域定性检出的化合物主要为多环芳烃类、酚、苯胺等,其中检出率高于 50% 的污染物共计 41 种,约占检出污染物总数的 50%(表 11-3-2)。

表 11-3-1 辽河流域优控污染物清单

CAS	污染物	英文名称	类别	用途
206-44-0	荧蒽	Fluoranthene	多环芳烃	
1918-11-2	芽根灵	Terbucarb	氨基甲酸酯	除草剂
120-12-7	蒽	Anthracene	多环芳烃	
129-00-0	芘	Pyrene	多环芳烃	
85-01-8	菲	Phenanthrene	多环芳烃	
122-39-4	联苯胺	Diphenylamine	苯胺	杀真菌剂、杀虫剂、植物生长调节素
84-65-1	9,10-蒽醌	9,10-Anthraquinone	蒽醌	驱鸟剂
91-20-3	萘	Naphthalene	多环芳烃	
1912-24-9	阿特拉津	Atrazine	三嗪	除草剂
83-32-9	苊	Acenaphthene	多环芳烃	

表 11-3-2 太湖流域优控污染物清单

CAS	污染物	英文名称	类别	用途
1918-11-2	芽根灵	Terbucarb	氨基甲酸酯	除草剂
120-12-7	蒽	Anthracene	多环芳烃	
206-44-0	荧蒽	Fluoranthene	多环芳烃	
85-01-8	菲	Phenanthrene	多环芳烃	
91-20-3	萘	Naphthalene	多环芳烃	
129-00-0	芘	Pyrene	多环芳烃	
53112-28-0	嘧霉胺	Pyrimethanil	苯胺	杀真菌剂
76674-21-0	粉唑醇	Flutriafol	醇	杀真菌剂
1912-24-9	阿特拉津	Atrazine	三嗪	除草剂
59-50-7	4-氯-3-甲基酚	4-Chloro-3-methylphenol	酚	杀菌剂,抗微生物
83-32-9	苊	Acenaphthene	多环芳烃	
834-12-8	莠灭净	Ametryn	三嗪	除草剂
119-61-9	苯甲酮	Benzophenone	酮	光敏剂
84-65-1	9,10-蒽醌	9,10-Anthraquinone	蒽醌	驱鸟剂

11.4 流域水环境热点污染物监测方法

流域水环境热点污染物种类众多，按照以下原则选取 3 类水环境热点污染物开展监测方法研究：一是相关研究较多，有明确、公认的环境和人体危害作用；二是在我国水环境中普遍存在，来源广泛，浓度比较高；三是公众关注度比较高，监测和调查需求比较迫切，预计在不远的将来会纳入监测体系。三类水环境热点污染物是内分泌干扰物（如壬基酚类和双酚 A 等）、消毒副产物（三卤甲烷、卤乙酸、亚氯酸盐、氯酸盐等）和抗生素类（王斌，2013）。

11.4.1 流域水环境热点污染物来源和危害

(1) 内分泌干扰物

烷基酚类和双酚 A 广泛应用于石油、化工、塑料、食品包装等行业，存在于各类水体中。水环境烷基酚类中，普遍以壬基酚类为最高。从检出浓度来看，壬基酚类的浓度经常在几百纳克每升到几千纳克每升，为水体中浓度最高的有机污染物之一。双酚 A 在地表水中也有相当比例的检出。虽然壬基酚类和双酚 A 是公认的内分泌干扰物，国内也有对其地表水、海水、生活污水等各类水体中浓度水平和来源研究报道，但我国目前尚无水环境中壬基酚类和双酚 A 的检测方法的国标（环保行业标准）。这制约了将壬基酚类和双酚 A 列入监测体系，也影响国内开展水环境中壬基酚类和双酚 A 污染状况调查。

(2) 消毒副产物

研究表明，传统的饮用水氯消毒方式会产生许多对人体有致突变和致癌变作用的消毒副产物，对生活饮用水质量构成潜在性危害。氯化消毒产生的消毒副产物（disinfection by-products，DBP）主要有三卤甲烷（trihalomethanes，THM）、卤乙酸（haloacetic acid，HAA）、亚氯酸盐和氯酸盐等。我国对消毒副产物的监测目前仅限于饮用水，监测项目为 3 种卤乙酸、亚氯酸盐和氯酸盐，没有涵盖目前研究认为的相对浓度比较高、对人体有危害作用的 9 种卤乙酸，也未包括三卤甲烷——一类重要的氯消毒副产物，因此对消毒副产物的污染状况反映是不全面的。由于消毒副产物也可能进入污水处理厂出水、地表水等水体，并可能直接或间接地影响人体健康，因此有必要开展除饮用水之外的其他水体中的监测。

(3) 抗生素类

常用的抗生素一般按化学结构的不同分成如下几类：β-内酰胺类、四环素类、磺胺类、大环内酯类、喹诺酮类等。进入生物体或人体的抗生素不能完全被机体吸收，大部分以抗生素原形或代谢物形式经由病人和畜禽粪尿排入环境，其比例高达85%以上。抗生素经不同途径进入环境后，对土壤、水体造成污染，抗生素在环境中的残留、归宿以及对环境的影响已经成为全球关注焦点。

11.4.2 水环境热点污染物监测方法基本原则

(1) 基本原则

水环境热点污染物监测方法研究依据《国家环境保护标准制修订工作管理办法》和

《环境监测分析方法标准制订技术导则》（HJ 168—2010）的要求，遵循以下基本原则：

1）方法能满足相关环保标准要求；
2）方法能与其他环境保护标准相衔接；
3）方法稳定可靠，具有科学性、合理性和适用性；
4）标准内容完整，表述准确，易于理解，便于实施。

（2）基本步骤

1）广泛开展国内外文献调研和各种分析方法比较。
2）针对地表水、污水处理厂出水等各类水样特点，通过实验逐一优化分析方法参数，包括样品采集、保存和分析条件，样品净化条件，仪器分析条件等。
3）实验确定方法。实验室内精密度、准确度、检出限和测定范围等技术特性指标，开展典型实际水样分析。
4）开展实验室间方法验证。配置低浓度和高浓度清洁基体加标样，统一分发至3～6家验证实验室，并规定实际水样加标浓度。开展方法的检出限、加标回收率、重现性和精密度测定。方法验证过程中应和验证实验室保持沟通，收集意见和建议，必要时及时进行改进。
5）整理实验室间验证结果，评估方法的准确度、精密度、重现性和检出限，完善质量保证质量控制内容。
6）形成监测方法建议稿和编制说明。
7）开展流域热点污染物监测调查示范，初步掌握调查地区热点污染物污染状况和特征。

11.4.3 水环境热点污染物监测方法原理

（1）水环境壬基酚类和双酚 A 监测方法原理

水中壬基酚类和双酚 A 监测采用液液萃取、衍生化、气相色谱–质谱法测定。方法原理是：在酸性条件下（pH<2），用有机溶剂（二氯甲烷）萃取水样中的烷基酚和双酚，经无水硫酸钠干燥、浓缩定容、衍生化（三甲基硅烷化）之后，采用气相色谱-质谱仪进行分析，根据保留时间和衍生后烷基酚特征离子进行定性，峰面积（或峰高）内标法进行定量（图11-5）。衍生化的原因是：烷基酚和双酚 A 的分子结构中有羟基，具有较强的极性，在气相色谱分离过程中易拖尾，灵敏度差。通过三甲基硅烷化试剂将羟基中的氢置换，消除极性，改善其色谱行为（式11-2）。

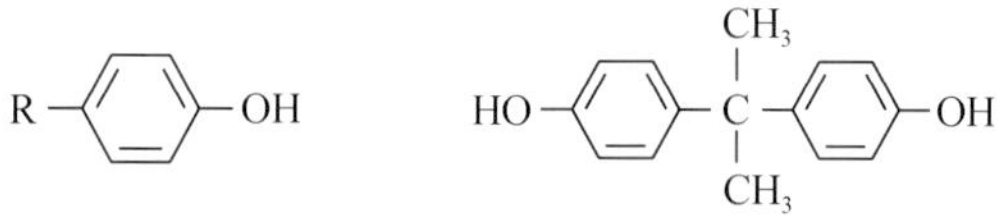

4-烷基酚(R=C_4H_9～C_9H_{19})   双酚A

图11-5 烷基酚和双酚 A 的分子结构

$$CH_3CH_2\,RCH_3-OH + BSTFA \longrightarrow CH_3CH_2RO-Si-CH_3 \qquad (11\text{-}2)$$

（2）水环境三卤甲烷监测方法原理

水环境三卤甲烷监测采用吹扫捕集、气相色谱/质谱法测定。方法原理是：将被测水样注入吹扫捕集装置的吹扫管中，于室温下通以惰性气体（氦气或氮气），把水样中三卤甲烷及加入的内标和替代物吹扫出来，捕集在装有适当吸附剂的捕集管中。吹扫程序完成后，加热捕集管并以惰性气体将吸附的组分脱附，并通入气相色谱分离后用质谱检测。以目标化合物的质谱信息和保留时间定性，内标法定量（表11-2）。

表11-2 三卤甲烷目标化合物信息一览表

序号	目标物中文名称	目标物英文名称	CAS No.	类型
1	氯仿	chloroform	67-66-3	目标物
2	氟苯	fluorobenzene	462-06-6	内标1
3	一溴二氯甲烷	bromodichloromethane	75-27-4	目标物
4	二溴氯甲烷	dibromochloromethane	124-48-1	目标物
5	溴仿	bromoform	75-25-2	目标物

（3）水环境卤乙酸监测方法原理

水环境卤乙酸监测采用液液萃取、衍生化、气相色谱/质谱法测定。方法原理是：在酸性条件下（pH<1），用有机溶剂（甲基叔丁基醚）萃取水样中卤代乙酸，萃取液加入10%的硫酸甲醇溶液，与卤代乙酸发生酯化反应生成卤乙酸甲酯。衍生反应完成后用气相色谱/电子捕获检测器（ECD）测定。通过相对保留时间定性，内标法定量。衍生化原理是：卤代乙酸含有羧基，极性大，在气相色谱分析中色谱行为差，灵敏度低。使用甲醇与卤代乙酸发生酯化反应，改善其色谱行为[表11-3、式（11-3）]。

表11-3 卤代乙酸目标化合物信息一览表

序号	目标物名称	目标物缩写	CAS 号
1	一氯乙酸	MCAA	79-11-8
2	一溴乙酸	MBAA	79-08-3
3	二氯乙酸	DCAA	79-43-6
4	三氯乙酸	TCAA	76-03-9
5	溴氯乙酸	BCAA	5589-96-8
6	二氯一溴乙酸	BDCAA	71133-14-7
7	二溴乙酸	DBAA	631-64-1
8	一氯二溴乙酸	CDBAA	5278-95-5
9	三溴乙酸	TBAA	75-96-7

$$R-CO-OH+CH_3OH\ (H_2SO_4) \longrightarrow R-CO-O-CH_3 \qquad (11-3)$$

（4）水环境亚氯酸盐、氯酸盐和溴酸盐监测方法原理

水环境亚氯酸盐（ClO_2^-）、氯酸盐（ClO_3^-）和溴酸盐（BrO_3^-）的监测采用大体积进样、离子色谱法测定。方法原理是：水样采集后，依次经过去除重金属、氯离子和有机物的前处理小柱（或其中部分小柱），然后经直径$0.45\mu m$滤膜过滤后，采用大体积进样、离子色谱进行分析。不同阴离子经过离子色谱柱分离后进入电导检测器，依次进行检测。在一定的浓度范围内，离子浓度和电导响应值成正比。根据不同离子的响应电导率值进行定量。

(5) 水环境抗生素类监测方法原理

水环境抗生素类的监测采用固相萃取、高效液相色谱/串联质谱方法。方法原理是：水样采集后先用稀硫酸（3 mol/L）调节 pH 为 2~4，加入回收率指示物，经 Oasis HLB 固相萃取柱富集。富集结束后用甲醇溶液洗脱抗生素类，此步骤同时起到净化作用。洗脱液氮吹至近干，再次溶于甲醇水溶液中（甲醇/水＝1/9，体积分数），加入内标指示物，过 0.45μm 滤膜后，进样液相色谱-串联质谱仪，使用串联质谱多反应模式（MRM）测定，以相对保留时间、特征离子对定性、内标法定量（表 11-4，图 11-6）。

表 11-4 抗生素类目标化合物信息一览表

序号	化合物	英文	缩写	CAS 号	分子式
磺胺类					
1	磺胺醋酰	sulfacetamide	SCT	144-80-9	C8H10N2O3S
2	磺胺噻唑	sulfathiazole	STZ	72-14-0	C9H9N3O2S2
3	磺胺吡啶	sulfapyridine	SPD	144-83-2	C11H11N3O2S
4	磺胺甲基嘧啶	sulfamerazine	SMA	127-79-7	C11H12N4O2S
5	磺胺嘧啶	sulfadiazine	SD	68-35-9	C10H10N4O2S
6	磺胺二甲嘧啶	sulfadimidin	SMD	57-68-1	C12H14N4O2S
7	磺胺氯哒嗪	sulfachloropyridazine	SCP	80-32-0	C10H9ClN4O2S
8	磺胺甲基异噁唑	sulfamethoxazole	SMX	723-46-6	C10H11N3O3S
9	磺胺二甲异噁唑	sulfisoxazole	SIA	127-69-5	C11H13N3O3S
10	磺胺间二甲氧嘧啶	sulfhadimethoxine	SDX	122-11-2	C12H14N4O4S
11	磺胺甲氧哒嗪	sulfamethoxypyridazine	SMP	80-35-3	C11H12N4O3S
12	磺胺喹噁啉	sulfachinoxaline	SCX	59-40-5	C14H12N4O2S
喹诺酮类					
13	氧氟沙星	ofloxacin	OFL	82419-36-1	C18H20FN3O4
14	恩诺沙星	enrofloxacin	ENR	93106-60-6	C19H22FN3O3
15	环丙沙星	cefalexin	CIP	15686-71-2	C16H17N3O4S
16	诺氟沙星	norfloxacin	NOR	70458-96-7	C16H18FN3O3
四环素类					
17	土霉素	oxytetracycline	OTC	79-57-2	C22H24N2O9
18	金霉素	chlortracycline	CTC	57-62-5	C22H23ClN2O8
19	四环素	tetracycline	TC	60-54-8	C22H24N2O8
大环内酯					
20	罗红霉素	roxithromycin	ROM	80214-83-1	C14H76N2O15
其他					
21	甲氧苄氨嘧啶	trimethoprim	TMP	738-70-5	C14H18N4O3
进样内标					
22	13C3-咖啡因	trimethyl-13C3	S. I.	无	13C3C5H12N4O2
回收率指示物					
23	13C6-磺胺甲噻二唑	Benzenesulfonamide-13C6	S. S.	无	13C6C3H10N4O2S2

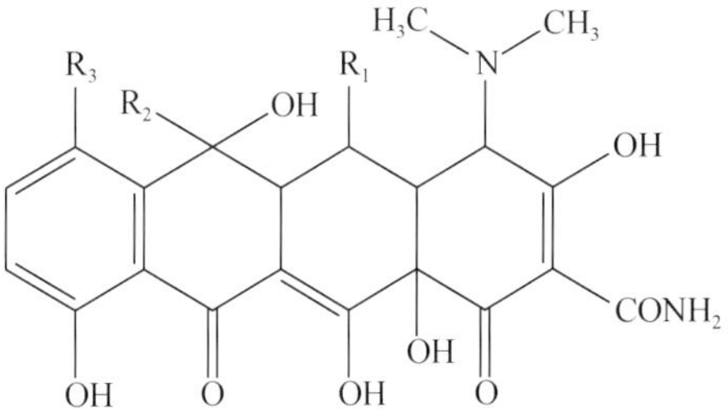

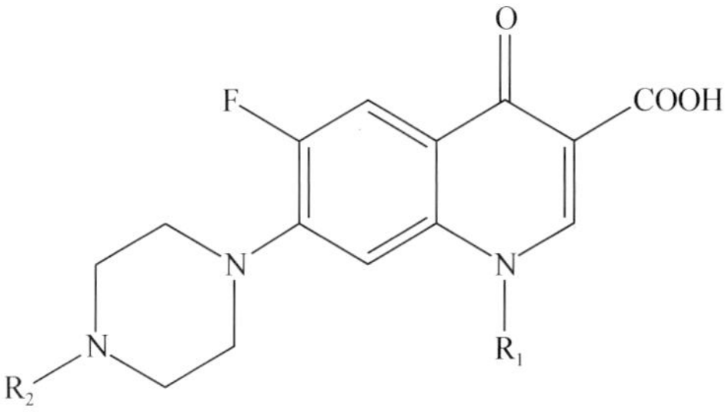

四环素类　　　　　　　　　　喹诺酮类

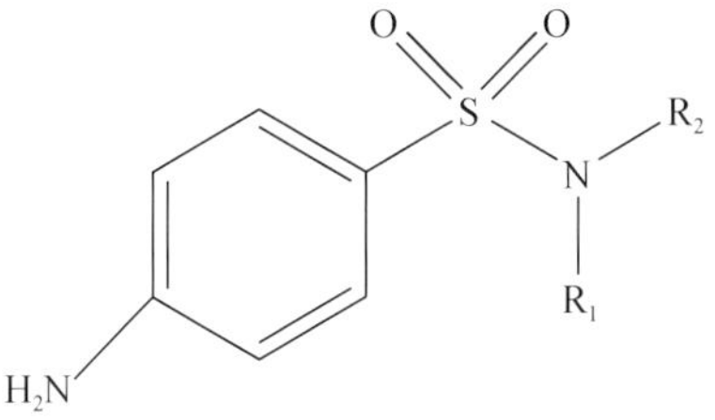

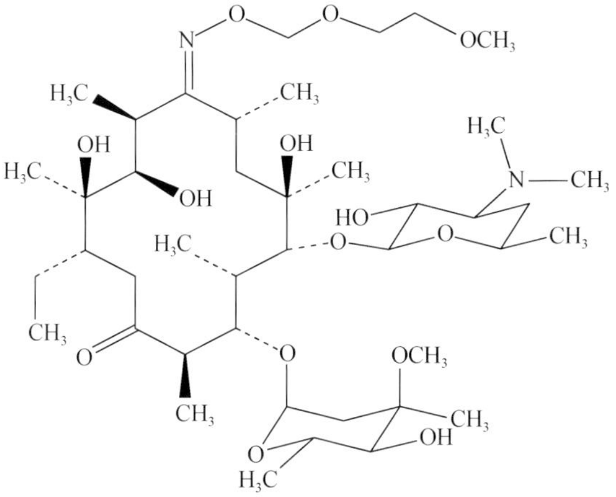

磺胺类　　　　　　　　　　大环内酯类

图 11-6　抗生素类目标化合物分子结构

11.5　流域水环境持久性有机污染物监测技术

大多数 POP 都是由多种物质组成的混合物，并且在水环境中的含量都非常低。例如，二噁英类化合物包含 210 种同分异构体，其中以 2,3,7,8-四氯二苯对二噁英（2,3,7,8-TCDD）毒性最强，在水中的浓度可低至 pg 级，因此其检测大都属于超痕量、多组分检测，对检测的特异性、选择性和灵敏度要求极高，被认为是当代分析化学领域的一大难点（李国刚，2004）。水环境中 POPs 的检测一般包括样品采集、样品预处理和色谱分析等几个大的步骤。样品采集要选择合适的时间和地点，总的原则是采集的样本要有代表性，为全面评价水环境中 POPs 的污染状况，采集的样品应包括水样、底泥样及水生生物样。采集到的样品要及时进行分析前预处理，不同的样品预处理步骤不完全相同：水样一般要经过萃取；底泥样则包括风干、研碎、抽提、浓缩、分离、净化等。目前国际上公认的检测

POP 的方法主要是高分辨率气相色谱-质谱联用仪（HRGC-HRMS）。这种方法对痕量、超痕量有机污染物的分析具有独特的专一性和较高的灵敏度，同时采用同位素稀释法对二噁英化合物进行检测，可以获得极高的精密度，是目前分析痕量二噁英最可靠、最权威的方法。

11.5.1 水环境 POP 采样技术

POP 样品的采集和预处理技术是水环境样品分析的重要环节，只有采用科学合理的采样方法和高效准确的预处理技术才能保证 POP 的分析数据准确可靠。水中 POP 采样规范研究的主要内容包括站位布置、采样设备选择、采样位置的确定、采样替代物的加入、采样的保存方式等，其中包括艾氏剂、狄氏剂、异狄氏剂、滴滴涕、七氯、氯丹、灭蚁灵、毒杀芬、六氯苯、α-六氯环己烷、β-六氯环己烷、十氯酮、林丹和五氯苯；二噁英类 POP 包括：多氯二苯并二噁英、多氯二苯并呋喃和多氯联苯；溴代阻燃剂类 POP 包括：多溴联苯醚和多溴联苯的水样大体积采样方法。

11.5.2 水环境 POP 预处理技术

POP 预处理技术是对水体中多氯联苯、二噁英类、六氯苯、滴滴涕、艾氏剂、狄氏剂、异狄氏剂、七氯、灭蚁灵的分析方法的预处理方法。水体中 POP 主要利用索氏提取、加速溶剂提取，用硅胶柱、氧化铝、弗罗里硅土柱去除干扰物，备测，可采用多种 POP 一步提取、分步净化的方法，大大节省人力和物力，适于在环境监测部门应用普及。

11.5.3 水环境 POP 的监测技术

水环境中 POP 含量极低，普通的监测方法检出限高，难以满足监测需求，水体中多氯联苯、二噁英类、六氯苯、滴滴涕、艾氏剂、狄氏剂、异狄氏剂、七氯、灭蚁灵的同位素可采用稀释-高分辨气相色谱-高分辨质谱的分析方法。

11.5.4 水环境 POP 质量保证和质量控制体系

水环境 POP 含量极低，所以质控极其重要。研究贯穿从水样采集到分析测试全过程的 POP 监测质量保证体系包括以下 5 个方面。

1）现场质控样：涉及现场空白、运输空白、方法空白、试剂空白、仪器空白这 5 个方面，涵盖现场采样保存、样品运输、实验室预处理和分析过程。

2）内标法定量：用于校正分析测试过程中的影响因素，如进样量等。

3）检测仪器出峰漂移校正：样品测试前，研究通过比较内标物现有响应值与历史响应值的关系，检查仪器响应性；样品测试时，研究测试体系的初始校正和继续校正，考察内标物或分析目标物的响应因子偏差。

4）用替代物评估方法对目标化合物的测量准确性：采用替代物测定回收率的方法来

反映水中 POP 测量的准确性，评估方法对目标化合物的测量准确性。

5) 用基体加标和实验室控制样评价基体干扰：研究基体加标和实验室控制样评价基体两种方式对方法精密度、准确度和检测限的影响关系。

使用标准分析方法的每个实验室均需要执行正式的质量保证计划。这一程序的最低要求包括最初的实验室能力证明、作为持续性能测试的连续标准和空白分析、用于评价和测定数据质量的加标分析。实验室性能将与已确立的性能评价标准进行比对以确定分析的结果是否符合标准分析方法的性能特点。

11.6 本土水生生物活体毒性测试关键技术

11.6.1 本土水生生物的实验测试物种

1) 实验藻种：我国广泛分布的淡水单细胞绿藻雨生红球藻（*H. pluvialis*）的厚壁孢子；

2) 浮游无脊椎动物实验物种：我国长江、珠江、广西和贵州主要水体均有分布的小型淡水甲壳动物蚤状溞（*D. pulex*）；

3) 底栖无脊椎动物实验物种：广泛分布于我国内陆水域的淡水底栖动物主要类群双壳类河蚬（*C. fluminea*），以及水生昆虫羽摇蚊幼虫（*C. plumosus*）；

4) 鱼类实验物种：我国东部地区本地种、江河湖泊中常见的麦穗鱼（*P. parva*），以及我国四川省汉源县大渡河支流分布的特有种稀有鮈鲫（*G. rarus*）。

11.6.2 淡水藻类活体毒性测试关键技术

(1) 淡水藻类的活动提毒性测试程序

实验步骤：藻类采集和分离→实验室驯化与培育繁殖→实验室培育和繁殖最佳条件确认→筛选 1~2 株对多种受试物敏感的藻种→发展 1~2 种新的测试方法→典型流域示范与测试技术优化。

(2) 对多种受试物敏感的藻种筛选

以雨生红球藻的厚壁孢子作为检测材料，受试物为若干重金属离子，包括钴离子、铜离子、铅离子、锰离子。通过检测不同浓度梯度的重金属盐对雨生红球藻厚壁孢子萌发率的影响，结果表明：在受到重金属毒害作用后，雨生红球藻的孢子萌发受到抑制，该抑制作用在处理后的 24~36h 后即表现出来。通过显微形态观察和直接培养物观察都有明显的形态、颜色变化，因此雨生红球藻厚壁孢子在检测水中污染物的毒害作用具有简便、快捷准确的效果，将作为一种具有应用前景的材料在更多的环境污染物中进行检测。

(3) 利用藻类 ETR_{max} 表征污染物毒性效应的测试技术

ETR_{max} 是表征藻细胞生理状态一个重要指标，通过测定藻细胞的 ETR_{max} 值，可以表征污染物对于藻细胞的毒理作用的效应大小，可作为一种检测方法进一步发展。

以毒理实验标准株伪蹄形藻作为检测材料，受试物为若干重金属离子，包括钴离子、铜离子、铅离子、锰离子。比较在不同重金属离子浓度作用下伪蹄形藻最大电子传递速率的差异，结果表明：伪蹄形藻在受到各种重金属盐胁迫 24h 后，其最大电子传递速率（ETR_{max}）均比对照低。这表明受到毒理作用后，伪蹄形藻细胞的光合作用能力已削弱或者受到破坏（表 11-5）。与传统方法通过细胞计数计算半数致死浓度相比，该测试方法更为快捷，且容易操作，表征明显，测试时间比较短，是一种藻类毒理实验的新测试方法。

表 11-5　不同重金属离子处理 24h 后伪蹄形藻的 ETR_{max} 值

浓度/ppm	Cu^{2+}	Co^{2+}	Mn^{2+}	Pb^{2+}
0	50.3	50.3	50.3	50.3
1	18.6	29.8	36.5	45.1
3	11.1	29.7	36.5	43
5	7.8	27.4	36.1	43.5
7	5.66	20.1	37.8	43.3
10	8.4	5.6	38.3	39.2

11.6.3　浮游动物活体毒性测试关键技术

实验步骤：大型溞区系分布调查→大型溞采集和分离→实验室驯化与培育繁殖→实验室培育和繁殖最佳条件确认→化学品、工业废水和城市河涌水体对大型溞的急性毒性评价。

$CuSO_4$ 对大型溞 24 h 和 48 h 的半数致死浓度分别为 109.7 μg/L 和 66.00 μg/L；工业废水对大型溞 24 h 和 48 h 的半数致死浓度分别为 38.4% 和 30.80%；城市河涌水体对大型溞 48 h 的半数致死浓度为 60.50%（表 11-6、表 11-7）。通过化学品（$CuSO_4$）、工业废水和城市河涌水体对大型溞的急性毒性评价，建立剂量和概率之间的相关关系。

表 11-6　大型溞急性毒性测试（24 h）

测试样品	24h-LC_{50}	95% 置信区间	回归方程	P
化学品（$CuSO_4$）	107.9μg/L	82.9～228.2	$Y=-2.2329+0.0207X$	0.77
工业废水	38.40%	33.5～45.2	$Y=-3.2946+8.5826X$	0.749
城市河涌	—	—	—	—

表 11-7　大型溞急性毒性测试（48 h）

测试样品	48h-LC_{50}	95% 置信区间	回归方程	P
化学品（$CuSO_4$）	66.00μg/L	52.6～87.8	$Y=-1.8068+0.0274X$	0.992
工业废水	30.80%	26.8～34.9	$Y=-3.8392+12.4543X$	0.423
城市河涌	60.50%	53.8～68.3	$Y=-4.6951+0.0776X$	0.596

11.6.4　底栖动物活体毒性测试关键技术

实验步骤：摇蚊幼虫采集和分类——不同耐污程度种类的筛选——实验室培育和繁殖

最佳条件确认——摇蚊幼虫驯化——规模化培育——不同实验室进行比对和确认——建立摇蚊幼虫驯化和规模化培育的技术规范——摇蚊幼虫活体毒性测试。

（1）长江流域典型水体摇蚊幼虫的选种采集

从长江支流湖北省陆水河、长江中下游浅水富营养型湖泊武汉南湖、高原深水湖泊云南抚仙湖、中营养型水库湖北省道观河水库和金沙河水库、武汉市新洲区少潭河水库坝下投饵主养草鱼精养鱼池等水体中采集摇蚊幼虫进行分类，共鉴定出摇蚊 24 种（表 11-8）。

表 11-8　不同类型水体中摇蚊幼虫种类名录

摇蚊	陆水河	南湖	抚仙湖	道观河水库	鱼池
1. 刺铗长足摇蚊 *Tanypus punctipennis*		+			
2. 长足摇蚊一种 *Pelopia* sp.	+				
3. 红裸须摇蚊 *Propsilocerus akamusi*		+			
4. 太湖裸须摇蚊 *Propsilocerus taihuensis*		+			
5. 半褶皱摇蚊 *Chironomus cemireductus*		+			
6. 羽摇蚊 *Chironomus plumosus*		+	+		
7. 皱褶摇蚊 *Chironomus reductus*		+			
8. 美丽前突摇蚊 *Procladius bellus*	+	+			
9. 前突摇蚊一种 *Proclodius* sp.				+	
10. 花纹前突摇蚊 *Procladius chorus*		+	+		
11. 大红德永摇蚊 *Tokunagayusurika akamus*				+	
12. 长跗摇蚊一种 *Tanytarsus* sp.		+			+
13. 毛突摇蚊一种 *Chaetocladius* sp.	+				
14. 指突隐摇蚊 *Cryptochironomus digitatus*			+		
15. 隐摇蚊一种 *Cryptochironomus* sp.					+
16. 塞氏摇蚊 *Tendipesgr. thammi*					+
17. 雕翅摇蚊一种 *Glyptotendipes* sp.					
18. 梯形多足摇蚊 *Polypedilum scalaenum*				+	
19. 多足摇蚊一种 *Polypedilum* sp.			+	+	
20. 异腹鳃摇蚊一种 *Einfeldia* sp.				+	
21. 小突摇蚊一种 *Micropsectra* sp.					
22. 内摇蚊一种 *Endochironomus* sp.					+
23. 粗腹摇蚊一种 *Tanypus* sp.	+			+	+
24. 摇蚊一种 *Chironomus* sp.		+		+	
种类总数	5	9	5	7	5

注：+，在该水体出现。

（2）不同耐污摇蚊种类进行人工驯化养殖

选定刺铗长足摇蚊 *Tanypus punctipennis*、羽摇蚊 *Chironomus plumosus*、花纹前突摇蚊

Procladius chorus 等 8 种不同耐污程度的种类进行人工驯化养殖。

图 11-7 是羽摇蚊 *C. plumosus* 幼虫生活史，表 11-9、表 11-10 分别是羽摇蚊 *C. plumosus*、刺铗长足摇蚊 *T. punctipennis* 生活史各阶段特征。

只有在饲养空间大于 3 m³ 时，才能得到较好的养殖效果；饲养空间过小，虫口密度过大，将会影响到幼虫的成活率、化蛹率及羽化率。

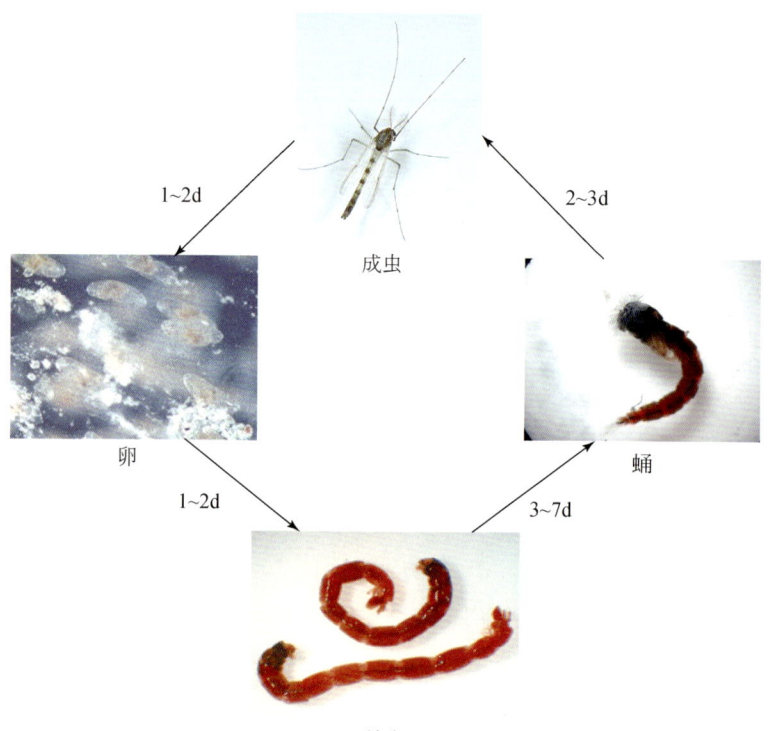

图 11-7 羽摇蚊 *C. plumosus* 的生活史

表 11-9 刺铗长足摇蚊的生活史各阶段特征

生活史期		特征		
		体长/mm	体色	形态特征
卵		12~18	卵块透明，整体呈淡褐色	为胶质圆柱状块体，内有卵黄，块内约有 300~600 个卵，卵块分为含卵部分与柄状部。卵径长为 0.31 mm，左右对称。钝端为卵的前部，锐端为后部，侧部为卵圆形，背部平坦，腹面突出
幼虫	I	0.8~1.2	淡茶色	幼虫经 4 次蜕皮，形态为圆柱状，由卵形的头部和 12 个体节组成。头部有眼点，头前具触角及刚毛。不同种的幼虫，口器具有不同的形态，以此作为其分类特征
	II	1.2~3.7	淡红色	
	III	3.7~7.0	鲜粉红色	
	IV	7.0~13	鲜红色	
蛹		5.0~10	深红色	侧缘上有扁平长毛列生，胸部有一对白色的羽毛状呼吸器官
成虫		6.0~7.0	灰褐色	胸背有 3 条暗褐色带纹，身体细长，腹部膨大，触角分节。雌蚊产卵后 12~24 h 死亡

表 11-10 不同龄期刺铗长足摇蚊幼虫各部变化及龄期天数

虫龄	头宽/mm	体长/mm	尾部血鳃长/mm	体色	龄期天数/d
I	0.10	0.8	0.05		1~3
II	0.17	1.2	0.10	淡红色	2.5~4
III	0.30	3.7	0.19	鲜粉红色	4~7
IV	0.47	7.0	0.30	深粉红色	7~11
蛹		5.3		赤褐色	1~2

(3) 摇蚊室外和室内人工繁殖条件的优化

比较不同基质、不同光照时间、不同温度、不同湿度对摇蚊幼虫成活、化蛹及羽化产卵率的影响，结果表明：

1) 基质以池塘表层淤泥状底泥最佳，壤土次之；泥土粒径以能过 80 目筛为宜。

2) 摇蚊产卵情况与光照时间密切相关：随着光照时间的增加，摇蚊产卵数呈上升状态；但当光照时间过长时，产卵数会下降；最适光暗比为 16h∶8h。

3) 27℃时摇蚊幼虫的化蛹数最高，蛹的羽化率也最高。

4) 随着湿度的增大，摇蚊的受精卵数不断提高，受精率也相应增高，本次实验相对湿度在 85% 以上时，受精率只有 64.2%。

5) 在黏土中分别填充同体积甘蔗渣、松针、杨树叶作为筑巢基质时，甘蔗渣的效果最好。

(4) 典型污染物对羽摇蚊幼虫的急性毒性

研究了典型污染物重金属（铜、锌、锰、镉）和有机农药（氯氰菊酯、溴氰菊酯）对羽摇蚊幼虫的急性毒性，观察了摇蚊幼虫在污染物暴露中的中毒症状，获得了其 LC_{50} 等生物毒理学资料（表 11-11、表 11-12）。经毒物暴露后，摇蚊幼虫身体蜷曲或伸长僵直，对机械刺激无反应；死亡个体红色消退，呈黄白色，虫体腐烂，轻触即会分解。低浓度的农药组和重金属组刺激下的摇蚊幼虫中毒症状基本相同。经高浓度铜效应的虫体尾部呈墨绿色，可见其对铜明显的积累。

表 11-11 铜、镉、锌、锰等 4 种重金属对羽摇蚊幼虫的急性毒性

试液	暴露时间/h	概率单位-浓度对数方程	相关系数	LC_{50}（95% 置信区间）/(g/L)	安全浓度 96h-$LC_{50/10}$/(g/L)
铜	24	$y=-0.016+0.698x$	0.992	1.053（0.487, 4.691）	
	48	$y=0.378+0.788x$	0.890	0.331（0.194, 0.714）	0.007
	72	$y=0.874+1.057x$	0.897	0.149（0.047, 0.878）	
	96	$y=1.110+1.064x$	0.988	0.069（0.048, 0.097）	
镉	24	$y=-0.362+0.771x$	0.970	2.956（1.481, 10.396）	
	48	$y=0.196+1.008x$	0.980	0.640（0.423, 1.042）	0.019
	72	$y=0.764+1.238x$	0.932	0.242（0.168, 0.344）	
	96	$y=1.049+1.434x$	0.974	0.186（0.133, 0.254）	

续表

试液	暴露时间/h	概率单位-浓度对数方程	相关系数	LC_{50}（95%置信区间）/(g/L)	安全浓度 96h-$LC_{50/10}$/(g/L)
锌	24	$y=-0.560+0.836x$	0.696	4.668（0.813，3.170）	
	48	$y=0.143+1.354x$	0.829	0.781（0.234，3.520）	0.044
	72	$y=0.377+1.509x$	0.893	0.561（0.136，3.046）	
	96	$y=0.502+1.436x$	0.846	0.445（0.118，1.873）	
锰	24	$y=-0.393+1.010x$	0.874	2.445（0.732，4.903）	
	48	$y=-2.471+0.847x$	0.929	0.614（0.396，1.038）	0.090
	72	$y=-2.297+0.959x$	0.793	0.248（0.006，3.815）	
	96	$y=-2.468+1.094x$	0.901	0.181（0.050，0.471）	

注：方程中 x 为浓度对数，y 为概率单位。

表 11-12 溴氰菊酯、氯氰菊酯对羽摇蚊幼虫的急性毒性

试液	暴露时间/h	概率单位-浓度对数方程	相关系数	LC_{50}（95%置信区间）/(μg/L)	安全浓度 96h-$LC_{50/10}$/(μg/L)
溴氰菊酯	24	$y=0.275+1.001x$	0.931	0.532（0.328，1.083）	
	48	$y=0.635+0.849x$	0.872	0.179（0.049，1.980）	0.0034
	72	$y=1.221+0.987x$	0.953	0.058（0.036，0.088）	
	96	$y=1.705+1.158x$	0.981	0.034（0.021，0.049）	
氯氰菊酯	24	$y=0.106+0.490x$	0.995	0.608（0.213，0.767）	
	48	$y=0.812+0.241x$	0.960	0.034（0.017，0.122）	0.0004
	72	$y=1.414+0.297x$	0.965	0.009（0.005，0.016）	
	96	$y=2.046+0.866x$	0.939	0.004（0.002，0.007）	

注：方程中 x 为浓度对数，y 为概率单位。

(5) 镉和铜对羽摇蚊幼虫组织抗氧化酶活性的影响实验

两种重金属对羽摇蚊幼虫的组织 CAT 活性呈明显的时间-剂量效应。在 Cd^{2+} 刺激下 [图 11-8（a）]，24 h 后即对各浓度组的 CAT 活性产生诱导作用，在 40 mg/L 和 80 mg/L 时表现出显著诱导效应（$p<0.05$）；暴露 48 h 后 60 mg/L 剂量组的诱导效应达到最大（$p<0.01$），之后开始缓慢回落，但相对于对照组，仍表现极显著诱导作用（$p<0.01$）；经过 72 h 暴露后，20 mg/L 和 40 mg/L 剂量组的诱导效应达到最大（$p<0.01$）。

在经 Cu^{2+} 的暴露 24 h 后 [图 11-8（b）]，除 10 mg/L 表现为显著诱导作用外（$p<0.05$），其他各组均表现为受抑制状态，其中高浓度组 40 mg/L 表现为被显著抑制（$p<0.05$）；随着时间的延长，除去最高剂量组外，各剂量组的活性均在 48 h 后达到最高，在 10 mg/L 和 20 mg/L 剂量组均表现为极显著诱导作用（$p<0.01$），之后诱导作用逐渐降低，在 72 h 时高浓度组即出现抑制作用，在 96 h 后，Cu^{2+} 对 CAT 活性的抑制作用达到最大，5 mg/L 剂量组表现为显著抑制（$p<0.05$），40 mg/L 剂量组表现为极显著受抑制（$p<0.01$）。在整个实验过程中，40 mg/L 均表现为受抑制状态。

由图 11-9（a）可以看到，在 24 h 时，经 Cd^{2+} 刺激的 20 mg/L 和 80 mg/L 剂量组表现

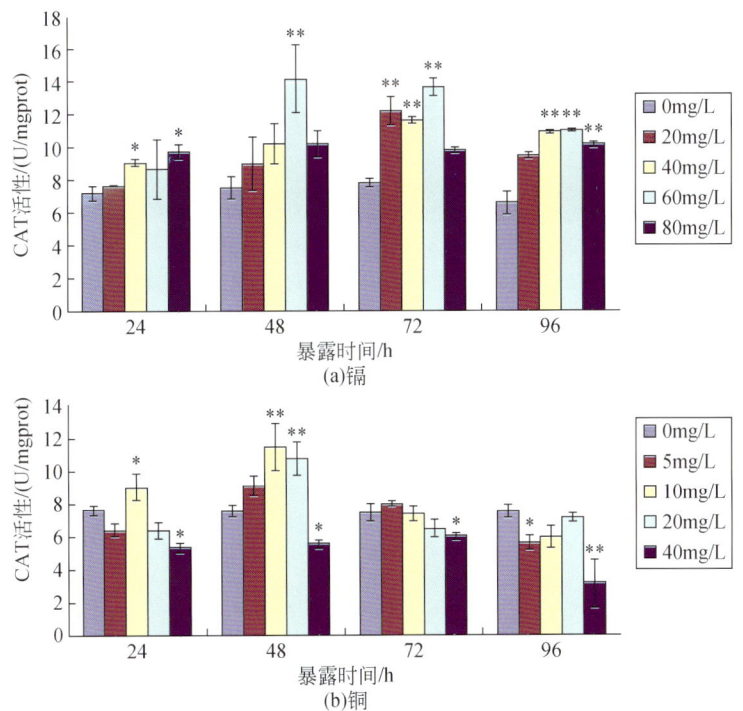

图 11-8 不同浓度的镉和铜对羽摇蚊幼虫组织 CAT 活性的影响

为活性抑制作用（$p<0.05$）；暴露 48 h 后，40 mg/L、60 mg/L 和 80 mg/L 剂量组的诱导作用用达到顶值（$p<0.05$）；之后 40 mg/L 的诱导作用消失，并在 96 h 后表现出极显著的抑制作用（$p<0.01$）；72 h 后，20 mg/L、60 mg/L 和 80 mg/L 剂量组仍表现为极显著诱导作用（$p<0.01$）；在 96 h 后，20 mg/L 和 60 mg/L 剂量组维持对照组水平，并维持在此状态，80 mg/L 剂量组开始表现为极显著的抑制作用（$p<0.01$）。

图 11-9 （b）显示，暴露 24 h 后，各剂量组的 SOD 活性水平均维持在对照组附近，经 Cu^{2+} 暴露 48 h 后，除最高剂量组外，各剂量组的 SOD 活性被极显著诱导升高（$p<0.01$），之后开始回落，在 96 h 后，5 mg/L 和 10 mg/L 剂量组的 SOD 活性表现为极显著受抑制（$p<0.01$），20 mg/L 剂量组在 48 h 和 72 h 均表现为极显著的诱导作用（$p<0.01$），40 mg/L 剂量组在暴露 72 h 后开始对 SOD 活性产生极显著的抑制作用（$p<0.01$），但在 96 h 后抑制作用变弱（$p<0.05$）。

如图 11-10（a）所示，20 mg/L 的 Cd^{2+} 浓度暴露下 GST 活性表现出在 24 h 时首先显著受抑制（$p<0.05$），而后 72 h 时被极显著诱导（$p<0.01$）；而 40 和 60 mg/L 剂量组在 24 h 和 48 h 时均表现为极显著诱导作用（$p<0.01$），经过 72 h 时的稳定期后，60 mg/L 剂量组在 96 h 时开始表现为对 GST 活性的抑制作用（$p<0.01$），高剂量组 80 mg/L 对 GST 活性始终表现为抑制作用。

图 11-10（b）显示，经 Cu^{2+} 暴露 24 h 小时后，各剂量组对 GST 活性均表现为显著的诱导作用（$p<0.05$），经过 48 h 小时后 GST 活性迅速回落，只有 20 mg/L 剂量组仍表现为诱导作用（$p<0.05$），经过 72 h 后，5 mg/L、10 mg/L 和 20 mg/L 剂量组下的 GST 活性再一次迅速上升，此时 Cu^{2+} 的诱导作用达到最大（$p<0.01$）；96 h 后，除 40 mg/L 剂量组表现为抑制效应外（$p<0.05$），各剂量组下的 GST 活性均回落到对照组的水平。

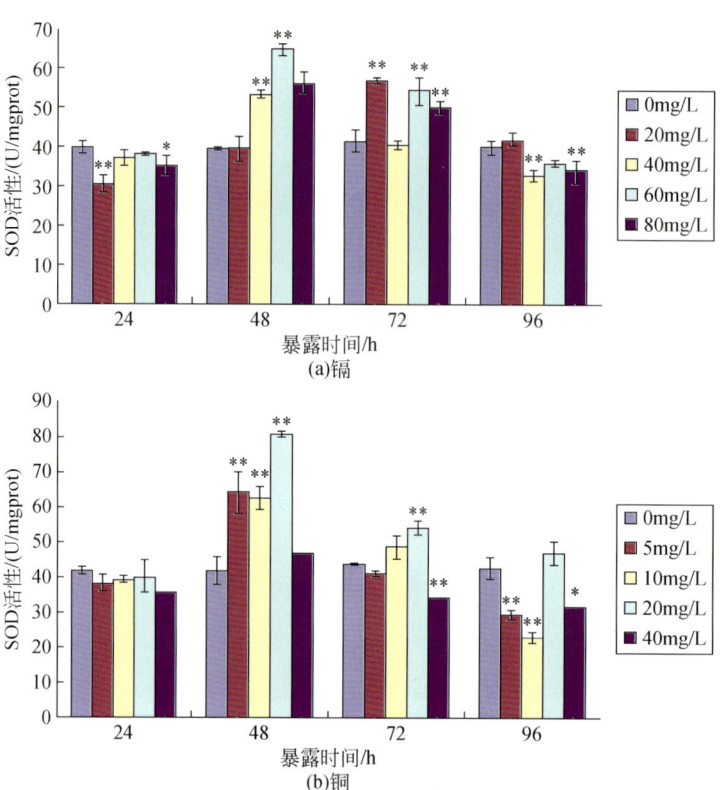

图 11-9　不同浓度的镉和铜对羽摇蚊幼虫组织 SOD 活性的影响

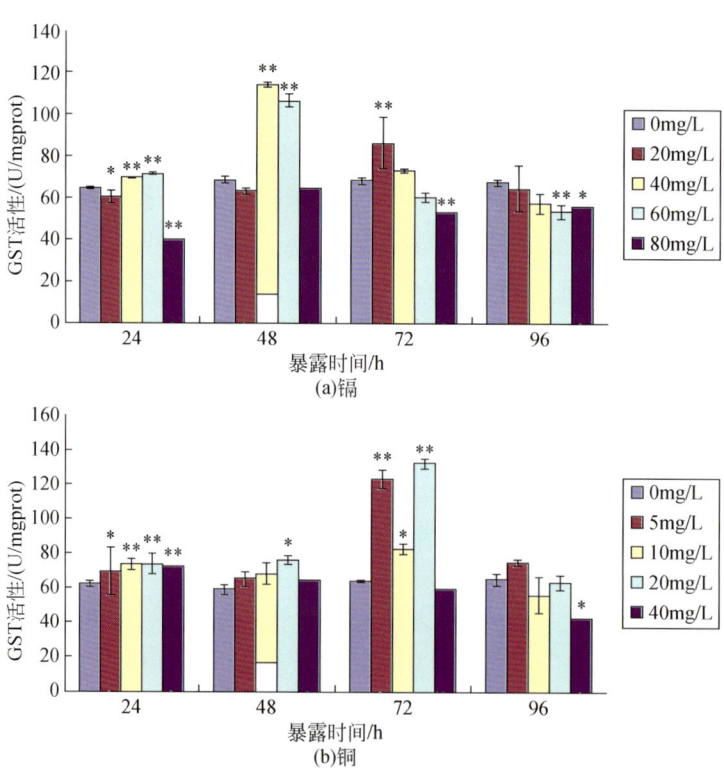

图 11-10　不同浓度的镉和铜对羽摇蚊幼虫组织 GST 活性的影响

（6）铜离子胁迫对羽摇蚊幼虫口器的致畸作用

现在查明 Cu^{2+} 胁迫对羽摇蚊幼虫口器的致畸作用。正常情况下，羽摇蚊幼虫口器颏部齿式如图11-11（a）所示，它包含中间的3个齿（MLT）及侧面2组齿（LT），每组各能发现6个齿。经染毒后，可以观察到羽摇蚊幼虫的颏部发生不同类型的畸变，包括中间齿缺失及部分缺失、侧面齿缺失以及中间齿的裂开［图11-11（b）～（d）］。另外，经过观察比较，本试验发现羽摇蚊幼虫的口器致畸类型与 Cu^{2+} 暴露浓度无关；与对照组相比，0.005g/L Cu^{2+} 暴露浓度下的致畸率显著高于对照组（$p<0.05$），0.02g/L 剂量组暴露下的致畸率极显著高于对照组（$p<0.01$）（图11-12）。

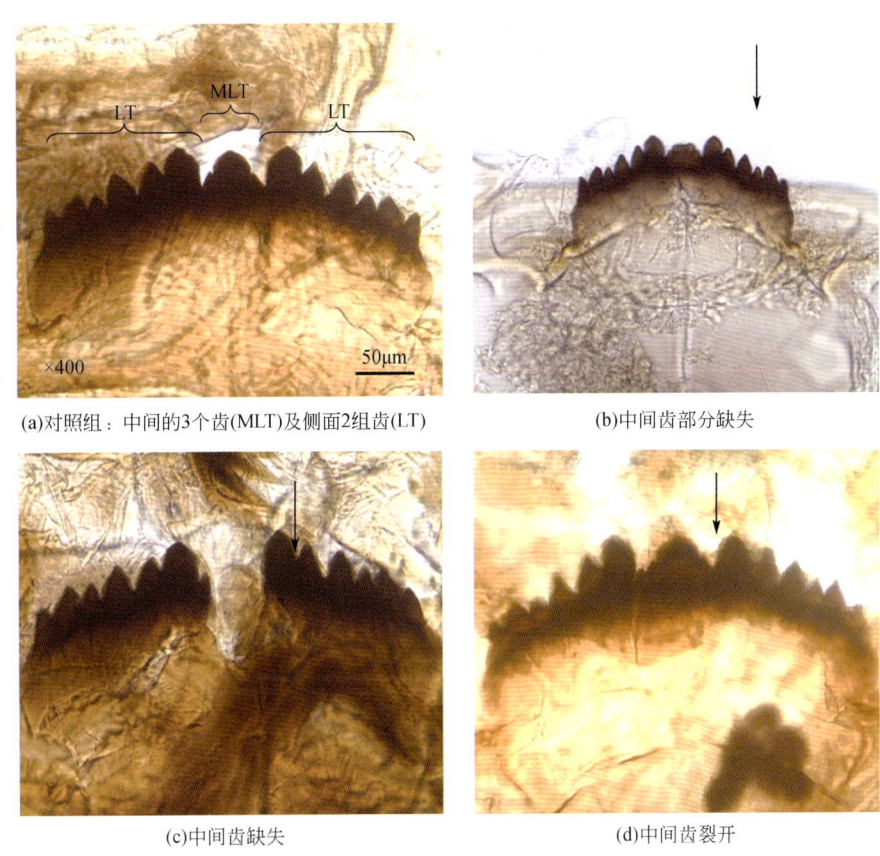

图 11-11　羽摇蚊幼虫的口器致畸类型

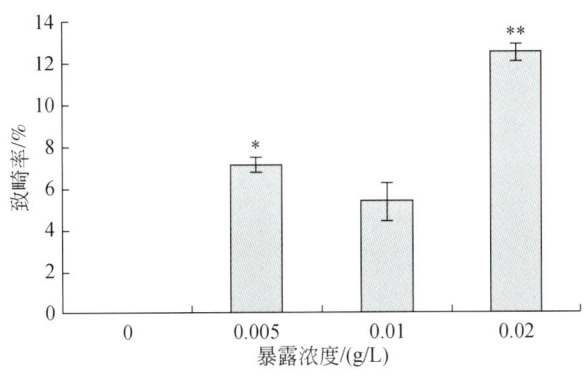

图 11-12　铜离子对羽摇蚊幼虫口器的致畸率

案例

摇蚊幼虫活体毒性测试示范：辽阳市典型城市污水对底栖动物的急性毒性

对辽宁省辽阳市代表生活污水处理厂2个、工业废水处理排放样点4个的进水与出水样品12个，分别进行摇蚊幼虫96 h活体毒性测试，评价城市污水排放对底栖动物的急性毒性。水样采集回实验室后，先进行常规水质指标的测定，包括pH、溶解氧和电导率等。本测试技术试验前不需要对水样进行特殊前处理，但需要保证水样的理化指标在摇蚊幼虫容忍范围以内。测试结果如表11-6-1所示。

可以看出，摇蚊幼虫对前4个采样点均有较高的耐受性，暴露96h后未见半数致死情况；除4号采样点以外，其余各采样点总进水对摇蚊幼虫毒性皆大于总排水；5号、6号采样点总进水样品具有较高毒性，对摇蚊幼虫的96h-LC_{50}稀释浓度分别为53.83%、21.45%。试验结果表明：摇蚊幼虫急性生物毒性监测技术对生活污水和工业废水具有一定的适应性，对工业废水表现更加敏感。

表11-6-1 摇蚊幼虫对辽阳市典型城市污水样品的急性毒性测试结果

项目	生活污水水样编号						工业废水水样编号					
	1		2		3		4		5		6	
	入口	出口	入口	出口	入口	出口	入口	出口	入口	出口	入口	出口
原水致死率/%	10.00	6.67	16.67	13.33	16.67	13.33	10.00	10.00	100	10.00	100	23.33
96h-LC_{50}（水样稀释浓度）	nd	nd	nd	nd	nd	nd	nd	nd	53.83	nd	21.45	nd

注：nd表示本次试验未检测出。

案例

河蚬活体毒性测试示范：辽阳市典型城市污水对底栖动物的急性毒性

对辽宁省辽阳市生活污水和工业废水进行河蚬活体毒性测试。选择辽宁省辽阳市代表生活污水处理厂2个，工业污水处理排放点4个进行样品采集，每个样点均采集污水进水口和总排出水口，共计12个样品。水样采集回实验室后，先进行常规水质指标的测定，包括pH、溶解氧和电导率等。本测试技术试验前不需要对水样进行特殊前处理，但需要保证水样的理化指标在河蚬容忍范围以内。依次进行限度试验、预试验和正式试验，最终计算出水样样品对河蚬的96 h半数致死浓度，对水样进行毒性评估。同时，为保证试验的有效性，应满足质量控制要求。试验结果见表11-6-2。

本次检测的水样均对河蚬表现出一定的毒性。其中生活污水的毒性明显小于工业废水，且入口水样的毒性高于出口。工业废水处理样点中，4号、5号和6号水样入水口均对河蚬毒性较高，96 h半数致死浓度分别为34.15%、57.82%和24.89%。试验结果表明，河蚬急性生物毒性监测技术对生活污水和工业污水均具有适应性，且对工业废水表现更加敏感。

表11-6-2 河蚬对辽阳市典型城市污水样品的急性毒性测试结果 （单位:%）

项目	生活污水水样编号						工业废水水样编号					
	1		2		3		4		5		6	
	入口	出口	入口	出口	入口	出口	入口	出口	入口	出口	入口	出口
原水致死率	16.67	10.00	23.33	3.33	16.67	13.33	100	10.00	100	30	100	33.3
96h-LC_{50}（水样稀释浓度）	nd	nd	nd	nd	nd	nd	34.15	nd	57.82	nd	24.89	nd

注：nd表示本次试验未检测出。

11.7 流域水环境遥感监测技术

11.7.1 环境卫星遥感辐射定标与校正技术

利用敦煌和青海湖两个实验场开展绝对场地辐射定标实验，进行场地辐射定标，利用东沙海洋场景开展环境卫星与 Landsat ETM+ 的交叉定标。面向水环境遥感应用的遥感辐射定标过程中，通过地面同步观测数据采集的质量控制，消除卫星与地面之间、卫星与卫星之间的观测几何、光谱响应等差异，高精度的辐射传输模拟可以实现定标全流程的精度控制（图11-13、图11-14）。

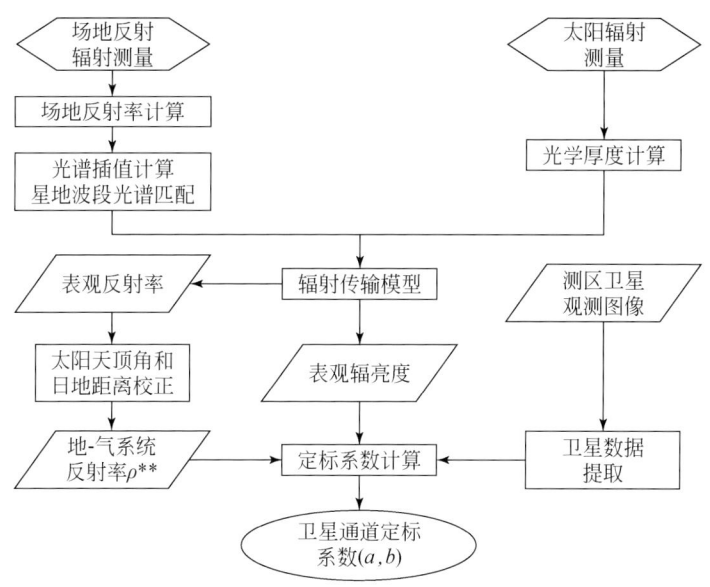

图11-13 场地辐射定标技术流程

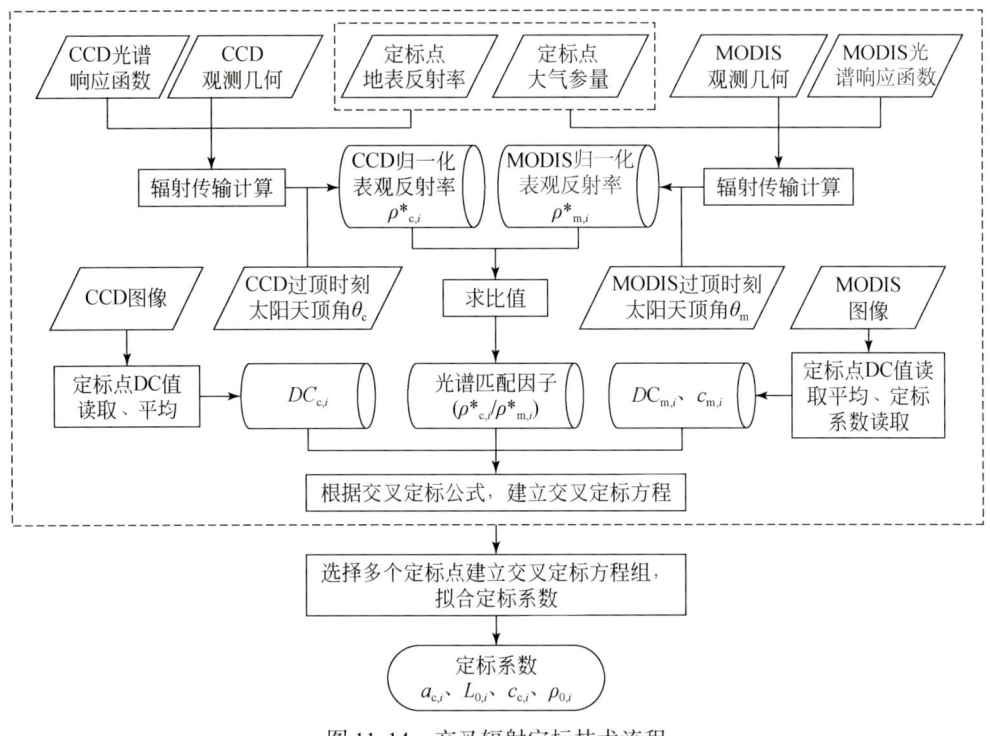

图 11-14 交叉辐射定标技术流程

11.7.2 环境卫星 CCD 相机水体大气校正技术

水体大气校正是制约我国水环境遥感监测应用发展的瓶颈之一。提出使用多源数据辅助环境卫星电荷耦合装置（charge coupled device，CCD）相机的水体大气校正技术，其特点为：

1）针对单一近红外波段、宽光谱响应的 CCD 相机，通过水气耦合系统的辐射传输模型构建大气校正参数查找表，综合考虑不同气体吸收、太阳–观测几何等因素为大气校正带来的影响，找到合适的同类多光谱载荷的水体大气校正方法。

2）发挥地面监测数据的优势。在构建大气参数查找表时，使用地面观测的水体光谱数据和大气状态参数，提高区域性水体的大气校正精度；在大气校正的过程中，利用地面实时观测的气溶胶光学参数辅助反演，从而克服遥感数据自身应用的局限。

大气校正模型：

$$\rho_{\text{surf}} = \frac{\rho_{\text{toa}} - \rho_{\text{path}}}{t_d t_u + s/(\rho_{\text{toa}} - \rho_{\text{path}})} \tag{11-4}$$

$$[\rho_w]_N = \rho_{\text{surf}} - \rho_{\text{surf}} E_{\text{sky}}^{0+}/E_d^{0+} \tag{11-5}$$

大气校正查找表 11-13。

表 11-13 大气校正查找表结构

太阳天顶角	卫星观测角	相对方位角	光学厚度	上行透过率	单次反照率
1	1	1	0.1	0.97	0.75
1	1	5	0.1	0.94	0.73

续表

太阳天顶角	卫星观测角	相对方位角	光学厚度	上行透过率	单次反照率
⋮					
70	50	175	1	0.71	0.69
70	50	180	1	0.72	0.68

采用查找表方法是环境一号卫星 CCD 相机水体大气校正的首选。现有的主流大气辐射传输计算软件有 6S、MODTRAN、LOWTRAN、DISORT、RT3 等,它们对大气辐射传输方程的求解方法不尽相同,虽然它们辐射计算精确,但是只能单点模拟,效率较低,不适合业务化运行。目前,国外卫星业务处理系统对大气校正的数据处理流程,均采用查找表的方法(如 MODIS 等),这样既兼顾大气辐射计算的精确性,又能提高业务处理的速度。在现实条件下,为了提高计算的精度,我们考虑引入地面同步观测数据或长期实地观测资料,根据区域特征,利用辐射传输模拟不同太阳照射几何、卫星观测几何、不同传感器波谱响应、不同大气情况下的模型参数和实测的水体下垫面数据,建立水体大气订正参数查找表,实现环境卫星数据的水体大气校正。

11.7.3 多个水质参数反演模型技术

我们构建了叶绿素 a、悬浮物、TN、TP、蓝藻等水质参数的经验模型、半分析模型(表 11-14、表 11-15),构建了以环境卫星波段(B1/B2)/(B1+B2+B3)为输入神经元、以 acdom(440)为输出神经元的 CDOM 神经网络模型反演模型(图 11-15、图 11-16),创新性地提出了基于遥感反射率分类的水质参数反演模型。检验数据表明,利用此模型太湖水体叶绿素浓度反演的相对平均误差在 19% 左右,总悬浮物的反演相对平均误差在 18% 左右,与未分类的三波段反演模型相比,模型精度提高了 15% 左右(图 11-17)。

表 11-14 悬浮物浓度反演模型

类型		变量（X）	公式	R^2
多光谱数据模型	单波段	$X=HJ_4$	$SS=6728.2X-24.513$	0.83
			$SS=115\,190X^2+2854.6X+0.8594$	0.85
			$SS=79.827\ln X+422.07$	0.67
			$SS=10\,615X^{1.2023}$	0.80
	波段组合	$X=HJ_3/HJ_2$	$SS=488.42X-349.14$	0.81
			$SS=139.62X^{6.0823}$	0.89
			$SS=0.1128e^{7.1657X}$	0.91
			$SS=1740.9X^2-2515X+928.82$	0.95
		$X=HJ_4/HJ_1$	$SS=275.56X-60.916$	0.78
			$SS=336.4X^2-68.889X+16.426$	0.84
			$SS=8.3427e^{3.8836X}$	0.85
			$SS=213.74X^{1.7119}$	0.81

类型	变量（X）	公式	R^2
高光谱数据模型	$X=\mathrm{Rrs}（732）/\mathrm{Rrs}（532）$	$SS=145.46X^{1.5612}$	0.92

表 11-15 叶绿素浓度反演模型表

	变量	拟合方程	R^2	
多光谱	$X=\mathrm{HJ}_4/\mathrm{HJ}_3$	Chl-a$=13.608X+0.045$	0.85	
高光谱	$X=[1/\mathrm{Rrs}（664）-\mathrm{Rrs}（701）]/[1/\mathrm{Rrs}（742）-1/\mathrm{Rrs}（726）]$	Chl-a$=164.45X+14.646$	0.93	
因子分析法	输入参数 X	模型	R^2	均方根误差/(mg/L)
叶绿素 a	第一因子	$Y=11.847e^{-0.6922X}$	0.8061	3.6
	第一因子	$Y=4.4635X^2-11.861X+12.373$	0.8914	3.48

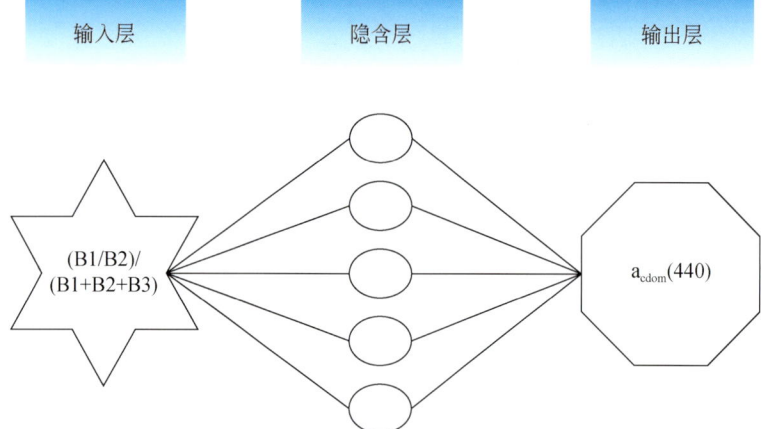

图 11-15 基于神经网络模型的 CDOM 反演模型示意图

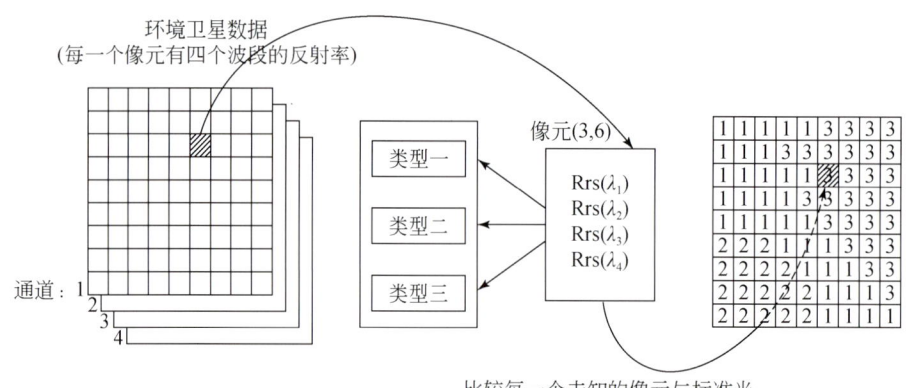

图 11-16 像元分类技术示意

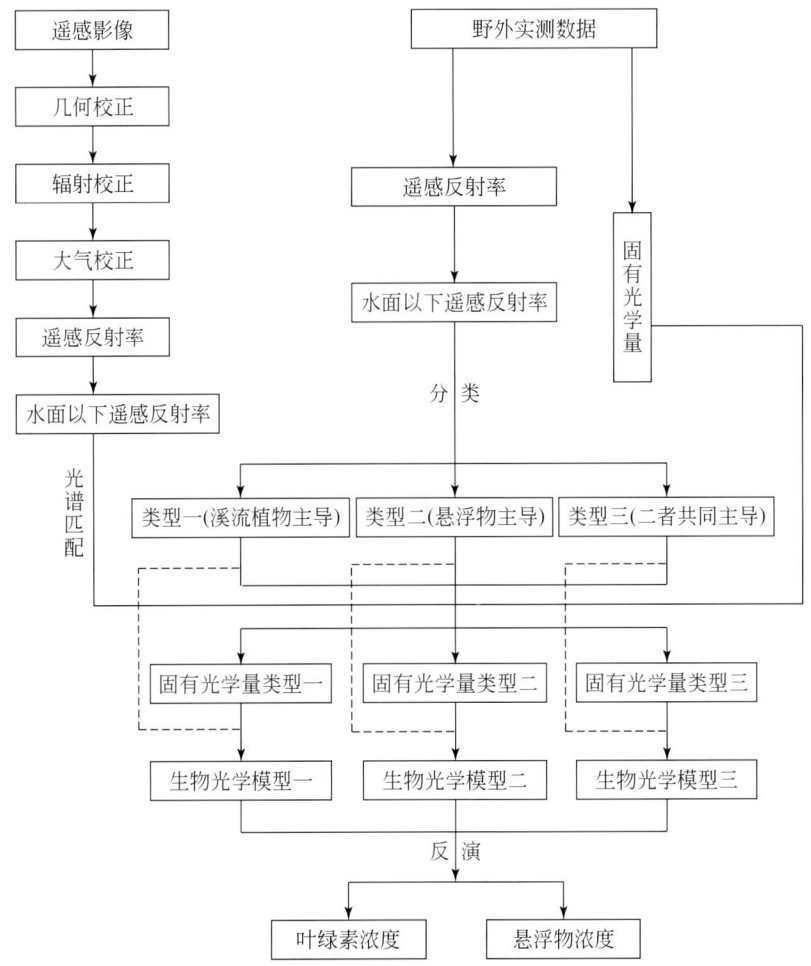

图 11-17 基于遥感反射率分类的半分析反演方法流程

神经元传递参数采用线性传递函数，以 traingda 作为训练参数，训练误差小于 0.0001。

11.7.4 天地一体化遥感评价方法

通过环境一号卫星影像数据的处理，利用水环境参数遥感定量反演模型反演出的水环境评价因子，同时引入地面监测数据，并根据需要对地面的监测数据进行插值和分析，同时将遥感反演的数据和地面监测数据作为大型水体环境评价模型的输入。通过模型计算，输出大型水体环境质量评价和分级图，从而建立流域水环境一体化评价模型。

确定水质参数，通过遥感技术可以有效反演水质参数，主要有叶绿素 a、悬浮物、透明度、总氮、总磷、水温等。其中，叶绿素 a 浓度、总氮和总磷可以较为准确地反应水环境状态。

本方法选用 Chl-a、TN 和 TP 浓度作为影像反演的水质指标。COD_{Mn} 是目前遥感影像还无法有效反演的水质参数，并且是地面常规水质监测中必须测量的重要水质参数，因此将其作为地面监测的水质参数，结合影像反演的水质参数进行水质评价（图 11-18）。

以天地一体化水体富营养化评价方法为例，对太湖水体富营养化状态进行评价。首先，通过环境一号卫星的多光谱影像获取水质参数的反演，然后结合地面同步监测的水质参数对研究区的富营养化状态进行评价。由于地面监测数据都是点位数据，所以需要采用插值的方法来获得全湖该水质参数的分布情况，在这里选用反距离加权（IDW）插值法来进行插值运算。反距离加权插值法是基于近似的原理：即两个物体离得越近，它们的性质就越相似，反之，离得越远则相似性越小。它以插值点与样本点间的距离为权重进行加权平均，离插值点越近的样本点赋予的权重越大。

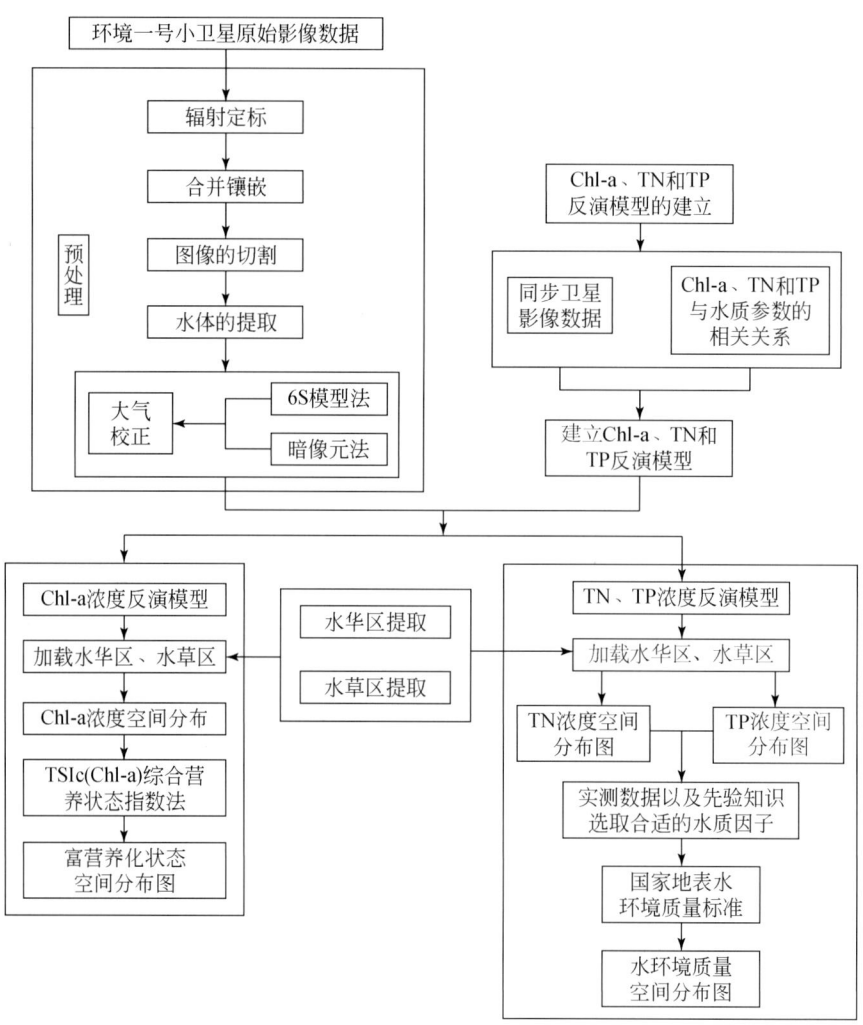

图 11-18　基于氮磷遥感评价水质技术路线

采用地面测量值和遥感反演的叶绿素 a、透明度、总氮、总磷值，基于综合营养指数法进行水体富营养化状态评价（图 11-19）。

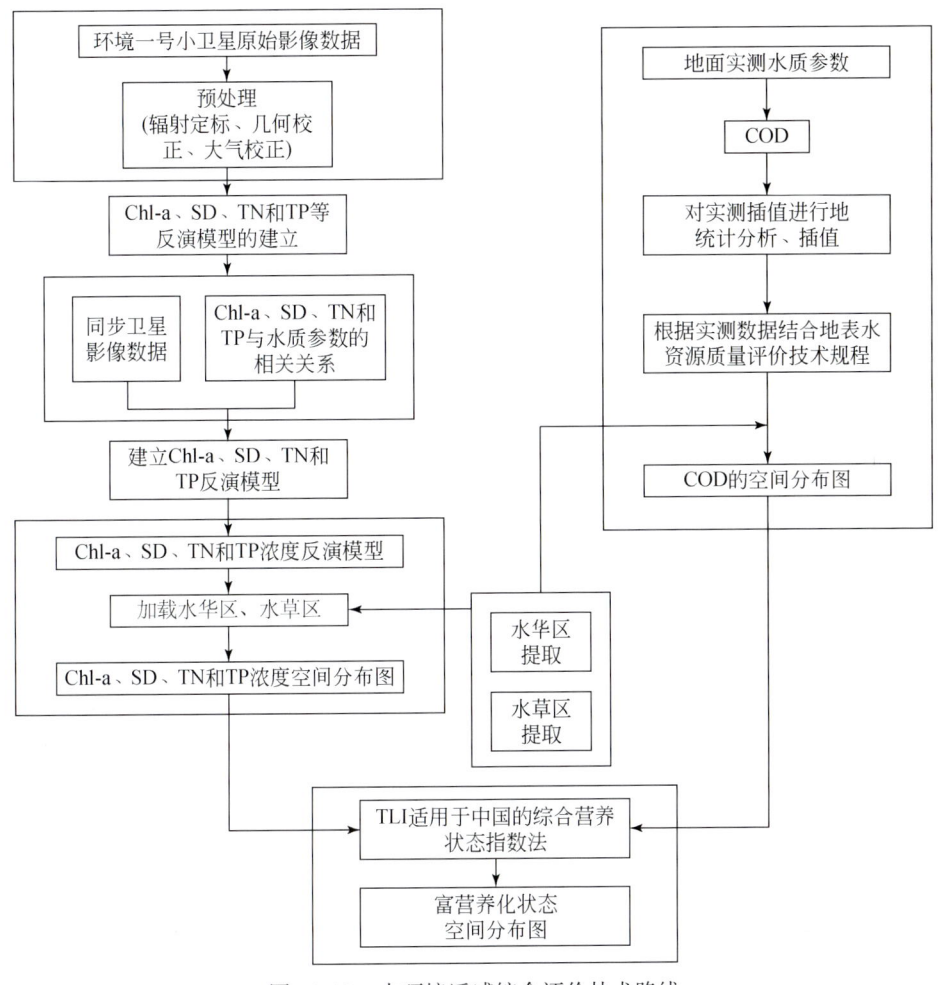

图 11-19 水环境遥感综合评价技术路线

11.8 流域水环境监测全过程质量管理技术

11.8.1 流域水环境监测质量管理技术体系总构架

流域水环境监测质量管理体系构架包括制度、技术、指标-评价、物质和网络等 5 个子体系（胡冠九，2011），见图 11-20。

1）制度子体系包括流域水环境监测质量管理的法律、法规、政策、体制、机制等。

2）技术子体系包括水环境监测仪器设备的量值溯源技术、监测结果的验证、方法比对和实验室间比对技术，以及监测方案编制、布点、采样、样品运输和保存、样品分析、数据处理、三级审核技术、监测结果评价技术规范等。

3）指标-评价子体系由指标子体系和评价子体系构成。指标子体系包括技术指标和管理指标的分类和选取方法。评价子体系是与指标子体系相对应的体系，是将涉及全过程质

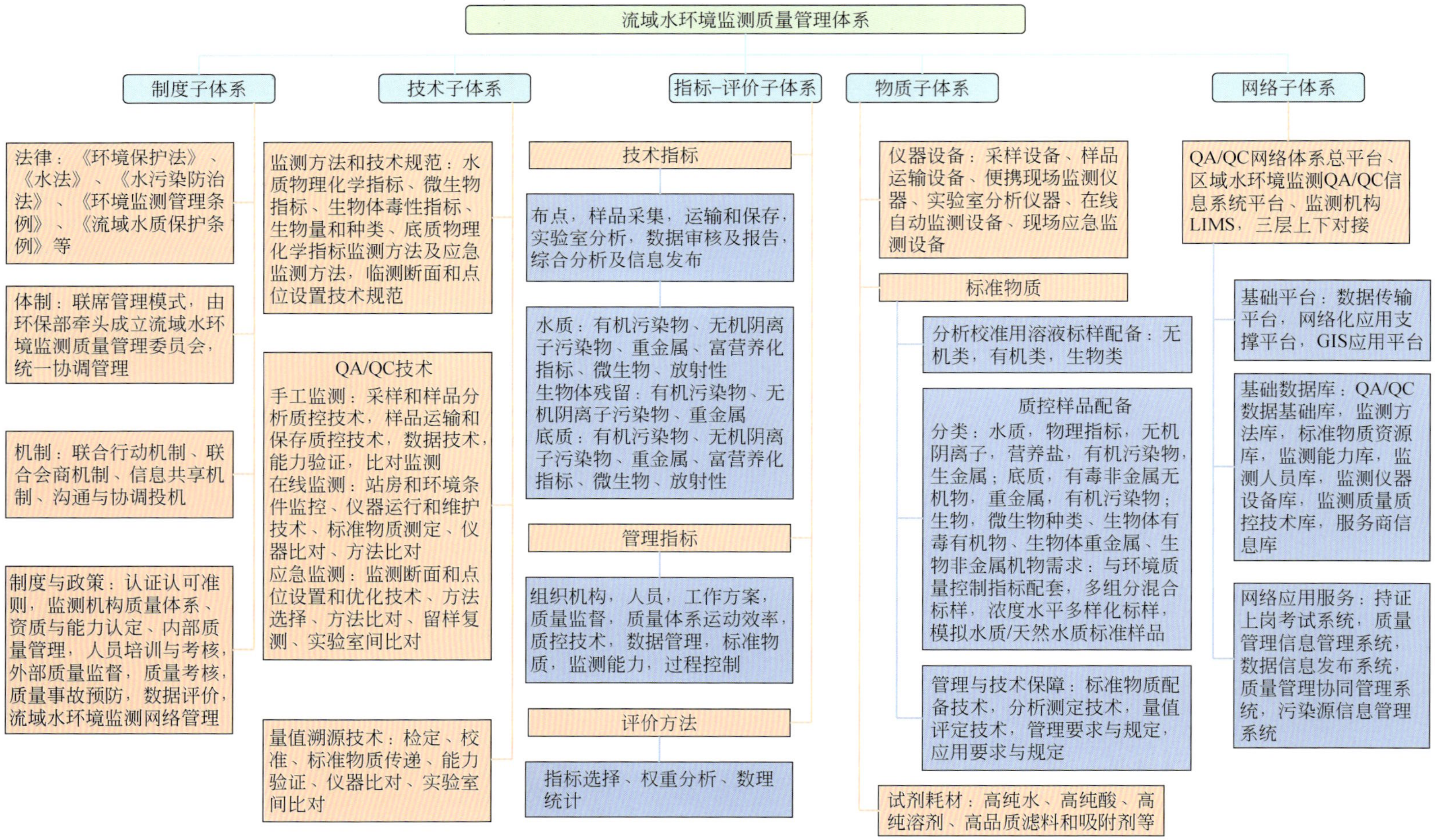

图11-20 流域水环境监测质量管理体系构架

量保证和质量控制中的布点、样品采集、保存、运输，实验室分析等各个环节的技术指标和管理指标进行量化，进行不同的权重分配，并采取统计学的方法进行定量评价的方法；

4）物质子体系是保障流域水环境监测质量所需的仪器设备、试剂耗材和标准物质有机联系的整体；

5）网络子体系包括能承载全流域监测能力共享、数据质量审核、数据报告编制、质控信息传输等一系列质量保证/质量控制活动的信息监控网络系统的结构、组成、内容和集成技术，是综合运用计算机、网络通信、地理信息、数据库等应用技术，对质量保证与质量控制技术体系的方法、软件和硬件成果实施全面集成，实现流域水环境质量管理网络化、自动化、智能化的有机体。

11.8.2 有机污染物监测质量保证与控制体系构建

流域水环境有机污染监测的全过程，按布点、采集、保存、运输和实验室分析测试等环节，在严格执行现有标准和规范的基础上，建立各环节有机污染物监测的质量管理指标，明确和量化从布点、采样、保存、运输到实验室分析测试整个过程影响质量保证与质量控制的各个关节点，评价全过程中各种随机因素（诸如环境、仪器设备、试剂等）对监测质量的影响（图11-21）。

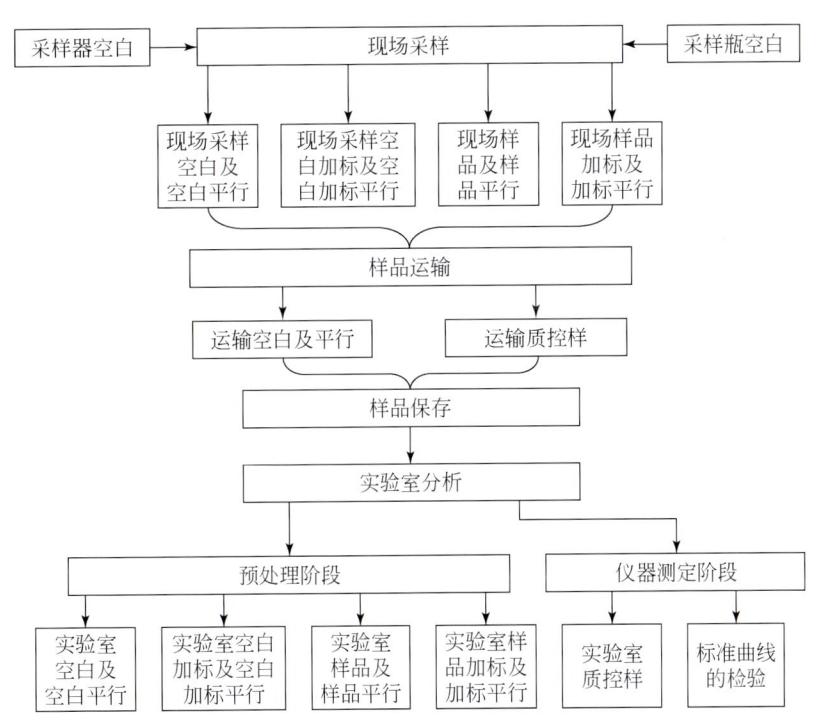

图11-21 流域水环境有机监测质控关节点

以国内质量保证质量控制相关标准、规范为基础，借鉴国外有机污染质控体系经验和手段，确定监测全过程各环节质量控制指标。以有机污染物常态分析6类主要监测分析方法（吹扫捕集/气相色谱-质谱法、液-液萃取/气相色谱-质谱法、液-液萃取/气相色谱法、顶空/气相色谱法、液-液萃取/高效液相色谱法、固相萃取/高效液相色谱法)为核心。这6类监测方法的可监控因子基本涵盖地表水国控有机物指标(表11-16~表11-21)。

针对监测全过程(采样、样品运输保存、实验室预处理及分析、数据处理及报告监测)形成各环节的环境条件规范、仪器设备规范、检测方法规范、样品规范、检测分析规范、报告及记录规范。通过对大量历史数据、文献数据的统计,对6类方法及监测项目的各项质控指标——空白、标准曲线、斜率、截距、准确度(加标回收)、精密度(平行样)、检出限等进行量化。

表11-16 精密度和准确度质量控制指标(吹扫捕集/气相色谱-质谱法)

序号	项目	样品平行相对偏差/%	空白加标回收率/%	空白加标回收平行样相对偏差/%	样品加标回收率/%	样品加标回收平行样相对偏差/%
1	苯	13.2	78~116	4.5	75~117	5.3
2	甲苯	9.6	84~105	8.1	84~112	8.4
3	乙苯	6.5	84~107	6.6	80~112	7.4
4	二甲苯	7.7	83~105	6.8	80~118	8.4
5	异丙苯	10.2	79~107	6.1	81~117	7.6
6	苯乙烯	11.4	87~110	8.0	74~112	10.0
7	二氯甲烷	12.7	65~138	15.5	84~123	19.5
8	三氯甲烷	15.1	72~118	9.0	66~145	14.5
9	四氯化碳	19.7	70~120	11.4	64~122	18.9
10	三溴甲烷	13.2	54~139	11.5	67~140	10.4
11	1,2-二氯乙烷	11.6	77~121	12.8	73~126	16.0
12	氯乙烯	14.5	80~116	8.6	65~123	21.4
13	1,1-二氯乙烯	20.6	73~119	7.8	47~164	16.5
14	1,2-二氯乙烯	16.0	69~124	8.2	77~133	13.1
15	三氯乙烯	12.5	78~116	8.7	69~138	18.9
16	四氯乙烯	11.5	74~119	7.3	74~127	9.2
17	氯丁二烯	9.4	80~106	16.2	80~116	14.6
18	六氯丁二烯	14.2	63~132	4.6	70~114	9.4
19	氯苯	10.7	79~108	8.7	80~117	10.5
20	1,2-二氯苯	11.9	71~126	10.0	84~114	14.0
21	1,4-二氯苯	10.9	77~116	11.5	77~124	13.6
22	三氯苯	10.6	71~119	6.5	54~124	9.4
23	环氧氯丙烷	12.2	71~121	4.8	58~135	5.9

表 11-17 半挥发性有机物 SVOC 准确度和精密度质量控制指标（液-液萃取/气相色谱-质谱法）

序号	项目	样品平行相对偏差/%	空白加标回收率/%	空白加标回收平行样相对偏差/%	样品加标回收率/%	样品加标回收平行样相对偏差/%
1	六氯苯	22.1	63～119	9.1	50～115	6.8
2	硝基苯	11.0	59～113	10.0	56～110	11.1
3	2,4-二硝基甲苯	11.8	45～125	12.1	51～119	12.7
4	硝基氯苯	12.0	48～130	3.0	56～111	6.6
5	2,4-硝基氯苯	6.3	6.3～117	10.7	47～120	12.9
6	2,4-二氯苯酚	12.2	43～124	19.3	64～117	4.2
7	2,4,6,-三氯苯酚	9.5	57～115	7.1	63～122	2.4
8	五氯酚	14.2	24～134	12.3	40～127	6.3
9	邻苯二甲酸二丁酯	21.5	63～135	16.4	36～138	14.2
10	邻苯二甲酸二（2-乙基己基）酯	21.3	53～146	25.0	39～151	18.2

表 11-18 有机氯农药测定的准确度和精密度质量控制指标（液-液萃取/气相色谱法）

序号	项目	样品平行相对偏差/%	空白加标回收率/%	空白加标回收平行样相对偏差/%	样品加标回收率/%	样品加标回收平行样相对偏差/%
1	滴滴涕	13.8	75～110	8.5	68～105	20.1
2	林丹	8.7	63～117	6.8	65～114	11.5
3	环氧七氯	13.2	68～110	6.3	71～114	11.9

表 11-19 有机磷农药测定准确度和精密度质量控制指标（液-液萃取/气相色谱法）

序号	项目	样品平行相对偏差/%	空白加标回收率/%	空白加标回收平行样相对偏差/%	样品加标回收率/%	样品加标回收平行样相对偏差/%
1	对硫磷	14.3	77～110	4.2	66～110	3.7
2	甲基对硫磷	15	76～106	8.0	67～107	7.6
3	马拉硫磷	14.3	73～109	3.4	49～138	2.2
4	乐果	15.8	70～118	8.5	66～117	4.8
5	敌敌畏	15.7	61～121	4.4	50～111	4.8
6	敌百虫	8.4	44～131	11	55～113	10.6
7	内吸磷	13.4	54～129	5.7	57～106	6.1

表 11-20 苯并（a）芘测定准确度和精密度质量控制指标（液-液萃取/高效液相色谱法）

序号	项目	样品平行相对偏差/%	空白加标回收率/%	空白加标回收平行样相对偏差/%	样品加标回收率/%	样品加标回收平行样相对偏差/%
1	苯并[a]芘	14.3	78～106	12.2	65～118	14.9

表 11-21 微囊藻毒素测定准确度和精密度质量控制指标（固相萃取/高效液相色谱法）

序号	项目	样品平行相对偏差/%	空白加标回收率/%	空白加标回收平行样相对偏差/%	样品加标回收率/%	样品加标回收平行样相对偏差/%
1	微囊藻毒素	11	65～111	7.7	66～108	13.5

11.8.3 挥发性有机物质控标准样品制备

采用高纯试剂、精确配制、稳定剂添加、充分混匀、低温分装、熔融密封、冷冻储存、协作测定、浓缩制样等综合制样技术，确定标准值和不确定度；采用协作测定方法进行定值，实现样品的良好均匀性和足够长的稳定性，确保样品特性量值准确。

该技术已成功应用于 10 种挥发性有机物混合和 10 种重金属元素混合标准样品的批量生产制备，所制备的标准样品在苏州、常熟等地环境监测站监测质量管理工作中应用，5 项质控标准样品应用检测结果见表 11-22。结果表明，该技术合理可行，易于掌握，制备速度快，成品率高。

表 11-22　5 项质控标准样品应用检测结果

序号	名称	编号	类别	标准值及不确定度	2 家用户检测结果及评价		准确度评价	适用性评价
					检测结果			
1	余氯	350601	B	0.289mg/L±0.014mg/L	0.290mg/L	0.287mg/L	合格	适用
		350602	B	4.03mg/L±0.22mg/L	4.08mg/L	4.00mg/L	合格	适用
2	亚氯酸盐	350701	B	0.198mg/L±0.007mg/L	0.196mg/L		合格	适用
		350702	B	1.01mg/L±0.04mg/L	0.98mg/L		合格	适用
3	高氯化学需氧量	350801	B	20.7mg/L±1.0mg/L	21.0mg/L	21.0mg/L	合格	适用
		350802	B	148mg/L±7mg/L	150mg/L	155mg/L	合格	适用
4	10 种 VOC 混合	3509	B	三氯甲烷 60.2μg/L±5.4μg/L	59.8μg/L	63.6μg/L	合格	适用
				四氯化碳 59.8μg/L±7.4μg/L	61.0μg/L	62.2μg/L	合格	适用
				苯 60.0μg/L±4.2μg/L	60.8μg/L	60.5μg/L	合格	适用
				三氯乙烯 60.1μg/L±5.8μg/L	60.9μg/L	62.5μg/L	合格	适用
				甲苯 60.2μg/L±4.8μg/L	60.5μg/L	60.6μg/L	合格	适用
				四氯乙烯 60.8μg/L±7.6μg/L	60.1μg/L	61.9μg/L	合格	适用
				乙苯 60.9μg/L±5.0μg/L	60.1μg/L	60.8μg/L	合格	适用
				对二甲苯 60.2μg/L±6.2μg/L	59.5μg/L	60.2μg/L	合格	适用
				间二甲苯 60.0μg/L±6.2μg/L	59.5μg/L	60.2μg/L	合格	适用
				邻二甲苯 60.2μg/L±6.2μg/L	59.8μg/L	59.3μg/L	合格	适用
5	10 种重金属元素混合	3510	B	Cu 1.29mg/L±0.04mg/L	1.31mg/L	1.31mg/L	合格	适用
				Pb 1.32mg/L±0.05mg/L	1.33mg/L	1.35mg/L	合格	适用
				Zn 0.211mg/L±0.007mg/L	0.209mg/L	0.208mg/L	合格	适用
				Cd 0.153mg/L±0.011mg/L	0.155mg/L	0.155mg/L	合格	适用
				Mn 1.34mg/L±0.04mg/L	1.33mg/L	1.35mg/L	合格	适用
				Fe 1.02mg/L±0.05mg/L	1.01mg/L	1.04mg/L	合格	适用
				As 20.5μg/L±0.9μg/L	20.0μg/L	20.8μg/L	合格	适用
				Hg 21.3μg/L±1.1μg/L	21.0μg/L	21.6μg/L	合格	适用
				Se 21.1μg/L±1.2μg/L	21.0μg/L	20.9μg/L	合格	适用
				Sb 20.0μg/L±1.1μg/L	20.3μg/L	19.9μg/L	合格	适用

11.9 流域水环境监测信息共享与决策支持系统建设

11.9.1 流域水环境监测信息采集交换系统设计

流域水环境环境监测信息采集交换系统可分成信息目录管理系统、电子考核管理系统、数据交换传输系统、监测数据处理系统4个相对独立的部分（温香彩，2012）。

1）信息目录管理系统主要完成与水环境监测信息交换目录的设置、更新、同步处理，实现四级系统的目录同步。

2）电子考核管理系统主要完成考核制度的制定、下发以及考核结果生成、统计分析等管理功能。

3）数据交换传输系统则根据配置的交换任务自动将数据从数据源传输到目的地。

4）监测数据处理系统完成数据的采集（导入）、审核、上报、查询等功能。

采用以上功能划分方式，可使数据传输交换与业务数据处理分离开来，以保证数据传输交换部分能适应不同的业务处理系统，达到数据交换系统平台化、可配置、广适应的设计要求。

整个系统的功能结构如图11-22所示。

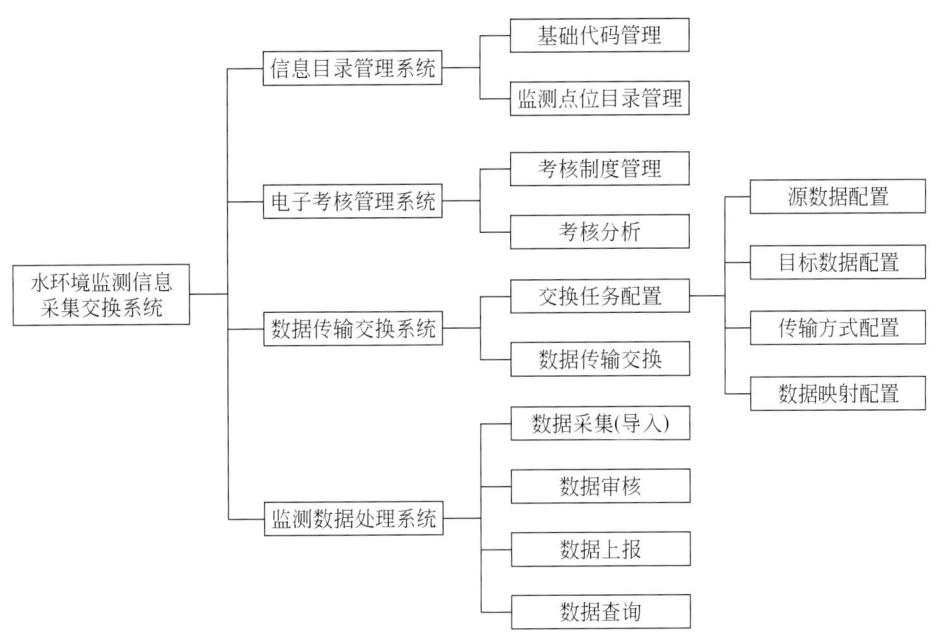

图11-22　水环境监测信息采集交换系统

在以上4个子系统中，信息目录管理系统、电子考核管理系统和监测数据处理系统均是面向应用的，操作人员需要登录系统进行操作，为便于操作，将这三个子系统集成到同一个水环境监测数据管理门户中，该门户采用B/S结构，部署在各级监测站。数据交换传输系统作为数据的运输者，在交换任务配置完成后，无须人工干预自动完成数据的传输交换，采用C/S结构部署在各级监测站，其中数据传输交换部分将作为系统服务存在。

另外，为实现统一的信息目录管理、考核制度管理和统一的用户身份管理，还建立一套独立的目录同步服务、考核制度同步服务和 CA 认证系统。

11.9.1.1　水环境监测信息采集交换系统部署结构

根据上述系统功能划分，示范系统在各级监测站部署时，在逻辑上需要配备数据库服务器、应用服务器、数据交换服务器，并在整个四级系统范围内配备 1 台目录同步服务器和 1 台 CA 认证服务器。每类服务器的主要作用如下：

1）数据库服务器：用于安装数据库管理系统，保存本系统运行中产生的各类数据，以及与外部系统进行数据交换所需的中间数据库。为保证安全性，数据库服务器只对各级监测站的局域网用户开放访问权限，VPN 网络的远程节点不能访问。

2）应用服务器：用于安装发布数据交换管理门户，供各级监测站局域网内用户使用。

3）数据交换服务器：用于安装数据传输交换系统（含中间件），是各级监测站在示范系统中的唯一对外通道，为便于通过 FTP 方式接收其他监测站或外部系统发送过来的数据文件，在数据交换服务器上还需开通 FTP 服务，建立 FTP 目录。

4）目录同步服务器：用于安装信息目录同步服务和考核制度同步服务，向整个 VPN 网络范围内发布 WEB 服务，供各级监测站系统调用。

5）CA 认证服务器：用于安装 CA 认证系统，以 WEB 服务的形式向外提供用户管理、权限管理、身份认证服务。

整个系统的逻辑部署结构如图 11-23 所示。

在实际部署中，考虑到示范系统的数据量、访问量均较小，为节省服务器资源，在市、县系统部署时，采用服务器复用的方式，用同一台物理服务器承担多个角色。目录同步服务器和 CA 认证服务器均部署在江苏省环境监测中心内。

示范系统的实际部署环境如表 11-23 所示。

11.9.1.2　水环境监测信息采集交换系统逻辑结构

为最大限度地减小各个子系统之间的耦合度，降低彼此的相互依赖性，使本课题成果能适用于实际的各类水环境监测数据传输交换场景，本系统将采用基于 SOA 的架构，将系统划分成若干个相对独立的服务组件，以 WEB 服务的形式向其他组件或系统提供服务。这些服务统一在 ESB 服务总线上进行注册和发布，通过 WSDL 这种中立的接口和契约定义格式，每个组件可以将功能展示出来，供其他组件或系统调用。

系统的总体框架采用分层设计方式，由数据层、服务层和展现层 3 个层次构成，并将业务标准规范、电子政务安全要求和运维体系贯穿于系统的各个层面，其逻辑结构如图 11-24 所示。

每个层次所包含的主要内容及作用如下：

(1) 数据层

数据层包括交换管理数据库、监测数据库、监测数据文件、前置数据库几个部分。

1）交换管理数据库存放本系统主要的配置管理信息，如基础代码库、考核制度信息、用户及权限信息、考核结果数据等。

2）监测数据库按类存放所有的监测业务数据。

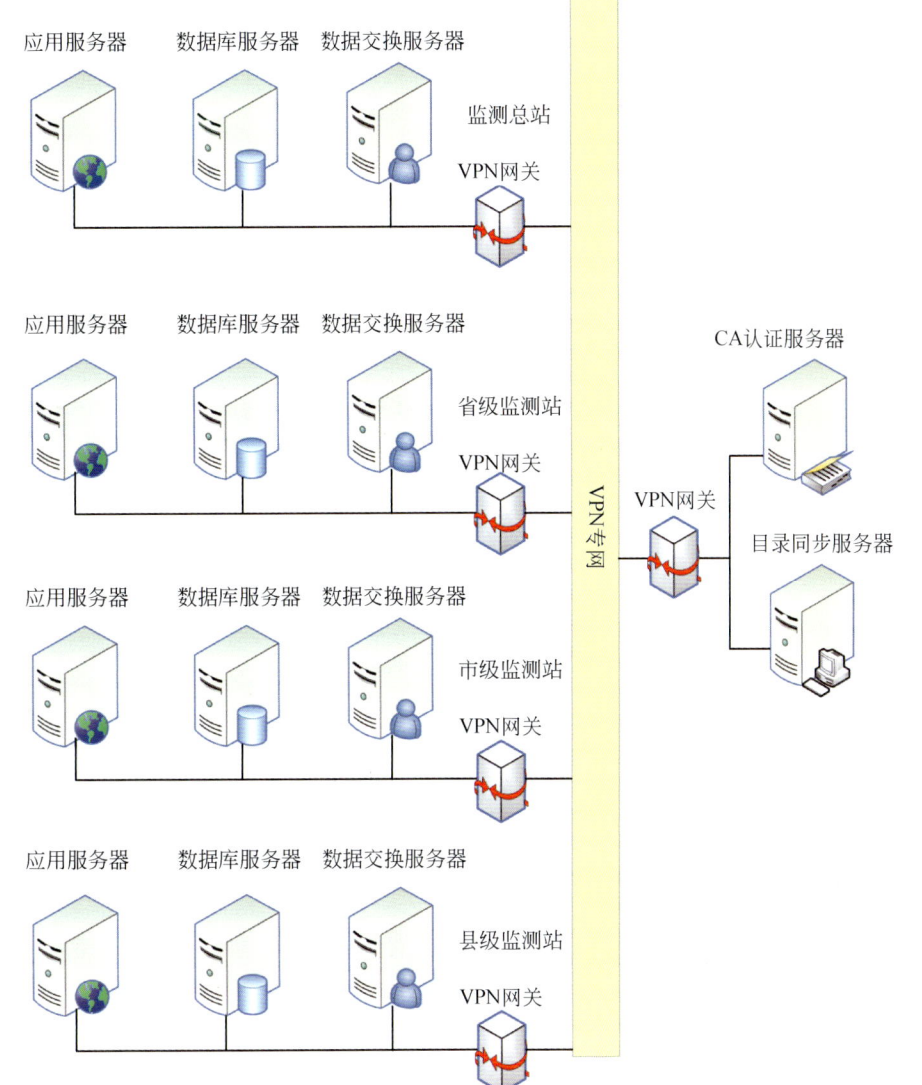

图 11-23 水环境监测信息采集交换系统逻辑部署结构

表 11-23 示范系统的实际部署环境

部署地点	服务器类型	数量	网络	主要配置情况	系统软件环境
监测总站	数据库服务器	2	11.200.0.151	双机热备，SAN 存储 8G 内存，双核 2.66GHz（2 颗）	Windows 2003 Server SQL Server 2008
	应用服务器	1	11.200.0.155	8G 内存，双核 2.66GHz（2 颗）	Windows 2003 Server IIS6.0
	数据交换服务器	1	11.200.0.158	8G 内存，双核 2.66GHz（2 颗）	Windows 2003 Server Biztalk 2009

续表

部署地点	服务器类型	数量	网络	主要配置情况	系统软件环境
江苏	数据库服务器 应用服务器 目录同步服务器	1	11.51.0.239	8G 内存，双核 2.66GHz（2 颗）	Windows 2003 Server SQL Server 2008 IIS6.0
	数据交换服务器	1	11.51.0.238	8G 内存，双核 2.66GHz（2 颗）	Windows 2003 Server Biztalk 2009
	CA 服务器	1	11.51.0.210	4G 内存，双核 2.66GHz（2 颗）	Windows 2003 Server
苏州	数据库服务器 应用服务器	1	11.51.100.239	4G 内存，双核 2.66GHz（2 颗）	Windows 2003 Server SQL Server 2008 IIS6.0 Biztalk 2009
	数据交换服务器		11.51.100.238		
常熟	数据库服务器 应用服务器 数据交换服务器	1	11.51.102.155 11.51.102.156	4G 内存，双核 2.66GHz（2 颗）	Windows 2003 Server SQL Server 2008 IIS6.0 Biztalk 2009

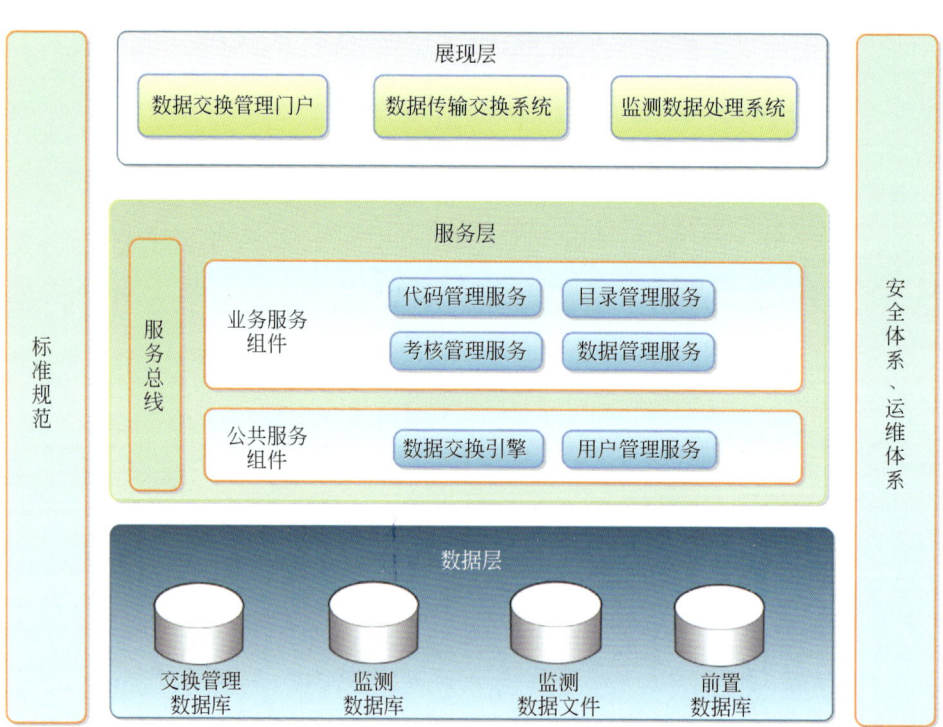

图 11-24　水环境监测信息采集交换系统逻辑结构

3）监测数据文件是以 Excel 等形式保存的各类原始监测数据，是监测数据处理系统的主要数据来源。

4）前置数据库即交换数据库，是监测业务数据库与外部系统（如数据中心）进行数据交换的中间库，发送方将需要发送的数据写入中间库，接收方从中间库中取出数据进行处理。在本系统中，为实现除监测业务数据以外的其他数据的交换传输，我们也将前置数据库作为上下级异构数据交换的中间库，发送方数据中心将需要发送的数据写入中间库，数据传输交换系统将该数据发送至接收方的中间库，接收方数据中心再从本级中间库中读取数据进行处理和存储。

（2）服务层

服务层是指支撑业务实现的系统中间件和业务逻辑组件服务，这些组件通过 ESB 服务总线发布服务接口，完成特定的功能。

根据服务功能的性质，服务层可分为公共服务组件和业务服务组件两个部分。

1）公共服务组件是一组提供公共基础功能的组件，包括统一用户管理、数据交换引擎等一系列成熟的组件，将有关公用功能如认证与授权、日志管理、数据交换等功能独立发布出来，为所有的上层业务应用子系统提供统一的应用支撑服务接口，便于系统的扩充和部署。

2）业务服务组件是一组面向特定环境管理业务的功能组件，根据业务需要向外提供特定的服务接口，如目录管理服务将数据目录的新增、修改、同步、查询等功能封装成各个服务接口，各类客户端软件只需调用相应的接口即能完成特定的功能。

（3）展现层

展现层即界面层，负责完成与用户的数据及功能交互，展现层是系统功能的集中呈现。展现层所有功能模块以插件的形式提供，通过插件的不同组合能够快速定制出面向不同用户和应用场景的应用界面，功能的插件化也便于新功能模块的快速开发和部署。

根据功能结构设计，在本系统中，展现层分为数据交换管理界面、数据传输交换界面、监测数据处理界面三个部分。其中，数据传输交换界面采用 C/S 方式，数据交换管理界面和监测数据处理界面采用 B/S 方式，为便于使用，在最终的操作层面，将两个 B/S 展现界面集成到同一个门户中。

11.9.1.3 水环境监测信息采集交换系统安全设计

安全性是水环境监测信息采集交换过程中的一个重要要求，主要包含以下几个部分的内容：①确保数据不被非法访问，只有合法用户才能访问被授权的相应数据；②保证数据在传输、交换、加工过程中不被非法篡改或泄露；③保证数据的一致性，实现数据的不可抵赖；④确保系统不因硬件故障或其他外部原因而丢失，一旦出现故障，可快速恢复。

根据以上安全性要求，结合信息系统安全模型，我们将着重在系统层、应用层加强系统的安全设计，再在此基础上制定各类安全管理制度以提高系统的整体安全性。

主要的安全措施如下。

（1）网络安全

采用 VPN 专网进行数据的传输交换，与外部网络实现逻辑隔离，防止非法用户进入网络。

(2) 数据库安全

1) 建立多种数据库角色，对每个角色进行权限划分，限制每个角色的权限范围；
2) 对于重要数据（如原始监测数据）保留修改痕迹，实现数据追溯；
3) 数据库服务器采用双机热备方式运行，提高系统的可用性；
4) 对数据库实行实时备份，一旦数据库损坏或出现故障，可快速恢复。

(3) 应用系统安全

1) 采用 CA 认证对登录系统或数据传输进行身份认证，防止非法用户访问系统；
2) 数据传输过程采用 CA 的数字签名进行加密，防止数据在传输过程中被非法窃取，并实现数据的不可抵赖和不可否认；
3) 实行严格的权限分配和认证体系，保证每个用户只能处理或查看授权范围内的数据；
4) 采用多层结构，所有对数据库的访问均通过特定的 WEB 服务实现，所有客户端都不直接访问数据库，防止外部用户对数据库的非法访问。

11.9.2 水环境监测数据仓库

11.9.2.1 水环境监测数据仓库系统设计

水环境监测数据仓库系统实现对各类水环境监测数据的统一管理，加强对水环境监测数据的共享、交互以及对数据的后期整理、分析和利用。水环境监测数据仓库从水环境监测数据本身入手，根据水环境监测数据的特点进行合理的整合，简化水环境监测数据利用的难度，以丰富的统计图表展现数据，从而实现部门间的数据共享和对决策的有效支持。

水环境监测数据仓库建设步骤如图 11-25 所示。

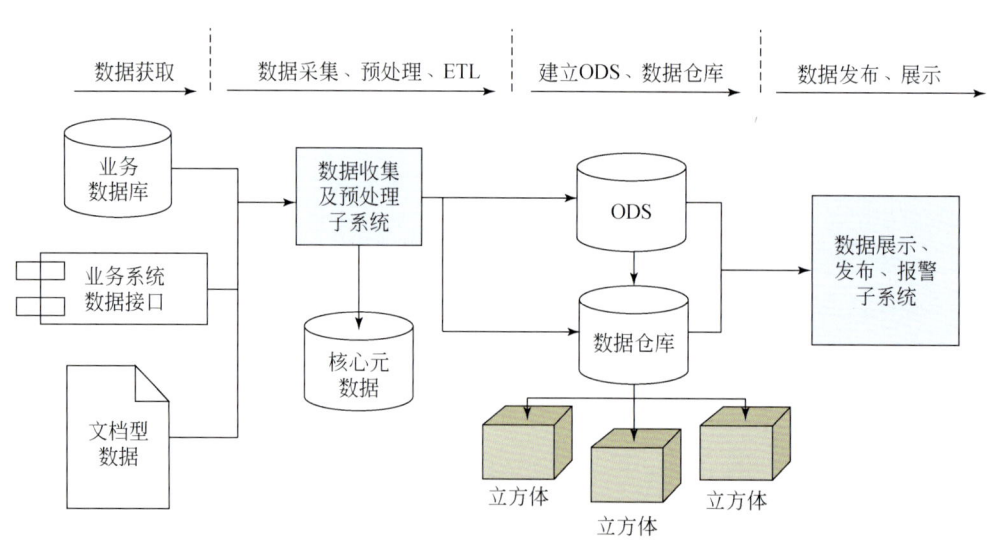

图 11-25 水环境监测数据仓库建设步骤

11.9.2.2 数据源调查和收集

数据源调查是建设环境监测数据仓库的基础，调查的目的是详细了解水环境监测数据的状态——是电子数据，还是纸面数据。如果是电子数据，是文档、电子表格、文件数据库，还是关系型数据库格式，以及数据质量、负责人、数据维护频率等比较具体的工作。

监测业务类数据总体上可以分成 5 大类数据：

1）采样数据；
2）分析数据；
3）质控数据；
4）业务数据；
5）自动监测数据（图 11-26）。

业务涵盖环境质量监测和污染源监测比较完整的内容，按工作层次又分为 3 层：

(1) 原始数据

原始数据包括现场采样、手工分析记录、仪器分析记录、质控数据记录、业务基础数据和自动监测系统直接出的数据。

(2) 结果数据

结果数据包括样品数据、监测分析数据、质控数据、标准物质数据、监测方案、委托核算数据、合同数据、空气质量日报数据、空气质量预报数据、污染源分类汇总数据。

(3) 报告报表

报告报表包括质控数据报告单，合同，检测数据报告单，检测文字报告，空气质量日报、预报，水自动站、污染源监测报告。其中，部分报告报表是对外上报的。将环境质量报告书上报中国环境监测总站，将各种环境监测日报、月报、季报、年报上报环境保护部，将监测数据报告、监测文字报告报出给客户，将空气质量日报、预报发布给新闻媒体和政府领导，将监测简报在监测中心内部发布。

11.9.2.3 数据采集同步、预处理系统、ETL 实现

数据采集同步、预处理功能利用 ETL 工具实现，ETL 是数据的提取、转换和加载数据处理工具，从上述分析的多个数据源提取业务数据，清理数据，然后集成这些数据，并将它们装入数据仓库数据库中，为数据分析做好准备。其中数据交换引擎功能包括提取异类数据、自动转换数据以及支持将数据装载到采用维度模型的数据存储。

利用数据转换工具进行环境质量和污染源数据采集，实现各业务的异构数据库系统和文本、电子表格等文件系统格式的数据整合和集成，并针对具体的每个分系统编写具体的数据转换代码，完成原始数据采集、错误数据清理、异构数据整合、数据结构转换、数据转储和数据定期刷新的全部过程。

为满足对数据不同时效的要求，数据转换任务提供两种操作方式：一是按环境监测各业务系统数据的要求提供周期性的数据转换采集，二是针对某些需及时采集的数据通过手动触发数据转换任务。

采用数据转换技术将各业务应用系统中的部分数据内容导出，最后形成采样数据、分析数据、质控数据、业务数据、在线监测数据等 ODS 库。

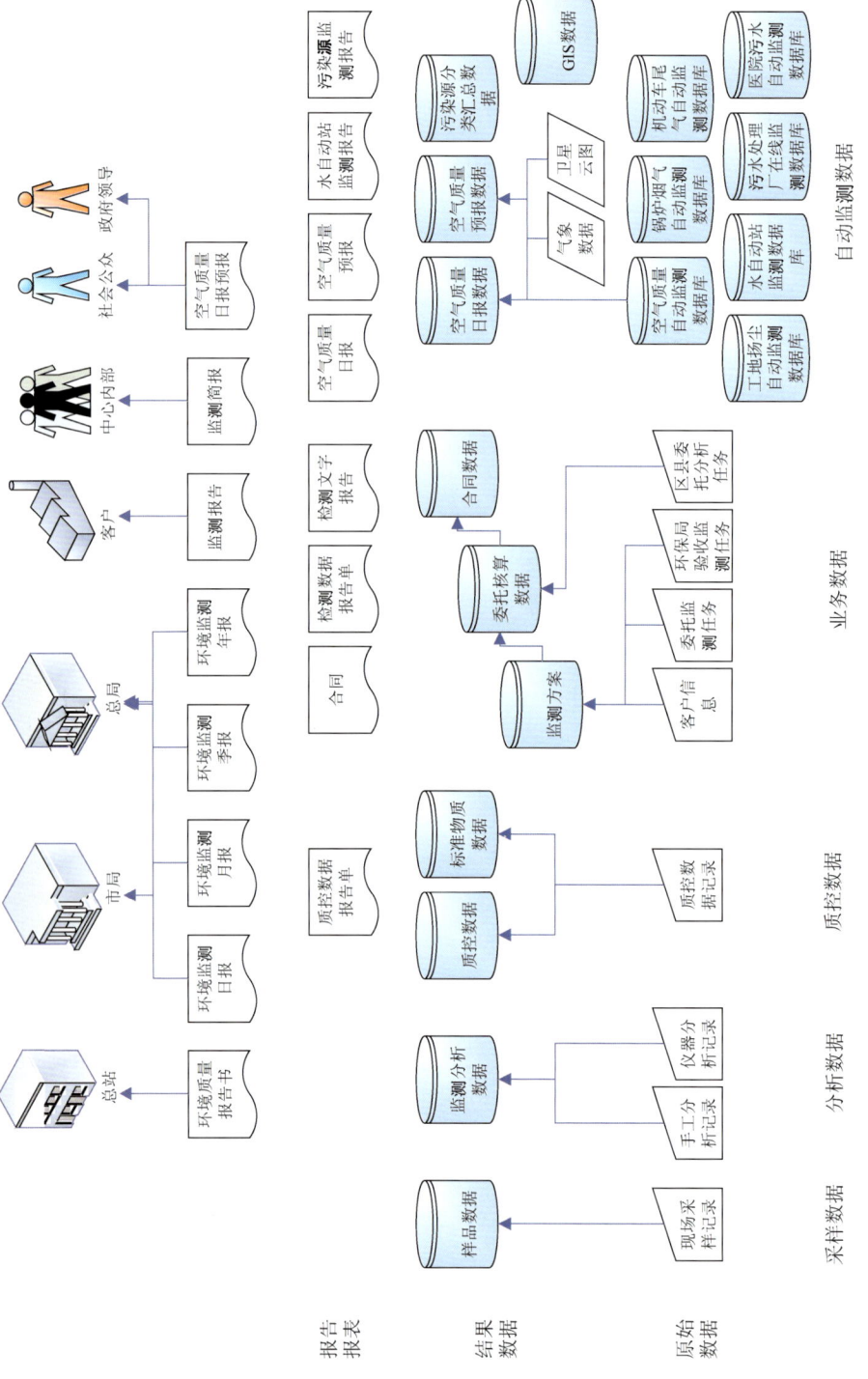

图11-26 数据源调查和收集框架

无论是批量处理还是实时处理，ETL 对于数据集成都是正确的选择。两个系统之间数据的同步要比简单将数据从 A 处移到 B 处复杂得多，有协调、交叉匹配、去冗余和清除无用数据等操作。这些大量数据操作的效果主要依靠关系型数据库的效率和测量性，以及数据缓存空间的容量和速度等。如果越多的数据需要移动，越复杂的任务需要操作，那么越证明使用 ETL 工具是正确的选择。

ETL 工具可以从多个相关的表中提取数据，并且分析理解这些表格之间的关系，可以通过结合、合并或者连接等操作将其他数据源中的数据添加进来。这种操作可能包括简单地连接两个表格，也可能包含复杂的多系统中多种表格的连接。下一代 ETL 工具能够自动产生 SQL 代码，并且进行一定程度的优化，可以免去大量的手工编制代码的工作。

不同的在线监测系统都对应有不同的数据库，监测的项目类型和数据的采集时间都各不相同，需要建立一个针对各在线监测系统的专门软件子系统，将各系统不同数据库结构、不同监测频次的数据同步录入数据库仓库，数据库实时更新时间不大于 1h。

数据预处理子系统以同步方式将当前信息加载到 ODS 中；采用定期加载方式将历史数据载入核心数据仓库中，历史数据载入周期按天载入。

监测数据预处理功能包括：监测数据评价、监测数据校验、监测数据维护、数据处理日志记录。

(1) 数据采集

系统能够针对不同的数据来源提供相应的数据采集方式。可用数据采集工具提供导入功能，完成电子表格的导入。对于有应用系统支持的数据源，利用 ETL 工具实现数据采集。

在线填写数据表单。这种方式主要通过事先设计好的数据表单，填写之后提交，系统自动会对表单的数据信息进行提取，并存储到数据仓库的相应位置。

数据模板下载/导入。这种方式是采用离线填写，打包上传到数据仓库的方式，系统可以自动解压，并提取文件内容到数据库指定的位置。

数据库。这种方式主要针对历史数据库和其他需要直接访问数据库文件的情形，需要导入数据仓库，因此需要 ETL 国家访问数据库文件。

(2) 元数据维护

元数据（metadata）即关于数据的数据，是用来描述各种环保业务数据的信息，比如数据提供者、数据收集频率、数据收集范围等。元数据管理范围很广，包括数据服务器元数据、数据库元数据、数据表元数据、数据视图元数据、数据报表元数据、多媒体数据元数据、数据字段元数据等。

(3) 数据评价、校验、维护

监测数据评价将生产两类中间数据：一类是统计指标，包括平均值、最大值、最小值、增长率等统计分析结果；另一类是计算指标，包括相关指数、质量级别等环境业务所需要的指标。

监测数据校验主要是针对采集系统的基础报表和特色报表数据的各个环节可能出现的数据二义性、重复、不完整、违反业务规则等问题，允许通过试抽取，将有问题的记录先剔除出来，根据实际情况调整相应的清洗操作。

不论是在线填报还是离线导入的监测数据，都将通过自动校验工具的检查和审核，并自动生成数据质量报告，供管理人员和操作人员参考。

对数据异常进行检测，要求正确性、全面性和高效性，采用以下两种方法：数据的定位（数据源来源于两个不同的业务系统，数据库中的数据格式不断发生改变）和业务的定位（业务逻辑含糊或有误，添加数据录入错误，或录入的数据不规范）。

对于数据的集中有一个原则，就是必须保证数据的有效性。针对基础报表和特色报表采集数据中可能存在的冗余的数据或因为各种原因导致的无效数据，如果不把这些数据剔除在外，将会直接影响最后分析结果的准确性。所以，当实在无法对一些数据进行清洗的时候，必须斟酌将这些数据丢弃。

环境监测数据因其专业性比较强，很难利用常规的自动化清洗工具对数据进行校验和维护。推荐做法是利用自动化清洗工具设计一般的数据规则对数据进行初步整理，然后利用专业的数据维护工具对数据进一步加工处理。工具主要提供单条数据维护、网格数据维护和高级维护等功能。

（4）生成中间库

生成中间库有两种：一种是"导入临时表"，另一种是"导出到 Excel"。

（5）导入临时表

导入临时表就是把当前数据临时保存到服务器中的一个表中，即临时生成一个数据表。将数据导入临时表，临时表存在于真实数据所在的服务器上。

（6）数据处理日志记录

数据仓库管理的各个过程中，每一步数据更改（包括数据新增、修改和数据删除）都必须记入日志，操作员登录也会有日志记载。对于已经记载的日志，可以按时间范围进行查询，对于查询得到的数据，也可以导出到文本文件中。

案例

太湖流域水环境监测信息共享与决策支持系统实现

系统采用 B/S 架构，直接通过浏览器访问，考虑到与总课题集成，系统不再设置独立登录账户，以部署在苏州系统为例，访问网址：http://11.51.100.240/Water/Default.aspx。

1. 水环境信息统计图、报表、专题图功能

根据河断水质等级，生成河流水质评价的专题图。

根据选取监测站的不同监测指标，选择专题图样式，可生成监测指标对比的柱状图和饼状图（图 11-9-1）。

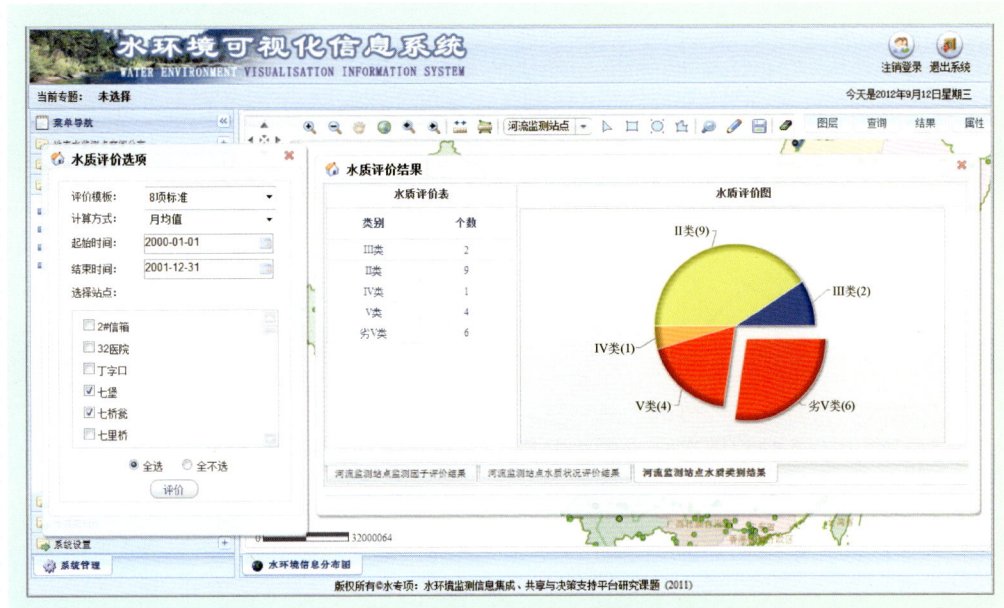

图11-9-1　太湖流域水环境监测指标对比

2. 河流水质例行监测报告

主要功能：对河流水质例行监测数据进行汇总统计，并生成其相关数据报表及图形，提供有效分析手段。

3. 湖库水质例行监测报告

主要功能：对湖库水质例行监测数据进行汇总统计，并生成其相关数据报表及图形，提供有效分析手段，如图11-9-2所示。

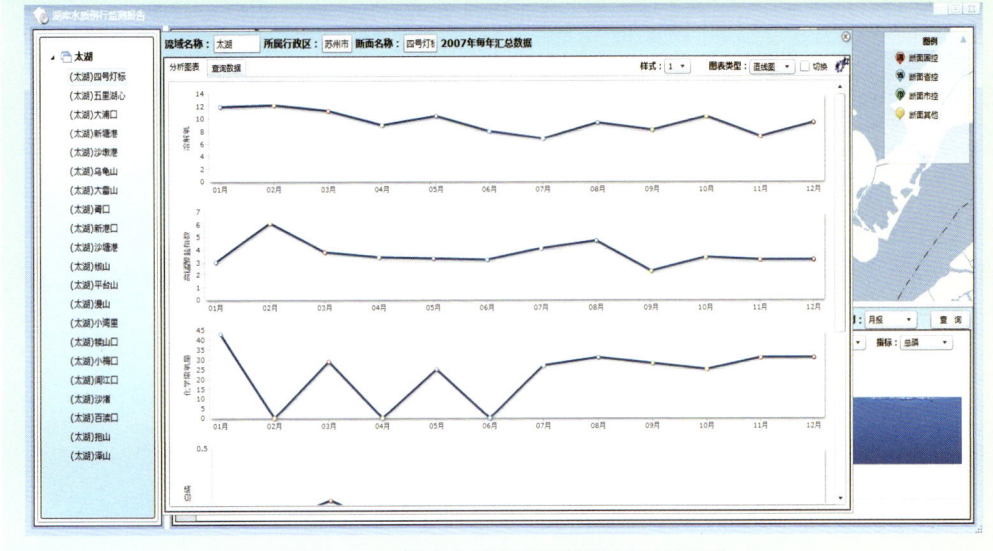

图11-9-2　湖库水质例行监测数据汇总统计

4. 河流水质例行同环比分析

主要功能：对河流水质例行监测数据进行同比、环比分析，并生成其相关数据报表及图形，提供有效分析手段，如图11-9-3所示。

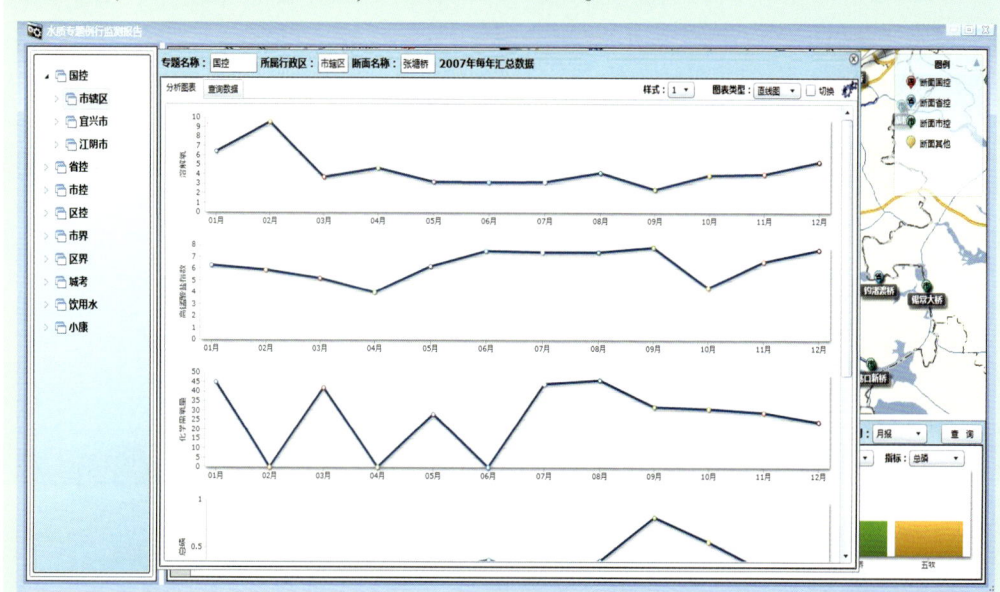

图11-9-3　河流水质例行同环比分析

5. 河流水质自动监测报告

主要功能：对河流水质自动监测数据进行汇总统计，并生成其相关数据报表及图形，提供有效分析手段。

6. 河流水质自动同环比分析

主要功能：对河流水质自动监测数据进行同比及对比分析，并生成其相关数据报表及图形，提供有效分析手段。

7. 水质专题自动监测报告

主要功能：开成水质专题自动监测数据的汇总统计，并生成其相关数据报表及图形，提供有效分析手段。

8. 太湖水质趋势面分析一

主要功能：分析不同监测因子在同一时期监测水体中的分布趋势（图11-9-4）。

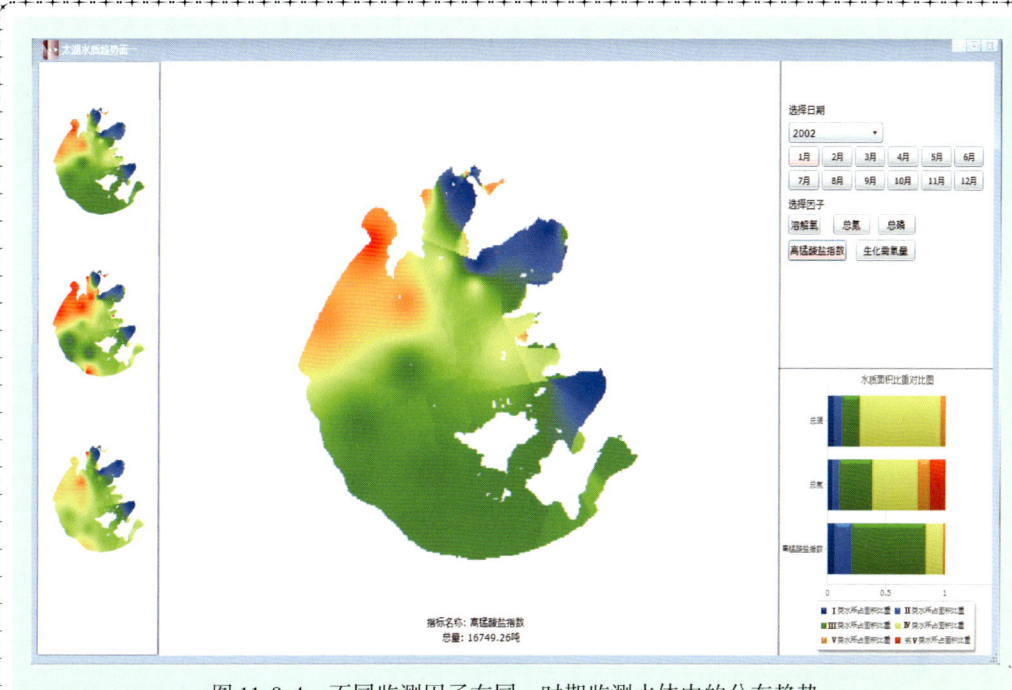

图 11-9-4　不同监测因子在同一时期监测水体中的分布趋势

9. 太湖水质趋势面分析二

主要功能：分析同一监测因子在两个不同时期监测水体中的分布变化趋势（图 11-9-5）。

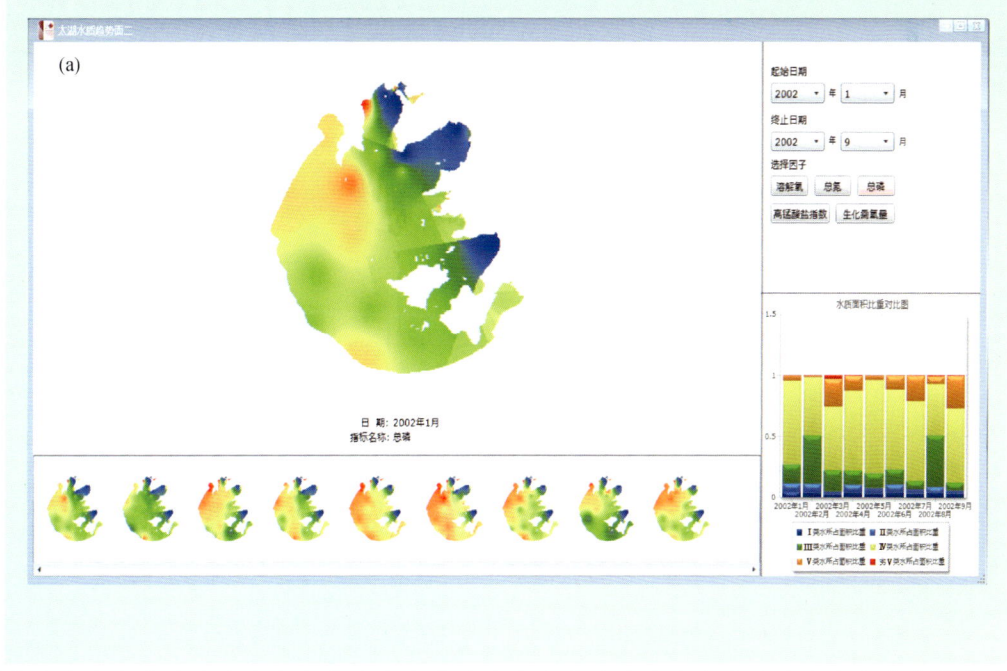

图 11-9-5 同一监测因子在两个不同时期监测水体中的分布变化趋势

10. 太湖水质趋势面分析三

主要功能：分析同一监测因子在两个不同时期监测水体中的分布趋势（图 11-9-6）。

11. 太湖水质趋势面分析四

主要功能：分析不同监测因子在同一年份监测水体中的分布趋势（图 11-9-7）。

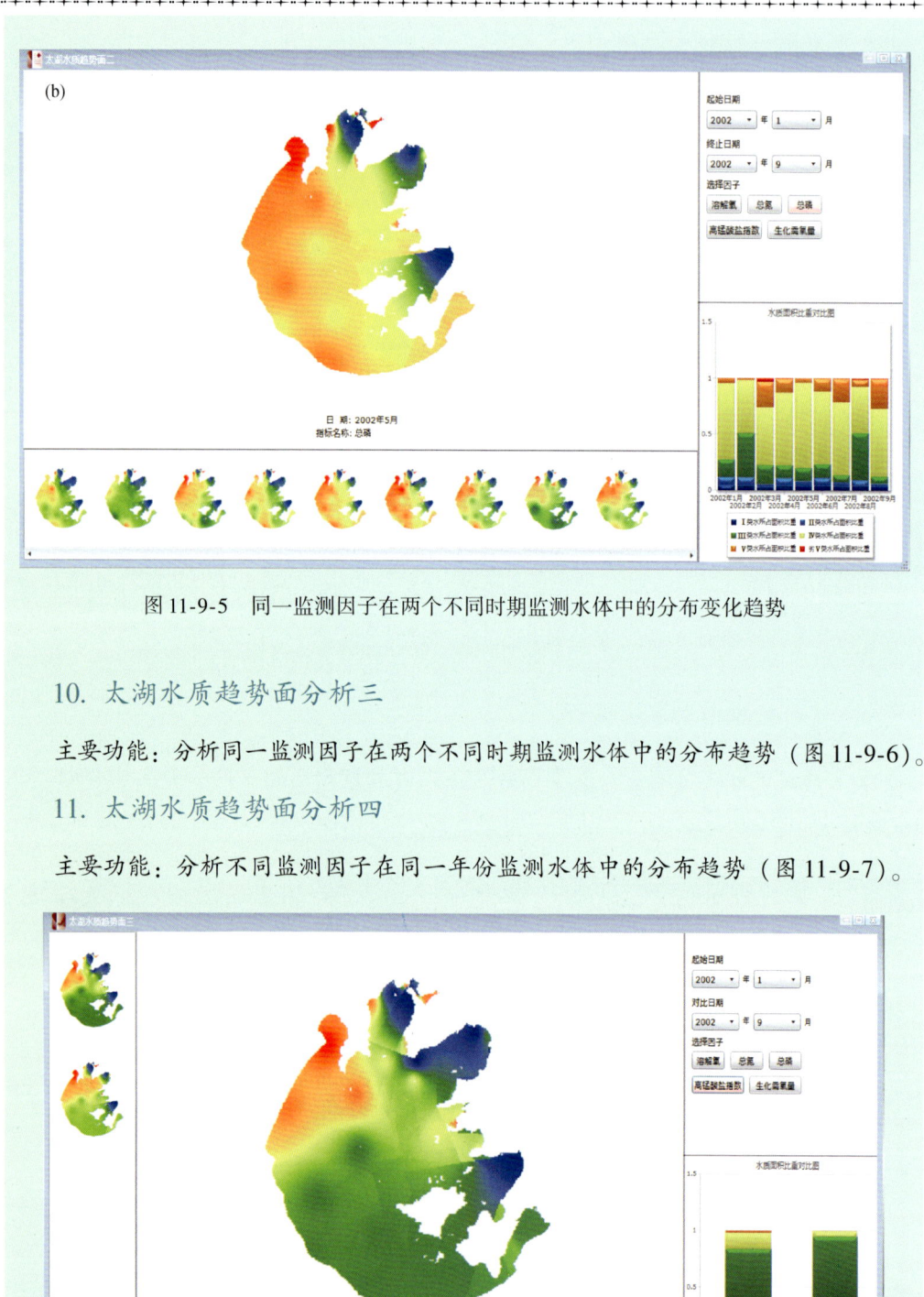

图 11-9-6 同一监测因子在两个不同时期监测水体中的分布趋势

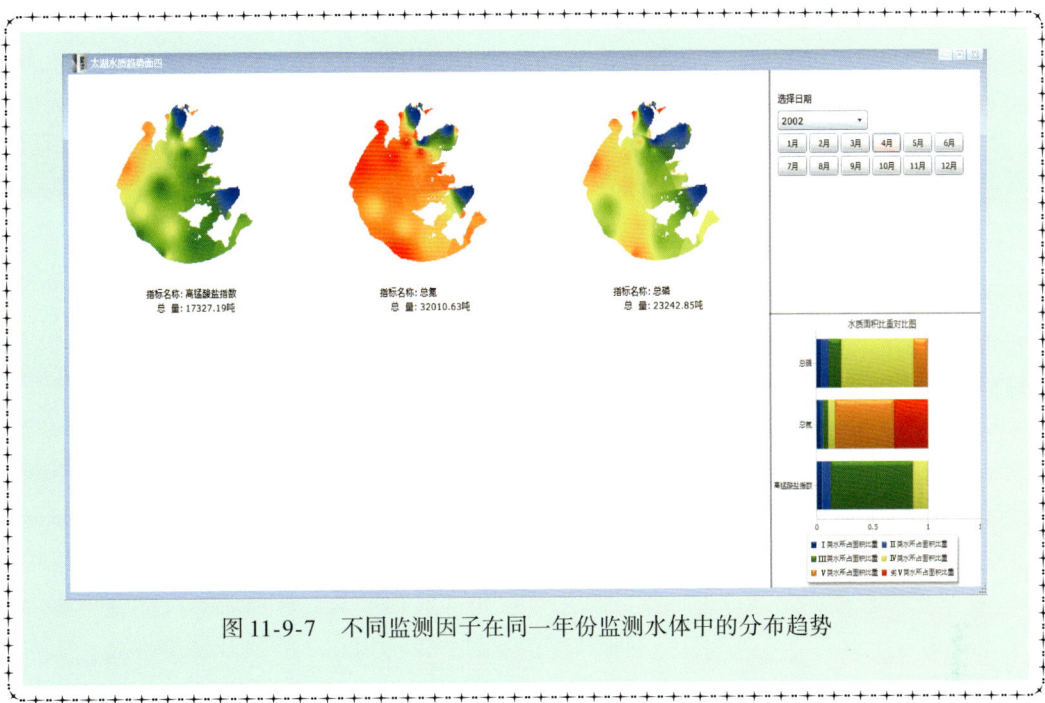

图 11-9-7 不同监测因子在同一年份监测水体中的分布趋势

11.10 小　　结

1）针对流域地表水体建立一套基于半定量/定量风险分析的半挥发性有毒有机污染物筛选方法，采用保留时间锁定和谱图解卷积技术，实现水体中特征污染物的初步筛选与确定；对检出率高、毒性强的物质进行定量/半定量分析，将潜在风险较高的物质作为需要优先控制的有机污染物，根据风险大小进行排序，最终得到该流域的风险有机污染物清单。

2）针对内分泌干扰物（如壬基酚类和双酚 A 等）、消毒副产物（三卤甲烷、卤乙酸、亚氯酸盐、氯酸盐等）和抗生素类三类公众关注度比较高、对人类危害比较大的水环境热点污染物，突破了痕量目标物分析、不同性质组分同时测定两大技术难点，建立适用于地表水、自来水和污水处理厂出等各类实际水样的监测方法，检出限和加标回收率等方法控制指标均与国际先进水平持平，采用此方法首次在我国典型流域开展调查监测，取得三类污染物污染状况的一手数据，为在全国推广三类热点污染物的监测工作提供示范。

3）首次建立了公约首批控制和增列的 17 类 POP 的监测技术体系，分别制定了样品采集、预处理、分析及质量保证与质量控制技术规范，适用于有机氯农药类 POP、二噁英类 POP 和溴代阻燃剂类 POP 等多种 POP 样品采集，有效提高采样效率。建立同位素稀释高分辨气相色谱-高分辨质谱分析方法，具有较高的灵敏度和较低的检出限，检出水平达到 fg 级，处于国际领先水平，满足我国履约技术需求。

4）筛选培育了一批我国本地水生生物的实验测试物种：我国广泛分布的淡水单细胞绿藻雨生红球藻（*H. pluvialis*）的厚壁孢子为实验藻种；我国长江、珠江、广西和贵州主要水体均有分布的小型淡水甲壳动物蚤状溞（*D. pulex*）为浮游无脊椎动物实验物种；广泛分布于我国内陆水域的淡水底栖动物主要类群双壳类河蚬（*C. fluminea*），以及水生昆虫羽摇蚊幼虫（*C. plumosus*）为底栖无脊椎动物实验物种；我国东部地区本地种、江河湖泊中常见的麦穗鱼（*P. parva*），以及我国四川省汉源县大渡河支流分布的特有种稀有鮈鲫（*G. rarus*）为鱼类实验物种。建立了水生实验生物的选种驯化和培育繁殖技术、急性毒性测试以及短期慢性毒性测试方法等关键技术，其中部分关键技术已完成标准规范申报草案或建议稿的编制。

5）面向我国水环境遥感常用遥感器，研发了多源数据辅助的环境卫星 CCD 相机水体大气交叉校正技术。突破和集成水环境遥感业务化关键技术，解决了水体大气校正和遥感反演精度不高的问题，构建了面向内陆水体水质遥感监测的多尺度、多数据源的水环境遥感监测业务应用系统。

6）研究建立了流域水环境监测质量管理体系总构架，以有机污染物为重点，基于液-液萃取/气相色谱-质谱法等 6 种监测方法，通过大量实验，建立了挥发性有机物、半挥发性有机物、有机氯、有机磷、苯并［a］芘、微囊藻毒素等 6 大类 45 种有机物（占我国地表水标准控制有机物的 66%）的连续校准相对偏差、平行样相对偏差、样品加标回收率等 15 项量化质控指标及其评判标准，自主研发和批量制备了混合水质挥发性有机物、混合重金属元素、余氯、亚氯酸盐、高氯化学需氧量等 5 项模拟水质质控标准样品，成为国家环境标准，填补了我国该 5 项环境标准样品的空白。

7）突破跨部门跨区域信息编码和交换共享技术，创新地提出了基于生命周期过程和业务流程建模技术的水环境监测要素信息动态管理技术，研发了水环境信息交换及管理监控平台和基于松耦合服务的水环境质量综合分析服务中心、水环境监测数据中心，并在太湖流域四级应用示范，提升了水环境质量评价的规范性和信息管理的科学性，有效支撑了水环境管理科学决策需求。

第 12 章
流域水环境风险评估与预警

12.1 流域水环境风险内涵

环境风险是由人类活动引起或由人类活动与自然界的运动过程共同作用造成的，通过环境介质传播的，能对人类社会及其生存、发展的基础——环境产生破坏、损失乃至毁灭性作用等不利后果的事件的发生概率（Aldenberg，1993；Norton et al.，1996）。

按照发生概率可以分为突发性风险与累积性风险。

12.1.1 突发性水环境风险

突发性水污染事故主要指由于事故引起的，短时间内大量污染物进入水体，导致水质迅速恶化，影响水资源的有效利用，严重影响经济、社会的正常活动和破坏水生态环境事故。它包括间歇性污染和瞬时污染两种形式。间歇性污染多由自然因素导致，通常表现为原水水质的突然恶化，并持续一段时间；瞬时污染具有很强的随机性和多样性，表现为短时间内污染物的大量排放，破坏性极强（Brown et al.，2007；崔秀丽，2007；张均，2007）。

突发性水污染事故具有不确定性、危害紧急性、需快速有效响应性等特点，可能在短时间内迅速影响供水系统，导致停水事件，并经由蔓延、转化、耦合等机理严重影响到城市生态系统，进而引发复杂的社会问题，成为威胁饮用水源地安全的首要因素。随着经济的高速发展，突发性水污染事故有逐年上升的趋势。

风险评估是对由于人类的各种开发活动所引起的或面临的危害（包括自然灾害等）对人体健康、社会经济的发展、生态系统等所造成的风险可能带来的损失进行识别和度量。突发性环境风险应急评估在概念框架上主要借鉴经典"风险评估框架"，同时在经典"风险评估框架"上，考虑"短时间、高剂量、急性毒性"等风险特征，对经典方法进行修改，使其真正适用于突发性环境风险下的事故过程中以及事故发生后的应急条件下的风险评估，体现实时、快速、有效的特点。相关概念内涵如下：

1) 突发性风险的"风险源"：自然或人为原因的非常规排放（单一源）；
2) 突发性风险的"风险特征"：短时间、高剂量、急性毒性；
3) 突发性风险的"风险受体"：主要包括生态系统与人体健康两大类，其中人体健康风险受体具体考虑以对污染事故有直接响应、与人体健康直接相关的饮用水源和水产品。

12.1.2 累积性水环境风险

累积性水环境风险是指人类开发活动中排放的微量污染物经过长期积累到一定程度后，产生急剧生态系统退化或累积毒性效应，并最终危及人类健康，这种风险在短期内无明显表现，但对人类健康、生态安全却具有长远的影响（殷福才，2003）。如湖泊、大型水库及一些河口累积性富营养化问题，在一定环境条件下，可以引发蓝藻暴发，带来较严重的环境问题。如 2007 年太湖水华事件，就是由于太湖水体处于高氮磷营养状态，在连续高温、强光照环境条件作用下，导致太湖蓝藻在短期内积聚爆发，饮用水源地水质恶化。累积性风险评估与预警是风险管理的重要技术手段。

累积性风险评估主要借鉴 US EPA 生态风险评估与人体健康风险评估框架，围绕我国典型流域风险问题以及特征污染物，以"长时间、低剂量、慢性毒性"为主要风险特征，开展 POP 物质累积以及湖泊水华人体健康风险评估技术研究。

流域水环境累积性风险预警是指针对多种压力或组合压力下，水环境不同层面受体逆化演替、退化、恶化风险的分析、描述和及时报警。主要是针对水质、水生态健康、生物安全状况及演变趋势进行预测和评估，提前发现和警示水环境恶化问题及其胁迫因素，从而为提出缓解或预防措施提供基础。

累积性风险预警强调的一个重要观点是，累积风险预警不一定需要完全定量化，只要其满足有关的工作需求。累积性风险预警在概念框架上主要借鉴"累积风险评价框架"，本身概念上十分近似于人体健康和生态评估方法，但在一些部分有显著差异。相关概念内涵如下：

1）累积性风险评估/预警关注的"源"：不是单一类型风险源（如污染事件），而是多种压力源，关注压力源的组合效应。会考虑更为宽泛的非化学物质压力如区域土地开发、人类活动等带来的物理、化学、生物作用，从而超越传统的突发性风险评估/预警。

2）累积性风险评估/预警的"生态受体"：主要包括人类（个体、人群等不同层次）、水生态系统（种群、群落、生态系统等不同层次）两大类有机体。

3）累积性风险评估/预警的"评价终点"：存在于上述不同层次生态受体的影响过程中，包括水环境质量、水生态系统（群落、个体）、人群健康状况 3 类评价终点。

12.2 流域水环境突发性环境风险管理

12.2.1 突发性环境风险管理需求

着眼于突发性环境风险的内涵，提炼突发性环境风险的管理需求与关注要点（表 12-1）。根据分析，突发性环境风险需要强调以水源地安全为基点，实现风险源的有效识别、充分掌握风险源特征，关注如何借助模型等工具支撑快速决策，强调风险阈值确定的必要性和风险适度控制，实现事故现场的有效应急控制。

表 12-1 突发性环境风险的关注要点分析

突发性水污染事故环境风险特征	提出问题	风险预警管理需求与关注要点
污染事故高发期	突发性风险评估与预警技术研究必要性与迫切性（研究需求问题）	关注突发性风险预防，重视突发性风险预警
水源地高功能水体易受威胁	以"谁"为主要保护目标？（保护目标问题）	强调以水源地安全为基点，保障人群健康，明确保护目标
突发事件类型、污染源多样化	针对"谁"来实施评估与预警？（对象问题）	关注风险源识别、掌握源特征，明确评估与预警对象
突发事件的时间突发性、方式不确定性	借助什么"方式"来实现评估与快速预警？（手段问题）	强调快速准确判断，借助模型工具支撑评估与预警功能实现
突发事件的后果严重性、控制适度性	采用什么"标准"来控制风险？（控制阈值问题）	关注采用何种风险阈值，实现风险的适度控制，避免过度反应
突发事件处理艰巨性	采用什么"措施"来处理，降低危害？（控制措施问题）	强调事故现场第一事件的有效应急控制措施

流域水环境突发性环境风险管理技术思路见图 12-1。

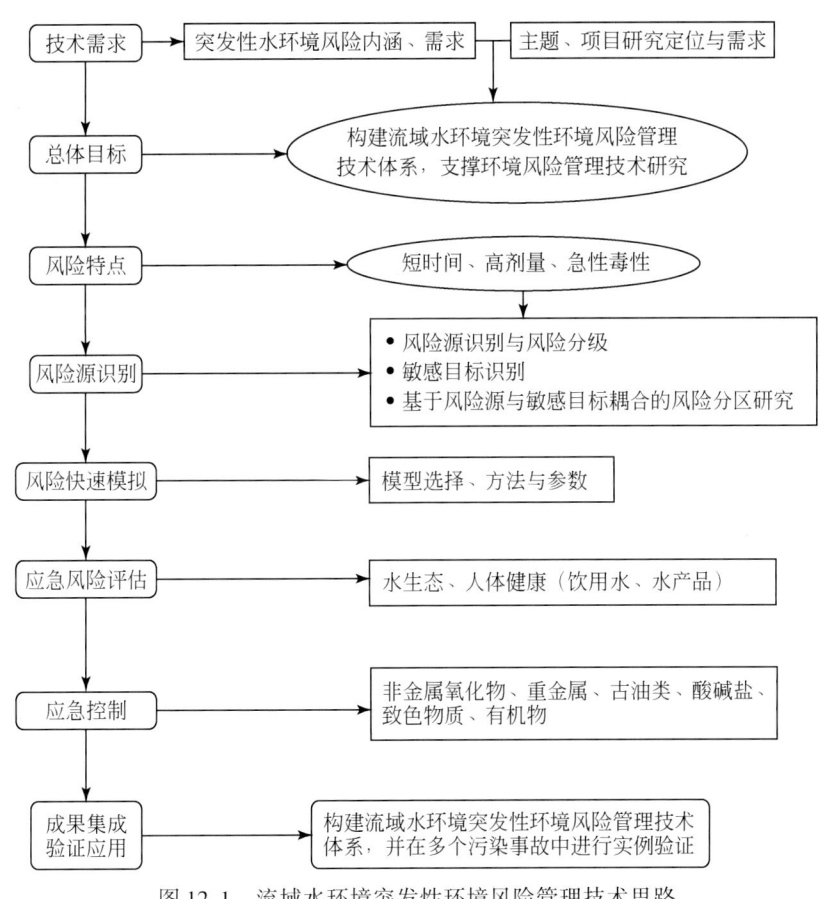

图 12-1 流域水环境突发性环境风险管理技术思路

12.2.2 突发性风险源识别技术

在风险源识别与评估方面，提出基于水生态功能分区的风险源特征与水环境敏感目标相互耦合的风险源识别技术，完善了流域水环境风险源管理技术体系，并为预警监控提供"目标"，水环境风险识别流程见图 12-2。

图 12-2　水环境风险识别流程

12.2.2.1 风险源风险值计算与分级

(1) 风险源风险值计算

1) 基于风险品数量的风险源风险值计算。对于任一风险源来说，其具有的风险品数量越大，发生事故后可能产生的水环境污染风险就越大。

根据风险源具有的风险品数量，对每个风险源的风险值大小计算式为：

$$R_{风险品数据} = \sum_{j=1}^{n} \frac{第 j 种风险品数量}{第 j 种风险品临界量} \tag{12-1}$$

式中，$R_{风险品数据}$ 表示基于风险品数量的风险源风险值（即风险大小）。风险品数量的单位为 t，风险品临界量的单位为 t。

2) 基于风险品数量和毒性的风险源风险值计算。对于任一风险源来说，除了具有的风险品数量之外，风险品的毒性大小也对发生事故后可能产生的水环境污染风险大小有影响。相同数量的各种风险品，毒性越大的风险品在发生事故后对水环境污染的风险越大。

当综合考虑风险源具有的风险品数量和风险品的毒性时，对每个风险源的风险值大小计算式为：

$$R_{风险品数据+毒性} = \sum_{j=1}^{n} \frac{第 j 种风险品数量}{第 j 种风险品允许限值} \tag{12-2}$$

式中，$R_{风险品数据+毒性}$ 表示基于风险品数量和毒性的风险源风险值（即风险大小）。风险品数量的单位为 t，风险品允许限值的单位为 mg/L。

3) 风险源综合风险值计算。

对于任一风险源来说，风险品的数量、风险品的毒性以及风险控制和管理有效性对风险源发生事故型水环境污染风险有很大影响。风险品数量越大、毒性越强、风险控制和管理越差，则事故型水环境污染的风险就越大。

当综合考虑风险源具有的风险品数量、风险品毒性和风险源事故发生可能性时，对每个风险源的综合风险值大小计算式为：

$$R_{风险品数量+毒性+风险源发生事故概率} = \left[\sum_{j=1}^{n} \left(\frac{第 j 种风险品数量}{第 j 种风险品允许限值} \right) \right] \\ \times 风险源发生事故概率 \tag{12-3}$$

式中，$R_{风险品数量+毒性+风险源发生事故概率}$ 表示基于风险品数量、风险品毒性、风险源发生事故概率的风险源综合风险值（即风险大小）。

（2）风险源分级

1）基于风险品数量的风险源分级。参照《风险物品重大危险源辨识（GB 18218—2009）》和风险源分级的相关研究，根据基于风险品数量的风险源风险值计算公式求得风险源风险值大小，从风险物品数量的角度对化工厂、危化品码头、水上加油站（船）和污水处理厂等风险源进行分级，标准如下：

特大风险源：$R_{风险品数量} \geq 10$。

重大风险源：$1 \leq R_{风险品数量} < 10$。

一般风险源：$R_{风险品数量} < 1$。

2）基于风险品数量和毒性的风险源分级。根据基于风险品数量和毒性的风险源风险值计算公式求得各风险源风险值大小并计算出所有风险源的平均风险值大小。以风险源平均风险值为基准，如果某风险源的风险值大于或等于平均风险值则定义为重大风险源；如果风险源风险值等于或大于平均风险值的10倍，则定义为特大风险源。

在综合考虑风险物品数量和毒性的情况下，以三峡库区所有风险源的平均风险值为2500为参考，对化工厂、危化品码头、水上加油站（船）和污水处理厂四种类型风险源进行分级，标准如下：

特大风险源：$R_{风险品数量+毒性} \geq 25\ 000$。

重大风险源：$2500 \leq R_{风险品数量+毒性} < 25\ 000$。

一般风险源：$R_{风险品数量+毒性} < 2500$。

3）风险源综合分级。根据基于风险品数量、毒性和风险源事故发生可能性的风险源风险值计算公式求得各风险源风险值大小并计算出所有风险源的平均风险值大小。以风险源平均风险值为基准，如果某风险源的风险值大于或等于平均风险值则定义为重大风险源；如果风险源风险值等于或大于平均风险值的10倍，则定义为特大风险源。

在综合考虑风险物品数量、风险物品毒性和风险源事故发生可能性的情况下，三峡库区所有风险源的平均风险值为1000，因此，对库区内化工厂、危化品码头、水上加油站（船）和污水处理厂四种类型风险源进行分级，标准如下：

特大风险源：$R_{风险品数量+毒性+风险源发生事故概率} \geq 10\ 000$。

重大风险源：$1000 \leq R_{风险品数量+毒性+风险源发生事故概率} < 10\ 000$。

一般风险源：$R_{风险品数量+毒性+风险源发生事故概率} < 1000$。

12.2.2.2 敏感目标风险值计算与分级

（1）敏感目标风险值的确定

1）基于敏感目标价值的敏感目标风险值计算。对于任一敏感目标来说，其具有的价值（$C_{价值}$）越高，受污染后后果就越严重危害就越大，相应地，可以认为其风险值就越大。

作为敏感目标，其风险值的大小可以根据其受污染后的影响后果来确定。例如，每个集中饮用水源地的价值可以用该集中饮用水源地服务人口数量来度量，也就是说，该集中饮用水源地服务人口数量可以用来度量其风险值。

$$R_{敏感目标} = C_{价值} = 集中饮用水源地服务人口数量$$

2）整合风险源影响后的敏感目标风险值计算。敏感目标受水环境污染风险的大小与可能影响敏感目标风险源的情况有很大关系，某敏感目标如果没有可对其产生污染的风险源，该敏感目标就不存在风险。

在考虑风险源的情况下，敏感目标的风险大小与三个因素有关：

首先，敏感目标与风险源的空间距离。敏感目标距离风险源越远，则受污染的风险越小。

其次，风险源的环境风险大小。风险源具有的风险品数量越多、毒性越大、风险控制和管理有效性越低，则敏感目标受污染的风险越大。

最后，敏感目标本身的价值。敏感目标的重要性越大、价值越高，则受污染后的后果越严重，风险越大。

A. 敏感目标与风险源的距离对敏感目标的影响系数

对于某一敏感目标而言，其距风险源的距离（以 k 表示）越远，受污染危害的可能性就越小。风险源对敏感目标影响大小的距离因素可以用 $1/k$ 来反映。

当敏感目标与风险源的距离一定时，水流速度越快，敏感目标受污染危害的可能性就越大。以水库型水体为例，在考虑水流速度的情况下，处于某敏感目标上游的风险源对该敏感目标影响大小的距离因素以式（12-4）反映：

$$\text{敏感目标受胁距离系数} = \frac{1}{\dfrac{k_{河}}{v_{河}} + \dfrac{k_{库}}{v_{库}}} \quad (12\text{-}4)$$

式中，$k_{河}$、$k_{库}$ 分别表示某敏感目标到某风险源的河段距离内河流水体河段长度和水库水体河段的长度，$v_{河}$、$v_{库}$ 分别表示河流水体河段的平均流速和水库水体河段的平均流速。根据此式，对于某个敏感目标上游的所有风险源，每一个风险源给予该敏感目标的受胁距离系数均可以计算获得。

B. 敏感目标受风险源影响的总受胁度

任一敏感目标（例如任一集中饮用水源地）要受很多风险源（主要是位于该敏感目标上游的风险源）发生的水环境污染的影响，风险源具有的风险品数量越多、毒性越大、风险控制和管理有效性越低、与敏感目标的距离越小，则该敏感目标受污染的风险越大。

某一敏感目标受位于其上游的所有风险源影响的总受胁度可以用式（12-5）度量：

$$\text{敏感目标受风险源影响的总受胁度} = \sum_{i=1}^{m}\left[\text{第}i\text{个风险源发生事故概率} \times \frac{1}{\dfrac{k_{河}}{v_{河}} + \dfrac{k_{库}}{v_{库}}} \times \sum_{j=1}^{n}\left(\frac{\text{第}j\text{种风险品数量}}{\text{第}j\text{种风险品允许限值}}\right)\right] \quad (12\text{-}5)$$

式中，i 表示某敏感目标上游的第 i 个风险源；j 表示第 i 个风险源中具有的第 j 种化学品。

根据式（12-5），对任一敏感目标，均可以计算出受其上游所有风险源影响的总受胁度。如果总受胁度小，说明该集中饮用水源地受其上游风险源的污染风险小；反之，则说明受其上游风险源污染的风险大。

C. 整合风险源影响后的敏感目标风险值

整合风险源影响后的敏感目标风险值是指在综合考虑敏感目标的价值（重要性）和敏感目标的总受胁度基础上的度量，可由式（12-6）表示：

$$R_{\text{整合风险源影响后的敏感目标}} =$$

$$C_{\text{价值}} \times \sum_{i=1}^{m} \left[\text{第} i \text{个风险源发生事故概率} \times \frac{1}{\frac{k_{\text{河}}}{v_{\text{河}}} + \frac{k_{\text{库}}}{v_{\text{库}}}} \times \sum_{j=1}^{n} \left(\frac{\text{第} j \text{种风险品数量}}{\text{第} j \text{种风险品允许限值}} \right) \right]$$

(12-6)

对于某一敏感目标而言，如果该敏感目标的价值小，受风险源污染的总受胁度小，则此敏感目标的风险值就小。对于具有相同总受胁度的多个敏感目标，价值大的敏感目标的风险值大；对于具有相同价值的多个敏感目标，总受胁度大的敏感目标的风险值大。

（2）敏感目标分级方法研究

对于任一水环境污染的敏感目标来说，敏感目标本身的重要性、敏感目标面临的风险源状况对敏感目标要面对的水环境污染风险都有影响。根据敏感目标重要性、敏感目标面临的风险源状况可以对每个敏感目标的风险值大小进行定量计算。

1）基于敏感目标价值的敏感目标分级。根据敏感目标的价值大小，基于集中饮用水源地的服务人口数量，获取敏感目标风险值。《国家突发环境事件应急预案》（2006年）中规定：因环境事件疏散转移群众10 000人以上、50 000人以下的情形视为重大环境事件，因环境事件需疏散、转移群众50 000人以上的情形视为特大环境事件。在参考《国家突发环境事件应急预案》（2006年）的基础上，对敏感目标（集中饮用水源地）进行分级，分级标准如下：

特大敏感目标：$R_{\text{敏感目标}} \geqslant 50\ 000$。

重大敏感目标：$10\ 000 \leqslant R_{\text{敏感目标}} < 50\ 000$。

一般敏感目标：$R_{\text{敏感目标}} < 10\ 000$。

2）整合风险源影响后的敏感目标分级。根据整合风险源的影响后的敏感目标的风险值（$R_{\text{整合风险源影响后的敏感目标}}$）的大小，以敏感目标平均风险值为基准，如果某敏感目标的风险值大于或等于平均风险值，则定义为重大敏感目标。同时，参考《国家突发环境事件应急预案》（2006年颁布）中重大环境事件和特大环境事件转移群众数量差异为5倍的规定，把风险值5倍于平均风险值的敏感目标定义为特大敏感目标。以三峡库区为例，计算获得三峡库区水环境污染敏感目标的平均风险值为300 000。对三峡库区内的敏感目标（集中饮用水源地）进行分级的标准如下：

特大敏感目标：$R_{\text{整合风险源影响后的敏感目标}} \geqslant 1\ 500\ 000$。

重大敏感目标：$300\ 000 \leqslant R_{\text{整合风险源影响后的敏感目标}} < 1\ 500\ 000$。

一般敏感目标：$R_{\text{整合风险源影响后的敏感目标}} < 300\ 000$。

12.2.2.3 基于风险源与敏感目标的流域水环境风险分区

(1) 基于风险源的流域水环境污染风险分区

计算流域内每个风险源的风险值，求所有风险源的风险值总和，除以河流/水库干流河道长度，求出每千米河段范围内的平均风险值（$\overline{R}$），此平均风险值作为一指标可反映整个流域范围内基于风险源的水环境污染的平均风险。

将河道以10km长度为单位统计每10km河道区域单元内所有风险源的风险值，求出所有风险源风险值的和（$\sum R$）。该10km河道区域单元内的区域风险度以式（12-7）表示：

$$R_{\text{风险源区域风险}} = \frac{\sum R}{10 \times \overline{R}} \tag{12-7}$$

如果 $R_{\text{风险源区域风险}}$ 大于 1，说明该 10km 河道区域单元内的环境风险高于整个流域平均风险；如果小于 1，则说明小于整个流域平均风险。

根据式（12-7），可以把流域所有干流和支流河道划分成连续的以 10km 长为单位的区域单元，计算每 10km 河道区域单元的区域风险度 $R_{\text{风险源区域风险}}$，根据 $R_{\text{风险源区域风险}}$ 的大小，确定该 10km 河道区域单元的风险大小：

高风险区：$R_{\text{风险源区域风险}} \geqslant 10$。

中风险区：$1 \leqslant R_{\text{风险源区域风险}} < 10$。

低风险区：$R_{\text{风险源区域风险}} < 1$。

根据每个河道区域单元的分区结果，对属于同一级别风险区的相邻区域单元进行合并，确定整个流域不同级别水环境污染风险区的区划和分布情况。

（2）基于敏感目标的流域水环境污染风险分区

流域内敏感目标是水环境保护对象，如果某个区域敏感目标多，敏感目标价值则大，该区域一旦发生水污染后风险就大，后果就较严重。针对敏感目标在流域内分布情况及敏感目标的价值大小，可以对水环境污染风险进行分区。

计算流域内每个敏感目标（此处以集中饮用水源地为例）基于价值的风险值，求得流域内所有集中饮用水源地的风险值的和，再除以河流/水库干流河道长度，求出集中饮用水源地在每千米河段范围内的平均风险值 $\overline{R}$（此处相当于敏感目标的平均价值）。此平均风险值作为一指标可反映整个流域范围内基于敏感目标的水环境污染的平均风险。

将河道以 10km 长度为单位统计每 10km 河道区域单元内所有集中饮用水源地的风险值，求出所有集中饮用水源地风险值的和（$\sum R$）。该 10km 河道区域单元内的敏感目标的区域风险度以式（12-8）表示：

$$R_{\text{敏感目标区域风险}} = \frac{\sum R}{10 \times \overline{R}} \tag{12-8}$$

如果 $R_{\text{敏感目标区域风险}}$ 大于 1，说明该 10km 河道区域单元内的敏感目标价值高于整个流域平均价值，该区域单元内的敏感目标受污染后的后果和风险高于整个流域平均风险；如果小于 1，则说明小于整个流域平均风险。

根据式（12-8），可以把流域所有干流和支流河道划分成连续的以 10km 长为单位的区域单元，计算每 10km 河道区域单元的区域风险度 $R_{\text{敏感目标区域风险}}$，根据 $R_{\text{敏感目标区域风险}}$ 的大小，确定该 10km 河道区域单元的风险大小：

高风险区：$R_{\text{敏感目标区域风险}} \geqslant 10$。

中风险区：$1 \leqslant R_{\text{敏感目标区域风险}} < 10$。

低风险区：$R_{\text{敏感目标区域风险}} < 1$。

根据每个河道区域单元的分区结果，对属于同一级别风险区的相邻区域单元进行合并，确定基于敏感目标的整个流域不同级别水环境污染风险区的区划和分布情况。

（3）基于风险源和敏感目标耦合的水污染风险分区

流域内敏感目标是水环境污染的对象，如果某个区域具有的敏感目标多，敏感目标价值大，则该区域一旦发生水污染后风险就大，后果就比较严重。另外，如果某个区域内的敏感目标受风险源污染威胁越大，则该区域的风险越大。针对敏感目标在流域分布情况、敏感目标的价值大小，以及敏感目标受风险源污染威胁的程度大小，可以对流域水环境污染风险进行分区。

计算流域内每个敏感目标（此处为集中饮用水源地）整合风险源影响后的风险值，求得所有集中饮用水源地的整合风险源影响后的风险值的和，再除以河流/水库干流河道长度，求出集中饮用水源地在每千米河段范围内的平均风险值 $\overline{R}$（此处相当于敏感目标的平均价值）。此平均风险值作为一指标可反映整个流域范围内基于风险源和敏感目标耦合的水环境污染的平均风险。

将河道以 10km 长度为单位统计每 10km 河道区域单元内所有集中饮用水源地整合风险源影响后的风险值，求出所有集中饮用水源地整合风险源影响后的风险值的和（$\sum R$）。该 10km 河道区域单元内的敏感目标整合风险源影响后的区域风险度以式（12-9）表示：

$$R_{风险源和敏感目标耦合后的区域风险} = \frac{\sum R}{10 \times \overline{R}} \tag{12-9}$$

如果 $R_{风险源和敏感目标耦合后的区域风险}$ 大于 1，说明该 10km 河道区域单元内的敏感目标整合风险源影响后的风险高于整个流域平均风险；如果小于 1，则说明小于整个流域平均风险。

根据式（12-9），可以把所有干流和支流河道划分成连续的以 10km 长为单位的区域单元，计算每个 10km 河道区域单元的区域风险度 $R_{风险源和敏感目标耦合后的区域风险}$，根据 $R_{风险源和敏感目标耦合后的区域风险}$ 大小，确定该 10km 河道区域单元的风险大小：

高风险区：$R_{风险源和敏感目标耦合后的区域风险} \geqslant 10$。

中风险区：$1 \leqslant R_{风险源和敏感目标耦合后的区域风险} < 10$。

低风险区：$R_{风险源和敏感目标耦合后的区域风险} < 1$。

根据每个河道区域单元的分区结果，对属于同一级别风险区的相邻区域单元进行合并，确定基于风险源和敏感目标耦合后的整个流域内不同级别水环境污染风险区的区划和分布情况。

> **案例**
>
> **三峡库区突发性风险源识别技术应用**
>
> 应用项目的突发性风险源识别技术进行研究，在三峡库区 998 个敏感目标和 5968 个污染源详细调查的基础上，识别出 336 个水环境污染风险源，其中包括 10 个特大风险源；识别出 99 个敏感目标，其中包括 12 个特大敏感目标（图 12-2-1）。首次形成三峡库区风险源基础信息数据库，并对三峡水库进行风险分区，高、中、低风险区的比例是 7:5:54（图 12-2-2）。

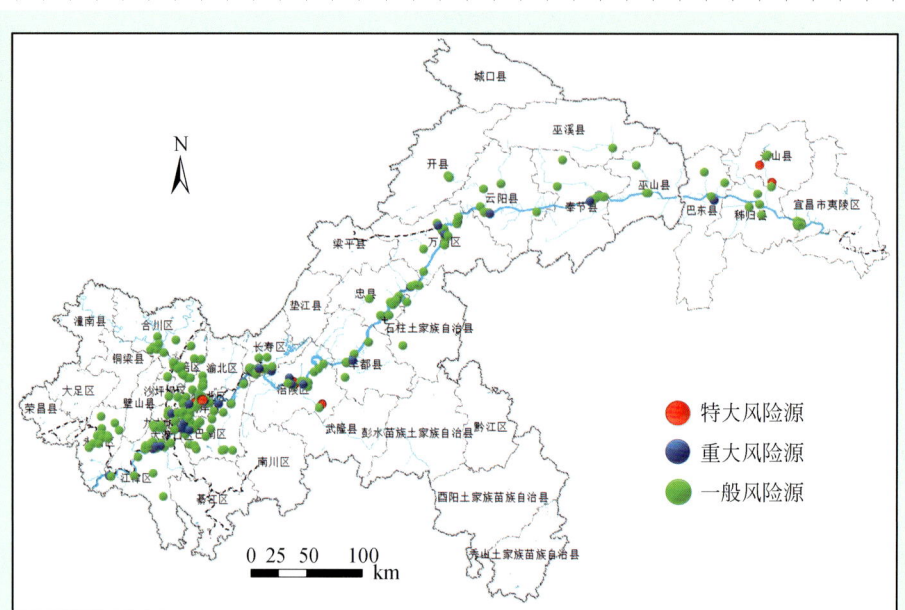

(a) 基于风险品数量、毒性与事故发生可能性的风险源分布

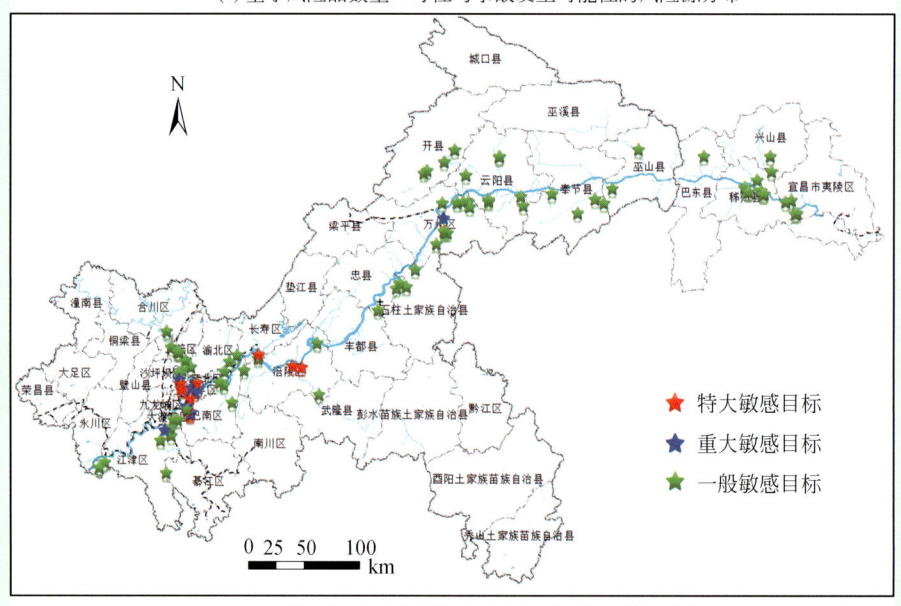

(b) 风险源影响下的敏感目标(集中饮用水源地)分级

图 12-2-1 三峡库区污染源识别

识别出三峡库区水环境污染风险源（336 个，其中特大 10 个）；

识别出三峡库区敏感目标（99 个，其中丰水期特大 12 个）

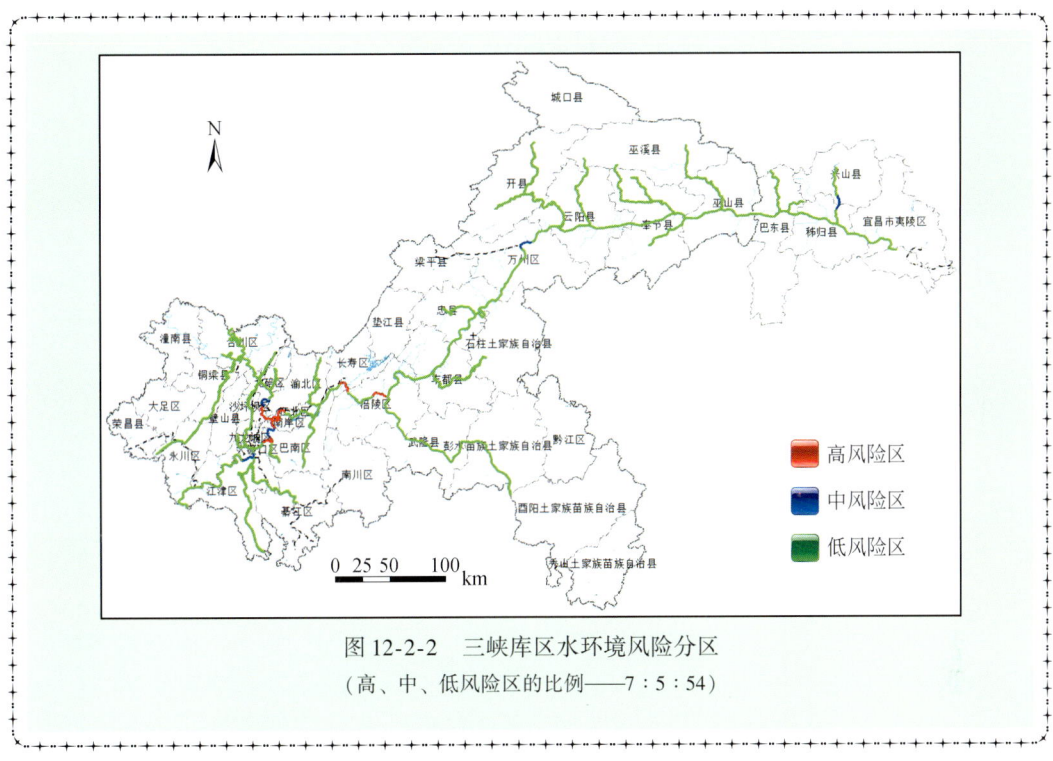

图 12-2-2 三峡库区水环境风险分区
（高、中、低风险区的比例——7∶5∶54）

12.2.3 流域突发性环境风险快速模拟技术

流域突发性水环境风险快速模拟技术是流域突发性水污染事故风险监控预警核心内容之一。流域突发性水环境风险快速模拟技术可以准确把握流域突发性水环境风险事故引起的水体质量变化趋势预测，为流域水环境风险监控技术方案的有效实施提供技术支撑，保证国家和地方政府对流域水环境监控预警目标的实现。突发性水环境风险模拟技术的基础是传统的水动力学和水质模型的理论和方法，但在模型选择应用和初边值选择以及参数选取上有其特点。在突发性水污染事故发生条件下，一旦发生事故报警，突发性水污染事故预测技术方法即使在许多基本参数不完全准确的情况下，仍需向应急处置部门提供相应的污染事故发展趋势的信息，如何时、何地、何范围已经或将要受到的影响对象，影响程度及持续时间等信息，突发性水污染事故风险模拟的快速反应能力和准确程度，直接影响着流域突发性水污染事故风险预警效果和应急方案的决策。

12.2.3.1 技术框架

根据流域突发性水环境风险模拟预测技术需求，面对来势凶猛，危害极大的流域突发事件，对其进行应急预警模拟分析，以获取突发事件后污染物在水体中的峰值或浓度变化过程，为实时突发事件应急预警提供支持。流域突发性水环境风险快速模拟预测技术包括资料详全地区和资料缺乏地区的突发预警技术，其技术框架如图 12-3 所示。

资料详全地区是指基础资料较为翔实、历史研究资料较多的大江大河等区域，已对该河道地区进行地形概化并已生成区域二、三维网格。在这种水域中一旦发生突发事件，就

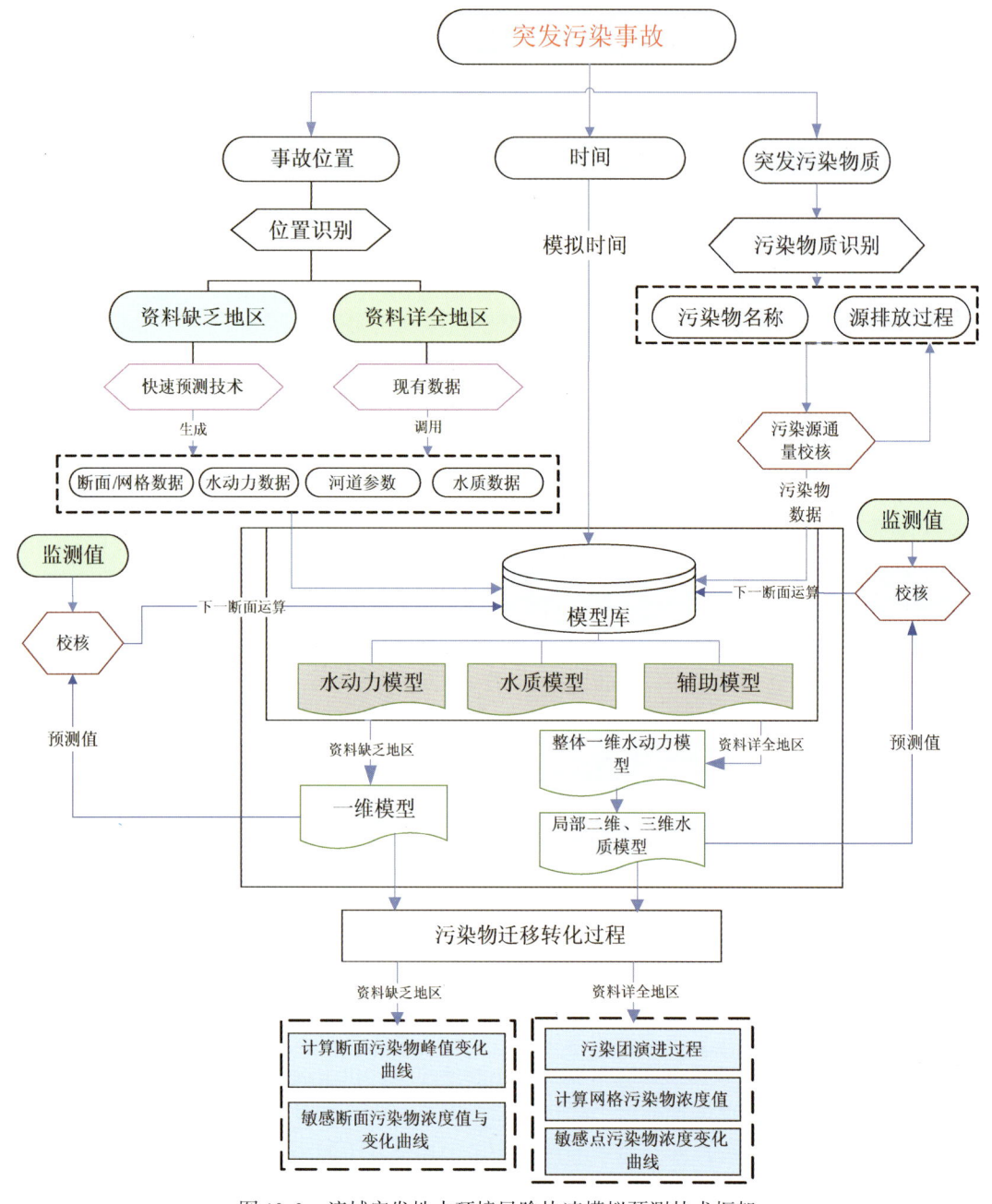

图 12-3 流域突发性水环境风险快速模拟预测技术框架

由国控水文站点水文数据通过一维模型快速计算，为突发事件点附近河段提供二维或三维的计算边界条件，解决水文大尺度与应急模型小区域的时间、空间匹配问题。利用本次建立的 120 种污染物的水质模型参数库，结合突发事件特性、污染源特性，采用数值方法可实现该河段突发水环境风险应急模型。模型通过智能识别获取污染物性质，自动选择模型模块，通过整体模型模拟区域水动力状况，并以此为边界进行局部精细模拟，最终预测污染物在水体中的浓度值变化情况。

资料缺乏地区是指基础资料较弱区域，通常位于水域窄、流量小的流域的中小型河流。在该地区，构建流域突发性水环境污染应急模拟预测技术，采用一维水动力水质模型解析解，模拟突发事件发生后，污染物峰值在水体中的变化情况。

12.2.3.2 资料详全地区实施技术要点

(1) 算法选择

在基础资料较为翔实、历史研究资料较多，并已对该河道地区进行地形概化，生成区域二、三维网格的大江大河等区域，一旦发生突发事件，就由国控水文站点水文数据通过一维模型快速计算，为突发事件点附近河段提供二维或三维的计算边界条件，解决水文大尺度与应急模型小区域的时间、空间匹配问题，提高模型计算速度和精度。

(2) 模型构建

采用预置的模型库构建预警模型，预置模型库包含有11类120多种物质的不同水文条件下的水质模块，不同模块以污染物在水体中的物理、生物、化学变化情况为依据，可添加河床底质污染物迁移转化模型、污染物转化动力学模型、重金属迁移转化模型、溢油模型等辅助模块。

(3) 数据处理

1) 地形网格数据：调用已生成的地形计算网格。

2) 水文边界数据：一维数值模型的上游流量和下游水位作为边界条件由水文站实测值给出。应急局部精细高维模型运算边界条件由一维模型输出。

3) 污染物属性：由突发事件污染物名称，选择120种污染物数据库中对应的污染物模型；若污染物不存在该库中，则通过水质模型专家给出其对应的参数。

4) 污染物排放状况：污染物排放状况包括污染物排放的浓度和污染物排放量过程，相关数据通过现场监测多次校核后给出。

(4) 结果表达

1) 依据流域突发污染风险分级标准，对事故水体中污染物的浓度级别进行渲染，通过数值计算可直观看到污染团运移、扩散过程。

2) 在河流水动力条件复杂或重点监测区域采用分层平面二维或三维显示水动力和污染物迁移扩散过程。

3) 按照突发事件风险等级评价标准，通过数据分类统计，得到污染团浓度范围实时动态统计数据。

4) 选择下游敏感点，统计出事故污染团通过该点时的污染物浓度变化过程，由浓度变化曲线，直观地表现出污染团对敏感点的影响持续时间和程度过程和峰值浓度。

12.2.3.3 资料缺乏地区实施技术要点

(1) 算法选择

资料缺乏地区一律选择解析解模型的算法，求解污染物浓度峰值变化情况。

(2) 模型构建

推荐使用浮标法测定河流流速。

利用建立的120种污染物的水质模型参数库，结合突发事件特性、污染源特性，选取合适的模块构建该河段突发水环境风险应急模型。

（3）数据处理

1）输入事故河段河道形态、比降、糙率、模拟河段长度等输入地形快速生成模块，即可生成资料缺乏地区模型计算所需的地形数据。

2）输入事故河道流速或上游流量下游水位作为模型运算水动力学边界条件。

3）通过输入突发污染事件污染物名称，查询特征污染物库参数库并运用区域化方法获取模型运算所需的污染物特征参数，经判断后确定输入。

4）为保证预测的最大精确度，资料缺乏地区的突发事件模拟预测采用分段校核的技术思路，在突发事件发生后，在起始位置下游敏感点布设相应的监测点。将模型模拟的结果过程与监测点实测过程进行对比，校核模型输入，并以监测结果为条件替代污染物排放过程数据输入模型，以监测断面所在位置为新的突发事件起始点，重新评估完善水域地理数据、水文边界数据，进行下一步的运算。模拟结果校核如图 12-4 所示。

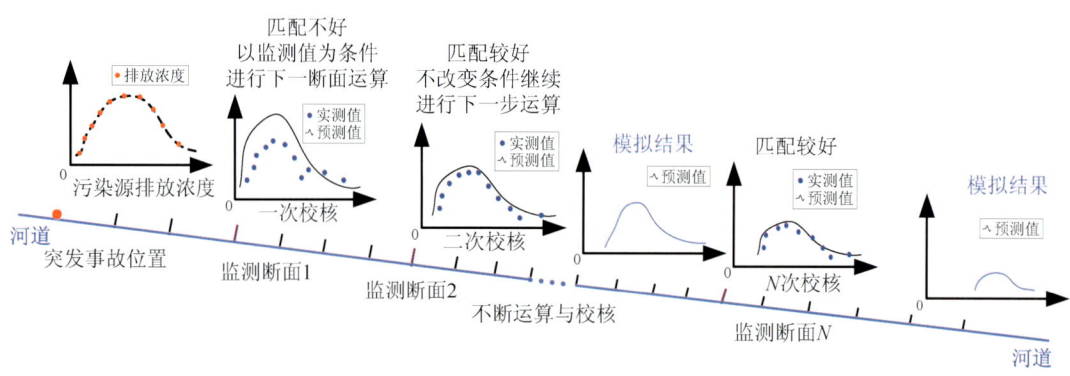

图 12-4　模拟结果校核

（4）结果表达

1）依据风险分级标准，对水体中污染物的浓度级别进行颜色渲染，展现河段污染物运移情况。

2）按照突发事件风险等级评价标准，对模拟数据分类统计，得到河段浓度范围实时动态统计数据。

3）选择下游敏感点，做出污染物对通过该点时的污染物浓度变化过程曲线，反应污染事件对敏感点的影响时间和程度过程。

12.2.4　突发性水污染事故应急生态风险评估技术

12.2.4.1　研究思路

水污染事故发生之后，按照受体，可以将风险评估分为水生态与人体健康两类。生态风险评估（ecological risk assessment，ERA）是以化学、生态学、毒理学为理论基础，应用物理学、数学和计算机科学技术，预测污染物对生态系统的有害影响（许学工，1996；曾光明，1998 等；钟政林等，1998）。1992 年 US EPA 将其定义为"评估暴露于一个或多个压力状态下而发生不利生态效应可能性的过程",水生态风险评估是利用生态风险评估的原则和方法,评估污染物进入水生环境后产生生态危害的可能性及程度。长久以来我国尚未针对突发性水污染事故的特点开展系统、科学的研究,缺乏必要的突发性水污染事故风险评估、应急处置等相关技术,导致目前我国水环境管理不能适应环境形势的变化。

为了应对我国突发性水污染事故环境风险管理工作中存在的技术匮乏、尚未开展对于突发性水污染事故风险评估的主要问题,本研究主要针对突发性水污染事故对水生生态系统的风险,借鉴美国国家科学院(United States National Academy of Science)和美国环境保护局的相关技术体系,提出一套基于维护水生生态系统健康的突发性水污染事故应急生态风险评估方法,分析突发性水污染事故环境风险水平,构建突发性水污染事故风险控制阈值确定技术,确定突发性水污染事故风险分级以及风险表征方法,为环境管理部门进一步管理突发性水污染事故提供相应的依据。整套技术体系分为风险识别、风险分析以及风险表征三个步骤,技术路线见图12-5。

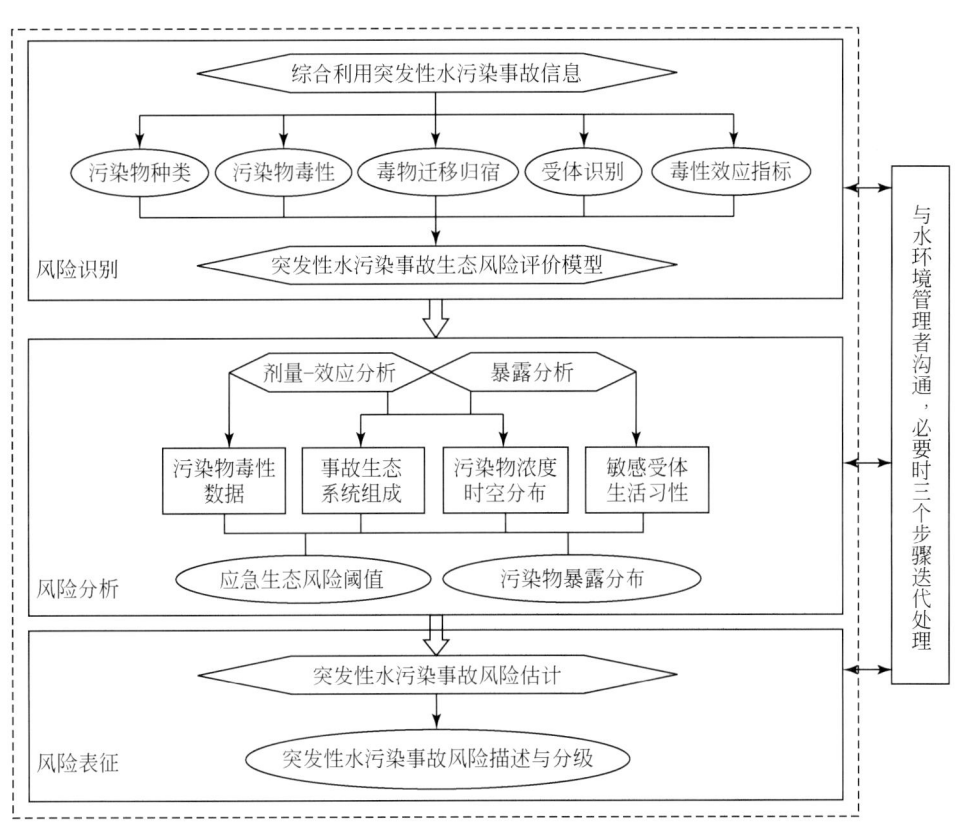

图12-5 突发性水污染事故应急生态风险评估技术路线

12.2.4.2 典型风险污染物应急生态风险阈值构建方法

生态风险评价的最终目的是得出一个浓度阈值或风险值,为环境决策或与其相关的标准或基准的制定提供参考依据。在生态效应评价中比较常用的指标是预测的无效应浓度,在这里统一称为环境安全浓度阈值(HC_5或PNEC)来获得,由急性毒性数据统计分析获得，由慢性毒性数据获得。这个值主要是指物种敏感分布曲线上 5% 的物种受影响所对应的浓度值。物种敏感度分曲线（SSD）自 20 世纪 70 年代末被美国和欧洲国家建议用来推出环境质量基准后，其在概率生态风险评价和水质规则制定的过程中起到了非常重要的作用，物种敏感度分布曲线是个外推技术，它是通过一定的假设外推得到合适的化合物浓度水平（HC_5），以期为生态系统提供保护。物种敏感度分布（SSD）是一种累积分布函数，其分布曲线遵循由生态毒理测试得到的敏感分布数据。

物种敏感度分布线主要适用于当可获得的毒性数据较多时，SSD 能用来计算 PNEC 或 HC_5，它是假定在生态系统中不同物种可接受的效应水平跟随一个概率函数称为种群敏感度分布，并假定有限的生物种是从整个生态系统中随机取样的，因此评估有限物种的可接受效应水平可认为是适合整个生态系统，SSD 的斜率和置信区间揭示风险估计的确定性，一般用作最大环境许可浓度阈值（HC_x，通常取值 HC_5），HC_5 表示该浓度下受到影响物种不超过总物种数的 5%，或达到 95% 物种保护水平时的浓度。虽然选择保护水平是任意的，但它反映统计考虑（HC_x 太小，风险预测不可靠）和环境保护需求（HC_x 应可能地小）的折中。

基于单物种测试的外推技术虽然在评估化合物效应时起到很好的预知作用，并且通过一定的假设能应用到对整个生态系统的风险评估，但外推法存在很多不符合实际情况的假设。例如，外推方法没有考虑物种通过竞争和食物链相互作用而产生的间接效应。如果敏感的物种是关键的捕食者或是一个食物链的关键元素，那么这种间接作用的影响会非常显著，并且有可能导致基于单物种测试外推技术得到的风险水平与根据生态系统物种依存关系获得的生态风险评估结果之间存在较大偏差，甚至有人认为着重强调单物种测试在考虑一个生态系统水平意义上的评估是不可靠的。

SSD 曲线的构建及应用存在两个需要系统考虑的因素：毒性数据的选择和统计方法的选择。目前的研究结果表明毒性数据选择比统计方法选择对 HC_5 值更有影响。

（1）毒性数据的选择

毒性数据的选择主要包括毒理数据质量选择和毒理数据数量选择。

数据质量选择（data quality selection）：构建 SSD 曲线的数据量变化范围很广，从很少的几个数据到超过上百个敏感物种的毒性值。数据的多少及质量对 SSD 参数的得出及基于 SSD 得出的结论是非常重要的，不好的数据无法正确解释参数的自然变异性，可能会产生不正确的评估。怎样通过输入一个最小的数据量来产生一个可信赖的评估结果，就涉及对数据的质量筛选问题。

目前文献上用于生态风险评估的毒性数据选择一般遵循以下三个原则：精确性、适当性、可靠性。精确性主要是考虑数据的使用，某一个测试终点当有多个测试数据时，要选择对效应和终点描述的最精确和恰当的数据；当有多个可靠毒性数据可用时，一般选用算术平均值。适当性主要是考虑测试过程对评估报道的效应或终点是否恰当。可靠性主要考虑报道的测试方法与可接受的方法或标准方法相比完整性如何，可靠性数据应包括对实验程序和结果的详细描述，并且实验结果应该支持相关理论。

数据数量选择（data quantity selection）：使用 SSD 曲线外推技术，就是利用最小的数据量来产生可信赖的评估，这除了对数据的质量有要求外，对最小的输入数据数量也有要求。一般认为控制数据量在 10~15 个随机选择量就符合统计分析的要求。文献中虽然有更小的数据量使用，甚至在水环境管理中 OECD 建议用 5 个数据量来构建 SSD 曲线，然而 Wheeler 等通过统计分析检查数据的变异性时发现随机量达到 10~15 数据时参数变异较为稳定，在 10 个数据以下，参数值变化较宽，并且可能对 HC_5 这个特殊效应终点产生不可靠评估。因此在应用 SSD 曲线进行生态风险分析时，为了达到较精确一致的评估，需要对数据的数量和质量选择制定一定的标准供生态评估者参考。

(2) 统计方法的选择

筛选完的数据应该用什么样的统计方法来构建 SSD 曲线和计算 HC_5 值，这就涉及统计方法的筛选问题，这也是构建 SSD 曲线得以应用的一个重要方面。目前根据数据量的多少，人们较常使用以下 3 种方法来进行 SSD 曲线的分析。

1) 参数法（parametric method）。这是目前较常用的方法，是指在统计分析前，要假定数据符合某种分配，较常见的分配模型包括 log-normal 线性分配和 log-logistic 分配。log-normal 线性分配主要是基于一个正态分布的假设，它的主要优点是数学方法简单，但由于 log-normal 分配过于简单，在已测试的 30 个数据中有一半的数据点产生变异，不符合这种分配，它暗示数据可能还包括别的分配形式，尤其是当物种对毒物的敏感度不同时，仅仅依靠一条直线来描述是不恰当的。log-logistic 分布能够对 SSD 数据提供一个很好的拟合，在置信区间的计算上它的数学方法比 log-normal 线性分配复杂，用于计算置信区间的外推因子可以通过蒙特卡罗模型模拟获得。但是这个外推因子只能限制置信区间达到单尾 95% 水平或双尾 90% 水平，而人们通常要求置信区间达到双尾 95% 的水平。

2) 非参数再取样法（non-parametric bootstrap method）。由于参数法需要假设参数符合某个分配模型，然后进行统计分析。1996 年，Jagoe 和 Newman 等建议利用非参数再取样法来分析 SSD 曲线（Michale et al., 1996）。它是利用在一定的计算范围内对原始数据进行大量的重复再取样，模拟总体分布，计算统计量，进行统计推断来评估 HC_5 值。这种方法的优点在于统计分析前，不需要假定数据符合某个分配，并且在计算置信区间时比较简单。但是这个方法需要较大的数据量，至少需要 20 个数据点来定义 HC_5 值和置信区间。

3) 再取样回归法（bootstrap regression method）。这个方法可以看做参数分配模型和重复再取样技术的综合，这个综合技术对较小的数据量能做出统计分析和置信区间的计算。当数据量很少或当传统的参数模型难以求解时，再取样回归法是一个行之有效的方法。它甚至能对点的 HC_5 值和置信区间进行评估。

怎样选择最合适的方法来进行风险分析，这需要根据所获得数据的情况和风险分析的要求进行判断。如果所获得的数据适合参数法的分配模型，并且风险分析要求不高，就可以选择 log-normal 分配模型，进行风险分析；但一般情况下，更适合用 log-logistic 分配模型对数据进行统计分析。如果这两种方法都不能对数据进行很好的描述或拟合，并且数据量充足，就可以选用能重得取样的 Bootstrap 技术。这种统计方法在计算 HC_5 时至少需要 20 个数据，在计算 HC_{10} 时至少需要 10 个数据。如果数据量较少，低于 10 个数据，那么再取样回归技术将是一个很好的选择。

(3) 构建 SSD 曲线技术路线（图 12-6）

经过上述讨论，明确了风险和化合物的毒理数据的选择和选项原则，也确定了毒理数据的统计方法，根据分析软件自带的软件构建 SSD 曲线，直观估计一定比例 $x\%$ 的物种受影响时所对应的污染物浓度，即 $x\%$ 的危害浓度（hazardous concentration，HC_x，通常取值 HC_5），HC_5 表示在该浓度时产生某种效应的物种不超过总物种数的 5%（即 SSD 曲线 5% 处所对应的效应浓度值）。

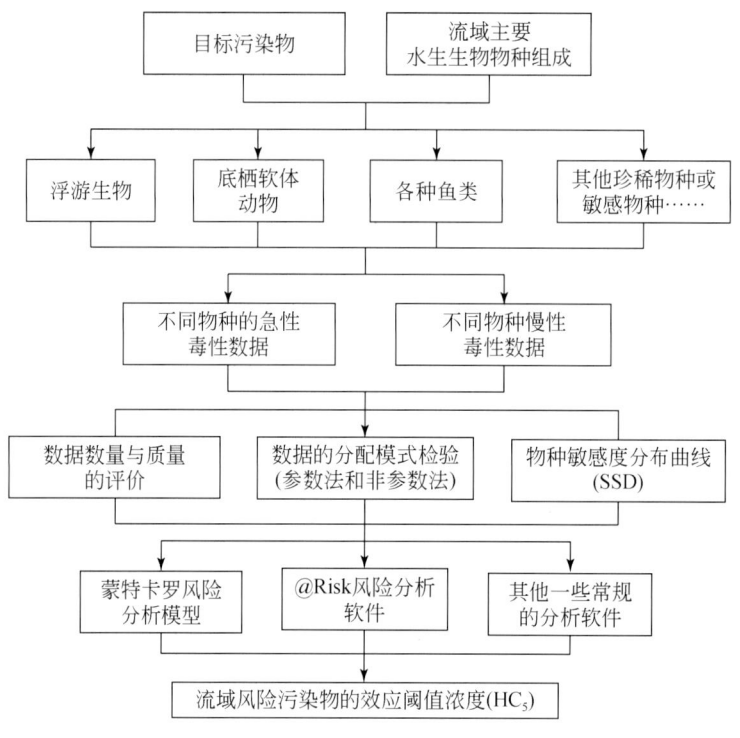

图 12-6　构建 SSD 曲线技术路线

12.2.4.3　风险表征及风险等级划分

(1) 应急生态风险表征

在突发性水污染事故应急生态风险评估中，采用商值法进行快速评估。商值法是预测/实测的环境浓度（predicted environmental concentration，PEC）与预测的无效应浓度（predicted no effect concentration，PNEC）二者的商。

针对急性水污染事件，主要考虑的是短期暴露和在这个暴露浓度下水生生物所能承受的效应阈值或风险，因此根据常规风险商计算方法，短期风险商的计算公式是 RQ = PECacute/PNECacute。PECacute 是指测定或模型预测的暴露浓度（如 mg/L, mg/kg 等），其值可是实际测量或由暴露模型预测评估的浓度；PNECacute 是指急性效应阈值，建立在急性毒性数据的基础上，其单位与暴露浓度的单位一致。

(2) 应急生态风险等级划分

一般而言：比值大于 1，说明有风险，比值越大，风险越大；比值小于 1，则安全。但事实上，任何商值大于 0.3 的化学品都需经过更严格的风险评价。课题借鉴亚历山大水环境研究院的分级标准（WERF, 1996），分为 5 个等级，如表 12-2 所示。

表 12-2　突发性水污染事故应急生态风险等级

RQ 值范围	风险等级
<0.001	无风险
0.001~0.1	低风险
0.1~0.3	中等风险
0.3~1	高风险
>1	高风险

(3) 不确定性分析

不确定性分析是生态风险评估中必不可少的部分。使用任何一种评估技术都会产生一定的不确定性，而且这些不确定性并不能依靠技术本身来修正或者消除。不确定性主要来源于水环境生态系统的复杂性以及人类认知、实验分析结果等方面的局限性。

12.2.5　突发性水污染事故饮用水安全应急评估技术

12.2.5.1　危害识别

主要是根据人类暴露于该物质和癌症发生的相关资料、实验室控制条件下的长期动物实验研究、离体培养细胞恶性转化资料，采用分析证据权重（weight-of-evidence，WOE）的方法来判断物质的致癌程度。根据证据的权重，US EPA 将化学污染物分为致癌污染物和非致癌污染物，具体分为 5 个类别，见表 12-3。

表 12-3　US EPA 化学物质分类

类别		描述
A		确定为致癌物
B	B1	很可能致癌	有少量的人体患癌证据
	B2		动物致癌证据充分，人体致癌证据不足
C		可能为致癌物
D		没有被列为人体致癌物质
E		有证据表明为躯体毒害化学物质

12.2.5.2　暴露分析

(1) 非致癌物的暴露分析

非致癌物的暴露分析主要是计算风险化合物对风险受体的暴露量，按式（12-10）进行计算：

$$D_i = \frac{C_i \times W_i \times GI_i}{BW} \tag{12-10}$$

式中，D_i 为人体经饮用水途径对水体中风险化合物的日均暴露量，$\mu g/(kg \cdot d)$；C_i 为水体中风险化合物的浓度，$\mu g/L$；GI 为肠胃吸收因子，%；BW 为暴露人体体重，kg。

(2) 致癌物的暴露分析

致癌物的暴露分析包括测定污染水体中污染物的浓度，确定饮用人群的范围、性别年龄结构和活动特性，估计人群的饮水率、饮水持续时间等，然后依据上述信息计算饮用人群的暴露剂量。对于突发性水污染事故，污染物短时间、高剂量暴露通过饮水途径进入人体，污染物在人体的暴露量参照式（12-11）。

$$E_{\text{acute}} = \frac{Q \times C}{W} \tag{12-11}$$

式中，Q 为平均每日饮水量，L/d；C 为水体中污染物的浓度，mg/L；W 为暴露个体的体重，kg。

暴露参数的选择参照非致癌污染物的暴露估算。

12.2.5.3 效应分析

(1) 非致癌物的效应分析

非致癌物的效应分析主要是确定硝基苯的"剂量-效应"分析，对于非致癌污染物，通常认为存在"阈剂量"物质，低于"阈剂量"，健康危害不发生或观察不到健康危害，高于"阈剂量"则会有健康危害出现。因此其关键在于确定硝基苯的日均参考剂量（reference dose, RfD），即通过饮水途径进入人体不会对人体产生不利影响的最高剂量。本研究主要根据文献调研（王阳峰，2004），获取硝基苯的急性毒理学数据，根据式（12-12）获取硝基苯的急性参考剂量 aRfD。

$$\text{aRfD} = \frac{\text{NOAEL 或 LOAEL}}{\text{UF}} \tag{12-12}$$

式中，NOAEL 为观察到有害效应的剂量水平（no observed adverse effect level）；LOAEL 为观察到有害效应的最低剂量水平（lowest observed adverse effect level）；UF 为不确定性系数，主要取决于收集证据的可靠程度。

(2) 致癌物的效应分析

致癌物的效应分析即判断污染物的"剂量–效应"关系。对于致癌物，通常认为，即使低剂量暴露，也会有诱导人体发生癌症的风险。目前的研究认为，化学物致癌风险随暴露剂量的增加而线性增加。致癌风险、平均暴露剂量与暴露持续时间之间的关系可用式（12-13）表示：

$$d \times t \longleftrightarrow I \tag{12-13}$$

式中，d 为日均摄入剂量（每天摄入量）；t 为暴露持续时间，d；I 为癌症发生率。

由于致癌物与致癌风险之间表现出一种线性关系，因此致癌物一般被认为是一种无阈值物质，目前对于致癌物主要是通过定义一定的可接受水平上推导相关的控制阈值，即"致癌物人体急性暴露导致的年风险属于可接受范围内，如 US EPA 推荐的年风险度 10~6 时为人体可接受的剂量"。在确定一定的风险水平后，在假设致癌物的致癌风险与暴露剂量成线性相关的前提下，可采用慢性动物实验中所测得的毒理学数据计算致癌物急性暴露的应急控制阈值：

$$\frac{\text{ST}_a \times t_a}{d_e \times t_e} = \frac{I_a}{I_e} \tag{12-14}$$

式中，ST_a 为致癌物急性暴露的应急控制阈值，mg/(kg bw/d)；d_e 为慢性动物实验中动物的日均暴露剂量，mg/(kg bw/d)；t_a 为致癌物急性暴露持续时间，d；t_e 为动物实验暴露持续时间，d；I_a 为致癌物急性暴露人体健康可接受的年风险；I_e 为动物暴露实验中供试动物的癌症风险。

如果采用 US EPA 推荐的可接受水平，根据式（12-15），致癌物质的急性安全控制阈值可以转化为

$$ST_a = \frac{10^{-6}}{I_e} \times \frac{t_e}{t_a} \times d_e \tag{12-15}$$

12.2.5.4 风险表征

(1) 非致癌物的风险表征

主要是将硝基苯的危害识别、暴露分析以及效应分析的研究结果结合起来，并以风险度的方式定量反映硝基苯通过饮水途径对人体造成的健康风险，具体的风险度见式（12-16）：

$$R_a = \frac{D_i}{aRfD} \tag{12-16}$$

式中，R_a 为污染物急性健康风险度（量纲为1）；aRfD 为污染物的急性参考剂量，μg/(kg·d)；D_i 为人体经饮用水途径对水体中风险化合物的日均暴露量，μg/(kg·d)。

$R_a=1$，表明水体中污染物浓度造成的健康风险属于可接受的最高水平；$R<1$，表明人体中污染物浓度对人体不造成健康危害；$R>1$，表明水体中污染物的浓度对暴露人体存在健康风险，且随着 R 值的升高，对人体造成的健康风险越大。

风险表征另一项内容是进行不确定性分析。对于硝基苯饮用水健康评价而言，其不确定性来源分为3类：一是事件背景的不确定性。包括突发性水污染事件的描述、专业判断的失误以及信息丢失造成分析的不完整性。二是参数选择的不确定性。例如，气象水文条件随着季节而变化，不同的人群包括性别、年龄和地理位置等。三是模型本身的不确定性。在环境风险评价中，评价模型中的每一个参数都存在不确定性。

主要利用风险评估的结果。当水体中的浓度导致通过饮水途径获取的日均暴露量达到急性参考剂量 aRfD 时，风险表征的结果为1，即达到突发性水污染事故的最大可接受水平。因此非致癌污染物水体的安全控制阈值按式（12-17）进行计算：

$$C_{threshold} = \frac{aRfD \times BW}{C_i \times W_i \times GI_i} \tag{12-17}$$

式中，$C_{threshold}$ 为突发性水污染事故的非致癌污染物的应急控制阈值。

(2) 致癌物质的风险表征

US EPA 在进行化学物质的人体健康风险评价时，一般采用化学物质的毒性参数和人体暴露量来评价化学物质的风险大小，即风险=f（毒性，暴露量）。对于水体污染事故致癌物急性人体健康风险评价，可采用致癌物急性暴露应急控制阈值和短期暴露量表征致癌物急性风险，可以用式（12-18）表示：

$$aRisk = f(ST_a, E_{acute}) \tag{12-18}$$

式中，aRisk（急性风险度）为水体中致癌物对人体健康的急性风险度，是量纲为1的参数；E_{acute} 为人体对水体中致癌物的急性暴露量。

对于急性风险度的计算，可用式（12-19）表述：

$$aRisk = \frac{E_{acute}}{ST_a} \tag{12-19}$$

式中，aRisk 表示短时间的饮用水体污染物对人体造成的急性健康风险。如果 aRisk<1，表明水体中污染物对人体的急性暴露是"安全"的，人体在短期内饮用这一污染物浓度下的水体对人体造成的健康风险是可以接受的；如果 aRisk>1，表明水体中污染物对特定人群的暴露是"不安全"的，且 aRisk 值越大，对人体造成的健康风险就越大。

12.2.6 突发性环境风险应急控制研究

依据 US EPA 提出的典型风险化合物清单以及我国典型风险化合物清单，流域水环境突发性环境风险应急控制研究了典型风险化合物的理化性质、环境标准、环境监测方法、入水前污染物应急处理对策和入水后污染物应急处理对策，提出了 6 类 120 种典型危险化学品对土壤及水体污染的应急控制技术方法，典型风险物质应急控制措施预案，并以典型污染物为例进行了技术研发、应急措施预案的详细说明。同时研究了应急措施的二次污染和应急处理的时效性，在应急措施方案研究基础上，编写了应急处理研究报告及技术指南手册，为建立突发污染事故应急技术库提供了技术支撑。研究成果为建立水环境事故定性定量的应急处理体系、支撑危险化学品事故水污染应急处理提供理论依据。以苯胺为例说明突发性污染事故应急控制技术，见案例图 12-2-1。

案例

苯胺突发性污染事故应急控制技术

苯胺的理化性质

分子式：$C_6H_5NH_2$　　分子量：93.1
熔点：−6.2℃　　沸点：184.4℃
蒸汽相对密度：3.22(34.8℃)　蒸汽压：133.9Pa

外观性状：无色或淡黄色油状液体，具有特殊臭味和灼烧味

溶解性：与氯仿、四氯化碳、丙酮、酯类及多种有机溶剂混溶，溶于稀盐酸

危险性：遇热或明火易着火。加热分解，放出有毒的氮氧化物气体，能与空气形成爆炸性混合物。与氧化物起激烈的反应，与发烟硝酸接触立即着火

苯胺的环境标准

车间最高允许浓度/(mg/m³)	5
废气最高允许排放浓度/(mg/m³)	20
废气无组织排放监控浓度限值/(mg/m³)	0.4
生活饮用水水质卫生规范/(mg/L)	0.1(水源)
污水最高允许排放浓度/(mg/L)	1.0(一级)
	2.0(二级)
	5.0(三级)

苯胺毒性等级及分类

我国现行的毒性分级方法(根据LD_{50})	中毒
美国EPA致癌性评价分组	
我国水环境优先控制污染物(68种/类)	是
US EPA水环境129种重点控制污染物名单	否

图 12-2-1　苯胺突发性污染事故应急控制技术

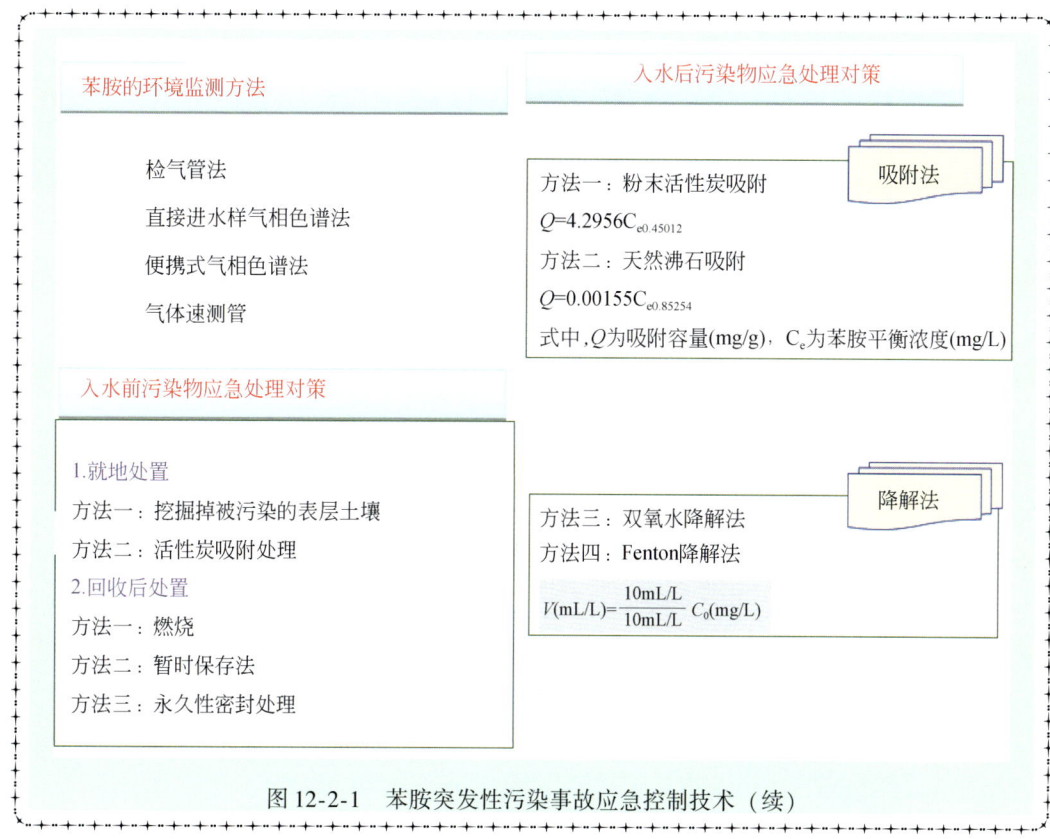

图 12-2-1 苯胺突发性污染事故应急控制技术（续）

12.3 流域水环境累积性环境风险管理

12.3.1 流域水环境累积性环境风险管理技术需求及路线

参考美国《累积性风险评价技术框架》，水环境累积性风险预警分析包括 3 个阶段：

第一阶段：问题识别与形成阶段。由风险管理、评估方法和其他利益方确定目标、范围以及关注要点。其成果产出是一个反映相关要素相互作用的概念模型和分析计划。

第二阶段：问题分析阶段。主要包括研究暴露特征，分析多种压力之间的相互作用，预测预警对生态受体遭受的风险。在该阶段，需要分析许多复杂的技术问题，比如混合物毒性、压力源相互作用、物理条件改变等化学或非化学因素；多需要借助模型等工具建立累积性风险压力与生态受体响应之间的关系。该阶段的核心成果产出是针对研究受体、多种压力源完成风险分析，实现预警功能。

第三阶段：风险描述和预警评估阶段。风险描述是对暴露于人类活动各种压力之下的生态受体相关不利响应的综合判断和表达。由于人类活动的多样性、组合性和复杂性，以及水生态系统的系统性、复杂性，风险表征可通过建立预警评估指标体系，依靠实验研究、模型模拟计算工作获取数据，开展定性、定量的风险预警评估，表述不同时段的水环境安全风险。

围绕累积性环境风险的内涵与管理需求，从污染源的常态管理、流域水环境质量管理、累积性水环境风险评估到流域水质安全预警等 4 个方面开展研究，初步建立累积性环境风险管理技术体系，并在典型区域开展方法的实例验证工作。具体技术路线见图 12-7。

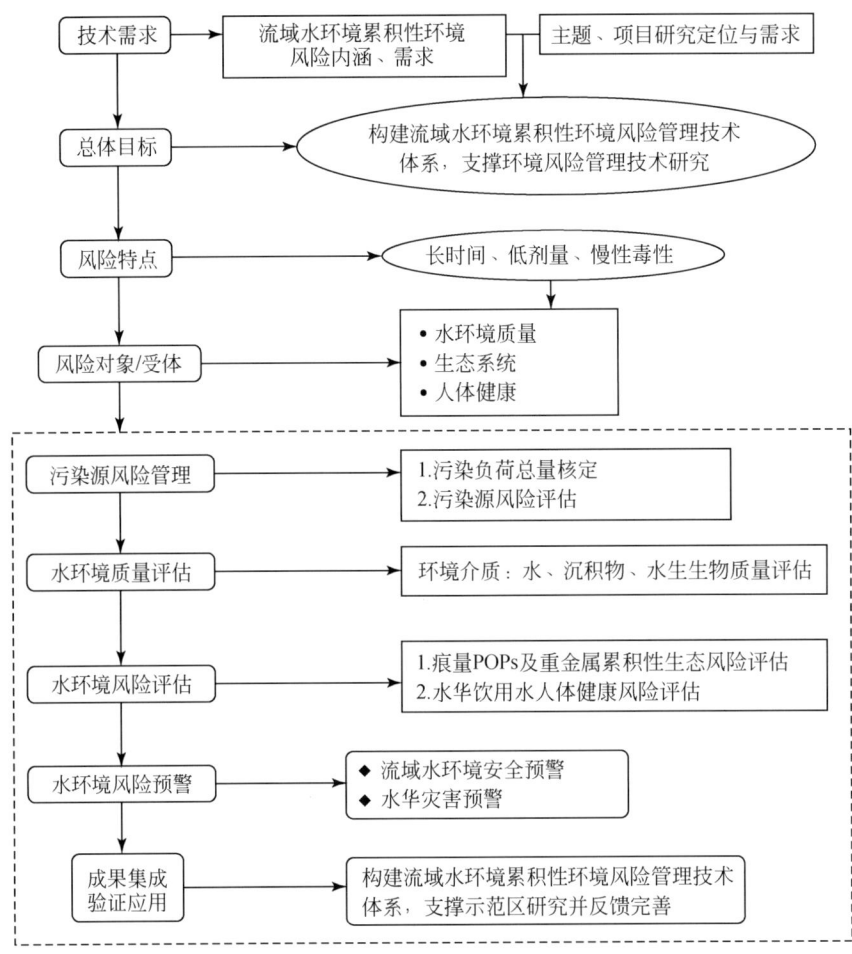

图 12-7　流域水环境累积性环境风险管理技术路线

12.3.2　流域水环境污染源风险管理技术

12.3.2.1　废/污水综合毒性评估技术研究

(1) 成组生物毒性测试方法的建立

1) 成组生物毒性测试技术筛选原则。

不同的受试生物对不同类型行业废水的敏感性存在一定的差异。因此，选择和建立合适的生物毒性测试技术，有利于准确表征废/污水的生物毒性。根据国内外有关研究成果，确立典型生物毒性测试技术的筛选原则：①受试生物不少于 3 种营养级别（包括生产者、消费者和分解者），测试方法应有标准方法（如国家标准、ISO 标准等）；②测试技术具有较强灵敏性，测试结果应能反映废/污水对生物的急性毒性、慢性毒性或遗传毒性；③供试生物易获得、培养；④实验方法费用低、易操作、省时。

2）行业废水对不同生物急性毒性的敏感性差异。

将所有的行业废水样品对同一种生物的毒性进行统计分析，用变异系数 CV 表示该物种对所有行业废水的毒性的敏感性差异指标，不同生物对所有行业废水毒性的敏感性差异比较见图 12-8。可以看出，不同受试生物对各种行业废水生物急性毒性的敏感性差异为：斑马鱼>小型溞>大型溞>浮萍>绿藻>发光菌。

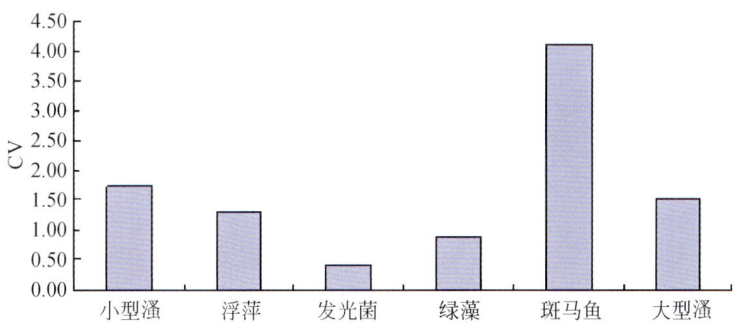

图 12-8　不同受试生物对各种行业废水生物急性毒性的敏感性差异

3）生物毒性测试技术的经济技术指标比较。

典型生物毒性测试技术、经济指标比较见表 12-4。我国在生物毒性检测技术方面起步较慢，目前仅部分生物毒性检测方法被列入标准或指南，包括溞类、鱼类、发光细菌的急性试验技术，藻类生长抑制试验，发芽/根生长毒性试验，细菌回复突变试验，SOS/umu 遗传毒性试验，微核试验等。从列入标准或规范的测试技术来看，我国对废污水生物毒性的关注程度大小排序为：急性毒性（遗传毒性）>慢性毒性（内分泌干扰毒性）。从费用-效率角度考虑，溞类运动抑制/致死试验、发光菌急性毒性试验、鱼类急性毒性试验的费用-效率要优于藻类生长抑制试验；微核试验要优于细菌回复突变试验、SOS/umu 遗传毒性试验。尽管小型溞对典型行业废水毒性敏感性要稍优于大型溞，但大型溞是毒性试验使用最广的一种。国际标准 ISO6341 和我国国家标准都把大型溞为准试验动物，因此我们在使用过程中倾向于选择大型溞。

表 12-4　典型生物毒性测试技术、经济指标比较

毒性指标	检测技术	计费标准/(元/组数据)	营养级别	测试时间
急性毒性	藻类生长抑制试验②	450~500	生产者	3~7d
	溞类运动抑制/致死试验①	300~450	消费者	24~96h
	鱼类急性毒性试验①	400~500	消费者	24~96h
	发光细菌急性毒性试验①	40~50	分解者	15~30min
	发芽/根生长毒性试验②		生产者	5~7d
慢性毒性	溞类慢性毒性（生命周期评价）试验③		消费者	21d
	鱼类慢性毒性试验③		消费者	>30d

续表

毒性指标	检测技术	计费标准/(元/组数据)	营养级别	测试时间
遗传毒性	细菌回复突变试验[②]	2800~3000	分解者	1~2h
	SOS/umu 遗传毒性试验[②]	1500~1600	分解者	1~2h
	微核试验[②]	300~350	消费者	5-7d
内分泌干扰性	双杂交酵母法[③]		分解者	3~4h
	鱼类内分泌干扰性试验[③]		消费者	

[①] 我国已建立标准。
[②] 我国已建立指南或规范。
[③] 未列入标准、指南、规范

4）成组生物毒性测试技术的构成。

根据成组生物毒性测试技术筛选原则，结合不同行业排水对各种受试生物的急性毒性、遗传毒性测试结果和生物毒性测试技术的经济技术指标，确定一套适于废/污水生物毒性测试的成组生物毒性测试技术，包括大型溞类急性毒性试验、斑马鱼急性毒性试验、发光细菌急性毒性试验、蚕豆根尖微核毒性试验。

(2) 废/污水综合生物毒性评价研究

废/污水生物毒性评价技术包括两大类型：单一生物毒性指标评价法和多指标生物毒性评价法。不同的评价方法在评价结果上存在一定的差异，探讨适于废/污水生物毒性评价技术方法，对污染源的管理具有重要意义。利用建立的成组生物毒性测试技术，研究辽河、太湖以及潭江流域典型区域（辽阳、常州、江门）纺织印染、化工、电子电镀、造纸、食品等行业及城市污水处理厂排水的生物毒性，探讨适于表征废/污水综合生物毒性的评价技术。

从现有的废水综合毒性评价方法来看，主要有潜在生物毒性效应指数法（potential ecotoxic effect probe，PEEP）、稀释效应平均比率法和预测毒性指数法（CHIMIOTOX）。预测毒性指数法只是将各种污染物的毒性指数进行叠加，并没有考虑到不同污染物之间的相关关系，如拮抗、协同效应等；计算结果与实际检测结果往往存在较大的差异，只能提供一个方向性的指引，适用于在没有生物毒性检测条件下对污染源的综合生物毒性评估。稀释效应平均比率法不仅能将不同生物毒性测试结果进行统一，且能给出综合生物毒性的风险级别，但这一方法仅针对废水对生物的急性毒性，而没有考虑废水的遗传毒性等，其评价结果存在一定的片面性。PEEP 指数法的优点在于其具有很强的包容性，能将不同类型的检测结果进行统一，如废水的急性毒性、慢性毒性、遗传毒性等，且计算简单，结果易于解释，具有很强的可操作性。在 Costan（1993）提出的 PEEP 指数计算公式中，毒性指纹综合了供试样品经生物降解前和降解后的毒性测试结果。为使计算结果更直接反映典型行业排水的生物毒性，本研究将采用修改后的 PEEP 指数法对典型行业排水的综合生物毒性进行研究，其计算公式见式（12-20）~式（12-22）。结合上述相关的研究成果，提出将废/污水综合生物毒性按 PEEP 指数值进行毒性等级划分（表12-5）。

表 12-5 废水综合毒性分级评价标准

PEEP 指数	毒性级别	毒性等级
>5.0	剧毒	5
4.0~5.0	高毒	4
3.0~4.0	中毒	3
2.0~3.0	低毒	2
0~2.0	微毒	1

$$\mathrm{PEEP} = \log\left(1 + n\left(\sum_{i=1}^{N} T_i/N\right)Q\right) \quad (12\text{-}20)$$

$$\mathrm{TC} = \sqrt{\mathrm{LOEC}_i \times \mathrm{NOEC}_i} \quad (12\text{-}21)$$

$$T_i = 100\%(\text{体积分数})/\mathrm{TC} \quad (12\text{-}22)$$

式中，TC 为有害物质 i 的阈值，%（体积分数）；LOEC_i 为有害物质 i 的最小影响浓度，%（体积分数）；NOEC_i 为有害物质 i 的最大无作用浓度，%（体积分数）；T_i 为有害物质 i 的毒性单位，TU；n 为各生物测定结果的阳性结果测定数；N 为参与评价的生物毒性指标数；Q 为排水量，m^3/h。

12.3.2.2 污/废水毒性鉴定评价体系

针对我国流域水环境污染物控制与风险评价方面的不足，借鉴并改进现有的生物毒性甄别评价技术，结合化学分析方法，通过不同处理甄别致毒污染物类型，通过进一步分析（添加、去除、相关分析等）确证导致污染源生态毒性的关键毒害污染物，从而建立关键污染物质源解析技术，并在此基础上筛选出典型流域优控污染物清单。

(1) 毒性鉴定评价方法体系

废水毒性鉴定评价是指利用一系列模式生物，采用标准化测试方法，以存活、生长发育等作为测试终点，判断废水综合毒性，通过毒性测试与物理化学处理相结合，确定废水有毒物质成分。发达国家和地区已先后建立毒性鉴定评价方法，制定废水排放的毒性标准。其中，US EPA 的毒性鉴定评价（toxicity identification evaluation，TIE）方法最为突出。欧盟也发展了另一种毒性鉴定评价方法，即效应导向分析（effect-directed analysis，EDA）方法。效应导向分析主要针对废水有机提取物，采用分级分馏与快速毒性测试相结合的方法来甄别各种致毒物质。

废水毒性鉴定评价涵盖三大类污染物，即挥发性物质、金属、有机物。TIE 方法主要针对挥发性物质或气体（氨、氯等）、金属和非极性有机物，多采用活体生物毒性测试，而 EDA 方法在有机物鉴定方面有优势，多采用快速毒性测试。因此，我们建议在实际应用过程中，结合 TIE 和 EDA 两种方法，将我国废水毒性鉴定评价体系分为物化表征、基本毒性表征和致毒物质鉴定评价三部分，提出开展废水毒性鉴定评价方法体系的建议，如图 12-9 所示。

(2) 推荐的毒性鉴别评价程序

废水 TIE 采用成组活体生物测试，分别采用曝气方法除挥发性物质，沸石吸附 NH_3，$\mathrm{Na}_2\mathrm{S}_2\mathrm{O}_3$ 除 Cl_2，通过这三部分可判断致毒的挥发性物质或气体。采用 EDTA 螯合金属离子

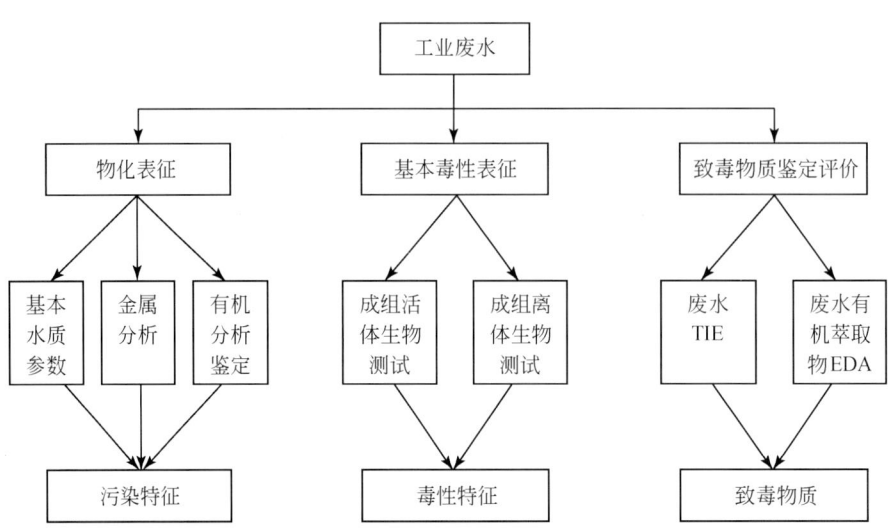

图 12-9 我国废水毒性鉴定评价方法体系

或采用阳离子交换树脂吸附金属离子,可判断致毒的金属离子。采用 C_{18}、HLB 单个或相结合的方式进行固相萃取,可判断有机致毒物质。有机提取物 EDA 采用分级毒性快速测试,以 YES/YAS 方法鉴定内分泌干扰物、以 SOS/umu 方法鉴定遗传毒性物质,以 EROD 酶方法鉴定二噁英及类二噁英化合物,采用发光菌、微藻方法测试基本毒性。

12.3.3 流域水环境累积性风险评估技术

生态风险评估主要评价受体暴露于一个或者多个压力因子后已经产生或者将要产生不利生态影响的可能性:①这种压力有内在的能力产生一个或者多个不利影响;②发生于生态系统或者接触到生态组分(换言之,有机体,种群,群落,或生态系统)足够长的时间和一定的强度,由此产生不利生态影响。生态风险评估可以评估一个或者多个压力因子和生态组分。

生态风险评估能帮助识别环境问题,确定优先次序和为管理行动提供科学的依据。这个过程可甄别已存在的风险,或者预测尚未存在的环境中压力风险。然而,风险评估不是解决所有环境问题的方法,但是它们在找出和解决环境问题时扮演着非常重要的角色。

12.3.3.1 流域水环境 POP 累积性生态风险评估

借鉴 US EPA 生态风险发布的《生态风险评估框架》(*Framework for Ecological Risk Assessment*,EPA/630/R-92/001)、《生态风险评估导则》(*Guidelines for Ecological Risk Assessment*,EPA/630/R-95/002F),以及 US EPA 在 Cheseapeake Bay 开展生态风险评估的研究实例(US EPA,1992,1998),结合我国的国情,初步构建流域水环境 POP 累积性生态风险评估技术。本评估框架主要包括以下几步。

(1) 风险问题识别

本阶段是生态风险评估的第一个阶段,也是整个评价的依托和基础,研究内容主要包括初步的暴露表征和效应表征研究。在本阶段主要收集整理科学数据以及当地相关管理部门面临的政策和管理问题，来阐述评估的可行性、范围和生态风险评估的目的。

本阶段研究成功与否有3个关键的因素：所研究生态系统的组成和结构、构建压力和评估终点之间的概念模型、制订分析计划。本阶段的主要目标是建立风险评价的目标，确定存在的问题，制订分析数据和表征风险的计划。

1）生态系统组成和结构。通过标准生物采样方法进行水生生物采集并进行物种鉴定，明确该区域的优势物种，同时调查该区域的敏感物种，及需要特别保护的物种。

2）甄别风险污染物。对于已知需要评价的污染可直接进行下一步的评价；而对于未确定的风险污染物需要根据其监测浓度、检出率、PBT（持久性、富集性、毒性）原则和使用情况，筛选需要进行风险评价污染物优先序并列清单。

(2) 风险表征

"风险表征"是生态风险评估的最后阶段，是对暴露于各种压力下的有害生态效应的综合判断和表达，最后结果是得出风险污染物的风险水平或称为风险度，其表达方式有定性和定量两种。在表征方法上又分为点评估和概率评估，当数据、信息资料充足时，人们多以概率评价为主。

1）商值法（risk quotients，RQ）：将实际监测或由模型估算出的环境暴露浓度（EEC或PEC）与表征该物质危害程度的毒性数据（预测的无效应浓度PNEC）相比较，即用环境暴露浓度除以毒性终点值，从而计算得到风险商值（RQ）的方法。比值大于1，说明有风险，比值越大，风险越大；比值小于1，则安全。此时，各种化学物的参考剂量和基准毒理值被广泛应用。

2）概率风险评价法（probabilistic ecological risk assessment，PERA）：将每一个暴露浓度和毒性数据都作为独立的观测值，在此基础上考虑其概率统计意义。暴露浓度和物种敏感度都被认作来自概率分布的随机变量，二者结合产生风险概率。常用的概率风险评价法包括安全阈值法和商值分布法。

(3) 风险分析

在"分析阶段"主要包括两项基本活动：暴露表征和生态效应表征。一般而言，暴露表征数据可以来自于现场监测数据，也可以是根据模型推导出的数据；生态效应表征的数据主要源于 US EPA 毒理数据库。

1）暴露表征：包括污染物时间分布特征、污染物空间分布规律和变化规律的确定。在暴露表征过程中会应用很多技术。对于污染物暴露表征，经常会同时使用模型模拟数据和监测数据。现有的监测数据包括释放到环境中监测值。另一个要考虑的重要因素是污染物同生物系统的作用时间。有机体生命阶段相关的压力作用时间和活动模式会极大影响到不良效应的发生。

2）生态效应表征：分析压力和问题形成期确定的评估和测量终点之间的关系，其主要目的是建立压力因子和受体之间的剂量-效应关系。确定胁迫因子的危害及临界效应浓度或阈值浓度。鉴于以单物种毒性测试数据为基础的物种敏感度分布曲线法在生态风险评价及基准值的制定过程中都得到广泛应用，本研究主要采用该方法进行风险污染物的生态效应阈值的计算，使用蒙特卡罗方法进行 SSD 曲线的构建与分析。

(4) 不确定性分析

使用任何一种生态风险技术均会产生一些不确定性。不确定性主要来源于以下几个方面：

1）暴露评估：实验室获得的监测数据存在系统误差和偶然误差；通过模型推导的暴露数据会因为各种参数的选择导致不确定性；

2）生态效应评估：在毒理数据的种间外推、从实验室数据外推到野外暴露等方面等都是产生不确定性的重要来源；

3）物种敏感性差异评估：研究区域中优势物种、敏感物种或者需要特别保护的物种，它们对风险污染物不同的毒理响应是产生不确定性的一个重要因素。

12.3.3.2　湖泊水华累积性风险对人体健康的风险评估

近年来，大量生活、工业污染物排入水体，造成我国主要地表水源地氮、磷及有机物严重污染，富营养化问题突出，水华污染事件时有发生。在饮用水源地水华暴发时，如何正确、有效地评价饮用水源水华具有的人体健康风险，已成为环境管理者和环境科研者需要共同面对的课题。因此，本研究以保护人体健康为目的，通过识别饮用水源地水华存在的人体健康危害，结合水处理过程对特征污染物的影响，采用人体健康风险评价模型，客观有效地评价饮用水源地水华的人体健康风险。

人体健康风险评价的研究起步于20世纪30年代，经过近1个世纪的发展，目前已经形成一系列有关健康风险评价的技术性文件、准则和指南（US EPA，1986b，c，d，1989b，1996）。其中，具有里程碑意义的文件是1983年美国国家科学院（National Academy of Sciences，NAS）出版的健康风险评价红皮书《联邦政府的风险评价：管理程序》（NRC，1983）。该报告将健康风险评价分为4个步骤——危害鉴定、"剂量-效应"评估、暴露评估和风险表征，并对各部分做了明确的定义。本研究以人体健康风险评价技术作为基本的框架，主要开展以下研究工作：饮用水源地水华对人体健康的危害识别、MC-LR和DBP的"剂量-效应"关系研究、MC和DBP的人体暴露评价、水华健康风险表征及预警阈值研究。其主要的技术路线如图12-10所示。

12.3.4　流域水环境风险预警技术

结合流域水环境累积性风险预警内涵与需求分析，依据主题、项目对本研究定位，在与预警相关基础信息采集、流域水生态分区等课题成果衔接基础上，借鉴国外《累积型风险评价技术框架》，从累积性风险预警内涵和需求出发，针对水环境、生物群落、生物个体3个层面的生态受体，着眼于累积性风险问题识别/形成、问题分析、问题描述等步骤，实施流域水环境累积性风险预警分级研究；研究构建流域尺度、生物群落尺度、生物个体尺度水环境预警模型等关键技术；凝练集成流域水环境累积性风险（分级）预警技术体系，在示范区开展验证应用，支撑示范区累积性风险管理。

流域水环境累积性风险预警研究技术思路如图12-11所示。

12.3.4.1　流域水环境生物早期预警技术

（1）预警指标选择

生物个体行为监测预警技术是建立在课题组已有的生物早期监测系统开展的适用性研究。课题在前期基础上对预警生物和预警指标进行本土化生物选择和条件优化：对于单细

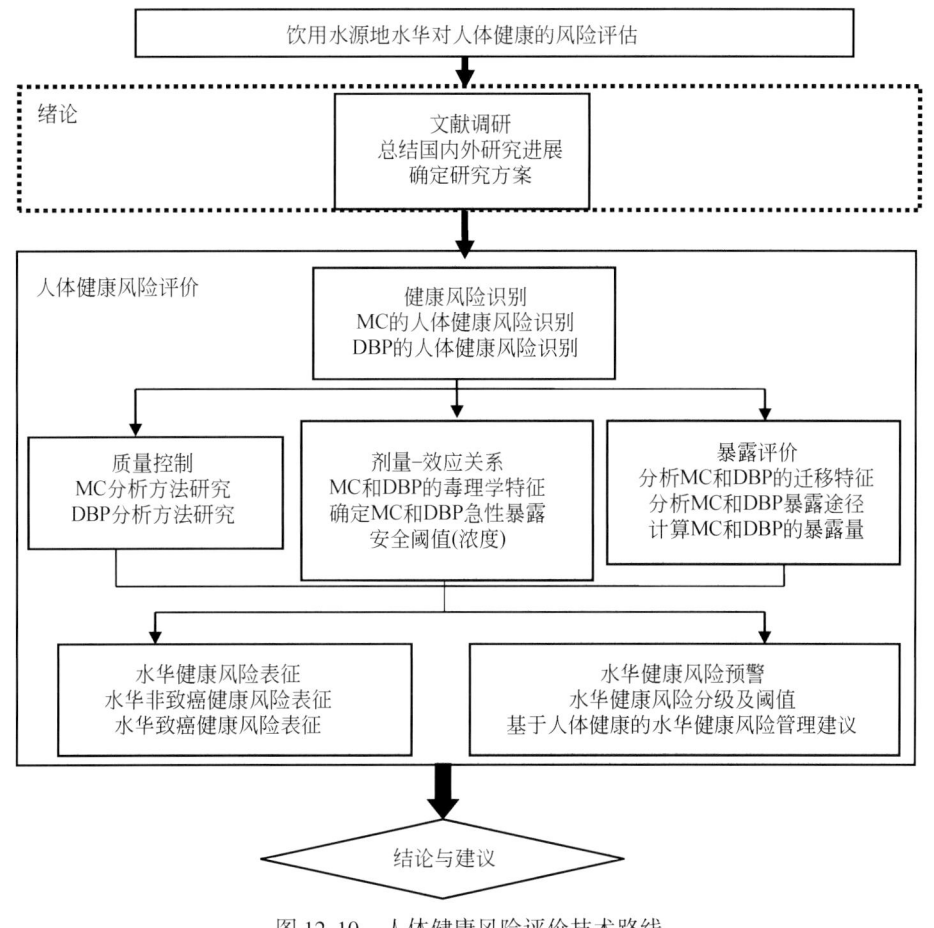

图 12-10 人体健康风险评价技术路线

胞藻类，分别以小球藻、衣藻、栅藻作为研究藻种，以藻液光密度值、叶绿素含量、光合效能值、藻细胞体积为监测指标进行重金属毒性研究。依据测定结果进行统计分析，建立不同污染物浓度与藻类生长、叶绿素荧光特性间的关系。对于鱼类，分别以草鱼（幼鱼）、稀有鮈鲫、斑马鱼 3 种鱼类作为研究对象，以呼吸频率和呼吸强度作为预警指标建立鱼类在线预警系统。

（2）预警方法建立

1）重金属污染单胞藻预警监控。

以小球藻、衣藻、栅藻作为测试藻种，采用等对数方法配置不同浓度的 Hg^{2+}、Cu^{2+}、Cd^{2+}、Zn^{2+} 溶液，利用藻类在线监测系统研究重金属急性毒性效应。系统在线监测间隔时间分别设置为 30min、1h、2h，监测时间分别为 3h、6h 和 12h。利用藻类在线监测系统 A-Tox 软件自动记录的数据进行分析。

藻类在线水体生态毒性监测系统研究 Cu^{2+} 对 3 种绿藻毒性效应结果表明：基于 Probit 模型对 Cu^{2+} 浓度、藻类光合效率抑制率进行统计分析得出，不同反应时间下 Cu^{2+} 对 3 种藻光合影响的 EC_{50}、EC_5 值表明，小球藻对 Cu^{2+} 最为敏感，其次是衣藻，最后是栅藻。以达到抑制率 5% 时的 EC_5 为标准，当反应时间为 1h 时，Cu^{2+} 对蛋白核小球藻毒性作用的 EC_5

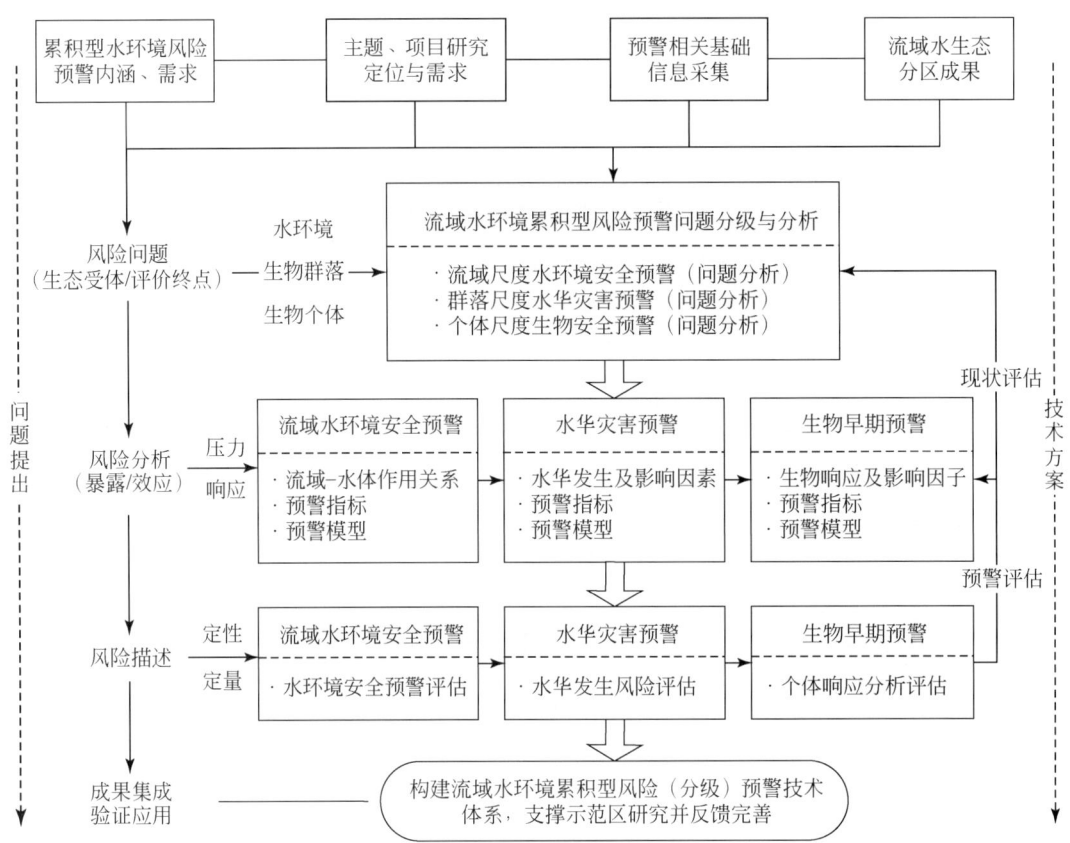

图 12-11 流域水环境累积性风险预警研究技术思路

值小于《地表水环境质量标准》（Ⅱ～Ⅴ类）中规定 Cu^{2+} 的浓度标准（1.0 mg/L）。当反应时间为 2h 时，Cu^{2+} 对蛋白核小球藻、莱茵衣藻毒性作用的 EC_5 值小于我国《地表水环境质量标准》（Ⅱ～Ⅴ类）中规定 Cu^{2+} 的浓度标准（1.0 mg/L）。如以检测 1.0mg/L Cu^{2+} 为标准，以蛋白核小球藻为测试生物时，反应时间为 0.5h 的抑制率为 4%，反应时间为 1h 的抑制率为 10%，反应时间为 2h 的抑制率为 25%。以莱茵衣藻为测试生物时，反应时间为 0.5h，检测不到抑制率；反应时间为 1h 的抑制率为 2%；反应时间为 2h 的抑制率为 9%。以斜生栅藻为测试生物时，反应时间为 0.5h，检测不到抑制率；反应时间为 1h 的抑制率为 2%；反应时间为 2h 的抑制率为 4%。因此，在监测水环境中 Cu^{2+} 污染时，蛋白核小球藻是最适测试藻种，监测系统参数设置为：反应时间为 0.5h，报警值为 4%。

藻类在线水体生态毒性监测系统研究 Hg^{2+} 对 3 种绿藻毒性效应结果表明：小球藻对 Hg^{2+} 最为敏感，其次是衣藻，最后是栅藻。Hg^{2+} 对小球藻的 0.5h EC_{50} 为 29.91mg/L、1h EC_{50} 为 23.39mg/L、2hEC_{50} 为 20.87 mg/L。从监测结果分析发现，对小球藻光合作用产生抑制作用的最低浓度值远大于我国《地表水环境质量标准》（Ⅱ～Ⅴ类）中规定 Hg^{2+} 的浓度标准（0.000 05～0.001mg/L）。因此，藻类在线水体生态毒性监测系统不适于地表水质量分类监测，可用于 Hg^{2+} 的突发污染事故。在监测水环境中 Hg^{2+} 突发性污染事故时，可选取敏感藻类小球藻作为藻类在线水体生态毒性监测系统的测试藻类，如以达到抑制率 5% 时的 EC_5 为检测极限，不同反应时间的检测限值为：0.5h 为 12.74mg/L、1h 为 10.86mg/

L、2h 为 7.81mg/L。为及时预警 Hg^{2+} 突发性污染事故,建议系统设置为反应时间 0.5h、抑制率为 4%(对应的 Hg^{2+} 浓度检测限为 12.06mg/L)。

藻类在线水体生态毒性监测系统研究 Cd^{2+} 对 3 种绿藻毒性效应结果表明:小球藻对 Cd^{2+} 最为敏感,其次是栅藻,最后是衣藻。基于 Probit 模型对 Cd^{2+} 浓度、藻类光合效率抑制率进行统计分析得出,Cd^{2+} 对小球藻的 0.5h EC_{50} 132.59 mg/L、1h EC_{50} 为 121.25mg/L、2h EC_{50} 为 67.27mg/L。从监测结果分析发现,对小球藻光合作用产生抑制作用的最低浓度值远大于我国《地表水环境质量标准》(V 级)中规定 Cd^{2+} 的浓度标准(0.001~0.01mg/L)。因此,藻类在线水体生态毒性监测系统不适于地表水质量分类监测,但可用于 Cd^{2+} 的突发污染事故。在监测水环境中 Cd^{2+} 突发性污染事故时,可选取敏感藻类小球藻作为藻类在线水体生态毒性监测系统的测试藻类,如达到抑制率 5% 时的 EC_5 为检测极限,不同反应时间的检测限值为:0.5h 为 24.73mg/L、1h 为 13.8mg/L、2h 为 8.2mg/L。为及时预警 Cd^{2+} 突发性污染事故,建议系统设置为反应时间 0.5h、抑制率为 4%(对应的 Cd^{2+} 浓度检测限为 22.20mg/L)。

藻类在线水体生态毒性监测系统研究 Zn^{2+} 对 3 种绿藻毒性效应结果表明:小球藻对 Zn^{2+} 最为敏感,其次是衣藻,最后是栅藻。Zn^{2+} 对小球藻的 0.5h EC_{50} 为 449.90mg/L、1h EC_{50} 为 208.52mg/L、2h EC_{50} 为 81.11mg/L。从监测结果分析发现,对小球藻光合作用产生抑制作用的最低浓度值远大于我国《地表水环境质量标准》(Ⅱ~V 类)中规定 Zn^{2+} 的浓度标准(1.0~2.0mg/L)。因此,藻类在线水体生态毒性监测系统不适于地表水质量标准监测,可用于 Zn^{2+} 的突发污染事故预警。在监测水环境中 Zn^{2+} 突发性污染事故时,可选取敏感藻类小球藻作为藻类在线水体生态毒性监测系统的测试藻类,如以达到抑制率 5% 时的 EC_5 为检测极限,不同反应时间的检测限值为:0.5h 为 32.01mg/L、1h 为 37.79mg/L、2h 为 14.46mg/L。为及时预警 Zn^{2+} 突发性污染事故,建议系统设置为反应时间 0.5h、抑制率为 4%(对应的 Zn^{2+} 浓度检测限为 27mg/L)。

因此,利用藻类在线水体生态毒性监测系统在线监测水体重金属突发性污染事故时,最适测试藻类是蛋白核小球藻,系统报警设置为:反应时间 0.5h、报警值为抑制率 4%。依据报警抑制率值对应的重金属浓度来判断,小球藻对 Cu^{2+} 最敏感,其次是 Hg^{2+},再次是 Cd^{2+},最后是 Zn^{2+}。

2)重金属污染鱼类行为预警。

实验仪器为鱼早期预警系统(BIO-SENSOR7008,美国生物监测公司 BMI),主要包括 4 部分:呼吸监测传感器(Bio-Sensor)、信号过滤放大器(Bio-Amp)、计算机数据处理及显示系统、自动报警与水质采样器。当鱼呼吸时,鱼类神经肌肉活动的总和产生微伏生物电信号,其中最强的就是呼吸信号。这个信号被呼吸室的电极接收,然后送到信号过滤放大器,经过过滤、放大的信号被传送到计算机上,由计算机根据预设统计算法判断是否发生异常反应,在超出阈值范围的情况下发出警报信号,自动采样器同步采集水样,再通过理化分析,确定水质变化情况。

鱼类呼吸反应实验系统统计算法使用移动平均法(moving average),设定评估间隔为 8min,设定统计计算的样本为 6 个,报警标准偏差阈值系数为 3,报警鱼数量为 6 条。

通过三种鱼类呼吸行为对不同类型污染物胁迫的响应研究,分析呼吸指标(呼吸频率、呼吸强度)对有毒污染物的响应变化,发现不同类型不同浓度污染物对鱼类呼吸反应也不一致，如表 12-6 所示，随着暴露浓度的增加，重金属 Hg、Cu 对斑马鱼、草鱼呼吸频率（VF）、呼吸强度（VA）均显著升高；Hg 对稀有鮈鲫 VF 则先升高，再降低，Hg、Cu 对鱼类呼吸行为刺激作用显著；Zn、Pb 则对几种鱼类 VF、VA 有显著的抑制作用；Cd 则对鱼类 VF、VA 大多先升高，随着时间的推移，VF、VA 再减缓。

表 12-6 三种鱼类呼吸行为对重金属胁迫的响应

毒性污染物名称	斑马鱼		草鱼		稀有鮈鲫	
	VF	VA	VF	VA	VF	VA
Hg^{2+}	↗	↗	↗	↗	↗↘	↗
Cu^{2+}	↗	↗	↗	↗	↗	↗
Cd^{2+}	↗↘	↗	↗↘	↗↘	↗↘	↗↘
Zn^{2+}	↘	↘	↘	↘	↘	↘
Pb^{2+}	↘	→	↘	→	↘	→

三种鱼类呼吸行为对 Hg、Cu 胁迫在 0.4～0.8U 浓度时变化明显，尤其是在锌的 0.05U 浓度时呼吸频率即出现明显的下降（表 12-7）。结果显示，斑马鱼、稀有鮈鲫和草鱼的呼吸频率与呼吸强度对除铅外的其他 4 种重金属胁迫反应敏感，是较好的呼吸行为预警指标。

依据鱼类急性毒性实验和呼吸行为反映的实验结果，相比较而言，稀有鮈鲫是一种非常好的预警指示鱼类，其次是草鱼幼鱼和斑马鱼。但由于稀有鮈鲫目前还无法大批量养殖，在来源上受到限制；而符合规格的草鱼幼鱼具有较强的季节性，无法全年提供合适规格的实验鱼。结合预警鱼类的规格要求、易得性、分布情况及驯养条件，初步筛选斑马鱼作为预警实验主要对象。

表 12-7 三种鱼类呼吸行为变化响应值

重金属	斑马鱼（呼吸反应变化值/对应浓度）/(mg/L)		草鱼（呼吸反应变化值/对应浓度）/(mg/L)		稀有鮈鲫（呼吸反应变化值/对应浓度）/(mg/L)	
	VF	VA	VF	VA	VF	VA
Hg^{2+}	0.4U/0.056	0.4U/0.056	0.4U/0.090	0.2U/0.045	0.4U/0.040	0.2U/0.020
Cu^{2+}	0.4U/0.070	0.4U/0.070	0.4U/0.037	0.2U/0.018	0.4U/0.048	0.4U/0.048
Cd^{2+}	0.8U/5.198	0.8U/5.198	0.1U/1.847	0.4U/7.388	0.4U/2.143	0.4U/2.143
Zn^{2+}	0.05U/2.224	0.1U/4.448	0.05U/1.569	0.1U/3.137	0.05U/0.637	0.1U/1.274
Pb^{2+}	1U/116.430		0.8U/95.736	1U/119.67	0.8U/89.552	

在进一步对斑马鱼预警重金属的响应阈值研究结果表明：Hg^{2+}、Cu^{2+}、Cd^{2+}、Zn^{2+}、Pb^{2+} 等 5 种重金属对斑马鱼呼吸参数的预警浓度分别为 0.08 mg/L、0.08 mg/L、4.8 mg/L、7.5 mg/L、10.5mg/L，预警浓度低于 96h LC_{50} 值，约为安全浓度的 2～9 倍。预警反应时间分别为 40min、32min、30min、24min、24min。斑马鱼对 Hg^{2+}、Cu^{2+} 的预警浓度最低，

对 Pb^{2+} 的预警浓度较高；但相对斑马鱼 96h LC_{50} 而言，Zn^{2+} 对斑马鱼呼吸反应最为敏感，其次为 Cu^{2+} 及 Hg^{2+}。

案例

三峡水库支流香溪河秭归段生物早期在线预警的测试与应用

在三峡水库支流的香溪河秭归段进行了生物早期在线预警的测试与应用。香溪河水域作为三峡水库重要支流，特别是三峡库区蓄水以来，香溪河水流速滞缓，水质持续恶化，对库区环境和长江水质造成直接影响。研究表明，与蓄水前的历史数据相比，三峡水库蓄水后，香溪河库湾溶解态 Cu、Pb 和 Cd 的浓度都呈升高趋势，也显著高于长江干流其他水域，表明香溪河水体存在重金属污染的影响。在这里开展现场测试工作，对整个三峡库区尤其是支流、库湾的生物监测预警工作具有重要的示范意义，有利于建立具有普遍推广意义的生物早期预警技术示范体系。

研究结果见图 12-3-1。香溪河秭归段水体中氮、磷、溶解氧的含量在预警浓度阈值之上，重金属含量在预警浓度阈值之下；香溪河干流沿线的废污水排放口水样均出现报警情况，说明香溪河干流存在点面源污染的环境风险。

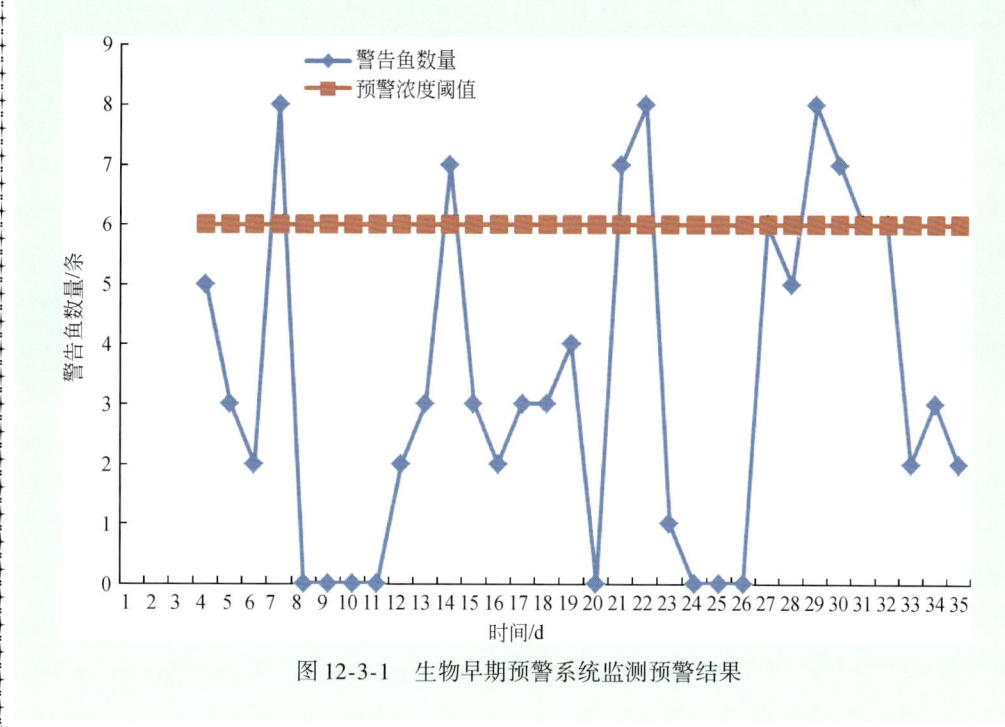

图 12-3-1 生物早期预警系统监测预警结果

12.3.4.2 水华预警预测技术

从机理模型、遥感反演以及长序列监测数据统计分析 3 个方面开展水华预警技术研究，并针对太湖、三峡等典型水华发生区域开展实例验证工作。

基于太湖流域重污染区域内的实时水环境自动监测数据以及水文气象资料、水下地形资料、遥感影像资料，通过构建综合考虑水动力条件、气象条件、营养盐条件和底泥影响的水质蓝藻预测预警模型，并使用长时间序列的、大量而又系统的实测资料进行模型的参数率定，获得的模型在预测结果达到较高精度的条件下，实现在太湖重污染区的水质和蓝藻水华的预测预警工作中成功应用。

通过开展太湖流域地标温度与地表类型的关系分析，波浪湖流对水体中营养盐、光及有效辐射的影响等研究，在进行 SWAN 和 FVCOM 模式耦合的底泥再悬浮及藻类生长输移模拟的基础上，运用卫星遥感监测技术，构建太湖蓝藻水华遥感监测及预警模型，快速获得太湖蓝藻水华空间分布信息，为太湖大尺度蓝藻水华动态监控与预警提供技术手段。

除了机理模型以及遥感反演等方法，利用水华发生区域长序列环境监测数据，通过多元回归、人工神经网络等统计分析方法，建立水华预警指标与环境因子的响应关系模型。以三峡水库支流为例，研究了基于监测数据统计分析的水华预警预测模型技术。

12.3.4.3 流域层面水环境安全预警技术

综合考虑社会经济–土地利用–负荷排放–水质水动力等要素的耦合作用，研究建立了基于 S-L-L-W 的水环境预警综合模型框架；逐一确立了社会经济（S）、土地利用（L）、污染负荷（L）、水质水动力（W）等单项模块；采用 SD、CA-MARKOV、SWAT、EFDC 等模型联用实现模拟和集成。基于 S-L-L-W 预警综合模型的集成构建，在方法上有效实现了从流域-水体的模拟预警，为面向流域尺度的水环境安全累积性预警提供了核心的模拟预警工具。上述流域尺度累积性预警技术方法以三峡水库小江流域为例进行了示范，详细阐明了案例研究情况，研究成果为案例区水环境风险管理提供支撑。

> **案例**
>
> ### 流域尺度累积性预警技术方法示范：三峡水库小江流域
>
> 小江流域水环境安全预警评估处于基本安全水平，预警级别为黄色预警，见表 12-3-1。
>
> **表 12-3-1 小江流域水环境安全预警综合评估结果表征**
>
> | 评价标准 | 预警级别 | 很安全 | 安全 | 基本安全 | 不安全 | 很不安全 |
> |---|---|---|---|---|---|---|
> | | 等级划分 | 一级 | 二级 | 三级 | 四级 | 五级 |
> | | 水环境安全指数（ESI） | 5.0 | 4.0~5.0 | 3.0~4.0 | 2.0~3.0 | 1.0~2.0 |
> | | 状态颜色标识 | 蓝色 | 绿色 | 黄色 | 红色 | 黑色 |
> | 结果 | 三峡 ESI | | | 3.27 | | |
> | | 状态标识 | | | 黄色 | | |
>
> 小江流域 70 个子流域输出的模拟总氮量：2010 年、2015 年、2020 年的分布一致。其中，2020 年各个子流域最低，其次为 2015 年，具体见图 12-3-2。

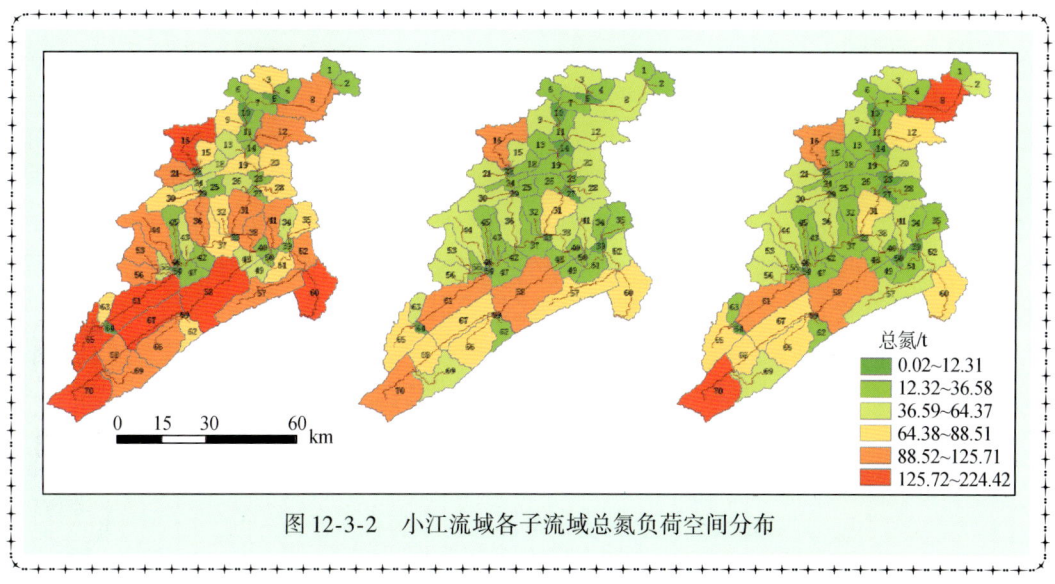

图 12-3-2 小江流域各子流域总氮负荷空间分布

12.4 流域水环境风险评估与预警信息平台

12.4.1 风险评估与预警信息平台架构设计与标准规范

从技术调研分析入手,通过研究资料成果收集、示范流域等已有案例调研、水环境管理需求分析等方法,开展流域水环境元数据标准、水环境模型元数据规范、流域水环境数据管理规范、流域水环境数据交换与共享规范、平台跨界污染的处理接口、跨界水环境数据共享及管理机制、平台信息系统集成技术规范、平台运行的安全技术规范等方面的研究,指导规范示范流域平台建设和下一步研究工作。

12.4.2 信息平台数据集成与共享技术

在实验室条件下搭建平台运行的模拟环境,借鉴利用已有数据建库、集成、共享经验和技术,基于 Web Services 技术、中间件技术,开展流域现有各类数据集成的中间件研究,开展服务于流域水环境风险评估及预警平台数据需求的新建数据库建库技术研究,建设流域水环境示例数据库,设计、建设统一集中存储的流域水环境信息元数据库,结合目录服务技术,建立流域水环境信共享交换平台,实现流域水环境信息的集成、共享及互操作。

12.4.3 风险评估与预警模型库集成与管理技术

在所搭建的模拟环境下,开展水环境风险评估与预警模型元数据库构建技术、模型库体系结构与构建技术以及模型库平台集成技术研究,突破基于 GIS 平台的异构模型环境耦合技术、模型参数自动优化选择技术,建设完成通用模型元数据库、通用模型库系统原型、模型集成平台。

12.4.4　面向业务化应用的水环境管理系统集成技术

以最小污染控制单元为管理单元，运行目前成熟地理信息系统技术、数据库技术、计算机信息可视化技术、工作流技术、门户网站技术等支持技术，分析各业务应用系统的具体功能需求，开展风险源管理、水环境质量管理、风险评估、预警、管理指挥调度及综合信息服务门户等多个业务系统的设计及开发工作，建立流域水环境风险评估与预警业务化应用基础平台，为示范区流域水环境风险评估及预警平台建设提供技术支持及可重用基础平台，为构建国家级流域水环境风险及预警平台奠定基础。

案例

三峡库区水环境风险评估与预警技术示范

基于三峡库区水环境管理的实际需求，以面向业务的流程化需求为理念，依据"一个体系、一张网、一张图、一个表和一个流程"的"五个一"建设思路，以基础数据为支撑，以软件工程、决策支持、模拟仿真与GIS等信息化技术为手段，构建三峡库区水环境风险评估与预警信息平台，全面实现动态监测、一体化管理、综合分析和实施发布等目标。平台具有风险源识别、预警监控、快速模拟与趋势预测、应急指挥与处置、信息发布等五大功能，实现"看得见、调得动"的水污染事件应急决策系统。

该平台用户单位为重庆市环境保护局，由环境监察总队和重庆市环境监测中心负责日常运行。该平台在一系列应急演练和污染事故处理中发挥了重要作用，2010年12月16日成功地支持了环境保护部与重庆市政府组织的突发水污染事件联合演练，并发挥了关键作用。此外，环境检查总队成功地处置了多起环境突发污染事故，如四川锰渣污染涪江事件、"3.1"沙坪坝凤凰溪水污染事件、"4.25"大足县非法倾倒污染事件等，有效地支撑了三峡库区水环境风险管理。

自2010年业务化运行以来，实现了三峡库区水环境监察应急管理系统的智能化水平，极大提升了工作效率。截至2012年底，共受理投诉的水污染事件3911件，平均出警时间由原有30min以上缩短至10min以内；水环境应急事件累计应用53次，应急处置时间从1~2d缩短至1~2h，累积避免和减少直接、间接经济损失超过1亿元，保障了集中式饮用水安全和社会稳定。

太湖水环境风险评估与预警技术示范

以太湖流域水环境风险评估与预警信息平台为中心，构建了太湖流域，以及重污染区、河网区、湖荡区3个专题水环境风险评估和预警技术平台。通过统一开放式接口的方式，集成并开发基础信息、预测预警模型、风险评估、风险管理预警等子系统，具备太湖流域水环境信息查询、重要风险源监管、流域跨界区风险评估、国控断面污染物通量预测、污染事故应急响应等多项功能。同时实现平台与各相关单位子系统成果的有效规范整合，在数据层面、用户界面和功能层面良好集成，统一调用。

华东督查中心在 2011 年和 2012 年太湖流域国控重点源污染总量减排、跨省界矛盾协调和环境稽查工作中，大大减轻了野外调查工作量，有效提高了工作效率。同时，太湖流域重污染区蓝藻水华风险预警子平台于 2011 年及 2012 年春、夏季梅梁湖蓝藻水华监控预警中投入业务化应用，该平台逐日提供未来 7 天重污染区总磷、总氮、氨氮、高锰酸盐指数及溶解氧的浓度分布，以及未来 3 天重污染区域内的叶绿素浓度预测结果，并根据天气状况、风速、风向等指标对重污染区是否发生蓝藻水华进行预警预报，指导地方政府水华应急处置，确保太湖饮用水安全。

辽河流域水环境风险评估与预警技术示范

基于辽河流域水环境管理的实际需求，遵循日常三监控（污染源监控、总量监控、质量监控），风险三管理（风险识别、预测预警、应急响应），决策三分析（污染源特征与趋势分析、环境质量特征与趋势分析、经济与环境综合决策分析）的应用思路，构建了辽河流域水环境风险评估与预警信息平台，实现了全流域水环境数据的统一采集与传输、饮用水源地的水质安全保障、市域污染源排放监控评估、景观水体环境适宜度评估、城市水污染物总量、跨市界通量的监控、预警与评估，流域水环境信息发布功能。并在统一的系统、网络体系内，重点构架了大伙房饮用水源-沈阳城市水环境两个子平台，初步实现集监测、预警、应急、决策于一体的数字化管理。

辽河流域水环境风险评估与预警技术平台于 2010 年投入应用。辽宁省环保厅辽河办、污控处、总量处、环监局、监测处、监测实验中心等为应用部门。以短信形式发送到相关管理人员手机上，实现实时预警。

12.5 小　　结

针对我国当前水环境质量管理过程中存在的问题以及风险管理尚处于空白状态的现状，按照风险暴露条件的差异，将流域水环境风险划分为突发性和累积性两种类型。研发了流域水环境风险源识别技术、风险预警监控技术、风险快速模拟技术、风险评估技术以及风险应急处置技术方法等突发性水环境风险管理技术，建立了突发性水环境风险管理技术体系，部分成果已经纳入 2011 年国家环境标准制修订计划，为流域水环境应急管理提供了技术支持。同时，项目围绕污染物排放的总量核定、水环境质量评价、环境风险评估、流域水质安全预警等累积性环境风险管理问题开展了相关技术研究，并取得一批技术方法成果，为完善当前我国水环境管理制度，拓展国家水环境风险管理领域，提升流域水环境管理水平提供技术支撑。

在流域水环境风险管理技术研究基础上，本项目选择三峡库区、太湖、辽河流域作为 3 个典型示范流域，基于 3 个流域的流域特点和风险管理需求分析，重点针对大型集中式饮用水源地、湖泊蓝藻水华重污染水体、城市景观水体，以及河流跨界水体等功能区，开展水环境风险评估与预警系统技术研发，建立了三峡库区、太湖、辽河流域水环境风险评估与预警技术平台，并实现业务化运行。在各示范流域实现污染源、水环境质量的日常信息管理的基础上，水环境管理集成在三峡库区平台突发性水污染事件应急处置，太湖平台水华重灾区预警、跨界水污染纠纷调处、辽河流域平台饮用水源地、城市景观水体风险预警等方面得到全面应用，为示范流域实现水环境风险管理提供技术支撑。项目的研究成果及相关经验将为构建国家级水环境风险评估与预警平台奠定了基础，为流域水质目标管理提供技术支撑。

第 13 章

流域水质目标管理技术的发展建议

依托水专项等计划的实施，我国于"十一五"期间启动系统的流域水质目标管理技术研究，实施至今取得一些突破性的研究成果，在流域水质目标管理技术方法框架体系构建、水生态功能分区、水环境基准、容量总量控制及水环境风险预警等方面取得显著成果，基于生态文明环境保护新理念的我国流域水质目标管理技术体系基本形成。但同时也应认识到我国流域水质目标管理技术研究尚需大力推进和完善，我国环境基准与标准的建设任重而道远。

13.1 流域水质目标管理技术体系建设

以流域生态文明建设为目标，完善流域水质目标管理关键技术和管理体系，实现我国流域水环境管理模式的转型。

1）开展全国流域水生态功能分区、水环境基准体系等基础性工程的建设，为流域水质目标管理技术实施提供支持；

2）建立健全流域水质目标管理相关法律法规和配套制度，为实现管理技术的实用化提供政策保障；

3）开展重点流域水质目标管理示范，实现流域水质目标管理业务化运行，为全面建立我国流域水质目标管理技术体系，支撑全国流域水环境管理模式转型提供技术支撑。

13.2 流域水质目标管理技术体系发展战略

围绕水环境保护和管理的国家需求，针对我国流域水质目标管理技术体系构建刚刚起步的情况，为实现我国在流域水质目标管理应用领域零的突破，我国流域水质目标管理技术发展路线可分为 3 个阶段：

"十一五"（2007~2010 年）阶段：初步建立我国流域水质目标管理技术方法框架体系，包括水生态功能分区、水环境质量基准、容量总量控制、水污染防治技术评估、水环境风险评估与预警等技术，实现技术的标准化、规范化和智能化，完成重点流域水生态功能分区、重要污染物水质基准阈值等基础性工程工作。

"十二五"（2011~2015 年）阶段：继续完善流域水质目标管理重要技术手段，确立我国流域水质目标管理整装成套技术方法体系，形成流域水质目标管理技术系列规范，初步构建重点流域水质目标管理业务化平台，实现重点流域水环境管理向水质目标管理转化的关键政策、机制和平台，为我国流域水质目标管理技术模型转变提供全面的技术支撑。

"十三五"（2016~2020 年）阶段：积极推广三峡库区、太湖、辽河等流域的示范经验，设计实施污染物排放许可等相关政策，建成地方流域水质目标管理平台；完成国家水生态功能分区方案制定、水环境标准平台等基础性工程工作；完善我国水环境管理政策、法规保障体系，建立我国流域水质目标管理技术体系创新机制；推动流域水质目标管理业务化运行，在各级环保部门同步开展人员培训、平台软硬件建设、机构调整、具体业务制度建设等重要活动（表13-1）。

表13-1 我国流域水质目标管理技术发展路线

阶段	目标	成果
"十一五"	建立我国流域水质目标管理技术框架体系	构建流域水质目标技术框架； 完成水生态功能分区、水环境基准、容量总量控制、水污染防治技术评估、水环境监测和水环境风险评估预警等关键技术； 提出重点流域水生态功能分区方案； 建立水环境基准研究平台； 建立重点流域水环境监测四级网络体系； 建立重点流域水环境风险预警平台； 建立重点行业水污染防治最佳可行技术信息平台和验证体系
"十二五"	完成我国流域水质目标管理整装成套技术的业务化应用	完成流域水质目标管理技术的标准化、规范化和平台化，形成整装成套技术方法体系； 实现重点流域水质目标管理技术体系的业务化应用； 完成重点流域水生态功能分区业务化应用； 完成我国水环境基准体系构建； 形成重点流域的水生态完整性观测平台；完成水污染防治技术在重点流域的示范推广应用
"十三五"	推进我国流域水质目标管理机制的形成	进一步推进和总结示范流域水质目标管理的业务化应用示范经验； 构建我国流域水质目标管理实施的政策保障机制； 完成全国水生态功能分区和水环境基准平台构建等基础工程，为流域水质目标管理全面实施奠定基础； 开展全国的培训和平台建设工作

13.3 流域水质目标管理技术实施计划

（1）制定我国流域水质目标管理长期战略

流域水质目标管理研究是一项长期的、不断完善的科研与管理相结合的工作，应从国家环境保护战略层面，基于"分区、分类、分级、分期"理念，系统设计布局，提升流域水质目标管理实施的科学有效性，形成系统的具有我国特色的流域水质目标管理体系。

加强流域水质目标管理中长期宏观战略研究，在体制和机制方面保障研发的可持续发展，培育和形成我国流域水质目标管理研究的人才队伍和相关技术平台，促进我国流域水质目标管理研究与应用达到国际先进水平。

（2）建立流域水环境质量管理体系

依托国家重大科技专项"水体污染控制与治理"成果，尽快发布《流域水生态功能分区技术导则》，开展全国各流域水生态功能分区方案制定，确定各分区的水环境管理目标。

构建我国环境质量基准研制平台，重新划分水质项目体系，基于风险管理的理念设定新标准限值；基于污染物调查和筛选的结果增减标准项目；酌情考虑重金属增设应急标准限值。在水环境基准取得系统进展的基础上，适时建立我国国家水环境基准发布制度。以环境基准为依据，促进环境标准体系建设，逐步建立在国家层面上发布基准、由地方参照国家基准建立地方环境标准的制度和体系。

发布《流域水生态系统健康评价技术规范》，指导各大流域的生态调和健康评价。建立长期的健康报告卡制度，定期向管理部门和公众报告所在流域的水体健康情况。

（3）建立流域水环境容量管理体系

加强面源污染控制技术的研究、水环境模型开发应用的法规化和标准化、水环境容量计算方法的规范化、容量总量分配的可操作性等，完善流域容量总量控制技术体系，形成技术规范、导则体系，建立基于水质的控制单元排污许可管理制度。

根据"十一五"水专项研究成果围绕重点行业和重大环境问题，快速推进这些行业和环境问题环境技术管理体系建设，在重点行业和省市加快实施最佳可行技术的推广和试点工作。加强环境新技术验证（ETV）与重大科技项目管理工作的结合，有效实现科技成果的转化。开展重点行业技术管理体系与项目管理结合试点，推动环境技术管理体系与环境保护管理制度有机结合。

（4）建立有效的全国流域水环境风险管理体系

整合并依托现有水环境监测网络，推进我国水环境监测从监督性监控向风险预警监控转变。在日常污染源监察的基础上，开展全国重点水污染源的风险识别，按照风险进行分级管理；开展全国重点环境敏感目标的识别，按照敏感程度实施分级管理；综合现有的污染源在线监测和水环境质量在线监测系统，以流域为单元，构建流域水环境预警监控体系；按照流域的风险源、敏感目标以及水环境特征，逐步建立不同流域水环境风险模拟及预测模型系统；以流域为基本单元、考虑上下游行政区管理需求，构建流域水环境突发型风险评估预警技术平台。加快推进我国流域/区域水环境风险评估与预警平台建设，提升我国突发性水污染事件的处理能力。

（5）完善流域水质目标管理政策和法律体系

结合我国社会经济发展与环境保护管理的需求，加强我国特色流域水质目标管理相关法律、法规及政策等方面的研究，体现我国生态文明的"保护优先"、"在保护中发展，在发展中保护"理念，切实为国家水环境安全与人体健康保障提供技术支撑。

流域水质目标管理的实施保障体系包括法律保障、机构保障和技术保障等主要内容。相较于一般意义上的容量总量控制，流域水质目标管理仍然是一个较新的概念，对流域水质目标管理法律意义不明确的问题，建议积极参与法律的修订和完善，在《水污染防治法》等相关的法律文本中，明确流域水质目标管理的法律地位；利用国家标准政策，将流域水质目标管理的关键技术标准纳入国家标准制定内容，建立流域水质目标管理的技术标准体系和发布制度；利用主管部门环境保护部的行政权力，为流域水质目标管理建立行业标准体系；根据流域水质目标管理实施要求，适时建立流域水生态健康报告卡制度、流域容量总量控制制度、流域水生态红线制度、流域水环境风险预警应急联动机制等。为了推进流域水质目标管理实施，应该以现有政策为突破口，对涉及流域水质目标管理的相关管理政策和行政法规，增补支持流域水质目标管理实施的技术细则；制定适合地方条件的地方政策和行政法规，形成以流域为单元的特殊管理条例和技术标准的颁布；形成流域水质目标管理的特殊管理运作模式等。

（6）建立健全流域水质目标管理运作机制

流域水质目标管理需要流域内所有生产机构和个人的参与。除通过流域管理条例等行政法规规范生产和生活实践行为外，更重要的是引入相应的运作机制，保证利害攸关者的责权利。相关运作机制涉及如下几方面：①生态补偿机制：根据生产者对水生态功能保护所做的贡献，形成经济补偿政策；②生态资产核算制度：根据水生态功能分区，建立我国水生态资产清单，建立生态资产的核算和审计制度；③公众参与保护组织：通过社区保护组织，发挥社区在小流域管理中的作用，建立参与式流域管理机制，通过社会责任概念的推广，将流域管理目标引入人们日常生活。

参 考 文 献

蔡明,李怀恩,庄咏涛,等.2004.改进的输出系数法在流域非点源污染负荷估算中的应用.水利学报,7:1-8.

陈家军,于艳新,李森.2004.QUAL2E模型在呼和浩特市水质模拟中的应用.水资源保护,(3):1-6.

陈宜瑜.2008.流域综合管理是我国河流管理改革和发展的必然趋势.科技导报,26(017):3.

陈英旭.2001.环境学.北京:中国环境科学出版社.

崔秀丽.2007.突发性环境污染事故的分类特征及处置措施——以保定市两起危及环境安全事故为例.环境科学与管理,32(7):1-4.

第一次全国污染源普查资料编纂委员会.2011.污染源普查技术报告.北京:中国环境科学出版社.

丁程程,刘健.2011.废水污染源自动监测排污口规范化研究.山东科学,24(4):64-68.

杜培军.2009.地理空间分析——原理、技术与软件应用.北京:电子工业出版社.

方忠权,丁四保.2008.主题功能区划与中国区域规划创新.地理科学,28(4):483-487.

傅伯杰,刘国华,陈利顶,等.2001.中国生态区划方案.生态学报,21(1):1-6.

傅德黔,宗光,周文敏.1990.中国水中优先控制污染物黑名单筛选程序.中国环境监测,6(5):48-50.

冈田诚之.2000.水とごみの環境問題.第2版.东京:东京印书馆.

高利红,余耀军.2003.论排污权的法律性质.郑州大学学报(哲学社会科学版),03:83-85.

高志永.2010.环境污染防治技术评估方法及技术经济费效分析研究.北京:中国地质大学博士学位论文.

高志永,张国臣,贾晨夜,等.2010.我国农村环境管理体制探析.环境保护,19:18-19.

高志永,张国臣,王凯军.2011.我国农村生活污染防治技术管理体系构建探讨.华北水利水电学院学报,4:145-147.

高志永,汪翠萍,王凯军,等.2013.我国环境技术管理体系的建设进程探讨.环境工程技术学报,2:169-173.

高志永,王莹,王凯军.2012.我国环境技术评估体系框架构建探讨//中国环境科学学会.中国环境科学学会学术年会论文集(第一卷).北京:中国环境科学出版社.

格里菲斯.2008.欧盟水框架指令手册.水利部国际经济技术合作交流中心组织翻译.北京:中国水利水电出版社.

郭蓓蓓.2010.论排污权及其法律性质.北京:中国政法大学硕士学位论文.

国家环境保护总局《水和废水监测分析方法》编委会.2002.水和废水监测分析方法.北京:中国环境科学出版社.

侯培强,王效科,郑飞翔,等.2009.我国城市面源污染特征的研究现状.给水排水,35:188-193.

胡冠九,袁力,李国刚,等.2011.构建流域水环境监测全过程质量管理体系初探.三峡环境与生态,33(4):59-62.

黄秉维.1959.中国综合自然区划草案.科学通报,18:594-602.

黄海明,宋乾武,许春莲,等.2012.水污染防治生物处理技术验证评估方法研究.环境工程学报,3:259-263.

贾晨夜,张国臣,王凯军.2012.重金属污染防治技术管理体系框架构建初探//中国环境科学学会.中国环境科学学会学术年会论文集(第四卷).北京:中国环境科学出版社.

蒋晓辉.2010.化工行业节能减排的环境技术管理.云南科技管理,6:16-17.

雷坤,孟伟,乔飞,等.2013.控制单元水质目标管理技术及应用案例研究.中国工程科学,03:62-69.

李国刚,李红莉.2004.持久性有机污染物在中国的环境监测现状.中国环境监测,20(4),53-60.

李桦,施燕娥.2004.流速仪法测定废水流量有关问题的探讨.干旱环境监测,18(2):114-115.

李怀恩.2000.估算非点源污染负荷的平均浓度法及其应用.环境科学学报,20(4):397-400.

李怀恩,沈晋.1997.流域非点源污染模型的建立与应用实例.环境科学学报,17(2):141-147.

李瑞昌.2008.理顺我国环境治理网络的府际关系.广东行政学院学报,20(6):28-32.

李思忠.1981.中国淡水鱼类的分布区划.北京:科学出版社.

刘淑青.2009.我国污染物总量控制制度研究.北京:中国政法大学硕士学位论文.

刘征涛,王晓南,闫振广,等.2012."三门六科"水质基准最少毒性数据需求原则.环境科学研究,25(12):1364-1369.

吕武.2007.我国排污行政许可制度的法律问题研究.哈尔滨:东北林业大学硕士学位论文.

罗吉.2008.完善我国排污许可证制度的探讨.河海大学学报(哲学社会科学版),10(3):32-36.

马飞,蒋莉.2006.河流水质监测断面优化设置研究——以南运河为例.环境科学与管理,31(8):171-172.

梅锦山.2012.我国重要江河湖泊水功能区化特征.中国水利,7:38-42.

美国环境保护局.2010.美国饮用水环境管理.王东,文宇立,刘伟江译.北京:中国环境科学出版社.

美国环境保护局.2012.美国TMDL计划及典型案例实施.王东,等译.北京:中国环境科学出版社.

孟伟.2008.流域水污染总量控制技术与示范.北京:中国环境科学出版社.

孟伟.2011.河流生态调查技术方法.北京:科学出版社.

孟伟,张远,郑丙辉,等.2006.水环境质量基准、标准与流域水污染物总量控制策略.环境科学研究,19(3):1-6.

孟伟,张楠,张远,等.2007.流域水质目标管理技术研究(I)——控制单元的总量控制技术.环境科学研究,20(4):1-8.

孟伟,刘征涛,张楠,等.2008.流域水质目标管理技术研究(II)——水环境基准、标准与总量控制.环境科学研究,21(1):1-5.

孟伟,张远,张楠,等.2011.流域水生态功能分区与质量目标管理技术研究的若干问题.环境科学研究,31(7):1345-1351.

裴淑玮,周俊丽,刘征涛.2013.环境优控污染物筛选研究进展.环境工程技术学报,3(4):363-368.

彭文启.2013.流域水生态承载力理论与优化调控模型方法.中国工程科学,15(3):33-43.

曲格平.2013.中国环境保护四十年回顾及思考——在香港中文大学"中国环境保护四十年"学术论坛上的演讲.中国环境管理干部学院学报,23(4):1-6.

宋翔宇,谢绍东.2006.中国机动车排放清单的建立.环境科学,(6):1041-1045.

孙检辉,冯精兰,孙瑞霞.2003.水体有机物污染分析的研究进展.中国环境监测,19(6):58-61.

孙景云.1987.全国地表水环境监测优化布点方案的研究.中国环境监测,3(5):53-58.

孙俊峰.2011.浅谈中国排污许可证制度.环境科学导刊,05:18-20.

孙宁,蒋国华,吴舜泽.2010.国家环境技术管理体系实施现状与政策建议.环境保护,15:36-38.

汤国安.2006.ArcGIS地理信息系统空间分析实验教程.北京:科学出版社.

唐克旺,王研,龚家国,等.2013.水生态系统保护与修复标准体系研究.北京:中国水利水电出版社.

田艳丽,许春莲,李朋,等.2012.国外ETV制度对我国环境技术管理的启示.环境科学与技术,S1:419-422.

汪翠萍,贾晨夜,王莹,等.2012.我国环境技术评价制度解析及发展趋势分析//中国环境科学学会.中国环境科学学会学术年会论文集(第一卷).北京:中国环境科学出版社.

王备新,杨莲芳,刘正文.2006.生物完整性指数与水生态系统健康评价.生态学杂志,25(6):707-710.

王斌,邓述波,黄俊,等.2013.我国新兴污染物环境风险评价与控制研究进展.环境化学,32(7):1129-1136.

王超,朱党生,程晓冰.2002.地表水功能区划分系统的研究.河海大学学报,30(5):7-11.

王凯军．2007．国外环境技术管理对我国的启示．环境保护，8：32-36．

王凯军，张国臣，贾晨夜，等．2012．我国农村生活污染现状与防治对策研究//中国环境科学学会．中国环境科学学会学术年会论文集（第四卷）．北京：中国环境科学出版社．

王明虎，薛惠锋，宋乾武，等．2011．国家水污染防治技术共享中心设计．微型机与应用，17：79-82．

王西琴，高伟，何芬，等．2011．水生态承载力概念与内涵探讨．中国水利水电科学研究院学报，9（1）：41-46．

王阳峰．吕玉新．2004．用水生态毒理学方法评价13种硝基苯类化合物的急性毒性．新乡医学院学报，21（6）：456-460．

魏晓华．2009．流域生态系统过程与管理．北京：高等教育出版社．

温香彩，李旭文，文小明，等．2012．水环境监测信息集成、共享与决策支持平台构建．环境监控与预警，4（1）：27-33．

邬建国．2007．景观生态学——格局、过程、尺度与等级．北京：高等教育出版社．

吴文强，陈求稳，李基明，等．2010．江河水质监测断面优化布设方法．环境科学研究，30（8），1537-1542．

肖爱．2004．排污许可证制度研究．湖南师范大学．

解焱，李典谟，MacKinno J．2002．中国生物地理区划研究．生态学报，22（10）：1599-1615．

谢刚，彭岩波，李必成，等．2006．TMDL计划与小流域污染综合治理思路的研究——以南水北调东线山东段治污为例．农机化研究，（5）：189．

邢乃春，陈捍华．2005．TMDL计划的背景、发展进程及组成框架．水利科技与经济，9：534-537．

许春莲，宋乾武，黄海明，等．2011．我国环境技术验证（ETV）评估体系建设研究．环境工程技术学报，5：396-402．

许学工．1996．黄河三角洲生态环境的评估与预警研究．生态学报，16（5）：461-468．

薛念涛，汪翠萍，高志永，等．2013．我国水环境技术管理体系框架初探//中国环境科学学会．中国环境科学学会学术年会论文集（第三卷）．北京：中国环境科学出版社．

燕乃玲，虞效感．2003．我国生态功能区划的目标、原则与体系．长江流域资源与环境，12（6）：579-584．

杨博琼，贾晨夜，王凯军．2012 欧美面源污染防治管理经验及其对我国的启示//中国环境科学学会．中国环境科学学会学术年会论文集（第一卷）．北京：中国环境科学出版社．

杨建强．罗先香．孙培艳．2005．区域生态环境预警的理论与实践．北京：海洋出版社．

杨丽阎，于宏兵，王启山．2012．VC行业清洁生产最佳可行技术研究．环境保护与循环经济，8：35-39．

杨潇，曹英志．2013．我国陆源污染物总量控制实践对海域总量控制制度建设的启示．海洋开发与管理，10：81-85

殷福才，张之源．2003．巢湖富营养化研究进展．湖泊科学，15（4）：377-384．

尹澄清．2009．城市面源污染的控制原理与技术．北京：中国建筑工业出版社．

于涛，孟伟，EdwinOngle，等．2008．我国非点源负荷研究中的问题探讨．环境科学学报，28（3）：401-407．

曾光明，钟政林，曾北危．1998．环境风险评价中的不确定性问题．中国环境科学，18（3）：252-255．

张国臣，吕晓剑，王凯军．2009．最佳可行技术对我国造纸行业节能减排的启示．中华纸业，12：22-26．

张钧．2007．江河水源地突发事故预警体系与模型研究．南京：河海大学硕士学位论文．

张坤民，温宗国，彭立颖．2007．当代中国的环境政策：形成、特点与评价．中国人口．资源与环境，17（2）：1-7．

张鸣．2005．总量控制和排污许可证及清洁生产的相关性分析．环境保护科学，01：55-57．

张彤，金洪钧．1997a．硫氰酸钠的水生态基准研究．应用生态学报，8（1）：99-103．

张彤，金洪钧．1997b．丙烯腈水生态基准研究．环境科学学报，17（1）：75-81．

张彤，金洪钧．1997c．乙腈的水生态基准．水生生物学报，21（3）：226-233．

张远，徐成斌，马溪平，等．2007．辽河流域河流底栖动物完整性评价指标与标准．环境科学学报，27（6）：919-927．

赵剑强．2002．城市地表径流污染与控制．北京：中国环境科学出版社．

赵卫，刘景双，孔凡娥．2007．水环境承载力研究综述．水土保持学报，（2）：47-50．

赵显波，雷晓云，沈志伟，等．2007．蘑菇湖水库水环境容量总量控制研究．灌溉排水学报，26（2）：86-89．

赵晓颖，连兵，牛武江，等．2002．废水总量控制监测中的流量测定与排污口规范化．甘肃环境研究与监测，15（3）：169-170．

赵英民．2007．国家环境技术管理体系的构建与实施．环境保护，（4B）．

郑丙辉，张远，富国，等．2006．三峡水库营养状态评价标准研究．环境科学学报，26（6）：1022-1030．

郑度，葛全胜，张雪芹．2005．中国区划工作的回顾与展望．地理研究，24（3）：330-344．

郑一，王学军．2002．非点源污染研究的进展与展望．水科学进展，13（1）：105-110．

中国大百科全书·环境科学编委会．2002．中国大百科全书·环境科学．北京：中国大百科全书出版社．

中国环境监测总站．2013．环境水质监测质量保证手册．北京：化学工业出版社．

中国环境科学研究院．2010．水质基准的理论与方法学导论．北京：科学出版社．

钟政林，曾光明，杨春平．1998．环境风险评价研究综述．环境与开发，13（1）：39-42．

周亮广．2009．水资源承载力研究进展与展望．水科学与工程技术，（4）：24-29．

周生贤．2012．科技支撑推动环保事业发展．中国科技投资，25：5-10．

周生贤．2013．当前我国环境保护形势与对策．低碳世界，8：10-12．

周文敏，傅德黔，孙宗光．1991．中国水中优先控制污染物黑名单的确定．环境科学研究，4（6）：9-12．

祝凌燕，邓保乐，刘楠楠，等．2009．应用相平衡分配法建立污染物的沉积物质量基准．环境科学研究，22（7）：762-767．

Aldenberg T, Solb W. 1993. Confidence limits for hazardous concentrations based on logistically distributed NOEC toxicity data. Ecotoxicol Environ Safe, 25（1）：48-63.

Ankley G T, Mount D R, Berry W J, et al. 1996. Use of equilibrium partitioning to establish sediment quality criteria for nonionic chemicals: A reply to Lannuzzi. Environmental Toxicology and Chemistry, 15（7）：1019-1024.

Barbour M T, Stribling J B, Karr J R. 1995. Multimetric approaches for establishing biocriteria and measuring biological condition in Davis W S, Simon T P, ed. Freshwater biomonitoring and benthic macroinvertebrates. New York: Chapman and Hall, 63-77.

Beck W M. 1955. Suggested method for report in biotic data. Sew Ind Wastes, 27：1193-1197.

Brown D F, William D E. 2007. Application of a quantitative risk assessment method to emergency response planning. Computers & Operations Research, 34：1243-1265.

Cardwell H, Ells H. 1993. Stochastic dynamic programming models for water quality management. Water Resources Research, 29（4）：803-813.

CCME. 1991. A protocol for the derivation of water quality guidelines for the protection of aquatic life. Winnipeg, Manitoba: Canadian Council of Ministers of the Environment.

Chapra S C, Pelletier G J, Tao H. 2008. QUAL2K: A Modeling Framework for Simulating River and Stream Water Quality, Version 2.11: Documentation and Users Manual. Medford, MA: Civil and Environmental Engineering Dept, Tufts University.

Chevre N, Loepfe C, Singer H, et al. 2006. Including mixtures the determination of water quality criteria for herbicides in surface water. Environment Science Technology, 40 (2): 426-435.

Clarke R T, Wright J F, Furse M T. 2003. RIVPACS models for predicting the expected macroinvertebrate fauna and assessing the ecological quality of rivers. Ecological Modelling, 160 (3): 219-233.

Costan G, Bermingham N, Blaise C, et al. 1993. Potential ecotoxic effects probe (PEEP): A novel index to assess and compare the toxic potential of industrial effluents. Environmental Toxicology and Water Quality, 8 (2): 115-140.

Costem, Boutry S, Rosebery J T. 2009. Imp rovements of the Biological Diatom Index (BDI): Description and efficiency of the new version (BDI-2006). Ecological Indicators, 9: 621-650.

Davies-Colley R J, Smith D G, Ward R C, et al. 2011. Twenty Years of New Zealand's National Rivers Water Quality Network: Benefits of Careful Design and Consistent Operation. Journal of the American Water Resources Association, 47 (4): 750-771.

Descy J. 1979. A new approach to water quality estimation using diatoms. Nova Hedwigia Beiheft, 64: 305-323.

Di Toro D M, Zarba C S, Hansen D J, et al. 1991. Technical basis for establishing sediment quality criteria for non-ionic organic chemicals using equilibrium partitioning. Environmental Toxicology and Chemistry, 10 (12): 1541-1583.

Donald H B, Edward A M. 1985. Optimization modeling of water quality in an uncertain environment. Water Resources Research, 21 (7): 803-813.

European Union. 2000. Directive 2000/60/EC of the European parliament and of council of 23 October 2000 establishing a framework for community action in the field of water policy. CELEX—EUR Official Journal, 1327/1 (12): 1-72.

Frissell C A, Liss W J, Warren C E, et al. 1986. A hierarchical framework for stream habitat classification: Viewing streams in a watershed context. Environmental Management, 10 (2): 199-214.

Goodnight C J, Whitley L. 1960. Oligochaetes as indicators of pollution. Watm & Sewage Wks, 107: 311.

Harmancioglu N B, Alpaslan N. 1992. Water quality monitoring network design: A problem of multi-objective decision making. Water Resources Bulletin, 28 (1): 179-192.

Higgins J V, Bryer M T, Khoury M L, et al. 2005. A freshwater classification approach for biodiversity conservation planning. Conservation Biology, 19 (2): 432-445.

Hilsenhoff W L. 1982. Using a Biotic Index to Evaluate Water Quality in Streams. Department of National Resources, Madison, WI.

Hilsenhoff W L. 1987. An improved biotic index of organic stream pollution. Great Lakes Entomologist, 20: 31-39.

Hilsenhoff W L. 1988. Rapid field assessment of organic pollution with a family-level biotic index. Journal of the North American Benthological Society, 7: 65-68.

Imhof J G, Fitzgibbon J, Annable W K. 1996. A hierarchical evaluation system for characterizing watershed ecosystems for fish habitat. Canadian Journal of Fisheries and Aquatic Sciences, 53 (1): 312-326.

Karr J R. 1981. Assessment of biotic integrity using fish communities. Fisheries, 6 (6): 21-27.

Kolkwitz R, Marsson M. 1902. Grundsätze für die biologische beurthielung des wassers, nach seiner flora und fauna. Druck von L. Schumacher.

Kolkwitz R, Marsson M. 1908. Ökologie der Pflanzlichen Saprobien. Berichteder Deutschen Botanischen Gesellschaft, 26a: 505-519.

Kolkwitz R, Marsson M. 1909. Ökologie der Tierischen Saprobien. Beiträge zur Lehre von der biologischen Gewässerbeurteilung. Internationale Revue der Gesamten Hydrobiologie und Hydrographie, 2 (1-2): 126-152.

Kong W J, Meng W, Zhang Y, et al. 2013. A freshwater ecoregion delineation approach based on fresh water macroinvertebrate community features and spatial environmental data in Taizi River Basin, northeastern China. Ecological Research, 28 (4): 812-819.

Lee S I. 1979. Nonpoint source pollution. Fisheries, (2): 50-52.

Long E R. 1992. Ranges in chemical concentrations in sediments associated with adverse biological effects. Marine Pollution Bulletin, 24 (1): 38-45.

Long E R, Morgan L G. 1990. The Potential for biological effects of sediment-sorbed contaminants tested in the National Status and Trends Program. Washington DC: United States Department of Commerce/National Oceanic and Atmospheric Administration/National Ocean Service Virginia Tipple.

Lotspeich F B. 1980. Watersheds as the basic ecosystem: this conceptual framwork provides a basis for a natural classification system. Water Resources Bulletin, 16 (4): 581-586.

Mandaville S M. 2002. Benthic Macroinvertebrates in Freshwaters Taxa Tolerance Values, Metrics, and Protocols. Soil & Water Conservation Society of Metro Halifax. http://chebucto.ca/Science/SWCS/SWCS.html

Maxwell J R, Edwards C J, Jensen M E, et al. 1995. A hierarchical framework of aquatic ecological units in North America (Nearctic Zone). U. S. Department of Agriculture. Forest Service, North Central Forest Experiment Station.

Michael C N, Charles H J. 1996. Ecotoxicology: A Hierarchical Treatment. CRC Press.

Muscio C. 2002. The Diatom Pollution Tolerance Index: Assigning Tolerance Values. City of Austin—Watershed Protection & Development Review: 1-17

National Academy of Science, National Academy of Engineering. Water quality criteria. 1974. Washington DC: US Government Printing Office

National Technical Advisory Eommittee to the secretary of the interior. Water Quality Criteria. 1968. Washington DC: US Government Printing Office.

Norton Roger L, Oakes David B, Cole J A. 1996. Pollution risk management for resource protection. Water Sci Technol, 33 (2): 119-131.

Novotny V, Barto sová A, O'Reilly N, et al. 2005. Unlocking the Relationship of Biotic Integrity of Impaired Waters to Anthropogenic Stresses. Journal of Water Research, 39 (1): 184-198.

Ontario Ministry of the Environment. 1991. Ontario's water quality objective development process. Ontario: Aquatic Criteria Development Committee, Water Resources Branch, Ontario Ministry of the Environment.

Peng C G, Death R G, Death F. 2012. Applications of macroinvertebrate community index and quantitative macroinvertebrate community index in monitoring and assessing river water quality. Yingyong Shengtai Xuebao, 23 (6): 1682-1688.

Revelle C S, Loueks D, PLynn W R. 1968. Linear Programming Applied to Water Quality Management. Water Resources Reasearch, 4 (1): 1-9.

Sloof W. 1992. Ecotoxicological effect assessment: deriving maximum tolerable concentrations (MTCs) from single-species toxicity data. RIVM Report no. 719102018. Bilthoven: RIVM.

Smith S L, MacDonald D D, Keenleyside K A, et al. 1996. A preliminary evaluation of sediment quality assessment values for freshwater ecosystems. Journal of Great Lakes Research, 22 (3): 624-638.

Stenger-Kovács C, Buczko K, Hajnal E, et al. 2007. littoral diatoms as bioindicators of shallow lake trophic status: Trophic Diatom Index for Lakes (TDIL) developed in Hungary. Hydrobiologia, 589, (1): 141-154.

Thienemann A. 1914. Zur Geschichte der Biologischen Wasseranalyse. Archiv für Hydrobiologie und Planktonkunde, 9: 147-149.

US EPA. 1976. Quality criteria for water. Washington DC: National Technical Information Service.

US EPA. 1980. Ambient water quality criteria (series). Washington DC: Office of Regulation Standard.

US EPA. 1985a. Guidelines for deriving numerical national water quality criteria for the protection of aquatic organisms and their uses. National technical information service accession number PB85-227049. Washington DC: U. S. Environmental Protection Agency.

US EPA. 1985b. National technical information service accession number PB85-227049. Washington DC: US EPA.

US EPA. 1986a. EPA/630/R-00/004 Guidelines for carcinogen risk assessment. Washington DC: US EPA.

US EPA. 1986b. EPA/630/R-98/002 Guidelines for the health risk assessment of chemical mixtures. Washington DC: US EPA.

US EPA. 1986c. EPA/630/R-98/003 Guidelines for mutagenicity risk assessment. Washington DC: US EPA.

US EPA. 1986d. Quality criteria for water. Washington DC: Office of Water Regulation and Standards.

US EPA. 1989a. EPA 440/5-89-002 Briefing report to the EPA science advisory board on the equilibrium partitioning approach to generating sediment quality criteria. Washington DC: US EPA.

US EPA. 1989b. EPA/540/1-89/002 Risk assessment guidance for superfund, volume (1): human health evaluation manual (part A). Washington DC: US EPA.

US EPA. 1992. EPA/630/R-92/001 Framework for ecological risk assessment. Washington DC: US EPA.

US EPA. 1995. EPA-SAB-EPEC-95-020 An SAB report: review of the Agency's approach for developing sediment criteria for five metals. Washington DC: US EPA.

US EPA. 1996. EPA/630/R-96/009 Guidelines for reproductive toxicity risk assessment. Washington DC: US EPA.

US EPA. 1998. Guidelines for ecological risk assessment (EPA 630/R-95/002F). Washington DC: US EPA.

US EPA. 1999. National recommended water quality criteria—correction. Washington DC: Office of Water, Office of Science and Technology.

US EPA. 2002. National recommended water quality criteria. Washington DC: Office of Water, Office of Science and Technology.

US EPA. 2004. National recommended water quality criteria. Washington DC: Office of Water, Office of Science and Technology.

US EPA. 2005. EPA-600-R_02_011 Procedures for the derivation of equilibrium partitioning sediment benchmarks (ESBs) for the protection of benthic organisms: metal mixtures (Cadmium, Copper, Lead, Nickel, Silver and Zinc). Washington DC: US EPA.

US EPA. 2006. National recommended water quality criteria. Washington DC: Office of Water, Office of Science and Technology.

US EPA. 2009. National recommended water quality criteria. Washington DC: Office of Water, Office of Science and Technology.

US EPA. 1996. TMDL program implementation strategy. Washington DC: Watershed Branch.

U. S. Geological Survey. 2012. U. S. Department of Agriculture, Natural Resources Conservation Service. Federal Standards and Procedures for the National Watershed Boundary Dataset (WBD). U. S. Geological Survey Techniques and Methods, 11 (A3): 63.

Van Der Gaag M A, Stortelder P B M, Van Der Kooy L A, et al. 1991. Setting environmental quality criteria and sediment in the Netherlands: a pragmatic ecotoxicological approach. European Water Pollution Control, 1 (3): 13-20.

Van Straalen N M, Van Rijn J P. 1998. Ecotoxicological risk assessment of soil fauna recovery from pesticide application. Reviews of Environmental Contamination and Toxicology, 154: 83-141.

Van Vlaardingen P L A, Verbruggen E M J. 2007. Guidance for the derivation of environmental risk limits within the framework of "international and national environmental quality standards for substances in the Netherlands"

(INS). Netherlands National Institute for Public Health and the Environment.

Van Vlaardingen P L A, Traas T P, Wintersen A M, et al. 2004. ETX2.0: a program to calculate hazardous concentration and fraction affected, based on normally distributed toxicity data. Report 601501028. Bilthoven, the Netherlands: National Institute for Public Health and the Environment (RIVM).

Wallace K J. 2007. Classification of ecosystem services: problems and solutions. Biological Conservation, 139: 235-246.

Worrall F, Burt T P. 1999. The impact of land-use change on water quality at the catchment scale: the use of export coefficient and structural models. Journal of Hydrology, 221: 75-90.

Yin D Q, Hu S Q, Jin H J, et al. 2003. Deriving fresh water quality criteria or 2,4-dichlorophenol for protection of aquatic life in China. Environment Pollution, 122 (2): 217-222.